职业教育农业农村部“十四五”规划教材（NY-2-0057）
高等职业教育“十四五”规划教材

动物病理

第2版

周珍辉　胡　平　主编

中国农业大学出版社
·北京·

内 容 简 介

本教材主要内容包括疾病概论，血液循环障碍，水肿，脱水及酸碱平衡紊乱，缺氧，细胞和组织的适应、损伤与修复，炎症，发热，休克，黄疸，肿瘤，主要器官病理，动物尸体剖检技术及病理组织切片的制作14个项目。本教材配套课程资源丰富，有视频、动画、课件、临床病变彩图、病理组织彩图、与执业兽医资格考试紧密结合的复习思考题及答案、思政园地、思维导图等，较难理解的病理生理内容做成了动画，实验实训内容制作了视频，读者可扫描书中二维码观看。与教材配套的《动物病理》课程资源已经通过"一平三端"上线，师生可使用本课程所有教学资源，有利于学习、教学及考评，可实现线上线下随时切换。

本教材可作为高等职业院校畜牧兽医、动物医学、宠物医疗技术、动物药学、中兽医及动物防疫与检疫等专业的教材，也可作为基层兽医工作者的参考用书。

图书在版编目(CIP)数据

动物病理/周珍辉，胡平主编. --2版. --北京：中国农业大学出版社，2025.2.
ISBN 978-7-5655-3419-5

Ⅰ. S852.3

中国国家版本馆CIP数据核字第2025676NY8号

书　　名　动物病理　第2版
作　　者　周珍辉　胡　平　主编

策划编辑　张　玉　郭建鑫　　　**责任编辑**　郭建鑫
封面设计　中通世奥图文设计中心
出版发行　中国农业大学出版社
社　　址　北京市海淀区圆明园西路2号　　　**邮政编码**　100193
电　　话　发行部 010-62733489，1190　　　读者服务部 010-62732336
　　　　　　编辑部 010-62732617，2618　　　出　版　部 010-62733440
网　　址　http://www.caupress.cn　　　**E-mail** cbsszs@cau.edu.cn
经　　销　新华书店
印　　刷　河北朗祥印刷有限公司
版　　次　2025年2月第2版　　2025年2月第1次印刷
规　　格　185mm×260mm　　16开本　　22.25印张　　549千字
定　　价　49.00元

第 2 版编审人员

主　编　周珍辉（北京农业职业学院）

胡　平（北京农业职业学院）

副主编　贾荣玲（南阳农业职业学院）

张凡建（北京农业职业学院）

娜仁图雅（扎兰屯职业学院）

许二学（池州职业技术学院）

杨红玉（南阳农业职业学院）

孙金辉（遵义职业技术学院）

关文怡（北京农业职业学院）

参　编　刘一朵（北京农业职业学院）

武世珍（山东畜牧兽医职业学院）

马　文（北京农业职业学院）

吕照勇（池州职业技术学院）

张志聪（北京农业职业学院）

吴宏新（广西玉林农业学校）

王怀印（北京全心全意动物医院有限责任公司）

审　稿　曹金元（北京农业职业学院）

李　志（北京农业职业学院）

第 1 版编审人员

主　编　周珍辉（北京农业职业学院）

赵庶吏（北京农业职业学院）

胡　平（北京农业职业学院）

副主编　张凡建（北京农业职业学院）

关文怡（北京农业职业学院）

鲍　娟（遵义职业技术学院）

武世珍（山东畜牧兽医职业学院）

王金秋（北京农业职业学院）

娜仁图雅（扎兰屯职业学院）

参　编　马　文（北京农业职业学院）

迟万怡（北京农业职业学院）

杨红玉（南阳农业职业学院）

吴宏新（广西玉林农业学校）

王怀印（北京全心全意动物医院有限责任公司）

审　稿　曹金元（北京农业职业学院）

李　志（北京农业职业学院）

前 言

党的二十大报告指出，要全面推进乡村振兴，坚持农业农村优先发展。加快建设农业强国，需要扎实推动乡村产业、人才、文化、生态和组织的全方位振兴。当前，畜牧业已成为实施乡村振兴战略的重要抓手、农村的重要支柱产业和农牧民增收的有效途径。学习动物病理知识、加强动物疫病防控和诊疗，培养畜牧业高素质技术型人才，是实现畜牧业转型升级和高质量发展的重要保障。

本教材在第一版的基础上进行了修订，内容得到了及时更新，体例更加新颖，新版教材的编者来自多个职业院校及相关企业，是教学及技术服务第一线的骨干。在设计教材内容、项目与任务时，编者以“发挥职业教育在乡村振兴中的重要作用”为目标，希望读者通过学习本教材，提高基础理论知识和病理诊断技能，对接畜牧产业链需求，成为畜牧业发展的生力军。本教材分为 14 个项目，内容多的项目包括多个任务，每个项目或任务由“实训技能”“相关知识”或“拓展知识”组成。“实训技能”部分放在理论学习前，旨在通过实验实训让学生先看到病理现象，有利于学生对理论知识的探究和理解。“相关知识”部分主要介绍与技能相关的理论知识，内容以实用够用为度，学生通过完成“实训技能”达到对知识的自然理解，也可在学生完成“实训技能”后由老师穿插讲解或在答疑时讲解知识内容。理论性较强的知识或与实训技能有关的知识为“拓展知识”。内容较多的实训技能，如主要器官病理、动物尸体剖检技术，可以放在连续一周或半周的集中实训期间进行。

本教材在每个项目后设有思政园地，主要介绍与动物医学生使命感相关的内容、祖国传统医学中与病理学相关的书籍、古今中外病理学家的小故事以及病理诊断在疾病诊断中的重要作用。学生通过对思政园地的学习，感知祖国传统医学的博大精深；学习病理学家严谨求实、敢于创新、乐于奉献、勇攀高峰的科学精神；深知作为新时代的接班人，责任重大、使命光荣，要肩负起实现畜牧业转型升级和高质量发展的历史使命，树立远大理想，发扬吃苦耐劳精神，掌握学习方法，努力学习专业技能，提高自身综合素养，立志成为高技能人才和高素质劳动者，为全面推进乡村振兴贡献力量，为祖国全面建成社会主义现代化强国、实现第二个百年奋斗目标添砖加瓦。

新版教材增加的内容有：肺气肿与肺萎陷；皮肤病病理；2009—2023 年执业兽医资格考试中与动物病理相关的真题；在每个项目后增加了思维导图，将每一个项目的学习内容进行概括和提炼，有利于学生对知识的梳理、学习和巩固提高。

在讲授本门课程时以学生的实验实训操作、分组调研为主，每个项目后有与执业兽医资格考试内容紧密结合的多种形式的复习思考题，有助于学生进行自学自测、课外预习、复习巩固所学知识及执业兽医资格证书的考取。

本教材配套的课程资源丰富,有视频、动画、课件、临床病变彩图、病理组织彩图、思维导图、复习思考题及答案等,购买教材后即可扫码或登录中国农业大学出版社“中农 De 学堂”进行观看。不容易理解的内容,如血栓形成与栓塞、休克、黄疸、发热、创伤愈合等做成了动画,便于学生理解。大部分实验实训内容制作了视频,因实验条件的限制无法完成书中实践教学任务的学校可以通过观看视频满足教学需求。此外,主编已完成“动物病理”线上课程建设,本教材的资源已通过“学银在线”开放使用,效果良好。为了方便教学,主编可将使用本教材的教师加入课程教学团队,师生通过“学习通”可使用本课程所有教学资源;教师利用平台可适时发布章节测验等进行互动,及时掌握学生的学习动态、适时评价并自动进行成绩统计,有利于学习和教学,可实现线上、线下随时切换。

本教材可作为高等职业学校畜牧兽医、动物医学、宠物医疗技术、动物药学、中兽医及动物防疫与检疫等专业的教材,也可作为基层兽医工作者的参考用书。本教材内容在使用过程中可根据各校的学制、专业特点等实际情况进行调整和选择性讲授。

本教材编写的具体分工如下:内容简介、前言、绪论、项目六、项目七、项目十三、项目十四由周珍辉编写;项目一由刘一朵、马文编写;项目二由张志聪、武世珍、吴宏新、吕照勇编写;项目三由贾荣玲编写;项目四由娜仁图雅编写;项目五由许二学编写;项目八由关文怡编写;项目九由孙金辉编写;项目十由杨红玉编写;项目十一由张凡建编写;项目十二由胡平编写;书中临床病变图片主要由周珍辉、吴宏新、武世珍、马文、娜仁图雅及王怀印提供,病理组织学图片由周珍辉、胡平和刘一朵提供。与本教材配套的全部视频、动画和思维导图等课程资源由周珍辉带领北京农业职业学院团队完成。全书由周珍辉统稿,曹金元及李志审稿。

由于编者知识和能力所限,书中漏误之处在所难免,敬请广大读者多提宝贵意见。

编　者

2024年10月

目 录

绪　论

动物病理是研究疾病发生发展规律的一门科学。其主要内容是通过各种方法研究动物疾病的病因、发病机理和机体在疾病过程中所呈现的代谢、机能和形态结构的改变，以阐明疾病的本质，为认识和掌握疾病发生、发展和转归规律，以及诊断和防治疾病，提供理论基础和实践依据。动物病理是具有临床性质的基础学科，它既可作为基础学科为临床医学奠定坚实的基础，又可作为应用学科直接参与动物疾病的诊断和防治。

一、动物病理的内容

由于研究的方法或角度不同，动物病理可分为动物病理解剖和动物病理生理。动物病理解剖是研究动物机体患病时形态结构的变化及其原因和发生机理，从形态学的角度揭示疾病的本质和发生、发展规律的科学。动物病理生理是研究疾病的发生、发展、转归和患病机体代谢、功能变化规律的科学。机体是一个完整的统一体，它的形态结构和功能代谢是互相联系和互相制约的，所以病理解剖和病理生理之间联系紧密。

二、动物病理在兽医科学中的地位

在兽医科学中，动物病理是联系基础学科与临床学科的桥梁课程。它以动物解剖学、动物生理学、动物生物化学、动物微生物学和免疫学等学科的知识为基础，研究疾病的病因、发病机理和病理改变，揭示疾病发生、发展的一般规律；同时，动物病理的基本内容又为动物内科和外科、动物传染病、动物寄生虫病等临床学科的学习提供必要的理论基础和实践技能，是一门承前启后的主干专业基础课。学习和掌握病理学基本知识和器官病理变化，运用病理解剖检查技术，能为疾病诊断提供可靠的依据，直接为生产服务。

三、动物病理学的研究方法

1. 尸体剖检

简称尸检，即对患病死亡的动物或对扑杀的发病动物进行病理剖检。通过剖检可观察病变，进行病理学诊断，查明死因。剖检也可对一些群发性疾病如传染病、地方病、寄生虫病等及时做出诊断，为防治工作提供依据。可通过剖检不同阶段实验动物疾病复制模型研究疾病的发病机理。

2. 动物实验

在人为控制条件下，根据研究需要对实验动物疾病复制模型的代谢、机能和形态结构进行系统的检测和观察。动物实验常用于研究疾病的病因、发病机理及各种药物或其他因素对疾病的疗效和影响等。常用的实验动物有小鼠、大鼠、豚鼠、家兔、猫、犬及猴等。

3. 临床病理学研究

对自然发病动物进行临床病理学研究,即根据疾病特点和研究目的对动物的血液、尿液、粪便、渗出物等做实验室化验分析,以明确发病原因及发病动物体内机能、代谢或某些形态结构的改变,了解疾病的发生发展过程。

4. 活体组织检查

运用切除、穿刺、钳取等方法,从发病动物活体采取病变组织进行病理检查,称为活体组织检查,简称活检。对临床工作而言,这种检查方法有助于及时准确地对疾病做出诊断和进行病理学判断。特别是对诸如性质不明的肿瘤等疾病进行准确而及时的诊断,对治疗和预后都有十分重要的意义。

5. 组织培养和细胞培养

将选定的某种组织或细胞用适宜的培养基在体外培养,可观察组织病变的发生、发展过程或某种病因作用下组织细胞病变的发生发展规律,也可以给其施加诸如放射线、药物等外来因子,以观察其对细胞、组织的影响等。

四、动物病理学的观察方法和新技术的应用

1. 大体观察

主要用肉眼或辅以放大镜和量尺等对尸体、器官和组织中病变的大小、形状、重量、色泽、质地、表面及切面形态进行细致的观察和检测。大体观察可见到病变的整体形态和许多重要性状。这种方法简便易行,有经验的病理及临床工作者往往能借助大体观察而确定或大致确定病变性质,进行病理学诊断。

2. 组织学观察

将病变组织制成厚约几微米的切片,经不同方法染色后用光学显微镜观察组织和细胞的细微病理变化。组织切片最常用苏木精-伊红染色(HE 染色),必要时可辅以一些特殊染色。

3. 细胞学观察

采集病变部位脱落的细胞进行涂片,用显微镜观察病变特征。此法常用于某些肿瘤和其他疾病的早期诊断。

4. 组织和细胞化学观察

应用某些能与组织细胞化学成分特异性结合的显色试剂,显示病变组织细胞内的蛋白质、酶类、核酸、糖类和脂类等化学成分的改变。这种方法不仅可以揭示普通形态学方法所不能观察到的组织、细胞化学成分的变化,而且在尚未出现形态改变之前,就能查出其化学成分的变化。如过碘酸希夫反应(PAS)可用来显示细胞内的糖原成分;冰冻切片用苏丹红Ⅲ染色后可将脂肪染成橘红色。

5. 免疫组织、免疫细胞化学观察

随着免疫学技术的发展,将抗原抗体反应与组织化学或细胞化学的呈色反应互相结合,形成免疫组织化学技术。它在研究组织或细胞内抗原的定位、定量以及深入研究一些感染性疾病的发病机理等方面均具有重要作用。

6. 超微结构观察

电子显微镜（电镜）比光学显微镜（光镜）的分辨率高千倍以上，因此可应用透射及扫描电子显微镜对组织、细胞及一些病原因子的内部和超微结构进行更细微的观察，即从亚细胞（细胞器）或大分子水平上认识和了解细胞的病变。将免疫组织化学与电镜技术结合可形成免疫电镜技术，能对细胞内一些物质进行定位定性以及显示病毒的感染和复制部位等。

此外，近年来动物病理学研究中不断应用新技术。如放射自显影、流式细胞仪、图像分析技术、核酸原位杂交、聚合酶链式反应（PCR）等技术已广泛应用于动物病理学的研究中。

五、学习动物病理的指导思想和方法

动物病理是一门理论性和实践性都很强的课程，在学习过程中，应注意掌握以下几点：

1. 提高学习站位，增强学习使命

党的二十大报告指出，要加快构建新发展格局，着力推动高质量发展。加强动物疫病防治不仅是农业高质量发展的内在要求，更是维护公共卫生安全的重要保障。动物病理是畜牧兽医类专业的基础学科，在学习时要认识到其为临床医学奠定坚实基础的重要性，更要认识到其作为应用科学直接参与动物疾病的诊断和防治对畜牧业高质量发展、助推乡村振兴的重要性。要提高学习站位，增强学习使命，将投身农业强国建设作为学习的出发点和落脚点。

2. 正确理解局部与整体的辩证关系

动物机体是由各个局部组成的完整统一的个体，它通过神经与体液的调节，使全身各部分保持着密切的联系。在疾病过程中某局部发生了病变，势必影响机体其他部位甚至全身，而全身的状态也会影响局部的病理过程。反之，有些疾病虽然是全身的，但它的主要病变也可集中表现在某些局部组织或器官。因此，局部与整体互相联系，不可分割。

3. 以运动发展的观点认识疾病

任何病变都是不断发展变化的，而不是静止不变的。疾病发生、发展过程中的不同阶段会呈现不同的病理变化。我们从肉眼标本或组织切片中所看到的病变，只是疾病中某一阶段的状态，并非它的全貌。因此，在观察任何病变时，都必须以运动的、发展的观点去分析和理解，既要看到它的现状，也要分析它是如何发展来的且会发展成怎样的结局，这样才能了解病变的全过程，掌握疾病的本质。

4. 树立实践第一的观点

病理的理论知识和基本技能必须在实践中加以理解和掌握，在实训过程中，不仅要认真观察病理标本，在动物尸体剖检时勤于动手，勇于动手，亲自操作，还要将所见到的病理变化与病理学理论知识进行有机结合，以提高分析问题和解决问题的能力。

5. 正确认识功能、代谢与形态结构变化的辩证关系

疾病过程中机体所表现的功能、代谢异常和形态结构的改变，往往是互相联系、互相影响和互为因果的。代谢改变可引起功能和形态结构的变化；而功能改变又会影响正常代谢过程，以致引起组织器官形态结构的变化；组织器官形态结构的改变，又必然会影响其代谢和功能的正常进行，因此，在认识疾病过程中，不要把形态结构看成是孤立的、僵死的东西，必须注意三者之间的内在联系，这样才能深刻认识和理解各种疾病的临床表现。

6. 正确理解和处理内因与外因的关系

任何疾病的发生都有一定的原因,包括内因和外因。外因是指外界环境中的各种致病因素,它们在疾病的发生发展中起着很重要的作用。内因是指机体内在因素,它是多方面的,一般指机体的防御屏障机能和对致病因素的易感性,它对疾病的发生、发展起决定性作用。没有外因,相应的疾病往往不会发生,但外因通过内因而起作用。因此,轻视外因在致病中的重要作用是不对的,但片面强调外因致病而忽视内因的决定性作用,也是错误的。

思维导图

- 绪论
  - 动物病理的任务
    - 动物病理是研究疾病发生发展规律的一门科学
    - 主要内容是通过各种方法研究动物疾病的病因、发病机理和机体在疾病过程中所呈现的代谢、机能和形态结构的改变,来阐明疾病的本质
    - 为认识和掌握疾病发生、发展和转归规律,诊断和防治疾病,提供理论基础和实践依据
  - 动物病理的内容
    - 动物病理解剖:研究结构的变化
    - 动物病理生理:研究代谢、功能的变化
  - 动物病理在兽医科学中的地位
    - 在兽医科学中,动物病理是联系基础学科与临床学科的桥梁课程
    - 学习和掌握病理学基本知识和器官病理变化,运用病理解剖检查技术,能为疾病诊断提供可靠的依据,直接为生产服务
  - 动物病理学的研究方法
    - 尸体剖检
    - 动物实验
    - 临床病理学研究
    - 活体组织检查
    - 组织培养和细胞培养
  - 动物病理学的观察方法和新技术的应用
    - 大体观察
    - 组织学观察
    - 细胞学观察
    - 组织和细胞化学观察
    - 免疫组织、免疫细胞化学观察
    - 超微结构观察
  - 学习动物病理的指导思想和方法
    - 提高学习站位,增强学习使命
    - 正确理解局部与整体的辩证关系
    - 以运动发展的观点认识疾病
    - 树立实践第一的观点
    - 正确认识功能、代谢与形态结构变化的辩证关系
    - 正确理解和处理内因与外因的关系

思政园地

我国病理学发展简史

虽然我国历史早期的病理学发展情况已很难查考，但仍然可以说我国医学病理学最早源于我国古代朴素的“阴阳五行、相生相克”的哲学思想。早在春秋战国时代，已有关于将“阴阳、五脏六腑和经络失调”作为疾病原因的论述和“夫八尺之士，肉皮在此，外可度量切循而得之，其死可解剖而视之”的记载。可见自2 500多年前有文字记载以来，尸体剖检已成为我国医学研究的手段之一。源于“阴阳五行、相生相克”哲学思想的医学理论不但在时间上早于古希腊的所谓“体液病理学及固体病理学”，且至今仍是我国传统医学的理论基础，经受了历史的考验。在欧洲尚处于中世纪神学统治逾千年的“黑暗时代”时，我国正处于唐宋鼎盛时期，医学与其他科学的发展一样称雄于世界。病理学名著有隋唐时期巢元方所著的《诸病源候论》、南宋时期宋慈所著的法医病理解剖学著作《洗冤集录》及明代万历年间由喻本元、喻本亨合著的兽医经典专著《元亨疗马集》等。大量事实说明，我国古代病理解剖学发展远远早于西方器官生理学的建立。

“医生中的医生”

一般来说临床诊断的最后一步是病理诊断，病理诊断并不只是观察患病动物的临床表现及肉眼可见变化，而是透过表象观察细胞甚至分子水平的变化以进行疾病诊断和分析，并为治疗方案及预后提供更科学的依据和研判，准确度较高，是临床诊断中十分重要的一个环节。即使在现代医疗科学技术快速发展、各种现代医学仪器完备的情况下，病理诊断仍然具有十分高的参考价值，甚至已经超过了核磁共振、CT等多种检查方式，特别是在肿瘤疾病的鉴别与诊断中，地位不可替代。因此，病理学既是一门医学基础学科，又是一门实践性很强的临床学科；病理医生被称为“医生中的医生”。

项目一　疾病概论

◆ 学习目标

掌握疾病的概念、发生的原因、经过和转归，理解疾病发生、发展的机理和规律。

实训技能　动物疾病病因及转归调查

能力目标

1. 通过调研掌握动物常见病及其发病原因和转归情况。
2. 锻炼人际交往能力、团队协作能力、资料查找能力。
3. 提高口头表达能力、资料的整理归纳能力及调研总结能力。

实训内容

(一)进行调研

(1)组建调研小组，以 3～5 人为一组，进行实训技能分工，确定联系员、记录员、询问员、总结员等。

(2)选择调研场所，如鸡场、鸭场、猪场、羊场、牛场、动物医院、疾病控制中心、专业老师办公室或图书馆等。

(3)联系调研对象，如防疫员、兽医、饲养员、专业老师等。

(4)准备调研材料，调研记录表格、记录本、笔等。制定调研内容或调查表，可参考表 1-1。

(5)调研并记录结果。

(6)以小组为单位总结原因及疾病转归，提交总结报告。

(二)调研成果展示与评价

1. 展示调研成果

(1)以小组为单位展示说明调研成果。

(2)以小组为单位形成一份调研报告。

表 1-1 动物疾病病因及转归调查表

<table>
<tr><td colspan="2">单位名称</td><td colspan="10"></td><td colspan="2">地址</td><td colspan="2"></td></tr>
<tr><td colspan="2">被调查人姓名</td><td></td><td>工作岗位</td><td colspan="3"></td><td colspan="2">职务职称技术级别</td><td colspan="3"></td><td colspan="2">联系电话</td><td colspan="2"></td></tr>
<tr><td colspan="16">动物疾病病因及转归记录表</td></tr>
<tr><td rowspan="5">动物种类</td><td rowspan="5">疾病名称</td><td colspan="11">病因</td><td colspan="3">疾病转归</td></tr>
<tr><td colspan="9">外因</td><td rowspan="4">内因</td><td rowspan="4">诱因</td><td rowspan="4">完全康复</td><td rowspan="4">不完全康复</td><td rowspan="4">死亡</td></tr>
<tr><td colspan="6">生物性</td><td rowspan="3">物理性</td><td rowspan="3">化学性</td><td rowspan="3">营养性</td></tr>
<tr><td colspan="5">病原微生物</td><td rowspan="2">寄生虫</td></tr>
<tr><td>病毒</td><td>细菌</td><td>真菌</td><td>支原体</td><td>其他</td></tr>
<tr><td></td><td></td><td></td><td></td><td></td><td></td><td></td><td></td><td></td><td></td><td></td><td></td><td></td><td></td><td></td><td></td></tr>
<tr><td></td><td></td><td></td><td></td><td></td><td></td><td></td><td></td><td></td><td></td><td></td><td></td><td></td><td></td><td></td><td></td></tr>
<tr><td></td><td></td><td></td><td></td><td></td><td></td><td></td><td></td><td></td><td></td><td></td><td></td><td></td><td></td><td></td><td></td></tr>
</table>

2. 成绩评定

以小组为单位进行成绩评定，包括教师评价、学生评价两部分，学生评价是以小组为单位进行组间互相评价。评价内容及评价方式可参见表 1-2。

表 1-2 动物疾病病因及转归调研成绩评价表 组别：________

<table>
<tr><td colspan="2">分值标准</td><td>学生评价
（占总分的 50%）</td><td>教师评价
（占总分的 50%）</td></tr>
<tr><td rowspan="3">调研成果展示
（70 分）</td><td>积极主动（20 分）</td><td></td><td></td></tr>
<tr><td>语言表达（20 分）</td><td></td><td></td></tr>
<tr><td>调研内容（30 分）</td><td></td><td></td></tr>
<tr><td rowspan="2">调研报告
（30 分）</td><td>字迹工整（10 分）</td><td></td><td></td></tr>
<tr><td>内容丰富（20 分）</td><td></td><td></td></tr>
<tr><td colspan="2">小计</td><td></td><td></td></tr>
<tr><td colspan="2">实际得分合计</td><td colspan="2"></td></tr>
</table>

◆ 相关知识

相关知识　疾病概论

一、疾病的概念与特点

(一)疾病的概念

疾病是相对于健康而言的。健康是指动物机体内部结构与功能完整而协调,在神经-体液的调节下维持内环境的稳定,适应不断变化着的外界环境,维持正常的生命活动。

疾病是指动物机体与致病因素的相互作用所产生的损伤与抗损伤的复杂斗争过程。在这个过程中,动物机体表现出一系列机能、代谢和形态结构的变化,这些变化使机体内外环境之间的相对平衡状态发生紊乱,从而出现一系列的症状与体征,并造成畜禽的生产能力下降及经济价值降低。

(二)疾病的特点

(1)疾病是在一定条件下由病因作用于机体所引起的。任何疾病的发生都是由一定的原因引起的,没有原因的疾病是不存在的。在临床上,查明疾病的原因是有效防治疾病的先决条件。

(2)疾病是一种损伤与抗损伤的矛盾斗争过程,矛盾斗争运动推动着疾病的发生与发展。当损伤方面占优势,疾病就恶化;抗损伤方面占优势,疾病就好转。正确认识疾病过程中损伤和抗损伤两个方面,是治疗疾病的理论基础。

(3)疾病是完整机体的反应。例如急性肺炎时,机体呈现体温升高、白细胞增多等全身反应,而肺的病变则是全身反应在局部的集中表现。因此,在实际工作中应避免只见局部或只见整体。

(4)生产能力下降、经济价值降低是动物患病的重要标志之一。患病时,动物机体的适应能力降低,机体内部的机能、代谢和形态结构发生障碍或被破坏,导致动物的生产能力(使役力、增重、产蛋、产毛、泌乳、繁殖力等)下降,并使其经济价值降低,这是动物患病的重要标志。

(5)疾病的发生、发展和转归存在一定的规律。掌握其规律,对防治疾病具有重要意义。

(三)病理过程及病理状态

1. 病理过程

指存在于不同疾病中,但具有共同的功能、代谢和形态结构的病理性变化。病理过程本身无特异性,但它是构成特异性疾病的一个基本组成部分,例如肺炎、肝炎、肾炎、脑炎以及所有其他炎症性疾病，都是以炎症这一病理过程为基础构成的，都可以表现为发热、白细胞增多等。病理过程可以局部表现为主，如血栓形成、栓塞、梗死、炎症等；也可以全身反应为主，如发热、缺氧、休克等。一种疾病中可以包含多种病理过程，如患大叶性肺炎时具有发热、炎症、缺氧甚至休克等病理过程。

2. 病理状态

指疾病的主要症状已经消失，致病因素对机体的损害作用已经停止，但是机体的功能、代谢障碍和形态结构的损伤并未完全康复，往往留下某些持久性的、不再变化的损伤残疾。病理状态常是病理过程的后果，例如烧伤后的皮肤瘢痕、关节炎后的关节强直、慢性猪丹毒引起的赘生性心瓣膜病变等。有些病理状态在一定条件下可转化为病理过程，如风湿病导致的心瓣膜改变是一种病理状态，当心脏负荷过度增加时可转化为心力衰竭，这就是病理过程。

二、疾病发生的原因

疾病发生的原因简称病因，又称致病因素，是指引起疾病的各种因素。研究疾病的原因是有效预防和治疗疾病的基础。

引起疾病的原因很多，概括起来可以分为两大类，即外界致病因素（疾病的外因）和内部致病因素（疾病的内因）。多数疾病除了发病原因以外，还有发病条件，即诱因。

（一）外界致病因素（疾病发生的外因）

疾病发生的外因是指存在于外界环境中的各种致病因素。按其性质可分为生物性致病因素、化学性致病因素、物理性致病因素和营养性致病因素。

1. 生物性致病因素

生物性致病因素是最常见、最重要的致病因素，是影响畜牧业发展的大敌，包括各种病原微生物（如细菌、病毒、支原体、衣原体、立克次体、放线菌、螺旋体、真菌）和病原寄生虫。

生物性致病因素致病作用的主要特点如下：

(1)对被侵害的动物种属具有一定的选择性。例如，家畜不患白喉，人类不患牛瘟。

(2)有一定的潜伏期。潜伏期的长短与病原微生物在体内繁殖、蔓延、产生毒素的速度和机体的抵抗力有关。如猪丹毒的潜伏期一般是 3～5 d，最短为 1 d，最长可延至 7 d 以上；鸡新城疫的潜伏期平均为 3～5 d。

(3)有一定的侵入门户和作用部位。如破伤风杆菌一定要侵入皮肤或黏膜的深部创伤，在厌氧条件下才会发生感染；鸡的法氏囊病毒主要侵害法氏囊；沙门菌侵入肠道才有致病作用。

(4)有一定的持续性和传染性。病原微生物侵入机体后，在体内适宜部位生长、繁殖并产生毒素，持续发挥致病作用。有些病原微生物随排泄物、分泌物、渗出物等排出患病动物体外，通过多种途径传染给其他易感动物，从而造成疾病的传播和流行。

(5)致病作用取决于机体的反应性及抵抗力。当机体防御机能健全，抵抗力强时，虽然体内带有病原微生物，也不一定发病；相反，若机体抵抗力降低，则平时存在于体内毒性不强的微生物也可引起发病。

(6)致病作用有一定的特异性。生物性致病因素引起的疾病有特异的免疫反应和特异的病理变化。

2. 化学性致病因素

化学性致病因素是指对动物具有致病作用的化学物质。环境中的化学物质多种多样，这些化学物质在一定条件下都可能对机体产生毒害作用,即使是对动物体必需的盐和水,如用量过大也会引起中毒。因此,化学性致病因素实际上就是化学毒物,由化学毒物引起的疾病,统称为中毒。根据化学毒物的来源不同,将化学毒物分为外源性毒物和内源性毒物两类。

(1)外源性毒物。

①无机毒物。酸、碱、重金属盐(砷、汞等)作用于机体时能使蛋白质、核酸等大分子发生变化,引起组织变性、坏死,导致器官功能障碍。

②有机毒物。醇、乙醚、有机磷农药(敌百虫、敌敌畏等)、植物毒素(如生物碱)、动物毒素(如蛇毒、蜂毒)等可导致中毒。药物使用不当也可引起中毒,如磺胺类药物中毒。

③工业毒物。工业废气、废水、废渣中含有二氧化硫、硫化氢、一氧化碳等化学物质,常引起环境污染,进而造成动物中毒。

(2)内源性毒物。内源性毒物是由动物机体内部代谢产生的,内源性毒物引起的中毒称为自体中毒。例如,肾脏排泄功能障碍可引起尿毒症,肝脏损伤使胆汁不能排出而引起黄疸等。

化学性致病因素的致病特点如下：

①毒害作用的选择性。许多化学性致病因素对机体组织、器官的毒害作用有一定的选择性。如一氧化碳能与血红蛋白牢固结合,使其失去携氧功能;四氯化碳主要引起肝细胞的损伤;氢氰酸主要导致细胞内呼吸障碍。

②致病性常发生改变。化学性致病因素在整个中毒过程中都起一定的作用,但随着疾病的发展,它可被体液稀释、中和或被机体组织解毒和排泄,故其致病性常发生改变。

③化学毒物引起的疾病一般有短暂的潜伏期。

④致病作用与毒物本身的性质、剂量或浓度及吸收速度有关。

3. 物理性致病因素

物理性致病因素一般包括温度、电流、光和放射性物质、噪声及大气压力变化、机械性致病因素等。这些因素因其性质、强度、作用的部位和范围不同,可引起不同性质的损伤。

(1)温度。

①高温。高温可引起机体的烧伤、烫伤或灼伤、炎症等,作用于全身可引起热射病与日射病。热射病发生于处在炎热而潮湿环境下的动物。环境温度过高使机体散热障碍、体温上升,临床上呈现不安、脉搏频数、呼吸增快,严重时可导致内脏淤血和神经机能高度障碍,使动物出现昏迷和呼吸抑制,乃至死亡。日射病则是由于烈日照射,脑髓受到过热的刺激,引起中枢神经系统兴奋,脑部血管扩张充血或出血、体温上升,最后也可致死。

②低温。低温作为一种致病因素,除可引起组织冻伤外,还能降低机体的抵抗力,从而促进某些疾病的发生。

(2)电流。电流对机体的作用决定于电流的强度、持续时间、性质(直流或交流)、作用的器官和组织的抵抗力以及动物种类与个体的特性。电流的损害作用主要是电热作用,电能转为热能,可引起组织烧伤;通过电解作用,可使组织的化学成分发生分解,组织细胞发生损伤;通过电的机械作用,即电能转为机械能,可引起组织的机械性损伤。

(3)光和放射能的致病作用。

①普通光线。普通光线对动物生长是必需的,一般没有致病作用。但当动物体内存在特殊的光感应物质(如卟啉、荧光素、伊红、叶绿素)时,就会对普通光线发生感应性增高的现象,称为光照病或感光过敏症。例如,动物吃了荞麦等蓼科植物或三叶草,就会发生光过敏症,它的特征是在身体无色素的皮肤部位发生炎症,出现疹块或坏死。

②紫外线。紫外线辐射对机体产生各种光化学效应,其中通过对皮肤的辐射,将前维生素D(7-脱氢胆固醇)转化为维生素 D_3 可防治佝偻病。然而长期过量的紫外线照射,常可损伤细胞内 DNA 及 RNA 的结构以及干扰 DNA 的复制,从而导致细胞死亡。此外,紫外线照射还可因其光化学效应引起皮肤损伤,在紫外线下暴露几小时以后,皮肤可出现红斑、水肿、脱皮、痛觉敏感。长期反复受紫外线辐射还可引起皮肤癌。

③X 射线和镭射线。X 射线和镭射线的波长比紫外线更短,能穿透深层组织产生致病作用。适当剂量照射对机体是有利的,临床上常用以治疗恶性肿瘤。大剂量照射或小剂量反复照射可引起皮肤炎症、脱毛、贫血、肿瘤等疾病。

(4)低气压及噪音。高原低气压可引起动物缺氧。外界环境中的噪音可使动物的生理功能发生明显改变,特别是交感神经兴奋,引起血压升高,心跳、呼吸加快,物质代谢加强,消化道的分泌及蠕动减弱。动物出现兴奋、惊恐、消化机能抑制、生产性能明显下降等一系列现象,严重时可引起动物行为失常,出现顽固性病态。

(5)机械性致病因素。机械性致病因素主要指机械力的作用,一般情况下机械力多来自机体外部,例如各种性质不同的外伤(创伤、挫伤、扭伤、骨折及脱臼等);机体内部的肿瘤、脓肿、结石以及异物等,能使组织器官发生机械性压迫或机械性阻塞而引起发病。

物理性致病因素的主要致病特点是:

①必须达到一定的强度或持续一定的时间。

②对组织和器官无选择,均具有相同的致病性。

③发病快,一般潜伏期较短或无潜伏期,各种物理性因素(少数除外)一般只在疾病发生时起作用,不参与疾病的进一步发展。

④致病作用一般与机体的自身状态无关,主要取决于其强度、性质、作用部位和范围。

4. 营养性致病因素

维持机体生命活动所必需的营养物质包括一些基本物质(如氧和水)、各种营养素(如糖、脂肪、蛋白质、维生素、无机盐等)和某些微量元素(如硒、碘、锌等)等,机体内这些正常的必需物质缺乏或者过剩都可引起疾病。例如,给奶牛饲喂蛋白质和脂肪含量高而碳水化合物不足的饲料时,可引起酮病;日粮中缺乏维生素 E 或微量元素硒,可引起雏鸡脑软化、渗出性素质病及肌营养不良;鸡日粮中蛋白质过多可引起痛风。

(二)内部致病因素(疾病发生的内因)

疾病发生的内因是指机体本身的生理状态,主要包括两个方面:一方面是机体对外界致病因素的反应性,即感受性;另一方面是机体对外界致病因素的防御能力,即抵抗力。

疾病发生的根本原因就是机体对致病因素具有反应性且机体抵抗力降低。

1. 机体的反应性

机体反应性是机体对各种刺激(包括生理性或病理性)所表现的某些形式的应答能力,也是机体的一种在遗传基础上与外界环境条件相互作用形成的特性。机体反应性常因种属、性别、年龄、个体不同而异。

(1)种属反应性。不同种属的动物,对同一刺激可表现出不一样的反应,例如,炭疽杆菌感染草食动物一般可引起败血症,对猪则通常引起局部感染,而鸡不感染。这种种属反应性的差异是机体在进化过程中获得的,是一种天然非特异性的种属免疫性。

(2)品种与品系。不同品种或品系的动物,对同一刺激物的反应强度差异也很大。例如,一些品种或品系的鸡对白血病相当敏感,而另一些品种或品系的鸡该病的发病率却很低。这也提示了通过育种途径有可能减少这些疾病的发生。

(3)年龄。幼龄动物易患消化道和呼吸道疾病,如仔猪白痢和鸡白痢等,这可能与幼龄动物的神经系统机能和防御机能发育不够完善有关;成年动物对疾病的抵抗力较强;老龄动物由于代谢机能降低、神经调节及防御机能减弱,易患各种疾病且不易恢复。

(4)性别。动物的性别不同,对同一致病因素的反应性也有差异。例如鸡、牛和犬的白血病,通常雌性的患病率高于雄性。

(5)个体反应性。同种动物的不同个体对同一致病因素的反应性也不同,如牛群感染牛分枝杆菌时,有的病情较重,有的较轻,有的则无临床表现。个体反应性的差异与个体的体质、神经和内分泌机能状态、营养状况以及免疫和遗传等因素都有关系。

2. 防御功能及免疫功能降低

(1)防御屏障。防御屏障是正常动物普遍存在的组织结构,包括皮肤和黏膜等构成的外部屏障和多种重要器官中的内部屏障(如血脑屏障和胎盘屏障等)。结构和功能完整的内、外屏障可以杜绝病原微生物的侵入或有效地控制其在体内的扩散,但当这些屏障功能受损时,一些疾病就容易发生。

(2)吞噬作用。吞噬作用是动物进化过程中建立起来的一种原始而有效的防御反应。病原及其他异物突破防御屏障进入机体后,将会遭到吞噬细胞的吞噬而被破坏。当机体吞噬能力减弱时,某些疾病就容易发生。

(3)解毒、排毒功能。肝是机体主要的解毒器官,从肠道吸收的各种有毒有害物质,随血液转运到肝,肝细胞通过氧化、还原、水解、结合等方式,使之转化为无毒或低毒的物质,由肾排出体外。肾是机体最大的排毒器官,它通过滤过及分泌作用排泄有害物质,它能以相当大的浓度排出氮残渣、硫酸盐或磷酸盐等。当机体解毒、排毒机能发生障碍时,如患肝炎、肝中毒性营养不良等或发生肾炎、肾萎缩时,肝的解毒机能及肾的排毒机能降低,体内有毒物质蓄积,使机体出现自体中毒。

(4)特异性免疫功能。机体的特异性免疫功能主要是由淋巴细胞来实现的。T淋巴细胞受到抗原刺激后,变为淋巴母细胞,与相应抗原接触后,释放各种淋巴因子,实现细胞免疫;B淋巴细胞受到抗原刺激后,转化为浆细胞,产生抗体,实现体液免疫。当免疫机能障碍和免疫异常时，机体的防御机能降低，可导致疾病的发生。例如，当细胞免疫功能低下时，容易发生病毒、霉菌等感染，而且还较易发生恶性肿瘤。当体液免疫功能降低时，容易发生细菌感染，特别是化脓性细菌的感染。

3. 机体的应激反应性改变

应激反应是机体受到各种因素（如剧痛、出血、创伤、强光、低压、缺氧、过冷、过热、饥饿、恐惧、精神紧张、过度使役等）刺激时出现的一系列神经内分泌反应，应激反应会引起各种机能和代谢的改变，以提高机体对外界环境的适应能力和维持内环境的相对稳定。应激反应是机体的一种非特异性防御反应，在一般情况下对机体是有利的，但是，应激反应过强或持续时间过久，则对机体造成损害，往往产生病理性变化。

（三）疾病发生的条件（疾病发生的诱因）

疾病发生的条件，也称诱因，是指能加强致病因素的作用或促进疾病发生的因素，包括温度、湿度、环境等。如圈舍环境条件差或过度使役等可降低动物机体的抵抗力，使动物容易发病。受寒可降低呼吸道黏膜的防御功能而容易诱发呼吸道疾病；环境温度过高，可导致动物体温过高，引起一系列功能紊乱，同时又可使肠道传染病增加。近年来，随着工业的发展，某些工厂排出的废气、废水、废渣污染周围环境，成为引起动物发病的重要致病因素。

对于不同的疾病，同一因素对某一疾病是原因，而对另一种疾病可能就是条件。例如，寒冷是冻伤的原因，也是感冒、肺炎、关节炎等疾病发生的条件。因此，疾病的病因学预防中，应该正确认识和区别疾病的原因和条件在疾病发展中的作用。

三、疾病发生的一般机理与规律

（一）疾病发生的一般机理

致病因素作用动物机体后，主要通过对组织的直接作用使神经系统的功能改变或体液因素的变化造成病理性损伤。

1. 致病因素对组织的直接作用

致病因素可以对机体组织起直接损伤作用，从而导致疾病发生、发展，如高温引起的烧伤、低温引起的冻伤、强酸强碱对组织的腐蚀作用等。此外，还有些致病因子在侵入机体后，选择性地直接作用于某一组织器官而引起机体发病，如一氧化碳选择性地作用于血红蛋白造成组织缺氧，四氯化碳选择性地作用于肝引起肝坏死等。

2. 致病因素改变体液的质和量

许多致病因素作用于机体后，通过改变机体体液的质和量而导致机体发病。例如，机械力引起动物急性失血、病原体导致的机体严重腹泻、水源缺乏造成的动物脱水等，都可使血容量降低而致机体发生休克。此外，许多致病因素可使机体内组胺、5-羟色胺、前列腺素等介质含量增多，使体液的质发生改变，由于以上介质都具有刺激局部组织发生炎症的作用，所以体液的这种质的变化，最终导致炎症性疾病的发生。再如，体液的离子浓度、pH、渗透压等发生变化，都可导致动物发病。

3. 致病因素改变神经调节机能

在疾病的发生过程中,神经系统的作用可区分为致病因素对神经的直接作用和神经反射作用两种。各种脑炎、狂犬病、一氧化碳中毒、铅中毒等致病因素可直接作用于神经中枢,引起神经机能障碍。饲料中毒时出现的呕吐与腹泻,有害气体刺激时呼吸运动的减弱甚至暂停,缺氧时的低氧分压血刺激颈动脉体及主动脉体的化学感受器使呼吸加深加快等,都是通过神经反射引起的损伤与抗损伤反应。

4. 细胞和分子作用

致病因素作用于机体后,直接或间接作用于组织细胞,造成某些细胞的功能和代谢障碍,引起细胞自我调节紊乱,这是疾病发生的细胞机理。

细胞内含有很多分子,这些分子包括大分子多聚体(主要是蛋白质和核酸)与小分子物质。各种致病因素无论通过何种途径引起疾病,在分子水平上都会表现出大分子多聚体与小分子物质各种形式的异常,分子水平的异常变化又会在不同程度上影响正常生命活动。因此,近年来从分子水平研究生命现象和疾病发生的机制引起了人们极大的重视,随着病理学和分子生物学研究不断深入,分子病理学应运而生。分子病理学是研究生物大分子,特别是核酸、蛋白质和酶受损所致的疾病,即从分子水平阐述疾病发生的机理。

上述四种作用在疾病过程中不是孤立发生的,而是相互影响的,只是在不同疾病的不同发展阶段以某一方面为主。在致病因素直接作用于组织引起组织损伤的同时,也可作用于组织中的神经系统,各种组织产生的崩解产物及代谢产物也可进入体液,从而引起一系列的病理变化。

(二)疾病发生的一般规律

1. 损伤与抗损伤的斗争贯穿于疾病发展的始终

疾病是机体损伤与抗损伤的复杂斗争过程。致病因素作用于机体所引起的损害性变化,称为损伤;机体为对抗这些损害而调动的各种防御适应反应和代偿措施,统称为抗损伤反应。损伤与抗损伤的斗争贯穿于疾病的始终,而且疾病过程中损伤和抗损伤的对比关系决定着疾病发展的方向。如果损伤占优势,则病情恶化,甚至导致死亡。反之,如果抗损伤占优势,则疾病就向有利于机体康复的方向发展,直至痊愈。例如,烧伤或高温引起皮肤、组织坏死,体液大量渗出引起循环血量减少、血压下降等变化均属损伤性变化,与此同时,机体出现一系列变化,如白细胞增加、微动脉收缩、心率加快、心输出量增加等抗损伤反应,如果损伤较轻,则通过各种抗损伤反应和恰当的治疗,机体即可恢复健康;反之,如果损伤较重,抗损伤的各种措施无法抗衡损伤反应,又无恰当而及时的治疗,则会导致病情恶化。

动画 1-1 疾病发生的规律

疾病过程中损伤与抗损伤这一对矛盾在一定条件下是可以互相转化的。例如急性胃肠炎时,常出现腹泻,这是肠蠕动增强和分泌亢进的结果,它有助于把肠腔内的细菌和有毒物质排出体外,因此是机体抗损伤反应。但是过度的腹泻又可引起机体脱水和酸中毒等损伤性反应。

可见在治疗疾病的过程中,注意利用机体的抗损伤反应,并防止其向损伤性反应转化,同时积极创造条件力求减轻损伤,增强抗损伤能力,对促进机体康复是极为重要的。

2. 疾病过程的因果转化规律

疾病过程中的因果转化规律是指在原始病因作用下，机体发生的某些变化(结果)又可作为新的原因而引起新的变化，如此因果交替和转化，形成一个螺旋式的过程而促使疾病得以不断发展。如外伤造成血管破裂可引起急性大出血，继而出现血容量减少和血压下降，血压下降又可使组织血液供应减少和组织缺氧，中枢神经系统缺氧又可导致呼吸及循环功能下降，进一步加重缺氧，以致病情不断恶化，如果及时采取止血、输血等措施则可防止病情恶化而有利于机体的康复。

因果转化规律是疾病发生发展的基本规律之一，在兽医临床实践中，若能及时找出疾病发展和恶化的主导环节，并针对这些环节采取相应的措施，就能有效地阻止疾病向恶化方向发展，有利于疾病的康复。

3. 疾病过程中局部与整体的关系

任何疾病都有局部表现和全身反应，局部病变可通过神经和体液途径引起机体的整体反应，而机体的整体反应可影响局部病变的发展。在疾病过程中，局部与整体互相影响、互相制约。例如，感冒时，病变虽然主要发生在上呼吸道，但患畜常有发热、食欲减退、精神沉郁等全身性反应。再如，体表发生急性炎症时，局部表现为红、肿、热、痛和机能障碍，同时全身可出现体温升高、白细胞数增多等反应。当患畜营养不良和某些维生素不足时，组织细胞的再生能力常被削弱，从而使创伤愈合延缓。因此，在临床上对任何疾病进行治疗时，都必须注意局部和整体的关系，既不能头痛医头，脚痛医脚；又不能只管全身，不顾局部，只有认真地分析局部和整体的关系，根据具体情况，既统筹兼顾，又有所侧重，制订科学的治疗方案，方能取得满意的疗效。

四、疾病的经过和转归

疾病从发生到结束的整个过程，称为疾病的经过。疾病一般在其发展过程中均具有一定的阶段性，这是致病因素所引起的损伤与机体抗损伤能力之间力量对比不断变化的反映。由于致病因素的性质不同，疾病的阶段性有的表现明显(如各种传染病)，有的则不明显(如由机械性、物理性因素所引起的疾病)。由生物性致病因素引起的传染病，其阶段性表现明显，通常可分为潜伏期、前驱期、临床明显期和转归期四个发展阶段。

(一)潜伏期

潜伏期又称隐蔽期，是指从致病因素作用于机体开始，到机体出现最初临床症状之前的一段时期。机体的特性不同、各种致病因素的致病力不一样，所以不同疾病潜伏期的长短也不同。例如，炭疽病的潜伏期为1～5 d；破伤风为7～15 d；狂犬病为2～8周，时间最长可达1年以上。

(二)前驱期

前驱期也称先兆期，是指从疾病出现最初症状开始，到疾病的主要症状出现之前的这段时期。其特点为机体的损伤与抗损伤反应逐渐加剧，并以损伤变化占优势，机体的机能活动和反应性均有所改变,于是呈现出种种非特异性的临床症状。例如,动物精神沉郁、食欲减退、呼吸和脉搏增数、体温升高、使役或生产能力降低等。疾病的前驱期一般不出现各种疾病的特征性症状,因此,在此期往往难以做出正确的疾病诊断。

对于一般疾病来说,在此期中若机体的防御适应能力得到进一步动员或机体受到适当的治疗,消灭致病因素,使损伤得以修复与代偿时,疾病就会终止,机体即可康复;否则疾病将继续发展。

(三)临床明显期

此期疾病的特征性症状或全部主要症状充分表现出来,是疾病发展的高峰阶段,比较容易识别,在诊断上有重要意义。

(四)转归期

此期是疾病过程的最后阶段,表现为完全康复、不完全康复或死亡。

1. 完全康复

完全康复又称痊愈,是指机体的机能和代谢障碍完全消失,形态结构也基本恢复到正常的状态。此时,畜禽的使役和生产能力也完全恢复。完全康复是许多疾病最常见的结局,多见于组织损伤程度轻和机体抵抗力强的情况下。

2. 不完全康复

不完全康复指疾病的主要症状消失,但有关器官的功能、代谢和形态结构并未完全恢复正常,遗留某些病理状态(如瘢痕等)或后遗症。此时机体借助代偿作用来维持正常生命活动,有时可因负荷过重引起代偿失调而致疾病再发。例如,心内膜炎痊愈后常遗留有瓣膜孔狭窄或闭锁不全,此时,通过心壁变肥厚和加强心壁收缩以便输出更多的血液来满足机体生命活动的需要。但是如果机体的负荷过度增加,超过了心脏的代偿能力时就会出现供血不足。

3. 死亡

死亡是指机体作为一个整体其生命活动永久性停止。一般来说,死亡也有一个发展过程,除猝死外,通常把死亡过程分为濒死期、临床死亡期和生物学死亡期三个阶段。其中濒死期和临床死亡期属于死亡的可逆阶段,即通过抢救措施还可使动物机体复活;生物学死亡期则是死亡的不可逆阶段。

(1)濒死期。为临床死亡前的一种特殊状态。其特点为机体各系统的机能发生严重的障碍,中枢神经系统脑干以上的部分处于深度抑制状态,只有延髓的抑制尚浅。病畜表现为意识模糊或消失,反射迟钝,心跳减弱,血压降低,呼吸微弱或出现周期性呼吸困难,括约肌松弛,粪尿失禁,机体各种机能活动减弱,体温降低。

(2)临床死亡期。主要标志为心跳和呼吸完全停止。此时反射消失,延髓深度抑制,但各组织仍进行着微弱的代谢活动。

(3)生物学死亡期。死亡过程的最后阶段,此时从大脑皮质开始到整个神经系统以及其他各器官系统的新陈代谢停止,并出现不可逆的变化,整个机体已没有复活的可能。

思维导图

- 项目一　疾病概论
  - 疾病的概念与特点
    - 疾病的概念
      - 疾病是指动物机体与致病因素的相互作用所产生的损伤与抗损伤的复杂斗争过程
    - 疾病的特点
      - 疾病是在一定条件下由病因作用于机体所引起的
      - 疾病是一种损伤与抗损伤的矛盾斗争过程，矛盾斗争运动推动着疾病的发生与发展
      - 疾病是完整机体的反应
      - 生产能力下降、经济价值降低是动物患病的重要标志之一
      - 疾病的发生、发展和转归存在一定的规律
    - 病理过程及病理状态
      - 病理过程是指存在于不同疾病中，但具有共同的功能、代谢和形态结构的病理性变化
      - 病理状态是指疾病的主要症状已经消失，致病因素对机体的损害作用已经停止，但是机体的功能、代谢障碍和形态结构的损伤并未完全康复，往往留下某些持久性的、不再变化的损伤残疾
  - 疾病发生的原因
    - 外界致病因素（疾病发生的外因）
      - 生物性致病因素
        - 对被侵害的动物种属具有一定的选择性
        - 有一定的潜伏期
        - 有一定的侵入门户和作用部位
        - 有一定的持续性和传染性
        - 致病作用取决于机体的反应性及抵抗力
        - 致病作用有一定的特异性
      - 化学性致病因素
        - 外源性毒物
          - 无机毒物
          - 有机毒物
          - 工业毒物
        - 内源性毒物
          - 内源性毒物是由动物机体内部代谢产生的，内源性毒物引起的中毒叫自体中毒
        - 化学性致病因素的致病特点
          - 毒害作用的选择性
          - 致病性常发生改变
          - 化学毒物引起的疾病一般有短暂的潜伏期
          - 致病作用与毒物本身的性质、剂量或浓度及吸收速度有关
      - 物理性致病因素
        - 温度、电流、光和放射能、低气压及噪音、机械性致病因素等
      - 营养性致病因素
    - 内部致病因素（疾病发生的内因）
      - 机体的反应性
        - 种属反应性
        - 品种与品系
        - 年龄
        - 性别
        - 个体反应性
      - 防御功能及免疫功能降低
        - 防御屏障
        - 吞噬作用
        - 解毒、排毒功能
        - 特异性免疫功能
      - 机体的应激反应性改变
    - 疾病发生的条件（疾病发生的诱因）
      - 温度、湿度、环境
  - 疾病发生的一般机理与规律
    - 疾病发生的一般机理
      - 致病因素对组织的直接作用
      - 致病因素改变体液的质和量
      - 致病因素改变神经调节机能
      - 细胞和分子作用
    - 疾病发生的一般规律
      - 损伤与抗损伤的斗争贯穿于疾病发展的始终
      - 疾病过程的因果转化规律
      - 疾病过程中局部与整体的关系
    - 疾病的经过和转归
      - 潜伏期
        - 又称隐蔽期，是指从致病因素作用于机体开始，到机体出现最初临床症状之前的一段时期
      - 前驱期
        - 也称先兆期，是指从疾病出现最初症状开始，到疾病的主要症状出现之前的这段时期
      - 临床明显期
        - 指疾病的特征性症状或全部主要症状充分表现出来的时期，是疾病发展的高峰阶段，比较容易识别，在诊断上有重要意义
      - 转归期
        - 完全康复
        - 不完全康复
        - 死亡

思政园地

首部病因症候学专著——《诸病源候论》

《诸病源候论》由隋代巢元方等撰于大业六年(公元 610 年),为我国第一部论述各种疾病病因、病机和症候之专著。全书共五十卷,分六十七门。内容包括内、外、妇、儿、五官等科的各种疾病。在论述诸病源候的内容中,有许多突出的成就。

在病因方面,能突破前人的见解,提出新的论点,把当时的病因学提高到一个新的水平。如流行性传染病,在隋代以前,绝大部分都概括于伤寒、温病和时行病中,认为是由于气候的变异,人触冒之而发病。但至《诸病源候论》,提出单纯触冒寒毒之气发病,则不传染;如"感其乖戾之气而发病",则多相传染。所谓"乖戾之气",很近似于对病原体的认识。此外,更提倡预先服药预防,控制传染,这是一个很大的进步。

对于寄生虫病,则有"湿䘌候""疮䘌候""九虫候"等,详细描述许多寄生虫的形态及其传染途径。特别对绦虫,指出是吃了半生不熟的牛肉和生鱼所致,并说"白虫相生,子孙转大,长至四五尺,亦能杀人"。观察非常细致,记载也是最早的。

隋代以前的医家,都认为皮肤病是由风邪或邪热伤于皮肤肌肉所致。而《诸病源候论》则进一步阐明有虫毒为患。如对癞、疥、癣等病,都指出有虫寄生。这是发展了前人的六淫病因学说,已认识到有病原体的存在。又如对过敏性疾病,如荨麻疹,认为原有"邪气客于皮肤,复逢风寒相折,则引起风瘙隐疹",似认识到发病有致敏原。如漆疮,认为"人有禀性畏漆,但见漆便中其毒",明确了此病有个体特异性。

再如消渴、渴利、内消诸候,也基本反映现代糖尿病的大体病情,特别指出消渴病多发痈疽或水肿等,是糖尿病并发皮肤感染和泌尿系感染的最早记载。

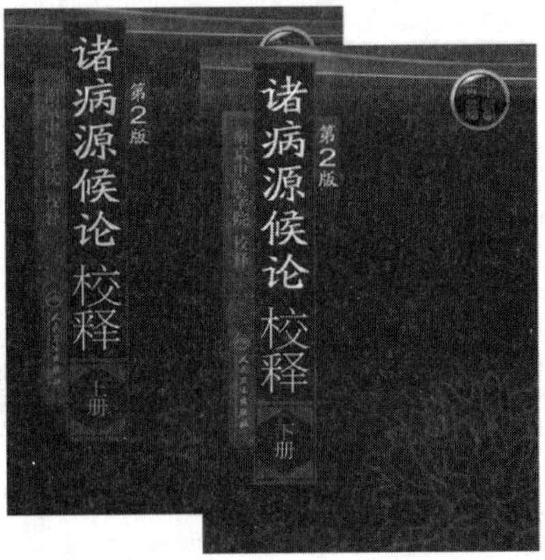

复习思考题

一、名词解释

疾病　病因　完全康复　不完全康复

二、填空题

1. 疾病发生的外因是指存在于外界环境中的各种致病因素，按其性质可分为__________、__________、__________和营养性致病因素。

2. __________是动物最常见、最重要的致病因素，是影响畜牧业发展的大敌。

3. 生物性致病因素包括各种__________和病原寄生虫。

4. 根据化学毒物的来源不同，将化学毒物分为__________和__________两类。

5. 外源性毒物包括__________、__________、___________。

6. 内源性毒物是由动物机体内部__________产生的，内源性毒物引起的中毒叫自体中毒。

7. 疾病的发生除了有内因和外因之外，还有发病的条件，即所谓的诱因，它包括促进疾病发生的__________、__________、__________等。

8. 在临床上对任何疾病进行治疗时，都必须注意__________和__________的关系，既不能头痛医头，脚痛医脚；又不能只管全身，不顾局部。

9. 由生物性因素引起的传染病，通常可分为__________、__________、__________和__________四个发展阶段。

10. 转归期是指疾病过程最后的结束阶段，表现为__________、__________或死亡。

11. 死亡是指机体作为一个整体其生命活动永久性停止。一般来说，死亡也有一个发展过程，除猝死外，通常把死亡过程分为__________、__________、__________三个阶段。

三、选择题

1. 病因学是研究(　　)的科学。
   A. 发病原因　B. 发病条件　C. 病理变化及其发生机理
   D. 疾病转归　E. 以上都是

2. 农药中毒在病因上属于(　　)。
   A. 生物性致病因素　B. 物理性致病因素　C. 化学性致病因素
   D. 营养性致病因素　E. 机械性致病因素

3. 以下致病因素中属于化学性致病因素的是(　　)。
   A. 细菌感染　B. 高温　C. 有机磷中毒
   D. 病毒感染　E. 维生素缺乏

4. 以下致病因素中属于物理性致病因素的是(　　)。
   A. 细菌　B. 病毒　C. 农药
   D. 蛋白质　E. 辐射

5. 辐射、高温因素属于(　　)。
   A. 生物性致病因素　B. 营养性致病因素　C. 物理性致病因素
   D. 机械性致病因素　E. 化学性致病因素

6. 疾病发生的原因有(　　)。
   A. 内因　B. 外因　C. 诱因　D. 以上都是

7. 从疾病出现最初症状开始，到疾病的主要症状出现之前这段时期称为(　　)。
   A. 临床明显期　B. 潜伏期　C. 前驱期
   D. 转归期　E. 隐蔽期

8. 疾病的特异性症状或全部主要症状在(　　)出现。

A. 临床明显期　　B. 潜伏期　　C. 前驱期

D. 转归期　　E. 隐蔽期

9. 动物疾病发展不同时期中最具有临床诊断价值的是(　　)。＜2009＞[*]

A. 潜伏期　　B. 前驱期　　C. 临床经过期

D. 转归期　　E. 终结期

10. 动物机体抵抗力较强，且经适当治疗，多数急性炎症局部的结构和功能均可恢复正常，此情形下炎症的结局最可能是(　　)。＜2010＞

A. 局部蔓延　　B. 血道扩散　　C. 完全愈合

D. 不完全愈合　　E. 淋巴道扩散

11. 属于生物性致病因素的是(　　)。＜2011＞

A. 病毒　　B. 蛇毒　　C. 紫外线

D. 芥子气　　E. 电离辐射

12. 疾病发展过程中，从最初症状出现到典型症状开始暴露的时期为(　　)。＜2013＞

A. 潜伏期　　B. 前驱期　　C. 临床明显期

D. 转归期　　E. 隐蔽期

13. 不属于化学性致病因素的是(　　)。＜2015＞

A. 强酸、强碱　　B. 蛇毒　　C. 芥子气

D. 紫外线　　E. 有机磷农药

14. 患病动物的主要症状虽然消除，但受损的组织结构尚未恢复，而是通过代偿维持其相应的功能活动的一种病理状态，属于(　　)。＜2018＞

A. 完全康复　　B. 痊愈　　C. 不完全康复

D. 机化　　E. 再发

15. 属于化学性致病因素的是(　　)。＜2018＞

A. 高温　　B. 紫外线　　C. 大气压

D. 芥子气　　E. 电离辐射

16. 下列属于疾病发生一般机制的是(　　)。＜2019＞

A. 损伤与抗损伤的斗争　　B. 因果转化

C. 局部与整体　　D. 神经体液机制

E. 病程

17. 除慢性中毒以外，无机毒物的致病特点之一是(　　)。＜2020＞

A. 与毒物性质无关　　B. 与机体整体无关

C. 对组织无选择性　　D. 与毒物剂量有关

E. 潜伏期长

18. 维生素E缺乏引起雏鸡脑软化的病因属于(　　)。＜2020＞

A. 物理性致病因素　　B. 环境致病因素　　C. 化学性致病因素

D. 血液循环障碍　　E. 生物性致病因素

---

[*]注:＜2009＞表示本题为2009年执业兽医资格考试真题，其余题目依此类推。

19. 某羊场，部分羊出现消瘦、腹泻、贫血，被毛干燥、无弹性，运动失调等症状，经分析发现饲料中钼酸盐严重超标，该羊缺乏的微量元素是(　　)。＜2020＞

A. 铁　　B. 铜　　C. 锌

D. 锰　　E. 镉

20. 属于生物性致病因素的是(　　)。＜2022＞

A. 烧伤　　B. 芥子气　　C. 紫外线

D. 化脓杆菌　　E. 乙醚

21. 属于化学性致病因素的是(　　)。＜2022＞

A. 蛇毒　　B. 坏死杆菌　　C. 原虫

D. 真菌孢子　　E. 葡萄球菌

四、判断题

1. 疾病发展的动力是损伤与抗损伤之间的斗争。(　　)

2. 医学上的死亡指临床死亡。(　　)

3. 疾病特征性的症状在前驱期出现。(　　)

五、简答题

1. 以传染病为例说明疾病发展的阶段性。

2. 生物性致病因素致病作用的主要特点有哪些?

项目二　血液循环障碍

◆ 学习目标

掌握充血、淤血、出血、贫血、梗死、血栓、栓塞等血液循环障碍的概念、原因、类型及其病理变化特点；理解血液循环障碍对机体的影响；了解血液循环障碍的发生机制。

任务一　充血、贫血与出血

实训技能一　实验性兔耳血液循环障碍观察

能力目标

1.利用指压等方法使兔耳发生贫血、淤血、充血并观察其形态变化。

2.刺破血管放血，观察动脉、静脉出血的区别。

实训准备

1.动物：白毛家兔。

2.器材：毛剪或电剪1把、兔保定筒1个、镊子1把、针头1个、干棉球少量、75%酒精棉球、松节油少量、废料缸1个。

实训内容

(一)组建实验小组

以3～5人为一组，每组自行准备以上器材。进行实训技能分工，确定准备人员、操作人员、保定人员、记录人员、总结人员等。

（二）实验性兔耳贫血观察

第一步，保定剪毛。将家兔固定于兔保定筒内（也可由组员保定），两耳剃毛。

第二步，观察两耳正常状态。观察两耳的可视血管数量及颜色。

第三步，观察贫血现象。在耳根部用手指捏紧左耳动脉，注意避开静脉，观察出现的变化，包括可视血管数量、颜色、体积和温度的变化等情况，并与右耳比较。通过对比观察可知左耳温度变低，体积缩小，颜色变浅，可视血管数量变少。

（三）实验性兔耳淤血观察

第一步，保定剪毛。将家兔固定于兔保定筒内（也可由组员保定），两耳剃毛。

第二步，观察两耳正常状态。观察两耳的可视血管数量及颜色。

第三步，观察淤血现象。在耳根部用左手捏紧左耳两条静脉，观察记录血管数量、颜色情况、体积和温度的变化，并与右耳比较。最后刺破血管，观察记录血液颜色，观察完毕，干棉球止血，解除捏压。

（四）实验性兔耳充血观察

第一步，保定剪毛。将家兔固定于兔保定筒内（也可由组员保定），两耳剃毛。

第二步，观察两耳正常状态。观察两耳的可视血管数量及颜色。

第三步，观察充血现象。用镊子夹干棉球蘸少许松节油涂搽整个左耳，观察记录变化，包括血管数量、颜色、体积和温度变化，并与右耳比较，2 min后刺破血管，观察血液颜色。

视频 2-1　实验性兔耳贫血观察

视频 2-2　实验性兔耳淤血观察

视频 2-3　实验性兔耳充血观察

（五）实验性兔耳出血观察

第一步，保定剪毛。将家兔固定于兔保定筒内（也可由组员保定），两耳剃毛。

第二步，动脉出血观察。在耳根部用手指捏紧耳中动脉，观察颜色变化，刺破血管，观察血流状态及血液颜色。

第三步，静脉出血观察。在耳根部捏紧耳缘静脉，刺破血管，观察血流状态及血液颜色。

思考题

1. 解释实验中兔耳贫血、动脉性充血、淤血、出血的发生原因。
2. 描述贫血、动脉性充血、淤血的形态学变化。
3. 比较动脉出血和静脉出血的区别。

实训技能二　血液循环障碍标本与切片观察

能力目标

1. 掌握大体标本的观察方法。

2. 通过观察大体标本,掌握血液循环障碍的病变类型及其眼观病变特点。

3. 通过观察血液循环障碍的病理组织切片,掌握血液循环障碍的镜检病变特点,深刻理解其对机体的影响。

实训准备

大体标本、幻灯片、挂图、病理切片、光学显微镜等。

实训内容

(一)大体标本观察方法

大体标本观察是指用肉眼对病理标本的观察与识别。实验室保存的病理大体标本多为浸泡标本。浸泡标本是采集新鲜病理标本,用10%的甲醛(福尔马林)溶液防腐固定后制作而成,可长期保存。经福尔马林处理后,脏器的组织蛋白已经凝固,与新鲜标本相比体积稍有缩小,质地稍有变硬,色泽也有改变。观察大体标本时,首先应确认是什么脏器,然后再按以下方法来观察和描述。

1. 看大小

实心器官(肝、脾、肾)注意其体积是肿大还是缩小。有腔脏器(心、胃、肠)观察其内腔是否扩大,腔壁是否增厚。病灶的大小一般是用实物的大小来比较的,对于一些圆形的病灶,常用小米粒大、绿豆大、核桃大、鸡蛋大等来形容。病灶的形状可用圆形、椭圆形、球形、树枝状、乳头状来描述。病灶与周围组织界限是清楚还是模糊,有没有压迫周围组织。

2. 看颜色

组织中的血红蛋白受甲醛作用后变为黑色,因此含血多的部位和出血区均由红色、暗红色变为黑色,含血少的组织为灰白色。

3. 看质地

脏器的质地常用坚硬(肝硬化)、脆弱、变软(肝脂肪变性)等来描述。

4. 看表面

表面是光滑还是粗糙,边缘变薄还是钝圆,表面是否有结节隆起,结节的大小如何。有没有特殊的病灶,病灶的位置、数目及分布。病灶呈单个、多个,是局部分布或弥漫性分布等。

5. 看切面

切口是内陷还是外翻,脏器的固有结构是否有改变,如肾的皮质、髓质有无变化,界限是否清楚。刀切的感觉如何(如“沙粒肝”),切面有没有特殊的病灶。

以上是对大体标本的观察与描述。有时,光靠肉眼来观察大体标本,无法确定疾病,如鸡马立克病、鸡白血病的眼观病理变化很相似,要通过显微镜进行组织学鉴定。

(二)观察大体标本或图片

1. 观察充血标本或图片

充血的脏器体积轻度增大，颜色鲜红(彩图 2-1* 至彩图 2-6)。

2. 观察淤血标本或图片

(1)肺淤血。肺体积增大，被膜光滑紧张，蓝紫色，质地较坚实，切面流出多量暗红色的血液。若淤血时间较长，则易发生水肿，肺切面流出多量带泡沫的血样液体，同时切面致密，失去正常疏松状态；肺间质增宽，富含水分，投入水中半浮半沉(彩图 2-7)。

(2)肝淤血。肝体积增大，边缘钝圆，呈暗紫红色，切面流出多量暗红色血液；肝慢性淤血伴有脂肪变性时，暗红色的淤血区与黄色的脂变区互相交错，形成红黄相间的槟榔断面状的花纹，故称“槟榔肝”(彩图 2-8)。

(3)脾淤血。脾体积增大，边缘钝圆，被膜紧张，呈暗紫红色，切面隆起，富含血液(彩图 2-9 至彩图 2-11)。

(4)肠淤血。肠淤血时，肠壁静脉扩张增粗，充满暗红色血液，形似树枝状(彩图 2-12、彩图 2-13)。

(5)发绀。静脉回流受阻时，无毛或少毛的皮肤及可视黏膜呈暗红色或蓝紫色(彩图 2-14 至彩图 2-17)。

3. 观察贫血标本或图片

贫血的组织器官因供血减少而使体积缩小，颜色变淡，皮肤、黏膜等组织呈苍白色(彩图 2-18、彩图 2-19)。

4. 观察出血标本或图片

(1)皮肤、皮下组织、肌肉出血。在皮肤、皮下组织上有鲜红色的针尖大、粟粒大出血点或红色斑块状的出血斑(彩图 2-20 至彩图 2-23)。肌肉上有片状、条块状的出血斑(彩图 2-24)。

(2)心脏出血。心外膜、心肌(彩图 2-25)、心冠脂肪(彩图 2-26)或心内膜上有红色的出血斑点(彩图 2-27)。常见于急性传染病及中毒性疾病。

(3)肝出血。在肝脏表面有鲜红色的出血点或出血斑(彩图 2-28)。

(4)肺出血。心内膜上有红色的出血斑点(彩图 2-29)。

(5)肾出血。在肾脏的被膜下切面皮质部和髓质部有散在的或数个集中在一起的圆形的、鲜红色的针尖大、粟粒大出血点或红色斑块状的出血斑(彩图 2-30、彩图 2-31)。

(6)胃、肠黏膜出血。胃、肠黏膜肿胀，呈深红色的弥漫性、斑块状、条纹状或点状出血(彩图 2-32 至彩图 2-35)。

(7)淋巴结出血。淋巴结肿大，呈暗红或黑红色，被膜紧张，质地稍硬。严重出血的淋巴结表现血肿(彩图 2-36)。

(8)其他脏器出血。各脏器上有红色的点状、条纹状、斑块状或弥漫性出血(彩图 2-37 至彩图 2-43)。

5. 观察梗死标本或图片

(1)脾出血性梗死。脾边缘有几处大小不等暗红色的突起，质硬，切面呈楔形，略干燥，结构模糊不清，仅能见小梁结构(彩图 2-44)。

注：读者可以在本书附录中查看相应动物病理彩色图片。

(2)脾贫血性梗死。梗死区呈黄白色,与周围健康组织界限明显,向表面稍突起,干燥较硬,切面呈楔形。

(3)心肌梗死。梗死区呈黄白色,与周围健康组织界限明显。

(三)观察病理切片

(1)淋巴结充血。淋巴结毛细血管扩张,血管内充满红细胞(彩图 2-45)。

(2)肝淤血。肝小叶中央静脉充满红细胞,肝血窦扩张充满红细胞,肝索排列紊乱(彩图 2-46)。

(3)肺出血。肺泡内充满红细胞,红细胞崩解后释放出含铁血黄素,在肺泡内呈现褐色沉积(彩图 2-47、彩图 2-48)。

(4)淋巴结出血。淋巴窦扩张,出现大量红细胞,临近组织被红细胞挤压、取代而残缺不全(彩图 2-49)。

(5)心肌出血。心肌纤维间充满大量红细胞(彩图 2-50)。

(6)脾贫血性梗死。脾髓内可见坏死灶,失去原有组织结构。坏死灶内脾实质细胞坏死、溶解而淡染(彩图 2-51、彩图 2-52)。

思考题

1. 比较充血、淤血、贫血及出血时的病理变化有何不同。
2. "槟榔肝"是怎样形成的?
3. 出血点和出血斑是怎样形成的?
4. 梗死是如何形成的?为什么脾脏的梗死灶呈楔形?

实训技能报告单

描述本次实训中所见到的病理标本的病变名称及病变特点。绘图说明所见病理组织切片的病变特点。

◆ 相关知识

血液循环是指血液在心脏和血管中循环流动的过程。血液循环向各器官组织输送氧和各种营养物质,同时不断地运走组织中的二氧化碳和各种代谢产物,以保证器官组织的物质代谢和功能活动的正常进行。如果血液循环发生障碍,将引起器官组织的代谢紊乱、功能失调和形态结构改变,严重时可导致死亡。

动画 2-1　血液循环

动画 2-2　血液循环流程图

血液循环障碍分为全身性血液循环障碍和局部性血液循环障碍两种类型。全身性血液循环障碍是心、血管系统的疾病或血液性状的改变所致。局部血液循环障碍是指个别器官和局部组织的循环障碍。两者既有联系又有区别。全身血液循环障碍时，必然会出现局部血液循环障碍，如右心衰竭引起的肝淤血是全身性血液循环障碍在肝脏的局部表现；但局部血液循环障碍除了对局部的组织器官产生影响外，在某些特定情况下，也能引起全身性血液循环障碍。例如，心肌梗死是局部性血液循环障碍的结果，严重时可引起心力衰竭，导致全身性血液循环障碍。

血液循环障碍是临床上最常见的病理过程，其表现形式多种多样：①血流速度和血流量的改变，包括充血、淤血和贫血；②血管的通透性和完整性发生改变，如出血；③血液性状和血管内容物的改变及后果，包括血栓形成、栓塞、梗死及休克。

相关知识一　充　　血

充血是指局部组织器官的血管内血液含量增多的现象。可分为动脉性充血和静脉性充血两类(图 2-1)。

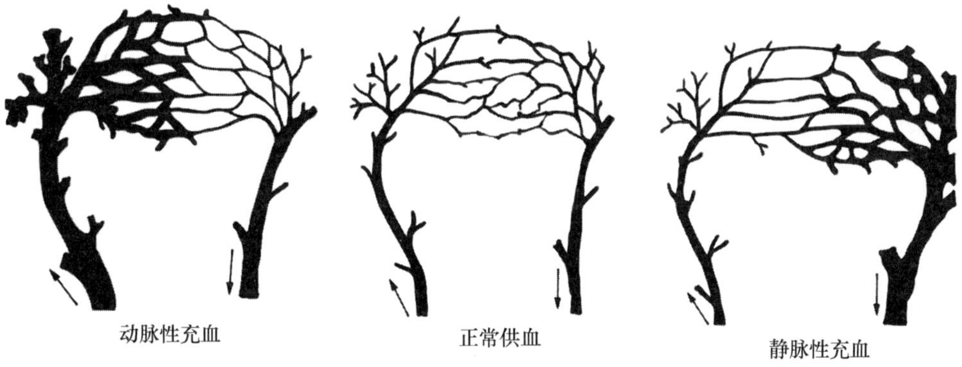

图 2-1　正常血流和异常血流情况

一、动脉性充血

动脉性充血是指局部组织或器官的小动脉及毛细血管因扩张而导致的动脉血液含量增多的现象，简称充血。

(一)原因与机理

动画 2-3　充血

引起动脉性充血的原因很多，能够引起动脉扩张的任何原因达到一定的强度和持续一定的时间都可导致充血的发生，如机械、物理、化学、生物性因素等。各种原因通过神经反射和体液因素的作用，使血管舒张神经兴奋性增高或血管收缩神经兴奋性降低及血管活性物质释放增加等，引起小动脉扩张、血流加快，使动脉血输入微循环的灌注量增多，导致发生动脉性充血。根据其发生原因又可分为：

1. 生理性充血

在生理情况下，器官或组织的机能活动增强引起的充血，称为生理性充血。如进食后的胃肠道黏膜充血、运动时的骨骼肌充血和妊娠时的子宫充血等。

2. 病理性充血

各种致病因子作用于局部组织或器官引起的充血，称为病理性充血。

(1)炎性充血。见于局部炎症反应的早期,由于致炎因子的作用,引起轴突反射使血管舒张神经兴奋,以及组胺、缓激肽等血管活性物质的释放,使局部组织的小动脉及毛细血管扩张充血。

(2)减压后充血。又称为贫血后充血,见于局部组织或器官长期受压后,组织发生贫血和血管张力降低,若突然解除压力,受压组织内的小动脉和毛细血管发生反射性扩张,导致局部充血。如牛、羊瘤胃臌气或腹水时,气体或积水压迫腹腔内脏器官的血管,造成腹腔内脏器官贫血。进行治疗时,如瘤胃放气或腹腔穿刺放水速度过快,腹腔内压力迅速降低,使大量血液流入腹腔内脏器官的血管内,腹腔内脏器官发生贫血后充血,而大量血液积聚腹腔内脏血管,造成腹腔外有效循环血量减少,血压下降,严重时可造成急性脑贫血,甚至引起动物死亡。所以进行瘤胃放气和腹腔穿刺放水时应控制速度。

(3)侧支性充血。当某一动脉因管腔狭窄或受到阻塞(如动脉血栓、栓塞或肿瘤压迫等)时,其周围的动脉吻合枝(侧支)为了保证局部组织器官的血液供给,反射性地扩张而充血,建立侧支循环,以代偿受阻血管的供血不足(图2-2)。

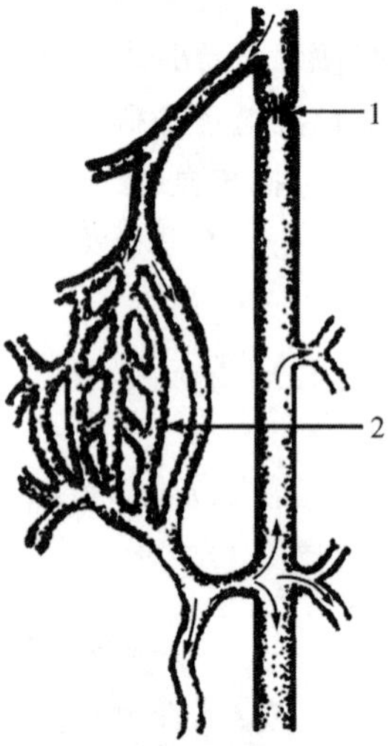

图2-2 侧支循环模式图

1. 阻塞处 2. 侧支血管网

(二)病理变化

1. 眼观

充血的组织和器官局部因动脉血液流入量增多,体积轻度增大;血液供氧丰富,氧合血红蛋白增多,故局部组织颜色鲜红(彩图2-1至彩图2-5);动脉血流加快,物质代谢增强,组织器官的功能活动增强,产热增多而温度增高。

2. 镜检

局部微动脉及毛细血管扩张充满红细胞,毛细血管数目增多。充血多见于炎症,所以在充血组织中可见炎性渗出物及局部实质细胞的变性和坏死等病理变化。

(三)结局和对机体的影响

充血是机体防御性、适应性反应之一。一般来说轻度短时间充血对机体是有利的,病因去除后,局部血流量可恢复正常。充血时局部组织血流量增加和血流速度加快,一方面可以输送更多的氧、营养物质以及大量的白细胞、补体、抗体等抗病因子,从而增强局部组织的抗病能力;另一方面可将局部组织产生的代谢产物和致病因子及时清除,这对消除病因和修复组织损伤均有积极作用。故临床上根据充血机理采用热敷、按摩或涂擦刺激剂、红外线理疗等方法治疗某些疾病。

但充血对机体也可造成损伤,如果病因作用较强或持续时间较长而引起持续性充血时,可造成血管壁的紧张度下降或丧失,血流变缓慢,进而发生淤血、水肿和出血等变化。此外,由于充血发生的部位不同,对机体的影响也有很大差异,如脑充血时,常可因颅内压升高而使动物发生神经机能障碍,甚至昏迷死亡。当脑血管有病变时,充血易引起脑血管破裂而导致死亡。动物发生日射病时脑部发生严重充血,可引起脑出血导致死亡。

二、静脉性充血

静脉性充血是指由于静脉血液回流受阻，血液淤积在小静脉及毛细血管内，使局部器官组织的静脉性血量增多的现象，简称淤血。淤血是一种常见的病理变化，依其发生的原因及波及的范围可分为全身性淤血和局部性淤血两种形式。

(一)原因与机理

1. 局部性淤血

(1)静脉血管受压。静脉由于其管壁薄、内压低，受压后易使管腔发生狭窄或闭塞而导致血液回流受阻，使相应部位的器官或组织发生淤血。如妊娠子宫压迫髂静脉引起的下肢淤血，肠套叠、肠扭转和肠疝时肠系膜静脉受压引起局部肠段淤血；肿瘤压迫局部静脉或绷带包扎过紧引起的相应部位淤血，以及肝硬化时肝内肝静脉分支受增生肝实质结节压迫引起门静脉所属器官的淤血等。

(2)静脉管腔阻塞　常见于静脉血栓形成、栓塞(在未能建立有效侧支循环时)或静脉炎使静脉管壁增厚，均可造成静脉管腔狭窄或不通而引起相应部位淤血。

2. 全身性淤血

多见于心力衰竭、胸膜及肺的疾病。心包炎、心肌炎和心瓣膜病等引起心力衰竭，胸膜炎、纤维素性肺炎等引起胸腔积液及胸内压力增高均可造成静脉回流受阻，而发生全身性淤血。二尖瓣瓣膜病和高血压引起左心衰竭时可导致肺淤血，肺源性心脏病引起的右心衰竭可导致体循环淤血，肝、肾、脾等器官淤血，其中肝淤血最为明显。

动画 2-4　侧支循环　　动画 2-5　淤血　　动画 2-6　心脏的血流

(二)病理变化

1. 眼观

淤血的局部组织和器官因淤积大量的血液而肿胀；淤积的血液中富含还原血红蛋白，故淤血区颜色暗红。淤血的可视黏膜及无毛皮肤呈暗红色或蓝紫色，这种症状称为发绀；同时血流缓慢，毛细血管扩张，氧和营养物质的供给不足，物质代谢减弱使产热减少，散热增多，导致局部温度下降；若淤血时间过长，静脉压力升高、血管通透性增加，使血浆渗出增多而发生水肿(淤血性水肿)或红细胞渗出增多而出血(淤血性出血)；同时因淤血和缺氧，实质细胞变性、坏死并继发结缔组织增生而导致组织器官硬化(淤血性硬化)。

2. 镜检

局部小静脉及毛细血管扩张淤血，充满红细胞，也可伴有组织的水肿和出血。若时间较长，可见淤血组织器官的实质细胞萎缩、变性，甚至坏死；间质结缔组织增生等。

临床上，动物的肺和肝的淤血较常见。

3. 肝淤血

多见于右心功能不全或右心衰竭,肝静脉和后腔静脉回流受阻所致。急性肝淤血时,肝脏体积增大,被膜紧张,边缘钝圆,表面呈暗紫红色,质地较实,重量增加。切开时流出大量紫红色的液体,切面外翻。镜检可见肝小叶的中央静脉及其周围的肝窦扩张并充满红细胞。

慢性肝淤血时,肝细胞萎缩(主要在肝小叶中央带)和脂肪变性(主要在肝小叶周边带),故在切面可见到红黄相间的网格状花纹,其状如槟榔切面的花纹,故称为"槟榔肝"。镜检可见肝小叶中心部的中央静脉及肝窦扩张,其内充满红细胞,该区肝细胞因受压迫而萎缩甚至消失,小叶边缘肝细胞因缺氧而发生脂肪变性。长期淤血时,中央静脉和汇管区的结缔组织因受氧化不全的代谢产物刺激而增生,可导致淤血性肝硬化。

4. 肺淤血

主要因左心功能不全或左心衰竭,肺静脉血液回流受阻所致。眼观肺脏体积增大,被膜紧张,边缘钝圆,表面呈暗紫红色,质地变实,重量增加。切开时流出混有泡沫的红色液体,切面外翻。切一块淤血的肺组织放入水中,可见其呈半浮半沉状态。镜检可见肺内小静脉以及肺泡壁毛细血管扩张、充血,肺泡壁增厚,肺泡腔内充满淡红色的水肿液及数量不等的红细胞。

慢性肺淤血时,引起肺间质结缔组织增生,使肺质地变硬,同时伴有大量含铁血黄素在肺泡腔和肺间质内沉积,肺呈棕褐色,使肺脏发生褐色硬化。镜检可在肺泡腔内见到吞噬了红细胞或含铁血黄素的巨噬细胞,这种细胞多见于心力衰竭的病例,故又称心力衰竭细胞。

(三)结局及对机体的影响

静脉性充血对机体的影响,取决于淤血发生的范围、部位、程度、发生速度及侧支循环建立的状况。短暂的淤血在病因消除后可迅速恢复正常的血液循环,对机体的影响不大;若淤血时间较长,侧支循环未能迅速建立,则可使机体出现以下情况:

(1)淤血性水肿和渗出性出血。淤血可使毛细血管压力增高、缺氧可使毛细血管壁的通透性增加,这促进了血液中液体成分过多地漏到组织间隙,并在组织中潴留,从而形成淤血性水肿,加重局部组织的肿胀。当淤血区毛细血管损伤严重时,红细胞渗出血管外,形成渗出性出血。

(2)实质细胞萎缩、变性甚至坏死。长期淤血的组织由于缺氧和营养物质不足及代谢产物的堆积,可引起实质细胞萎缩、变性甚至坏死。

(3)间质纤维组织增生甚至形成淤血性硬化。长期淤血的组织在实质细胞发生萎缩、变性、坏死的同时,其间质的结缔组织增生,使淤血的组织器官质地变硬,称为淤血性硬化。

相关知识二 贫 血

根据贫血波及的范围和引起的原因不同,分为局部性贫血和全身性贫血两种。

一、局部性贫血

局部组织器官的小动脉发生阻塞或变窄而使供血减少称局部性贫血。当供血中断时称为局部性缺血。

(一)原因

(1)动脉痉挛。在某些化学物质(如肾上腺素)、外伤、剧痛等作用下,小动脉发生痉挛性收缩，使管腔变窄，供血减少，相应部位发生贫血。

（2）动脉受到压迫。肿瘤、寄生虫、胸腹水及倒卧，长期压迫局部动脉，使动脉供血减少，相应部位发生贫血。

（3）动脉管腔狭窄或阻塞。常见原因有血管炎症、动脉内血栓形成、栓塞等，使管腔狭窄或阻塞。

（二）病理变化

贫血时，局部组织器官因供血减少而使体积缩小，颜色变淡，如皮肤、黏膜等组织呈苍白色，肝呈褐色，肺呈灰白色等。同时，因供血不足而发生缺氧，局部组织器官的机能活动减弱；局部温度降低。

（三）结局及对机体的影响

局部贫血对机体的影响依贫血的时间长短、程度、组织器官对贫血的耐受能力及侧支循环建立的情况而定。若贫血时间短，侧支循环建立快，贫血组织可迅速恢复正常；若贫血时间长，侧支循环建立较慢，则组织细胞可能由于缺氧而发生萎缩、变性甚至坏死。不同组织器官对贫血的耐受性不同，如皮肤、结缔组织等对缺氧的耐受性较大；肌肉组织可耐受 3～4 h；脑组织对缺氧的耐受性很差，缺氧几分钟就会造成不可逆的损伤。

二、全身性贫血

在单位容积的血液中红细胞数量或血红蛋白含量低于正常值称为贫血，其中以血红蛋白含量的降低最为重要。贫血常常继发于许多疾病过程中。

（一）原因

根据贫血的发病原因和机理，可分为溶血性贫血、失血性贫血、营养不良性贫血和再生障碍性贫血四大类。

1. 溶血性贫血

红细胞被大量破坏（溶解）所导致的贫血称为溶血性贫血。某些生物性因素（病原微生物、寄生虫感染）、物理因素（如高温、低渗溶液等）、化学因素（铜、铅及超量使用磺胺类药物等）、有毒植物（如金雀枝、毛茛植物、旋花植物等）、代谢性疾病（乳牛的产后血红蛋白尿）及免疫反应（如异型输血、新生畜免疫溶血性疾病）等都可破坏大量的红细胞而引起贫血。

2. 失血性贫血

血液大量流失所导致的贫血。根据失血的速度可分为急性失血性贫血和慢性失血性贫血，前者常见于各类外伤、产后出血过多或肝、脾等脏器破裂时；后者常见于长期反复失血的疾病（如胃溃疡、球虫病等）。

3. 营养不良性贫血

由于造血原料（如蛋白质、铁、铜、钴、维生素 B_{12}、维生素 B_6 及叶酸等）不足或缺乏所导致的贫血。

蛋白质是合成血红蛋白的主要原料，当饲料中蛋白质缺乏（不足）或胃肠道消化机能障碍导致蛋白质吸收不足，以及一些慢性消耗性疾病（如结核、鼻疽、寄生虫病和恶性肿瘤性疾病等)造成蛋白质消耗过多而缺乏时,均可导致贫血的发生。

铁也是合成血红蛋白的重要原料之一,当饲料中铜缺乏或饲料中含磷过多时会影响铁的吸收;钼中毒时干扰铜的代谢,进而干扰铁的利用;家畜在妊娠期对铁需求量过多而铁的供给又不足时,会导致体内贮存的铁耗尽,而导致贫血的发生。

维生素 B_{12} 和叶酸是构成红细胞核酸的必需物质,动物胃肠道内的微生物可合成维生素 B_{12},当胃肠道机能障碍或饲料中钴缺乏时可导致维生素 B_{12} 合成障碍,引起维生素 B_{12} 的缺乏,使红细胞合成受阻而导致贫血的发生。

4. 再生障碍性贫血

由于骨髓造血机能障碍而引起的贫血。常见于某些毒物及药物(如蕨类植物中毒、三氯乙烯抽提的饲料、氯霉素、保泰松、重金属盐类、苯及其衍生物等)中毒、某些病毒性传染病(如鸡传染性贫血、鸡包涵体性肝炎、鸡白血病等)及动物长期受到 α、γ、X 射线及放射性同位素的辐射,使骨髓组织被破坏或造血功能受到抑制,不能利用造血原料合成红细胞而导致红细胞生成减少,从而促使贫血的发生。

(二)病理变化

不同类型的贫血,其病理变化有各自的特点。

1. 溶血性贫血

血液总量一般不减少,由于红细胞被大量破坏,单位容积的红细胞数量和血红蛋白的含量减少。同时由于缺氧和红细胞分解产物的作用,骨髓的造血机能增强,导致外周血中网织红细胞数量明显增多,还可见到有核红细胞和多染色性红细胞。

在急性溶血性贫血时,红细胞大量崩解,使血红蛋白大量释放,导致血红蛋白尿的发生;血液中间接胆红素增多,在心血管内膜、浆膜、黏膜等部位呈现明显的沉积黄染;同时单核巨噬细胞系统机能增强,肝、脾等组织明显肿大,并有大量含铁血黄素沉着。

2. 失血性贫血

急性失血性贫血,短时间内血液大量丧失,导致机体的血液总量减少,但单位容积的红细胞数和血红蛋白含量正常;经过一定时间后,通过机体的代偿作用,血液总量逐渐恢复,红细胞形态正常,但单位容积的红细胞数量和血红蛋白含量低于正常值;再经过一定时间,因骨髓造血机能的增强,骨髓内发育各阶段的红细胞增多,则外周血液中可见大量的网织红细胞、多染性红细胞和有核红细胞。若血液大量丧失,机体来不及代偿,可导致低血容量性休克甚至死亡。

慢性失血性贫血由于初期失血量少,骨髓造血功能可以实现代偿,贫血症状不明显。若长期反复失血,可因铁丢失过多而发生缺铁性贫血。红细胞大小不均匀,呈异形性(椭圆形、梨形、哑铃形等),血常规以小红细胞、低色素性贫血为特点。严重时,骨髓造血机能衰竭,肝、脾内可出现髓外造血灶。

3. 营养不良性贫血

营养不良性贫血一般病程较长,动物消瘦,血液稀薄,血色淡,血红蛋白含量低。铁、铜缺乏时,血常规结果为小红细胞、低色素性贫血,血红蛋白平均含量降低,红细胞平均体积变小;严重时,由于缺铁使红细胞基质结构合成障碍,导致红细胞大小不均匀,呈异形性。当维生素 B_{12} 和钴缺乏时,红细胞在发育过程中停留在巨幼红细胞阶段,使外周血中出现大量的比正常红细胞体积大的红细胞,血红蛋白含量均比正常高。

4. 再生障碍性贫血

外周血液中正常的红细胞和网织红细胞呈进行性减少或消失，红细胞大小不均匀，呈异形性。同时白细胞和血小板也减少，皮肤和黏膜出现出血和感染等临床症状。血清中铁和铁蛋白含量增高（区别于缺铁性贫血）。骨髓造血组织发生脂肪变性和纤维化，红骨髓被黄骨髓取代。

（三）对机体的影响

全身性贫血综合表现为患病动物生长缓慢，精神萎靡不振，食欲下降，消化不良，被毛粗乱，乏力，呼吸迫促，脉搏数增加，血液稀薄，皮下水肿，可视黏膜苍白。全身性贫血时，红细胞数和血红蛋白含量减少，使氧和二氧化碳运输发生障碍，从而引起机体缺氧和酸中毒。缺氧直接影响细胞组织的物质代谢，机体器官组织可发生细胞萎缩、变性甚至坏死。

相关知识三　出　　血

出血是指血液（主要指红细胞）流出或渗出到心脏或血管之外。血液流出体外，称为外出血；血液流入体腔或组织间隙，称为内出血。

动画 2-7　出血

（一）病因及发病机理

按出血发生的原因可分为破裂性出血和渗出性出血。

1. 破裂性出血

由心脏或血管壁破裂所引起的出血。常见的原因有：①血管机械性损伤，如割伤、刺伤、弹伤、咬伤等外力作用；②血管壁或心脏自身的病变，如心肌梗死、主动脉瘤、动脉硬化、静脉曲张等；③血管壁被周围的病变侵蚀，如肿瘤、炎症、溃疡等。

2. 渗出性出血

由于血管壁内皮细胞间隙扩大和血管基底膜受损伤，血管壁的通透性增加，从而使血液渗出血管外，这种出血称为渗出性出血。这是动物临床上常见的出血类型。渗出性出血只发生于毛细血管前微动脉、毛细血管和毛细血管后微静脉。常见原因有：

（1）血管壁受损害。最常见的出血原因，常见于急性传染病（如猪瘟、巴氏杆菌病、猪丹毒、鸡新城疫、鸭瘟等）、寄生虫病（如球虫病）、缺氧（淤血）、中毒（如霉菌毒素、磷、砷）、药物作用、维生素 C 缺乏等因素破坏毛细血管壁，使其通透性增加而引起渗出性出血。

（2）血小板数量减少和功能障碍。血小板的主要功能是维持血管内皮细胞的完整性。病毒感染、白血病等均可使血小板生成减少；弥散性血管内凝血（DIC）、药物等使血小板被破坏或消耗过多均能破坏血管内皮细胞的完整性而引起渗出性出血。

（3）凝血因子缺乏。凝血因子、纤维蛋白原、凝血酶原等的先天性缺乏；维生素 K 缺乏、肝实质病变时凝血因子Ⅶ、Ⅸ、Ⅹ合成减少，以及 DIC、败血症或休克时凝血因子消耗过多等，均可造成凝血障碍而发生出血。

（二）病理变化

出血可发生于机体的各个部位，其病理变化因血管种类、出血原因、出血部位及出血速度的不同而有差异。

1. 不同血管出血的病理变化

(1)动脉出血。血流速度快,呈喷射状,颜色鲜红。

(2)静脉出血。血流速度慢,呈线状,颜色暗红。

(3)毛细血管出血。皮肤、黏膜、浆膜表面和实质器官表面的红色点状出血称为瘀点(直径一般在 1 mm 以内),斑块状(直径在 1～10 mm)的出血称为瘀斑。出血区的颜色随出血发生的时间不同而异,通常新鲜的出血斑点呈红色,陈旧的出血斑点呈暗红色。

2. 不同类型出血的病理变化

(1)内出血。

①积血。指血液流到体腔内蓄积,血液或血凝块可在积血的体腔内出现,如胸腔积血、心包腔积血、颅腔积血和腹腔积血。

②出血性浸润。指血液渗入到血管周围间隙,随后浸润邻近组织内,使出血组织呈弥漫性红色或暗红色,组织本身无明显损伤。若出血范围窄,出血灶能完全被吸收;若出血范围宽,则被增生的结缔组织取代,形成褐色硬变(褐色是出血后红细胞中的血红蛋白被分解为含铁血黄素的结果)。

③血肿。较多的血液被局限在皮下、器官被膜下或肌间等部位,形成球形或半球形的肿胀,称为血肿。小的血肿可被吸收和机化;较大的血肿则被周围增生的结缔组织包裹而形成包囊。如肝被膜下的血肿和皮下组织的血肿等。

④出血性素质。机体表现为全身性渗出性出血倾向,全身皮肤、黏膜、浆膜、各内脏器官都可见出血点。

⑤溢血。某些器官的浆膜或组织内常见的不规则的弥漫性出血,如脑出血。

(2)外出血。其主要特征是血液流出体外,常见有外伤性出血、咯血、尿血、便血及吐血等。

(三)对机体的影响

出血对机体的影响取决于出血的类型、出血量、出血速度、出血持续的时间和出血部位。机体本身具有止血的功能,缓慢的小量出血,多可自行止血,在局部组织内的血肿或体腔内的血液,可通过吸收、机化或纤维包裹而制止继续出血。破裂性出血若出血过程迅速,在短时间内丧失循环血量达 20%～25%时,可发生出血性休克;心脏破裂、脑出血、肾上腺皮质出血可危及生命;渗出性出血,若出血范围广也可导致出血性休克;慢性出血常常引起全身性贫血和器官物质代谢障碍;出血性素质表明有败血症或毒血症的可能,预示着疾病的严重性。

任务二　血栓形成与栓塞、梗死

实训技能三　栓塞实验

能力目标

通过实验了解栓子的运行途径及其对机体的影响。

实训准备

1. 动物：家兔（也可以用鸡或小鼠进行实验操作）。

2. 器材：白油、1 mL 注射器、5 mL 注射器、毛剪 1 把、手术剪 1 把、兔保定筒 1 个、小鼠保定筒 1 个、镊子 1 把、干棉球少量、75%酒精棉球少许、废料缸 1 个。

实训内容

(一)组建实验小组

以 3～5 人为一组，每组自行准备以上器材。进行实训技能分工，确定准备人员、操作人员、保定人员、记录人员、总结人员等。

(二)实验方法

1. 观察动物的正常状态。

2. 将家兔固定于兔保定筒内（也可由组员保定），两耳剪毛。

3. 由一侧耳缘静脉缓慢注入 5 mL 空气或 5 mL 白油，观察记录家兔出现的变化。如用鸡进行实验时，从翅下静脉缓慢注入 5 mL 空气或 5 mL 白油即可。如用小鼠进行实验时，从尾静脉注入 1 mL 空气即可。

4. 家兔死亡后，打开胸腔，暴露心脏，剪开右心房、右心室、肺动脉，观察心房、心室及肺出现的变化。

思考题

1. 简述注入空气或白油后，家兔出现的变化。

2. 试述气体栓子和白油栓子在动物体内运行的途径及对机体的影响。

视频 2-4　兔空气栓塞试验

视频 2-5　鸡空气栓塞试验

视频 2-6　小鼠空气栓塞试验

视频 2-7　鸡白油栓塞试验

◆ 相关知识

相关知识四　血栓形成

在活体的心血管内，血液发生凝固或血液中某些有形成分析出、凝集形成固体质块的过程，称为血栓形成。所形成的固体质块称为血栓。

血液中存在凝血系统和抗凝系统(纤维蛋白溶解系统)。在正常情况下,血液中的凝血因子不断被激活,产生凝血酶,形成微量的纤维蛋白,沉着于心血管内膜上,但其又不断地被激活的纤维蛋白溶解系统溶解,同时被激活的凝血因子也不断地被单核巨噬细胞系统吞噬。正常时,凝血系统和纤维蛋白溶解系统保持动态平衡,既保证了血液有潜在的可凝固性,又始终保持了血液的流体状态。若上述动态平衡被破坏,则会启动内源性或外源性凝血系统,血液便在心脏、血管内凝固,形成血栓。

(一)血栓形成的条件和机理

血栓形成通常具备以下三个基本条件:

1. 心、血管内膜受损伤

正常的心血管内膜是完整而光滑的,其内皮细胞具有抗凝和促凝两种作用,在生理情况下,完整的内皮细胞具有屏障、抗血小板聚集、合成抗凝血酶或凝血因子的物质、合成组织型纤溶酶原等作用,所以以抗凝作用为主,从而使心血管内血液保持流体状态。

心脏和血管内膜受各种致病因素损伤时,内皮细胞发生变性、坏死、脱落,内膜下的胶原纤维暴露,从而激活Ⅻ因子(接触因子),内源性凝血系统被启动;同时,内膜损伤可以释放组织凝血因子,激活外源性凝血系统。而且内膜受损后表面变粗糙,有利于血小板的沉积和黏附,黏附的血小板破裂后,释放多种血小板因子,激发凝血过程而形成血栓。

2. 血流状态改变

血流状态改变主要指血流速度减慢、血流产生漩涡和血流停止等,这些都有利于血栓形成。正常血流中由于相对密度的差异,红细胞和白细胞在血流的中轴流动构成轴流,其外是血小板,最外是一层血浆带构成的边流,将血液的有形成分与血管壁隔开,阻止血小板与内膜直接接触。当血流减慢、停止或产生漩涡时血小板可进入边流与内膜接触并黏附于内膜上。当血流减慢或产生漩涡时,被激活的凝血因子和凝血酶在局部易达到凝血所需的浓度,这些都为血栓的形成创造了有利的条件。

血流状态的改变常见于心力衰竭、心血管的病变或损伤等。据统计,静脉比动脉发生血栓的概率高4倍,因为静脉内有静脉瓣,静脉内血流不但缓慢,而且易出现漩涡;静脉血流有时可出现短暂的停滞;静脉壁较薄,容易受压;血流通过毛细血管到静脉后,血液的黏性也会有所增加,这些因素都有利于血栓形成。而心脏和动脉内的血流快,不易形成血栓,但在某些疾病过程中血流状态发生改变时,也会有血栓形成,如二尖瓣狭窄时的左心房、动脉瘤内或血管分支处血流缓慢及出现涡流时易并发血栓形成。

3. 血液凝固性增加

血液凝固性增加是指血液中血小板数量增多、血小板黏性增加和凝血因子增多,或纤维蛋白溶解系统的活性降低,导致血液易于发生凝固。如在严重创伤、大手术后或产后导致大失血时血液浓缩,血中纤维蛋白原、凝血酶原及其他凝血因子(Ⅻ、Ⅶ)的含量增多,加上血液中补充了大量的幼稚血小板,其黏性增加,易于发生聚集而形成血栓。

血栓形成往往是上述因素共同作用的结果,各因素之间相互影响。只是在血栓形成的不同阶段,以某一因素为主促进血栓的形成。

动画 2-8　血栓形成的条件和机理

动画 2-9　血栓的形成过程、类型及形态

(二)血栓的形成过程、类型及形态

无论心脏或血管内的血栓,其形成都是一个逐渐发展的过程(图 2-3)。根据血栓形成过程,血栓的组成、形态、大小,血栓发生的部位等,将血栓可分为以下四种类型。

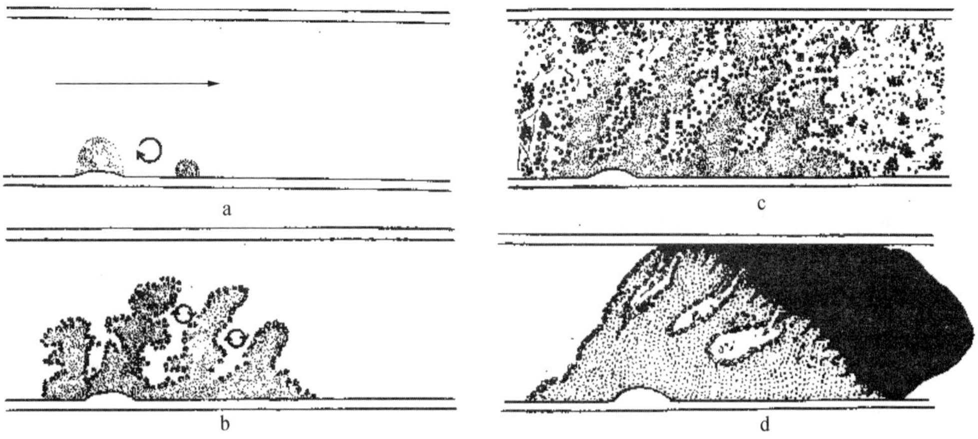

图 2-3　血栓形成过程示意图

a. 血小板聚集成团,使局部血流形成漩涡　b. 血小板继续聚集形成多数小梁,小梁周围有白细胞黏附　c. 小梁间形成纤维素网,网眼中充满红细胞　d. 血管腔阻塞,局部血液停滞后血液凝固

1. 白色血栓

血栓形成起始于血小板聚集。血小板不断从血液中析出,黏附在受损的血管内膜上,形成血小板聚集堆。在启动凝血过程后产生的凝血酶,使血液中纤维蛋白原变成纤维蛋白,同时使血小板聚集堆联结牢固,并与纤维蛋白聚集成堆不再散开,形成灰白色血栓,即血栓头部。

多发生于血流速度较快的心瓣膜、心腔内、动脉内或静脉性血栓的起始部,即形成延续性血栓的头部。肉眼观察呈灰白色小结节,表面粗糙、质实,与发生部位的心血管壁紧密粘连,不易脱落,但易机化。光学显微镜(简称“光镜”)下其主要由血小板和少量的白细胞及纤维素构成,又称血小板血栓或析出性血栓。

2. 混合血栓

血栓在形成血栓头部(即白色血栓)后,导致其下游血流减慢并形成血流漩涡,促进血小板继续不断地析出并聚集,随血流运动而形成许多细小的珊瑚状血小板小梁突入管腔,在血小板小梁之间,形成网罗红细胞的纤维蛋白网,血液发生凝固,其内充满大量的红细胞,形成肉眼可见的灰白色与红褐色交替的层状结构,即混合血栓,其中红色部分是血液凝固所形成的血栓,白色部分是血小板析出、聚集形成的血栓。肉眼观察混合血栓呈粗糙干燥的圆柱状,与血管壁粘连,构成延续性血栓的体部。镜检可见其主要由淡红色无结构的不规则珊瑚状的血小板小

梁和小梁间充满红细胞的纤维蛋白网构成,并见血小板小梁边缘有较多的中性白细胞黏附。

3. 红色血栓

红色血栓主要见于静脉,随着混合血栓逐渐增大阻塞血管腔,血流下游局部血流停止导致血液凝固,构成血栓的尾部。红色血栓形成过程与血管外凝血过程相同。红色血栓眼观呈暗红色、湿润、有弹性,与血管壁无粘连,与死后血凝块相似。镜检可见纤维蛋白网眼内充满红细胞、白细胞。经过一段时间,红色血栓由于水分被吸收,变得干燥、无弹性、质脆易碎,可脱落形成栓塞。

4. 透明血栓

透明血栓多发生在微循环的毛细血管内,只有在显微镜下才能观察到,镜下呈嗜酸性、均质透明状,主要成分为纤维蛋白,故又称为微血栓或纤维素性血栓。多见于弥散性血管内凝血(DIC)。

(三)血栓与死后血凝块的区别

动物死后的数小时内,血液在心血管内凝固,血凝块内红细胞均匀分布,外观呈一致的暗红色,称为死后血凝块。倘若动物缓慢死亡,血液凝固过程也缓慢,红细胞因相对密度较大常沉降于血凝块的下方,而相对密度较小的血小板、白细胞、纤维蛋白及血浆蛋白等,浮在血凝块的上层,呈淡黄色,似鸡的脂肪,故称为鸡脂样血凝块。血栓与死后血凝块的区别见表 2-1。

表 2-1 血栓与死后血凝块的区别

项目	血栓	死后血凝块
表面	干燥、表面粗糙、无光泽	湿润、表面光滑、有光泽
质地	较硬、脆	柔软、有弹性
色泽	色泽混杂、灰红相间、尾部暗红	暗红色或血凝块上层鸡脂样
与血管壁的关系	与心、血管壁黏着	易与心、血管壁分离
组织结构	具有特殊结构	无特殊结构

(四)血栓的结局

1. 软化、溶解、吸收

新形成的血栓,由于血栓内纤溶酶原的激活,将血栓中的纤维蛋白溶解为可溶性多肽,同时白细胞崩解释放出的蛋白酶使血栓中的蛋白质性物质溶解、软化。血栓溶解是否彻底取决于血栓的大小及血栓的新旧程度。小的、新鲜的血栓溶解软化后,可被全部吸收或被血流带走而不留痕迹。较大的血栓可部分发生软化,残留部分发生机化或脱落形成血栓性栓子随血流运行而引起栓塞。

动画 2-10 血栓的结局

2. 机化与再通

若纤维蛋白溶解系统的活力不足,血栓存在时间较长时则发生机化。由血管内皮细胞和成纤维细胞组成的肉芽组织从血栓附着处的血管壁向血栓内长入,逐渐溶解、吸收并取代血栓的过程称为血栓机化。机化的血栓与血管壁紧密黏着不脱落。血栓在机化过程中,由于水分被吸收,血栓干燥收缩或部分溶解,血栓内部或血栓与血管壁之间出现裂隙,新生的内皮细胞覆于裂隙表面形成新的血管，并与原有的血管腔相互吻合沟通，使部分血流得以恢复，这种使被阻塞的血管重新恢复血流的过程称为再通。

3. 钙化

血栓内因大量的钙盐沉着而钙化，称为血栓钙化，常见于陈旧性小血栓。血栓钙化后形成坚硬的结石存在于血管内，在静脉内形成静脉石，在动脉内形成动脉石。

(五)对机体的影响

血栓对机体的影响有利有弊，总的来说是弊大于利。血管破裂处的血栓对破裂的血管起到堵塞裂口和止血的作用；在炎灶周围小血管内的血栓有防止炎灶扩大的作用，这些是对机体有利的。但多数情况下血栓形成会对机体造成不利的影响。

1. 阻塞血管

血栓可阻塞血管，其后果取决于被阻塞血管的种类和大小，阻塞的程度、部位、发生的速度及组织和器官内有无充分的侧支循环等。动脉血管未被完全阻塞时，可引起局部器官或组织缺血而导致实质细胞萎缩；若被完全阻塞而又无有效的侧支循环，则会引起局部组织器官的缺血性坏死(梗死)。如脑动脉血栓引起脑梗死；心冠状动脉血栓引起心肌梗死等。静脉血栓形成后，若未能及时建立有效的侧支循环，则会引起局部组织器官的淤血、水肿、出血，甚至坏死。如肠系膜静脉血栓可引起肠的出血性梗死；发生肢体浅表静脉血栓时，由于有丰富的侧支循环，通常只在血管阻塞的远端引起淤血、水肿。

2. 栓塞

血栓全部或部分脱落后成为栓子，随血流运行而引起栓塞。若栓子内含有细菌，则会使栓塞组织感染或形成脓肿。

3. 心瓣膜病

心瓣膜血栓发生机化后，可使瓣膜粘连、增厚、变硬、变形等，造成瓣膜口狭窄或关闭不全而形成心瓣膜病。

4. 微血栓的形成和组织器官的功能障碍

微循环内广泛性透明血栓的形成，可引起组织器官的坏死和功能障碍；同时因凝血物质和血小板被大量消耗而引起全身广泛性出血和休克。

相关知识五　栓　　塞

在循环血液中出现的不溶于血液的异常物质，随血流运行阻塞血管腔的过程称为栓塞。阻塞血管腔的异常物质称为栓子。栓子可以是固体、液体或气体，栓子的种类不同，栓塞对机体造成的影响也不相同。栓子在体内的运行路径一般与血流方向一致，随血流运行到比它小的血管并阻塞该血管。

(一)血栓栓塞

由脱落的血栓引起的栓塞称为血栓栓塞，是栓塞中最常见的一种。其对机体的影响视血栓栓子的来源、大小和栓塞的部位、范围及能否快速地建立有效的侧支循环而定。

1. 肺动脉栓塞

若中、小栓子栓塞肺动脉的小分支,因肺动脉和支气管动脉间有丰富的吻合支,侧支循环可起代偿作用,一般不引起严重后果;若在栓塞前,肺已有严重的淤血,致微循环内压升高,支气管动脉供血受阻,可引起肺组织的出血性梗死。大的血栓栓子栓塞肺动脉主干(或大分支)或大量的肺动脉分支被栓子阻塞,常引起严重后果。患畜可突然出现呼吸困难、黏膜发绀、休克,甚至猝死。

动画 2-11 栓子运行的规律

动画 2-12 肺栓塞

2. 体循环动脉栓塞

栓子大多是来自左心和动脉系统的血栓性栓子,栓塞后果取决于栓塞的部位和局部的侧支循环建立情况以及组织对缺血的耐受性。当栓塞的动脉缺乏有效的侧支循环时,可引起局部组织的梗死。动脉栓塞以下肢、肾、脾、脑最为常见,若动脉缺乏有效的侧支循环可导致局部组织的梗死。心脏和脑的动脉分支因栓塞而梗死时,可导致严重后果。

(二)脂肪栓塞

脂肪滴进入血流并阻塞血管,称为脂肪栓塞。长骨骨折和脂肪组织挫伤时,脂肪细胞破裂释出脂滴,通过破裂的小静脉进入血液循环而引起栓塞。血脂过高、受到强烈刺激或过度紧张可使血脂游离出来并互相融合成脂肪滴,也可引起脂肪栓塞。

脂肪栓塞常见于肺、脑等器官。肺少量脂肪栓塞时,脂肪栓子可被巨噬细胞吞噬而清除,对机体没有明显的影响;若大量脂肪滴进入肺循环,使大面积的肺循环受阻时,动物可因窒息和急性右心衰竭而死亡。脑血管的脂肪栓塞,可引起脑水肿和血管周围点状出血。

(三)气体栓塞

大量空气迅速进入血液循环或溶解于血液内的气体迅速游离,形成气泡阻塞心血管引起的栓塞称为气体栓塞。空气栓塞多由静脉损伤破裂,外界空气由静脉缺损处进入血流所致。如前腔静脉和后腔静脉受损时,空气可在吸气时因静脉腔内的负压吸引,由损伤口进入静脉。也可见于分娩或流产时,子宫强烈收缩,将空气挤入子宫壁破裂的静脉窦内。

空气进入血液循环的后果取决于进入的速度、气体量和阻塞的部位。少量气体入血,可溶解入血液内,不会发生气体栓塞。大量气体迅速进入静脉,随血流到右心后,因心脏搏动将空气与血液搅拌形成大量小气泡,阻碍了静脉血向心脏回流和向肺动脉的输出,造成了严重的血液循环障碍。患畜可出现呼吸困难、发绀和猝死。进入右心的部分气泡可进入肺动脉,阻塞小的肺动脉分支,引起肺小动脉气体栓塞。小气泡也可经过肺动脉小分支和毛细血管到左心,引起体循环器官的栓塞。

(四)其他栓塞

肿瘤细胞在转移过程中可引起癌性栓塞,羊膜腔中的羊水、寄生虫及其虫卵、细菌或真菌团块和其他异物也可进入血液循环引起栓塞。

相关知识六　梗　　死

血液供应中断导致的局部组织缺血性坏死,称为梗死。梗死一般是由动脉阻塞引起的;但静脉阻塞使局部血流停滞导致缺氧,也可引起梗死。

(一)梗死形成的原因和条件

1. 血管阻塞

血管阻塞是梗死发生的主要原因,绝大多数梗死是由血栓形成和动脉栓塞引起的。如冠状动脉或脑动脉粥样硬化继发血栓形成,可引起心肌梗死或脑梗死;动脉血栓栓塞可引起脾、肾、肺和脑的梗死。

2. 血管受压闭塞

见于血管外肿瘤的压迫,肠扭转、肠套叠时肠系膜静脉和动脉受压,卵巢囊肿蒂扭转及睾丸扭转致血管受压等引起的坏死。

3. 动脉痉挛

如冠状动脉粥样硬化时,血管发生持续性痉挛,引起心肌梗死。

4. 未能建立有效侧支循环

梗死的形成与否取决于血管阻塞后能否及时建立有效的侧支循环。有双重血液循环的肝、肺,其血管阻塞后,通过侧支循环的代偿,不易发生梗死。一些器官动脉吻合支少,如心、肾、脾及脑,其动脉迅速发生阻塞时,常易发生梗死。

5. 局部组织对缺血的耐受性和全身血液循环状态

如心肌与脑组织对缺氧比较敏感,短暂的缺血也可引起梗死。在全身血液循环障碍如贫血或心功能不全状态下,可促进梗死的发生。

(二)梗死的病理变化及类型

1. 梗死的一般形态特征

动画 2-13　贫血性梗死

梗死的基本病理变化是局限性组织坏死。梗死灶的形状取决于该器官的动脉血管分布方式。多数器官的血管呈锥形分支,如脾、肾等,故梗死灶也呈锥形,切面呈楔形或三角形,其尖端位于血管阻塞处,底部位于器官的表面(图 2-4)。心冠状动脉分支不规则,故梗死灶形状不规则。肠系膜血管呈扇形分支,故肠梗死灶呈节段形。心、肾、脾和肝等器官梗死为凝固性坏死,坏死组织初期局部肿胀,略向表面隆起,其后逐渐干燥、质硬、表面下陷。脑梗死为液化性坏死,新鲜时质软疏松,日久后可液化成囊。梗死的颜色取决于梗死灶内的含血量,含血量少时颜色灰白,称为贫血性梗死;含血量多时,颜色暗红,称为出血性梗死。

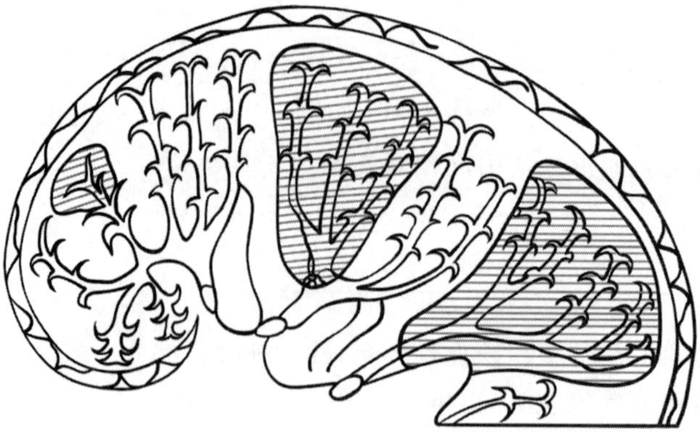

图 2-4 肾贫血性梗死与血管关系示意图

2. 梗死类型

根据梗死灶内含血量的多少，梗死可分为贫血性梗死和出血性梗死。

(1)贫血性梗死。发生于组织结构较致密、侧支循环不丰富的实质器官，如脾、肾、心肌和脑组织。当梗死灶形成时，病灶边缘侧支血管内血液进入坏死组织较少，梗死灶呈灰白色，故又称为白色梗死。梗死的早期，梗死灶稍隆起，与周围正常组织交界处因炎症反应常形成明显的充血和出血带，颜色暗红，界限清楚，数日后因红细胞被巨噬细胞吞噬后转变为含铁血黄素而变成黄褐色。晚期病灶表面下陷，质地变坚实，黄褐色出血带消失，梗死灶发生机化，被肉芽组织和瘢痕组织取代。

(2)出血性梗死。常见于侧支循环丰富、组织结构疏松的组织器官，如肺、肠等组织器官。出血性梗死的特点是在伴有严重淤血的情况下，当一支动脉被阻塞，而另一支动脉不能克服静脉淤血的阻力，有效侧支循环难以建立，以致血流停止而发生梗死。同时，梗死区的血管破坏，淤积在血管内的血液可经坏死的血管进入梗死区，造成弥漫性出血，继而梗死区局部压力下降，侧支的血液可进入梗死区，加重梗死灶的出血，梗死灶呈暗红色或紫红色，故又称红色梗死。梗死灶切面湿润，呈黑红色，与周围健康组织有明显的界限。

(三)结局和对机体的影响

1. 梗死的结局

梗死灶形成时，小的梗死灶经酶解后，发生自溶、软化和液化，可被完全吸收。不能被完全吸收的梗死灶，引起病灶周围的炎症反应，血管扩张充血，有中性粒细胞及巨噬细胞渗出，在梗死发生 24～48 h 及以后，肉芽组织已开始从梗死灶周围长入病灶内，小的梗死灶可被肉芽组织完全取代机化，日久变为纤维瘢痕。大的梗死灶不能完全机化时，则由肉芽组织和日后转变成的瘢痕组织加以包裹，病灶内部可发生钙化。脑梗死则可液化成囊腔，周围由增生的胶质瘢痕包裹。

2. 梗死对机体的影响

梗死对机体的影响，取决于发生梗死的器官、梗死灶的大小和部位。肾、脾的梗死一般影响较小，肾梗死通常出现腰痛和血尿，不影响肾功能；肺梗死常出现胸痛和咯血；肠梗死常出现剧烈腹痛、血便和腹膜炎的症状；心肌梗死影响心脏功能，严重者可导致心力衰竭，甚至猝死；脑梗死出现其相应部位的功能障碍，梗死灶大者可致死。四肢、肺、肠梗死等可继发腐败菌的感染而造成坏疽，若合并化脓菌感染，也可引起脓肿。

思维导图

项目二 血液循环障碍

- 充血、贫血与出血
  - 充血
    - 动脉性充血
      - 原因与机理
        - 生理性充血
        - 病理性充血
          - 炎性充血
          - 减压后充血
          - 侧支性充血
      - 病理变化
      - 结局和对机体的影响
    - 静脉性充血
      - 原因与机理
        - 局部性淤血
          - 静脉血管受压
          - 静脉管腔阻塞
        - 全身性淤血
          - 心力衰竭
          - 胸膜及肺的疾病
      - 病理变化
      - 结局和对机体的影响
        - 淤血性水肿和渗出性出血
        - 实质细胞萎缩、变性甚至坏死
        - 间质纤维组织增生甚至形成淤血性硬化
  - 贫血
    - 局部性贫血
      - 原因
        - 动脉痉挛
        - 动脉受到压迫
        - 动脉管腔狭窄或阻塞
      - 病理变化
      - 结局及对机体的影响
    - 全身性贫血
      - 原因 — 溶血性贫血、失血性贫血、营养不良性贫血、再生障碍性贫血
      - 病理变化
      - 对机体的影响
  - 出血
    - 病因及发病机理
      - 破裂性出血
      - 渗出性出血
        - 血管壁受损害
        - 血小板数量减少和功能障碍
        - 凝血因子缺乏
    - 病理变化
      - 不同血管出血的病理变化
        - 动脉出血
        - 静脉出血
        - 毛细血管出血
      - 不同类型出血的病理变化
        - 内出血（积血、出血性浸润、血肿、出血性素质、溢血）
        - 外出血（咯血、尿血、便血等）
    - 对机体的影响
- 血栓形成与栓塞、梗死
  - 血栓形成
    - 血栓形成的条件和机理
      - 心、血管内膜受损伤
      - 血流状态改变
      - 血液凝固性增加
    - 血栓的形成过程、类型及形态
      - 白色血栓
      - 混合血栓
      - 红色血栓
      - 透明血栓
    - 血栓与死后血凝块的区别
    - 血栓的结局
      - 软化、溶解、吸收
      - 机化与再通
      - 钙化
    - 对机体的影响
  - 栓塞
    - 血栓栓塞
      - 肺动脉栓塞
      - 体循环动脉栓塞
    - 脂肪栓塞
    - 气体栓塞
    - 其他栓塞
  - 梗死
    - 梗死形成的原因和条件
      - 血管阻塞
      - 血管受压闭塞
      - 动脉痉挛
      - 未能建立有效侧支循环
      - 局部组织对缺血的耐受性和全身血液循环状态
    - 梗死的病理变化及类型
      - 贫血性梗死
      - 出血性梗死
    - 结局和对机体的影响

思政园地

立志成为高技能人才,为乡村振兴贡献力量

党的二十大报告指出“全面建设社会主义现代化国家,最艰巨最繁重的任务仍然在农村”,要“坚持农业农村优先发展”,要“加快建设农业强国,扎实推动乡村产业、人才、文化、生态、组织振兴”。

畜牧业是农业的重要组成部分,是实施乡村振兴战略的重要抓手、农村的重要支柱产业和农牧民增收的有效途径。改革开放以来,我国畜牧业取得长足发展,专业化、产业化、组织化水平有所提高,产业体系框架基本形成,但与现代农业产业体系的要求还有相当的差距。同学们作为新时代的接班人,责任重大、使命光荣,要肩负起实现畜牧业转型升级和高质量发展的历史使命,树立远大理想,发扬吃苦耐劳精神,努力学习专业技能,提高自身综合素养,成为高技能人才和高素质劳动者,为全面推进乡村振兴贡献力量,为祖国全面建成社会主义现代化强国、实现第二个百年奋斗目标添砖加瓦。

复习思考题

一、名词解释

充血　淤血　出血　渗出性出血　贫血　血栓形成　栓塞　梗死　出血性素质

二、填空题

1. 病理性充血有__________、__________、__________。
2. 长时间淤血,机体可能出现__________、__________、__________。
3. 血栓形成通常具备的条件有__________、__________、__________。
4. 血栓的种类有__________、__________、__________、__________。

三、选择题

1. 栓子可以是(　　)。

A. 循环血液内脱落的血栓　　B. 循环血液内脱落的细菌团块

C. 循环血液内不溶于血液的异物　　D. 循环血液内的脂肪和空气

E. 以上都是

2. (　　)可导致失血性贫血,(　　)可导致溶血性贫血,(　　)可导致营养不良性贫血,(　　)可导致再生障碍性贫血。

A. 肝病肾病　　B. 维生素 B_{12} 缺乏

C. 新生幼畜的溶血病　　D. 胃溃疡、球虫病

3. 左心衰竭可发生(　　)。

A. 肺淤血　　B. 肝淤血　　C. 胃肠淤血

D. 脾淤血　　E. 肾淤血

4. 淤血组织器官的颜色常呈(　　)。

A. 鲜红色　　B. 暗红色　　C. 黑红色

D. 灰黄色　　E. 黄色

5. 常采用热敷法或涂擦刺激剂治疗一些慢性病，是为了使局部发生(　　)。

A. 淤血，血量增多　　B. 充血，使局部血液循环得到改善

C. 出血，供给更多的红细胞　　D. 形成血栓

E. 提供更多的热量

6. 长期受压迫的组织器官突然解除压力，该组织器官会发生(　　)。

A. 贫血后充血　　B. 神经性充血　　C. 侧支性充血

D. 炎性充血　　E. 水肿

7. 右心衰竭引起淤血的器官主要有(　　)。

A. 肺、脑及肾　　B. 肺、肝及胃肠道　　C. 肺、肾及胃肠道

D. 肾、肺及胃肠道　　E. 肝、脾及胃肠道

8. 皮肤、黏膜、浆膜等处出血点、出血斑是(　　)。

A. 毛细血管出血　　B. 淤血　　C. 充血

D. 血栓　　E. 缺血

9. 渗出性出血的主要原因是(　　)。

A. 血管通透性升高　　B. 血管通透性降低

C. 血管破裂　　D. 血流加快

E. 血流变慢

10. 决定梗死灶形状的主要因素是(　　)。

A. 梗死的类型　　B. 梗死灶的大小　　C. 梗死灶内的含血量

D. 组织器官的血管分布　　E. 组织的大小

11. 发生出血性梗死的主要原因是(　　)。

A. 局部组织供血过多　　B. 局部动脉供血中断，静脉高度淤血

C. 组织坏死　　D. 局部动脉供血中断

E. 组织出血

12. 动物易发生出血性梗死的器官是(　　)。<2009>

A. 心　　B. 肝　　C. 脾

D. 肾　　E. 胃

13. 不常发生白色梗死的器官是(　　)。<2010>

A. 肝脏　　B. 心脏　　C. 肾脏

D. 大脑　　E. 脾脏

14. 肺淤血的常见原因是(　　)。<2011>

A. 右心衰竭　　B. 左心衰竭　　C. 肝功能衰竭

D. 肾功能衰竭　　E. 脾功能衰竭

15. 红色梗死常发生于(　　)。<2011>

A. 心脏　　B. 大脑　　C. 肾脏

D. 肝脏　　E. 肺脏

16. 发生淤血的组织局部(　　)。<2012>

A. 温度升高，颜色鲜红　　B. 温度升高，颜色暗红

C. 温度降低,颜色鲜红　D. 温度降低,颜色暗红
E. 温度不变,颜色暗红

17. 心瓣膜上形成血栓,常见的类型是(　　)。<2012>
A. 白色血栓　B. 混合血栓　C. 红色血栓
D. 透明血栓　E. 败血型血栓

18. 白色血栓的主要成分是(　　)。<2013>
A. 血小板和白蛋白　B. 血小板和纤维蛋白　C. 血小板和红细胞
D. 血小板和白细胞　E. 纤维蛋白和白细胞

19. 从静脉注入空气所形成的气体性栓子主要栓塞的器官是(　　)。<2015>
A. 大脑　B. 肺脏　C. 肾脏
D. 肝脏　E. 脾脏

20. 血液弥漫性分布于组织间隙,使出血组织呈现大片暗红色的病变称为(　　)。<2016>
A. 出血性素质　B. 溢血　C. 点状出血
D. 出血性浸润　E. 斑状出血

21. 局部皮肤动脉性充血的外观表现是(　　)。<2017>
A. 色泽暗红,温度升高　B. 色泽暗红,温度降低
C. 色泽鲜红,温度降低　D. 色泽鲜红,温度升高
E. 色泽鲜红,温度不变

22. 来自门静脉的栓子主要栓塞在(　　)。<2017>
A. 心　B. 肝　C. 脾
D. 肺　E. 肾

23. 心力衰竭细胞出现在(　　)。<2018>
A. 心脏　B. 肝脏　C. 脾脏
D. 肺脏　E. 肾脏

24. 少量出血可能危及生命的器官是(　　)。<2019>
A. 肠　B. 肾　C. 肺
D. 胃　E. 脑

25. 点状出血灶的直径范围是(　　)。<2022>
A. 7～9 mm　B. >10 mm　C. <1 mm
D. 4～6 mm　E. 1～3 mm

26. 右心衰竭时首先出现明显淤血的器官是(　　)。<2022>
A. 脑　B. 肾　C. 肝
D. 左侧肺叶　E. 右侧肺叶

27. 斑状出血灶的直径范围是(　　)。<2022>
A. 7～9 mm　B. >10 mm　C. <1 mm
D. 4～6 mm　E. 1～3 mm

28. 静脉注射时血液中不慎混入空气造成的血栓属于什么性质的血栓?(　　)<2023>
A. 细菌性　B. 组织性　C. 气体性
D. 血栓性　E. 脂肪性

四、判断题

1. 能够引起小动脉和毛细血管扩张的任何因素都可导致充血的发生。(　　)
2. 无论充血时间长短,充血对机体来说都是有利的。(　　)
3. 血液流出体外称为出血。(　　)
4. 瘤胃臌气时应快速放气。(　　)
5. 肺与肠多发生出血性梗死。(　　)
6. 微血栓由纤维素构成,只能在显微镜下观察到。(　　)
7. 血栓形成对机体有害无利。(　　)
8. 淤血的病理表现为鲜红、微肿、温热。(　　)
9. 瘀点和瘀斑是血管破裂所致。(　　)
10. 左心衰竭会导致肺淤血。(　　)
11. 心力衰竭细胞出现在衰竭的心肌细胞中。(　　)

五、简答题

1. 简述不同血管出血、不同类型出血的病理变化特点。
2. 简述全身性贫血的综合表现。
3. 简述血栓形成的过程。
4. 血栓形成的条件有哪些?血栓可分为哪几种?其主要成分各是什么?
5. 贫血性梗死和出血性梗死在病理变化上有何不同?
6. 栓子的种类有哪些?

项目三　水　肿

◆ 学习目标

掌握水肿的概念、类型、常见组织器官水肿时的病变特点;理解水肿发生的原因、机理;认识水肿对机体的影响。

实训技能一　观察水肿大体标本

能力目标

通过大体标本观察,掌握常见器官水肿时的眼观病变特点,进一步理解水肿对机体的影响。

实训准备

大体标本、幻灯片、挂图等。

实训内容

(一)皮下水肿

皮下水肿的初期或水肿程度轻微时,水肿液与皮下疏松结缔组织中的凝胶网状物(胶原纤维和由透明质酸构成的凝胶基质等)结合而呈隐性水肿。随病情的发展,当细胞间液超过凝胶网状物结合能力时,可产生自由液体,扩散于组织细胞间,指压遗留压痕,称为凹陷性水肿。外观皮肤肿胀,颜色变浅,失去弹性,触之质如面团,指压留痕。切开皮肤有大量浅黄色液体流出,皮下组织呈淡黄色胶冻状。

(二)肺水肿

当肺发生水肿时,眼观体积增大,重量增加,质地变实,肺胸膜紧张而有光泽,肺表面因高度淤血而呈暗红色。肺间质增宽,尤其是猪、牛的肺,因富有间质,故增宽尤为明显。肺切面呈紫红色,从支气管和细支气管内流出大量白色泡沫状液体。镜检可见肺泡腔内充满水肿液(彩图 3-1,彩图 3-2)。

（三）脑水肿

眼观可见软脑膜充血，脑回变宽而扁平，脑沟变浅。脉络丛血管常淤血，脑室扩张，脑脊液增多。

（四）肝、心脏、肾水肿

肝、心脏、肾等器官发生水肿时，器官的肿胀比较轻微，只有镜检才能发现。肝水肿时，水肿液主要蓄积于迪塞间隙（窦周隙）内，使肝细胞索与窦状隙发生分离。心脏水肿时，水肿液出现于心肌纤维之间，心肌纤维彼此分离，受到挤压的心肌纤维可发生变性。肾水肿时，水肿液蓄积在肾小管之间，使间隙扩大，有时导致肾小管上皮细胞变性并与基底膜分离。

（五）浆膜腔积水

当浆膜腔发生积水时，水肿液一般为淡黄色透明液体。浆膜小血管和毛细血管扩张充血，浆膜面湿润有光泽。如水肿由炎症引起，则水肿液内含有较多蛋白质，并因混有渗出的炎性细胞、纤维蛋白和脱落的间皮细胞而呈混浊。此时可见浆膜肿胀、充血或出血，表面常被覆薄层或厚层灰白色呈网状的纤维蛋白。

实训技能报告单

描述本次实训中所见到病理标本的病变名称和病变特点。

实训技能二　小鼠实验性肺水肿

能力目标

通过本实验，复制小鼠中毒性肺水肿模型，观察肺水肿时小鼠呼吸机能和全身状况的变化，观察肺水肿的病理变化，探讨肺水肿的机理和对机体的影响。

视频 3-1　小鼠肺水肿实验

实训准备

1. 器材：锥形瓶、氨水、脱脂棉、小鼠固定板、手术剪、手术镊、线绳等。
2. 动物：小鼠。

实训内容

1. 取 2 只体重相近、性别相同的小鼠，分别放在 2 个锥形瓶中，观察其呼吸及全身状态。

2. 将浸有氨水的脱脂棉放入其中一个锥形瓶中，并做好标记，随时观察小鼠的呼吸及全身状态的变化，直至其中 1 只小鼠死亡，并记录存活时间。

3. 分别解剖以上 2 只小鼠，将鼠胸腔剖开，用线扎住气管下端，将肺完整地取下。取肺时，注意气管结扎要牢，勿伤及肺表面，以免水肿液外漏影响实验结果。

称肺的重量,计算肺系数。小鼠肺系数=肺重(mg)/体重(g)。将2只小鼠的肺系数进行比较。

4. 对比观察肺的颜色和大小,剪开结扎气管的线,压迫肺,观察气管内有无泡沫状液体流出。

实训技能报告单

记录小鼠中毒性肺水肿的表现及病变特点,并分析产生该变化的原因。

实训技能三　兔肺水肿实验

能力目标

通过本实验,复制兔肺水肿模型,观察肺水肿时兔呼吸机能和全身状况的变化,探讨肺水肿对呼吸机能的影响机理。

视频3-2　兔肺水肿实验

实训准备

1. 器材:输液架、消毒液、兔保定筒、兔解剖台、乳胶手套、笔、记录纸、搪瓷盘、废料缸、生理盐水、干棉球、75%酒精棉球、听诊器、输液器、注射器、绷带、胶条、1%肾上腺素注射液、剪刀、手术刀、镊子、纱布、棉线若干。

2. 动物:兔。

实训内容

1. 观察。观察兔的正常状态,记录兔的心跳、呼吸次数,并用听诊器听肺部呼吸音。

2. 输液。输入生理盐水,输液总量按照每千克体重150~180 mL计算,输液的速度为每分钟180~200滴。

3. 输肾上腺素并观察。待生理盐水接近输入完毕时,立即向输液器中加入1%肾上腺素,加入量为1 mL/kg(体重),并用听诊器听肺部呼吸音,观察记录兔子的心跳、呼吸次数及临床表现,兔表现为呼吸急促、心跳加快,挣扎后很快死亡。

4. 解剖观察。用消毒液将尸体浸湿,去除多余水分,将兔腹部朝上仰卧固定于兔解剖台上,打开胸腔和颈部,取出呼吸系统进行观察。仔细观察肺体积大小、颜色、边缘质地的变化。剪开喉头、气管观察内容物性状。剪开肺,轻轻挤压观察;取一小块肺组织放入水中,观察肺组织沉浮状态。

将上述实验结果记录在表3-1中。

表3-1　兔肺水肿实验记录表

观察内容	正常	输1%肾上腺素注射液后
呼吸频率/(次/min)		
肺部呼吸音		

续表 3-1

观察内容	正常	输 1% 肾上腺素注射液后
心率/(次/min)		
全身状况		
解剖观察		

实训技能报告单

记录兔肺水肿的表现及病变特点，并分析产生该变化的原因。描述肺水肿眼观病变。

◆ 相关知识

相关知识 水　　肿

一、水肿概述

过多的液体在组织间隙或体腔中积聚称为水肿。由于水肿发生的部位不同，其表现的病理变化也不一样，名称也不尽相同。正常时体腔内也有少量液体，当液体在体腔内蓄积过多时，称为积液或积水，如心包积液、胸腔积液(胸水)、腹腔积液(腹水)、脑室积液等。水肿发生于皮下组织时则称为浮肿。

水肿不是一种独立的疾病，而是在许多种疾病中都可能出现的一种病理过程，水肿有多种分类方法。在有些动物疾病中水肿是其重要的临床体征，会以水肿病或类似病名来命名，如仔猪水肿病、牛恶性水肿病、肉鸡腹水综合征等。

按发生的原因分，有心性水肿、肾性水肿、肝性水肿、炎性水肿、营养不良性水肿等；按水肿发生的部位分类，有皮下水肿、肺水肿、脑水肿、喉头水肿等；按水肿发生的范围分，有局部性水肿、全身性水肿。按水肿发生的程度，可分为隐性水肿和显性水肿。隐性水肿临床表现不明显，仅体重有所增加。显性水肿临床表现明显，如出现局部肿胀、体积增大、重量增加、紧张度增加、弹性降低、局部温度降低、颜色变淡、指压留痕等。

水肿液主要来自血浆，除蛋白质外其余成分与血浆基本相同。水肿液的密度决定于蛋白质含量，蛋白质含量则与血管通透性的改变以及局部淋巴液回流状态有关。相对密度低于 1.015 的水肿液通常称为漏出液，高于 1.018 时则称为渗出液。

二、水肿的原因和机理

不同类型水肿的发生原因和机理不尽相同，但多数具有一些共同的发病环节，其中主要是组织液生成与回流之间的平衡失调，以及球-管平衡失调导致水、钠在体内潴留。

(一)血管内外液体交换失衡引起组织液生成过多

在生理条件下,组织液与血液不断进行交换,生成和回流处于动态平衡,这种恒定状态是由血管内外多种因素决定的(图 3-1),其可以归结为以下两种力量的作用:一种是促使组织液生成的力量(血管内的流体静力压、组织液的胶体渗透压);另一种是促使组织液回流入血管的力量(血浆胶体渗透压、组织液的流体静力压)。这两种力量加之血管通透性和淋巴回流等因素决定液体的滤出或回流。不能由毛细血管静脉端回收的液体,则经淋巴循环途径流入血液。这样就可以维持组织间隙内液体的相对动态平衡。在病理条件下,组织液生成与回流间的动态平衡发生了破坏,组织间液生成过多、回流减少,液体积聚于组织中则发生水肿。引起组织液生成增多的因素有以下几种。

动画 3-1　血液组织液与淋巴之间的关系 1

动画 3-2　血液组织液与淋巴之间的关系 2

动画 3-3　正常组织液的生成与回流

动画 3-4　水肿的发生机理

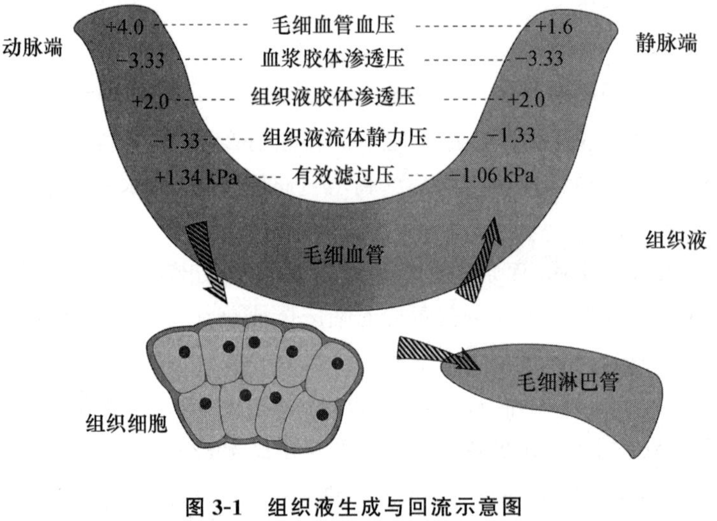

图 3-1　组织液生成与回流示意图

1. 毛细血管流体静力压(内压)升高

毛细血管内压是促使组织液生成的力量,正常时,动脉端压力较高使组织液滤出,静脉端压力降低使组织液回流。当毛细血管流体静力压升高时,其动脉端有效滤过压增大,可促使血浆的液体部分过多地滤出,同时回流入静脉端微血管液体减少,组织间液生成增多,超过淋巴回流的代偿限度时即可发生水肿。

引起毛细血管流体静力压增高的主要原因有动脉充血(如炎症时)和静脉压增高(血栓、肿瘤、心力衰竭和肝硬化)等,如心力衰竭时引起全身静脉淤血导致心性水肿,肝硬化时门静脉回流受阻出现腹水,静脉血栓、肿瘤或肿胀物压迫静脉等均可引起静脉压增高而发生水肿。

2. 血浆胶体渗透压降低

血浆胶体渗透压是使组织液回流入血的主要力量，它主要由血浆白蛋白浓度决定，当白蛋白浓度下降时，血浆胶体渗透压下降，组织液回流减少，可出现水肿。这种水肿常为全身性的，其水肿液中蛋白质含量较低。当机体发生严重营养不良或肝功能不全时，可导致血浆白蛋白合成障碍；发生慢性消耗性疾病时，蛋白质消耗过多；肾功能不全时，大量白蛋白可随尿丢失，这些都会引起血浆胶体渗透压降低而发生水肿。

3. 毛细血管和微静脉通透性增高

毛细血管和微静脉的血管壁为半透膜，正常时只允许微量血浆蛋白滤出。当毛细血管和微静脉受到损伤使其通透性增高时，有较多的血浆蛋白质渗出到组织间隙，使血浆胶体渗透压降低、细胞间液胶体渗透压升高而导致水肿。引起血管壁通透性增高的主要因素有：

(1)微血管损伤。如细菌毒素、感染、创伤、烧伤、冻伤、化学损伤、缺氧、酸中毒和某些变态反应原等可损伤血管内皮细胞联合处的黏合质，导致血管内皮及基膜发生变性、液化，使血管通透性增高。

(2)血管活性物质作用。血管活性胺(组胺、5-羟色胺)、激肽(胰激肽、缓激肽)、某些细菌的毒素(葡萄球菌毒素、产气荚膜梭菌毒素)和组织代谢或崩解的一些产物(腺苷、乳酸)等，它们可直接损伤毛细血管和微静脉管壁或引起血管内皮细胞收缩，细胞间隙扩大使血管通透性增高。

4. 淋巴回流受阻

淋巴回流是维持组织液动态平衡的重要途径，正常形成的组织液有一小部分(约 1/10)经毛细淋巴管回流入血，从毛细血管动脉端滤出的少量蛋白质也主要随淋巴循环返回血液。若淋巴回流受阻，即可引起组织液积聚及胶体渗透压升高。因此淋巴回流受阻所引起的水肿，其水肿液中蛋白质含量也较高。

淋巴回流障碍常见于淋巴管炎或淋巴管阻塞(如寄生虫、肿瘤等阻塞压迫淋巴管)。严重心功能不全引起静脉淤血和静脉压升高时，也可导致淋巴回流受阻。

5. 组织液渗透压增高

组织液渗透压是阻止组织液向血管内回流的力量，也是吸引血浆液体向血管外滤出的力量。组织液渗透压增高可促使组织液的生成增多而引起水肿。

血管通透性增高，血浆蛋白渗出可使组织液胶体渗透压增高；组织缺氧、局部炎症及各种损伤时组织细胞变性、坏死，组织分解加剧，使大分子物质分解为小分子物质，也引起局部渗透压增高。

(二)球-管平衡失调导致钠、水潴留

动物不断从饲料和饮水中摄取水和钠盐，并通过呼吸、出汗和粪、尿将其排出。它们的摄入量和排出量在健康动物中通常保持着平衡，这种平衡的维持是通过神经体液的调节得以实现的，其中肾的作用尤为重要。正常情况下肾小球滤出的水、钠总量中只有 0.5%～1%被排出，99%以上被肾小管重吸收，其中 60%～70%的水和钠由近曲小管重吸收，余者由远曲小管和集合管重吸收。近曲小管重吸收钠是一个主动的需能过程，而远曲小管和集

合管重吸收水和钠则受抗利尿激素(ADH)、醛固酮、心房钠尿肽等激素的调节。肾小球滤出量与肾小管重吸收量之间保持的相对平衡称为球-管平衡,这种平衡关系一旦被破坏,就会引起球-管平衡失调。如果肾小球滤过减少或肾小管对钠、水的重吸收增强,则常可导致钠、水在体内潴留。

动画 3-5　淋巴循环

动画 3-6　肾脏对水盐的调节

1. 肾小球滤过减少

(1)广泛的肾小球病变。急性肾小球性肾炎,肾小球毛细血管内皮细胞增生、肿胀,毛细血管基底膜增厚,系膜细胞增生,肾小球毛细血管管腔变狭窄甚至阻塞,血流量减少,处于贫血状态,可引起原发性肾小球滤过率降低。慢性肾小球肾炎的病例,则由于肾小球严重纤维化而影响滤过。

(2)有效循环血量下降。大出血、休克、充血性心力衰竭、肝硬化大量腹水形成时,可使有效循环血量减少而导致肾血流量减少,使肾小球滤过率降低。此外,有效循环血量的下降,还可反射性地引起交感-肾上腺髓质系统和肾素-血管紧张素系统兴奋,使肾小球入球小动脉收缩,引起肾血流量减少而导致继发性肾小球滤过率降低,原尿生成减少,体内钠、水潴留而发生水肿。

2. 肾小管重吸收增强

(1)激素作用。醛固酮可促进肾小管重吸收钠,抗利尿激素有促进远曲小管和集合管重吸收水的作用。任何能使有效循环血量下降的因素,可使抗利尿激素和醛固酮分泌增多,引起肾小管重吸收水、钠增多。另外,肝功能严重损伤时影响对抗利尿激素和醛固酮的灭活,也可促进或加重水肿的发生。

(2)肾血流重新分布。动物的肾单位分皮质肾单位和髓旁肾单位两种。皮质肾单位较短,重吸收钠、水的作用较弱;髓旁肾单位长,重吸收钠、水的作用较强。生理情况下,肾血流量的大部分(约90%)通过皮质肾单位,只有小部分通过髓旁肾单位。在心力衰竭、休克等病理情况下,可出现肾血流重新分布,此时肾血流大部分分配到髓旁肾单位,使较多的钠、水被重吸收,导致钠、水潴留。

三、水肿的类型

(一)心性水肿

心性水肿是因心功能不全而引起的全身性或局部性水肿。左心功能不全引起肺水肿,而右心功能不全可引起全身性水肿。水肿通常出现于身体低垂部位或皮下组织比较疏松处,严重时也可出现胸水和腹水等。心性水肿发生与下列因素有关。

1. 水、钠潴留

心功能不全时，心输出量降低，有效循环血量减少，导致肾血流量减少，可引起肾小球滤过率降低；同时导致抗利尿激素和醛固酮分泌增多，肾远曲小管和集合管对水、钠的重吸收增多，造成水、钠在体内潴留。

2. 毛细血管流体静力压升高

心输出量降低导致静脉血回流障碍，进而引起毛细血管流体静力压升高，发生水肿，尤其在机体的低垂部位，如四肢、胸腹下部、肉垂、阴囊等处，由于重力的作用，毛细血管流体静力压更高，水肿也更明显。

3. 其他

右心功能不全可引起胃肠、肝、脾等腹腔脏器发生淤血和水肿，造成营养物质吸收障碍，白蛋白合成减少，导致血浆胶体渗透压降低；静脉回流障碍引起静脉压升高，妨碍淋巴回流。这些因素也能促进水肿的形成。

(二)肾性水肿

肾功能不全引起的水肿称为肾性水肿。患肾疾病(如肾病综合征和急性肾小球肾炎等)时常常发生水肿。肾性水肿属全身性水肿，以机体组织疏松部位表现明显。其发生机理为：

1. 肾排水排钠减少

急性肾小球肾炎时，肾小球滤过率降低，但肾小管仍以正常速度重吸收水和钠，故可引起少尿或无尿。慢性肾小球肾炎时，当大量肾单位遭到破坏使滤过面积显著减少，也可引起水、钠潴留。

2. 血浆胶体渗透压降低

肾小球毛细血管基底膜受损，通透性增高，大量血浆白蛋白滤出，当超过肾小管重吸收能力时，可形成蛋白尿而排出体外，使血浆胶体渗透压下降。这样可引起血液的液体成分向细胞间隙转移而导致血容量减少，血容量减少又引起抗利尿激素、醛固酮分泌增加而使水、钠重吸收增多。

(三)肝性水肿

指肝功能不全引起的全身性水肿。许多严重的肝病特别是肝硬化可引起肝功能不全导致全身性水肿，常表现为腹水生成增多。其发生机理如下：

1. 肝静脉回流受阻

肝硬化时，肝组织的广泛性破坏和大量结缔组织增生，压迫肝静脉分支，使肝静脉回流受阻。窦状隙内压明显增高引起过多液体滤出，当超过肝内淋巴回流的代偿能力时，可经肝被膜渗入腹腔内而形成腹水。同时肝静脉回流受阻又可导致门静脉高压，肠系膜毛细血管流体静力压随之升高，液体由毛细血管滤出明显增多，也可形成腹水。

2. 门静脉高压

肝硬化、门静脉分支阻塞(寄生虫卵、血栓等)等原因可引起门静脉高压，导致肠壁水肿，液体漏入腹腔形成腹水。

动画 3-7　肝门静脉系与前后腔静脉的吻合

动画 3-8　肝硬化的后果及治疗

3. 钠、水潴留

肝功能不全时,对醛固酮和抗利尿激素灭活功能降低,使肾小管对水、钠重吸收增多。腹水一旦形成,则血容量降低,促使醛固酮和抗利尿激素分泌增多,进一步导致钠、水潴留,加剧肝性水肿。

4. 血浆胶体渗透压下降

严重的肝病如重症肝炎、肝硬化等,可使蛋白质的消化吸收及肝细胞合成白蛋白发生障碍,引起血浆胶体渗透压下降而发生水肿。

(四)营养不良性水肿

营养不良性水肿也称恶病质性水肿,在慢性消耗性疾病(如严重的寄生虫病、慢性消化道疾病、恶性肿瘤等)和动物营养不良(饲料缺乏蛋白质或其他某些物质)时,机体缺乏蛋白质,造成低蛋白血症,引起血浆胶体渗透压降低而组织渗透压相对较高,导致水肿的发生。

(五)肺水肿

在肺泡腔及肺泡间隔内蓄积大量体液称为肺水肿。其发生机理为:

1. 肺泡壁毛细血管内皮和肺泡上皮损伤

由各种化学性(如硝酸银、氨气)、生物性(某些细菌、病毒感染)因素引起的中毒性肺水肿,有害物质损伤肺泡壁毛细血管内皮和肺泡上皮,使其通透性升高,导致血液的液体成分甚至蛋白质渗入肺泡间隔和肺泡内。

2. 肺毛细血管流体静力压增高

左心功能不全、二尖瓣口狭窄可引起肺静脉回流受阻、肺毛细血管流体静力压升高,若伴有淋巴回流障碍,或生成的水肿液超过淋巴回流的代偿限度时,易发生肺水肿。

3. 大量输入晶体溶液

大量输入生理盐水等晶体溶液,可稀释血浆蛋白的浓度,使血浆胶体渗透压降低,也可导致肺水肿。

(六)淤血性水肿

此类水肿的发生与淤血范围相一致。主要由静脉回流受阻导致毛细血管流体静力压升高引起。此外,淤血导致缺氧、代谢产物堆积、酸中毒,这些可进一步引起毛细血管通透性升高和细胞间液渗透压升高,也会促进水肿的发生。

(七)炎性水肿

炎症过程中,由于充血、淤血、炎症介质、组织坏死崩解产物等诸多因素的综合作用,导致炎症区毛细血管流体静力压升高、毛细血管通透性升高、局部组织渗透压升高、淋巴回流障碍而引起水肿。

四、水肿对机体的影响

水肿是一种可逆的病理过程。病因去除后,在心血管系统机能改善的条件下,水肿液可被吸收,水肿组织的形态学改变和机能障碍也可恢复正常,但长期水肿对机体不利。水肿对机体的影响主要表现在以下几方面。

(一)有利影响

炎性水肿的有利影响比较明显。如炎性水肿的水肿液对毒素或其他有害物质有稀释作用;输送抗体到炎症部位;蛋白质能吸附有害物质,阻碍其吸收入血;纤维蛋白凝固可限制微生物在局部的扩散等。组织液增多或减少对调节动物的血量和血压起重要的作用,可减轻血液循环的负担;心力衰竭时水肿液的形成起着降低静脉压、改善心肌收缩功能的作用。

(二)有害影响

有害影响的程度可因水肿的严重程度、持续时间和发生部位的不同而异,轻度水肿和持续时间短的水肿,在去除病因后,随着心血管功能的改善,水肿液可被吸收,水肿组织的形态学改变和功能的障碍也可恢复正常。但长期水肿的部位,可因组织缺氧,继发结缔组织增生并发生器官硬化,此时,即使去除病因也难以完全清除病变。发生在机体重要器官的水肿往往危及生命。水肿对机体的有害影响主要表现在以下几方面:

1. 管腔不通或通路阻塞

如支气管黏膜水肿可妨碍肺通气。

2. 器官功能障碍

水肿可引起严重的器官功能障碍,如肺水肿可导致通气与换气障碍,胃肠黏膜水肿可影响消化吸收功能,心包积水妨碍心脏的泵血功能,脑水肿使颅内压升高,压迫脑组织引起神经系统机能障碍甚至死亡,急性喉黏膜水肿可引起窒息。

3. 组织营养供应障碍

由于水肿液可引起组织内压增高,特别是有限制性的器官如脑(颅腔)和肾(包膜)等,水肿可使血液供应减少。此外,因水肿液的存在,氧和营养物质从毛细血管到达组织细胞的距离增大,增加了物质交换的困难,可引起组织细胞营养不良。水肿组织缺血、缺氧、物质代谢发生障碍,对感染的抵抗力降低,易发生感染。水肿组织血液循环障碍可引起组织细胞再生能力减弱,水肿部位的外伤或溃疡往往不易愈合。

思维导图

- 项目三 水肿
  - 水肿概述
    - 基本概念
      - 水肿——过多的液体在组织间隙或体腔中积聚
      - 积液或积水——液体在体腔内蓄积过多
      - 浮肿——水肿发生于皮下组织
    - 水肿类型
      - 按范围分
        - 局部性水肿
        - 全身性水肿
      - 按发生程度分
        - 隐性水肿
        - 显性水肿
      - 按发生部位分——皮下水肿、肺水肿、脑水肿、喉头水肿
      - 按发生原因分——心性水肿、肾性水肿、肝性水肿、营养不良性水肿、炎性水肿、肺水肿、淤血性水肿
    - 水肿液
      - 来源——主要来自血浆
      - 成分——除蛋白质外其余与血浆基本相同
      - 密度
        - 取决于蛋白质的含量
        - 漏出液：低于1.015
        - 渗出液：高于1.018
  - 水肿的原因和机理
    - 血管内外液体交换失衡引起组织液生成过多
      - 毛细血管流体静力压（内压）升高
      - 血浆胶体渗透压降低
      - 毛细血管和微静脉通透性增高
      - 淋巴回流受阻
      - 组织液渗透压增高
    - 球-管平衡失调导致钠、水潴留
      - 肾小球滤过减少
      - 肾小管重吸收增强
  - 水肿的类型
    - 心性水肿
      - 水、钠潴留
      - 毛细血管流体静力压升高
      - 左心功能不全可引起肺水肿，而右心功能不全可引起全身性水肿。水肿通常出现于身体低垂部位或皮下组织比较疏松处，严重时也可出现胸水和腹水等
    - 肾性水肿
      - 肾排水排钠减少
      - 血浆胶体渗透压降低
    - 肝性水肿
      - 肝静脉回流受阻
      - 门静脉高压
      - 钠、水潴留
      - 血浆胶体渗透压下降
    - 营养不良性水肿——低蛋白血症，引起血浆胶体渗透压降低
    - 肺水肿
      - 肺泡壁毛细血管内皮和肺泡上皮损伤
      - 肺毛细血管流体静力压增高
      - 大量输入晶体溶液
    - 淤血性水肿
    - 炎性水肿
  - 水肿对机体的影响
    - 有利影响
      - 炎性水肿液稀释毒素或其他有害物质
      - 输送抗体到炎症部位
      - 蛋白质能吸附有害物质，阻碍其吸收入血；纤维蛋白凝固可限制微生物在局部的扩散等
      - 组织液增多或减少对调节动物的血量和血压起重要的作用，可减轻血液循环的负担
      - 心力衰竭时水肿液的形成起着降低静脉压、改善心肌收缩功能的作用
    - 有害影响
      - 管腔不通或通路阻塞
      - 器官功能障碍
      - 组织营养供应障碍

思政园地

国家重视职业教育，能工巧匠大有可为

党的二十大报告指出，人才是第一资源。职业教育是国民教育体系和人力资源开发的重要组成部分，是广大青年打开通往成功成才大门的重要途径，肩负着培养多样化人才、传承技术技能、促进就业创业的重要职责。2022 年 8 月 19 日，习近平同志向世界职业技术教育发展大会致贺信。习近平同志指出，职业教育与经济社会发展紧密相连，对促进就业创业、助力经济社会发展、增进人民福祉具有重要意义。随着我国进入新的发展阶段，产业升级和经济结构调整不断加快，各行各业对技术技能人才的需求越来越紧迫，职业教育的重要地位和作用越来越凸显。同学们要认真学习技能，积极参加各类各级技能比赛，使自己成为高技能人才和高素质劳动者，为社会主义现代化建设做出贡献。

复习思考题

一、名词解释

水肿　浮肿　积液

二、填空题

1. 水肿发生的机理为________________、________________。

2. 钠、水潴留的原因有________________、________________。

3. 引起组织液生成增多的因素有________、________、________、________、________。

三、选择题

1. 机体发生水肿时，体积明显肿大的是(　　)。

A. 心脏　　B. 肺　　C. 肝

D. 肾　　E. 以上都不是

2. 水肿是细胞间隙引起的(　　)。

A. 高渗性体液过多　　B. 低渗性体液过多　　C. 等渗性体液过多

D. 体液丧失　　E. 以上都不是

3. 营养不良性水肿的发病环节是(　　)。

A. 血浆胶体渗透压降低　　B. 毛细血管通透性升高

C. 毛细血管血压升高　　D. 以上都是

4. 下列不是导致水肿发生的原因的是(　　)。

A. 毛细血管流体静压升高　　B. 毛细血管通透性升高

C. 局部淋巴回流受阻　　D. 肾小管重吸收增多

E. 肾小管滤过率升高

5. 组织水肿是由于组织液增多、大量积累在组织细胞间隙造成的。下列各项中不会引起组织水肿的是(　　)。

A. 营养不良导致血浆蛋白含量减少

B. 花粉过敏使毛细血管通透性增大

C. 饮食过咸导致血浆渗透压过高

D. 淋巴回流受阻,组织液中滞留大分子物质

6. 左心功能不全常引起(　　)。<2013>

A. 肾水肿　　B. 肝水肿　　C. 脑水肿

D. 皮肤水肿　　E. 肺水肿

7. 一15岁“德牧”死后,剖检见腹腔有30 mL透明液体,肝脏上有多个核桃大的灰白色肿瘤结节,心肾肺无明显变化,该犬的腹水为(　　)。<2022>

A. 心性腹水　　B. 肾性腹水　　C. 营养不良性腹水

D. 肝性腹水　　E. 炎性腹水

四、判断题

1. 水肿发生的机理是组织液的生成与回流失衡和钠、水在体内的潴留。(　　)

2. 肝性水肿常表现为腹水生成增多。(　　)

3. 肾性水肿以机体组织疏松部位表现明显。(　　)

4. 实质性器官发生水肿时,器官的肿胀比较轻微,只有镜检才能发现。(　　)

五、简答题

1. 简述水肿的类型及发生的机理。

2. 试述水肿对机体的影响。

项目四　脱水及酸碱平衡紊乱

◆ 学习目标

掌握脱水及酸碱平衡紊乱的概念、发生原因、类型及其特点；理解脱水及酸碱平衡紊乱对机体的影响；正确处理脱水与酸中毒的病例。

任务一　脱　水

实训技能一　不同浓度食盐溶液中红细胞形态变化的观察

能力目标

通过观察不同浓度食盐溶液引起的红细胞形态变化，推理脱水、水肿对细胞及机体的影响。

视频 4-1　不同浓度食盐溶液中红细胞形态变化的观察

实训准备

1. 器材：EDTA 抗凝管、注射器、显微镜、载玻片或凹载玻片、盖玻片、眼科镊、移液枪和枪头、1.5 mL Eppendorf(EP)管、EP 管架、记号笔、试管架、100 mL 烧杯、0.1%氯化钠溶液、0.9%氯化钠溶液、10%氯化钠溶液、废料缸。

2. 动物：任选一种动物。

实训内容

1. 准备抗凝血。任选一种动物，采血适量，注入 EDTA 抗凝管备用。

2. 制备 3 种不同浓度的氯化钠抗凝血混悬溶液。将抗凝血分别与 0.1%氯化钠溶液、0.9%氯化钠溶液、10%氯化钠溶液以 1∶30 的比例在 EP 管中进行混合，缓缓颠倒混匀。

3.加样。取载玻片3张，在右端做好标记。分别取上述三种不同浓度的氯化钠抗凝血混悬溶液1滴，滴于相应标记的载玻片中央(或凹玻片的凹槽内)，盖上盖玻片，注意勿产生气泡。

4.镜检观察。稍后，轮流将载玻片置于低倍镜下，观察细胞形态，直至出现变化时，将物镜换成高倍镜，在高倍镜下观察记录红细胞的变化。

思考题

1. 记录不同浓度氯化钠溶液引起红细胞变化的结果，并分析产生不同变化的原因。
2. 根据观察结果，分析机体细胞外液渗透压发生变化时动物的表现及对机体的影响。

实训技能报告单

记录不同浓度食盐溶液引起红细胞形态变化的结果，并分析产生不同变化的原因。

◆ 相关知识

相关知识一 脱水

动物体内的水和溶解于其中的电解质、低分子有机化合物以及蛋白质等形成的液体称为体液，占体重的60%～70%。体液分为细胞内液和细胞外液。细胞内液存在于细胞内，占体液总量的2/3，机体大部分生化反应在细胞内液进行。细胞外液存在于细胞外，主要包括血浆和组织间液(即组织液)，以及少量淋巴液、脑脊液、胸腔、腹腔液体、关节滑膜腔、胃肠道等处的液体等，约占体液总量的1/3，是组织细胞摄取营养、排出代谢产物、赖以生存的内环境。正常情况下，动物体液总量、分布、渗透压和酸碱度保持相对稳定，以维持机体正常的生命活动，这种稳定一旦遭到破坏，即可引起水盐代谢及酸碱平衡紊乱，各器官系统机能发生障碍，甚至导致严重后果。水盐代谢及酸碱平衡紊乱的基本病理过程主要包括水肿、脱水及酸碱中毒。

机体在某些情况下，由于水的摄入不足或丧失过多，引起体液总量减少的现象称为脱水。机体在丧失水分的同时，也伴有不同程度电解质的丢失，特别是钠离子的丧失，由于脱水发生的原因不同，水盐丧失的比例也不一样，因此血浆渗透压发生不同的变化。根据脱水时渗透压的变化，脱水可分为高渗性脱水、低渗性脱水和等渗性脱水3种类型。这3种类型的脱水在某种情况下可以互相转化，如等渗性脱水时，若动物大量饮水，则可转化为低渗性脱水；等渗性脱水时，若水分通过皮肤和肺不断蒸发，则可转化为高渗性脱水。

一、高渗性脱水

高渗性脱水是指以水分丧失为主而盐类丧失较少的一种脱水，又称缺水性脱水或单纯性脱水。其特点是血浆渗透压和血清钠浓度均升高。在临床上患病动物表现口渴、尿少和尿的相对密度增加、细胞脱水、皮肤干燥皱缩等症状。

(一)发生原因

主要由饮水不足和低渗性体液丢失过多所致。

1. 饮水不足

家畜因得不到饮水或吞咽障碍，而水又消耗过多引起。常见于干旱、高山、高原、沙漠等地放牧的动物及长途运输的动物；咽部发炎、食管阻塞、破伤风等致饮水障碍。此原因导致脱水的动物，体征较轻，常表现为粪便干燥，尿量减少。

2. 失水过多或失水大于失钠

(1)经胃肠道丢失。发生呕吐、腹泻、肠梗阻、胃肠扩张等疾病时可引起大量低渗性消化液积聚于腹腔或排出体外。如肠炎时，在短时间内排出大量的低渗性水样粪便，而造成机体失水多于失钠。

(2)经皮肤、肺丢失。动物大量排汗及通气过度，导致大量水分随汗液和呼吸而丢失。如过度使役、高温及发热时，动物通过皮肤和呼吸蒸发丧失大量低渗性体液。

(3)经肾丢失。见于下丘脑病变使抗利尿激素的合成、分泌障碍，大量低渗尿液经肾排出；也可见大量使用排水性利尿剂，如服用过量的速尿(呋塞米)、甘露醇、高渗葡萄糖等利尿剂，使大量水分随尿排出而造成高渗性脱水。

(二)病理过程

引起高渗性脱水的主导环节是血浆渗透压和血清钠离子浓度升高，此时机体发生一系列代偿适应性反应，以排钠、保水，恢复细胞内外的等渗状态。若脱水持续发展或严重脱水，则代偿失调，造成酸中毒、自体中毒、脱水热等。严重时，患畜可出现运动失调、昏迷，甚至死亡(图 4-1)。其主要临床表现为：

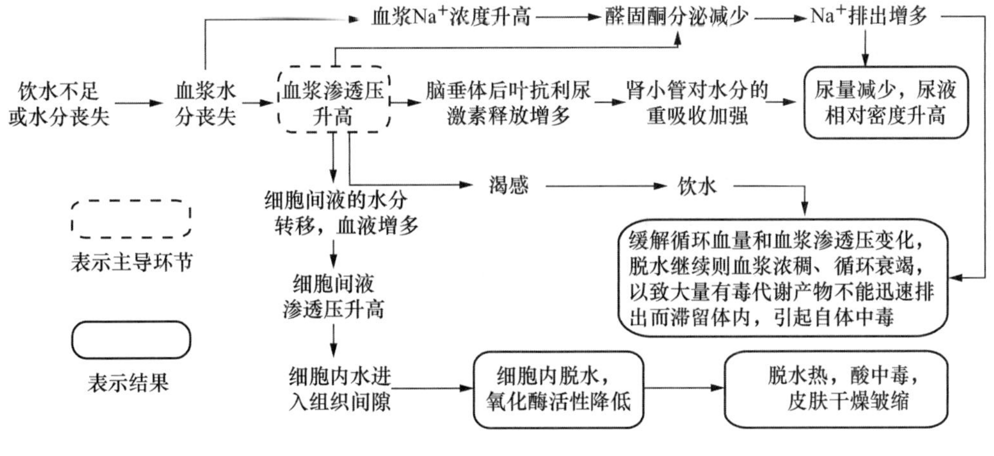

图 4-1 高渗性脱水发展过程

1. 细胞内脱水

由于血浆渗透压升高，组织间液的水分转移入血液，以降低血浆渗透压，同时引起组织间液渗透压升高，则细胞内液进入组织间液，最终导致细胞内脱水，患畜皮肤干燥皱缩。

2. 产生渴感,尿量减少

血浆渗透压增高,可直接刺激丘脑下部视上核的渗透压感受器,一方面反射性地引起患病动物产生渴感,促使其摄入水分;另一方面使脑垂体后叶释放抗利尿激素(ADH),加强肾小管对水分的重吸收,减少水分的排出,故此时患畜尿量减少。

3. 尿液相对密度增大

血浆钠离子浓度升高,引起肾上腺皮质细胞分泌醛固酮减少,肾小管对钠离子的重吸收减少,钠离子随尿排出增多,以降低血浆和细胞间液的渗透压,故尿液相对密度增大。

经过代偿,可使血浆渗透压有所降低,循环血量有所恢复。但如果病因未除,脱水继续发展,进入失代偿阶段,则可对机体造成严重后果。

(1)脱水热。严重脱水或持续性脱水,细胞内脱水加重,通过皮肤和呼吸蒸发的水分相应减少,蒸发散热发生障碍,使体温升高,通常称为脱水热。

(2)酸中毒。细胞间液渗透压升高,引起细胞内脱水,细胞内氧化酶活性降低,导致细胞内物质代谢障碍,酸性代谢产物增多而发生酸中毒。

(3)自体中毒。由于血浆渗透压升高,细胞间液得不到及时更新和补充,循环衰竭,加上尿量排出减少,大量有毒代谢产物不能迅速排出而滞留体内,引起自体中毒。

脱水热、酸中毒和自体中毒发展到严重程度时,可引起中枢神经机能紊乱,患畜出现运动失调、昏迷,甚至死亡。

二、低渗性脱水

低渗性脱水是指以盐类丧失为主而水分丧失较少的一种脱水,又称缺盐性脱水。其特点是血钠和血浆渗透压均降低,血浆容量及组织间液均减少,细胞吸水肿胀。临床上患畜无口渴感,早期出现尿量增多,尿液相对密度降低,后期少尿,易发生外周循环衰竭,引起低血容量性休克。

(一)发生原因

1. 补液不当

腹泻、剧痛、大量出汗、呕吐、大面积烧伤、中暑和过劳等引起体液大量丧失后,仅输5%葡萄糖溶液或只给水,而未补充钠,使血浆和组织间液渗透压降低,引起低渗性脱水。

2. 失钠过多

慢性肾功能不全时,肾小管重吸收钠的能力降低;肾上腺皮质机能低下时,醛固酮分泌减少,肾小管对钠离子的重吸收减少,大量钠离子随尿排出体外;此外,长期使用碳酸酐酶抑制性利尿剂(排钠性利尿剂),导致钠随尿排出;这些都会引起低渗性脱水。

(二)病理过程

低渗性脱水主要表现为失盐大于失水,血浆中 Na^+ 减少,故血浆渗透压降低。机体出现以排水、保钠、恢复和维持血浆渗透压的代偿性反应。一旦代偿失调,可引起血容量急剧减少,导致血液循环衰竭,有毒代谢产物在体内蓄积引起自体中毒而死亡(图4-2)。血浆渗透压降低是低渗性脱水的主导环节。其主要临床表现为:

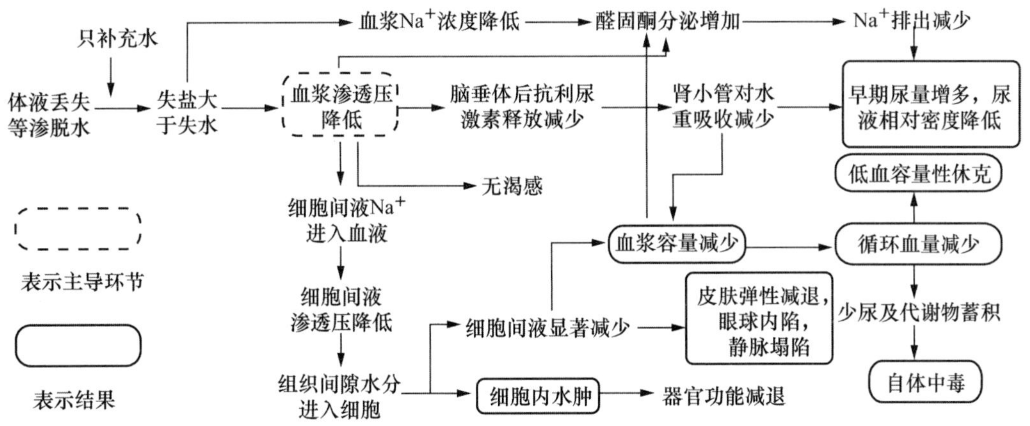

图 4-2　低渗性脱水发展过程

1. 组织间液的渗透压下降

由于血浆渗透压降低，组织间液 Na^+ 可通过毛细血管壁进入血液，使血浆渗透压有所升高，但同时组织间液的渗透压降低。

2. 尿量增多、尿液相对密度降低

由于血浆渗透压降低，抑制丘脑下部视上核中的渗透压感受器的兴奋性，所以患病动物无口渴感，并且垂体后叶释放抗利尿激素减少，使肾小管对水的重吸收减少，尿量增多，血容量减少。血容量减少及血浆 Na^+ 浓度降低，引起醛固酮分泌增多，肾小管对钠的重吸收增多，使尿的相对密度降低，以升高血浆和细胞间液的渗透压。

通过上述保钠、排水的调节反应，常可使血浆渗透压有所恢复，轻度的低渗性脱水得到缓解而不至于对机体造成严重的危害。如果脱水过程进一步发展，则会出现图 4-2 所示的失代偿反应。

(1)细胞水肿。若持续性大量失盐，则组织间液中的 Na^+ 不断进入血液而随之丢失，使组织间液渗透压降低，大量低渗的组织间液进入细胞内，引起细胞水肿，导致水中毒，而组织间液显著减少。神经细胞水肿可引起颅内压升高，患畜伴有神经症状。

(2)低血容量性休克。严重而持续的低渗性脱水，大量水分通过尿液排出以及进入细胞内，使本来就减少的细胞外液容量进一步降低，导致循环血量明显不足，血液浓稠，流速减慢，血压下降，甚至出现低血容量性休克。

(3)循环衰竭、自体中毒。伴随着循环血量减少，肾血流量减少，肾小球滤过率降低，因此尿量急剧减少，同时血液中非蛋白氮浓度不断升高，而引起氮质血症。此时患病动物表现皮肤弹性降低、眼球深陷、静脉塌陷等症状。

严重的低渗性脱水，常由于脑细胞水肿，引起中枢神经系统功能紊乱，最终，患病动物常因血液循环衰竭、自体中毒而死亡。

三、等渗性脱水

等渗性脱水又称混合性脱水，是指体内水分和盐类大致按其在血浆中的比例丧失，血浆渗透压基本未变的一类脱水。其病理特点是血浆渗透压保持不变，细胞外液容量减少。

(一)发生原因

等渗性脱水常见于消化道疾病，如急性肠炎时，由于肠液分泌增多和严重的腹泻而丢失大量消化液；肠梗阻、肠变位时，剧烈而持续性腹痛，大量排汗，肠液分泌增多和大量肠液蓄积在肠腔内，导致等渗性体液丢失；也见大面积烧伤时，大量血浆成分从创面渗出；还见有机磷中毒，大量通过口涎丢失体液。上述疾病均可使机体内的水和盐等比例大量丧失引起等渗性脱水。此外，中暑、过度使役等情况可使动物大量排汗，也可导致等渗性脱水。

(二)病理过程

等渗性脱水初期，体内的水分和钠盐同时丧失，所以血浆渗透压一般保持不变。但细胞外液大量丢失造成有效循环血量减少，机体通过容量感受器的反射性调节，使醛固酮和ADH分泌增多，肾小管重吸收钠、水增多，以补偿血容量，患畜表现尿量减少。通过代偿反应，机体有效循环血量有所恢复，脱水状况可逐渐好转。如果病理过程持续加重，代偿失调，最终也可导致低血容量性休克(图4-3)。

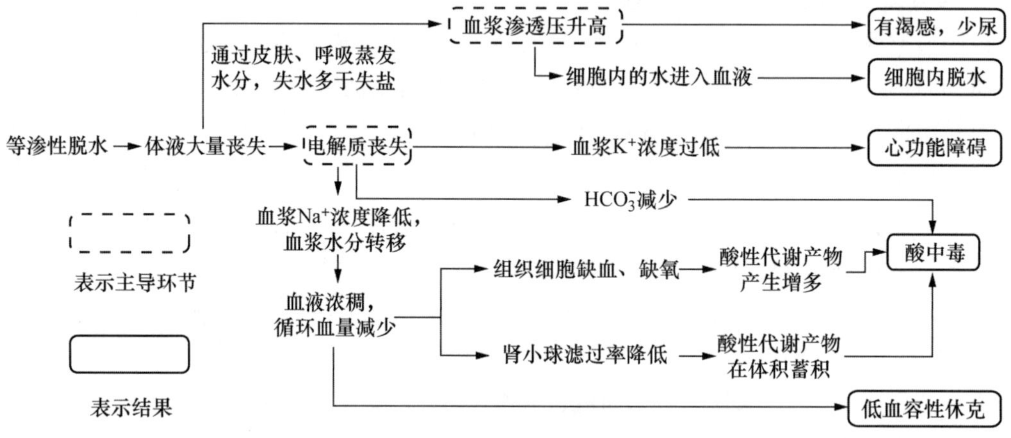

图4-3 等渗性脱水发展过程

等渗性脱水的初期，如果得不到及时、正确的处理，患畜可因通过皮肤和呼吸蒸发继续丧失水分，转变为高渗性脱水，机体出现与高渗性脱水相似的变化。也可因为处理不当，只给水或输注葡萄糖溶液，而转变为低渗性脱水，机体出现与低渗性脱水相似的变化。

由于等渗性脱水比高渗性脱水缺盐程度重，比低渗性脱水水分丢失更多，细胞外液减少，细胞内液也有所丧失。因此，等渗性脱水具有高渗性与低渗性脱水的综合特征。

四、脱水的治疗原则

1. 积极治疗原发病

脱水是一种常见的病理过程，在控制原发病的基础上，可通过补液来纠正、治疗。

2. 确定脱水类型

在3种类型的脱水中细胞外液渗透压变化各不相同，可通过测定血清钠离子浓度来确定脱水的类型，并根据病因、患畜脱水的临床表现进行确诊。

3. 补液量

补液的基本原则是缺什么补什么，缺多少补多少。根据脱水时患畜的临床症状，可将脱水分为三级。

(1)轻度脱水。患畜临床症状不明显，仅表现为口渴，失水量可达体重的4%。

(2)中度脱水。患畜口渴、尿少，皮肤和黏膜干燥，眼球内陷，失水量可达体重的6%。

(3)重度脱水。患畜口干舌燥，眼球深陷，脉搏微弱，静脉塌陷，血液浓缩，四肢无力，共济失调，甚至昏迷，失水量超过体重的6%。

输液量可参考以下标准：患畜精神好转，脱水症状减轻或消失，眼结膜由蓝紫色恢复正常颜色，脉搏、呼吸次数和尿量恢复正常，实验室检查血清钠浓度、红细胞比容趋于正常。

4. 补液方法

高渗性脱水时以补水为主(5%葡萄糖)，同时补少量钠盐，以防因补充大量水分而使机体的细胞外液处于低渗状态，临床上常以2份5%葡萄糖溶液加1份生理盐水进行治疗。低渗性脱水以补盐为主，临床上常用2份生理盐水加1份5%葡萄糖溶液进行输液，严重缺钠时可改换生理盐水为高渗盐水。低渗性脱水切勿只补水而不补盐，若只给水或单纯输入葡萄糖溶液会加重病情，甚至引起水中毒。等渗性脱水时钠、水等成比例丢失，临床上常用1份5%葡萄糖溶液加1份生理盐水来治疗。

任务二　酸碱平衡紊乱

实训技能二　小鼠酸中毒实验

能力目标

通过实验性酸中毒，观察动物表现及病理变化，掌握酸中毒的发生、发展和变化规律。

视频4-2　小鼠酸中毒实验

实训准备

1. 动物：每组需要小鼠2只(体重约20 g)。
2. 器材：2 mL注射器2支、手术剪、手术镊、小鼠解剖板等。
3. 药品：95%乳酸溶液、生理盐水。

实训内容

1. 观察小鼠正常状态。实验前观察并记录小鼠的活动状态，呼吸，皮肤、口唇颜色。观察呼吸频率时应在小鼠安静时迅速观察，记录 10 s 内腹部的起伏次数。

2. 腹腔注射。实验小鼠腹腔注射 95%乳酸溶液 1 mL，对照小鼠腹腔注射生理盐水1 mL，并做好标记。观察记录小鼠的呼吸及全身状态的变化，直至其中 1 只小鼠死亡，并记录存活时间。

3. 解剖小鼠，对比观察。将存活的小鼠断颈处死。分别解剖上述 2 只小鼠，观察血液及脏器颜色。

4. 记录实验结果。将实验中观察到的各种变化记入表 4-1 中。

表 4-1　小鼠实验性酸中毒记录表

观察单元	注射生理盐水小鼠	注入 95%乳酸溶液小鼠
呼吸频率/(次/min)		
全身状况(精神状态、活动情况、口唇黏膜颜色)		
是否死亡		
血液及脏器颜色		

实训小结

1. 酸中毒是疾病中常见的病理过程。本实验用乳酸引起动物实验性酸中毒和一系列代偿反应。乳酸进入血液循环后，与重碳酸盐结合形成碳酸。碳酸刺激呼吸中枢，引起呼吸加深加快。随着二氧化碳从肺排出，动物恢复正常。

2. 当乳酸注入过多，机体不能代偿时，动物发生酸中毒可引起死亡。

思考题

分析上述实验中小鼠发生死亡的原因和机理。

实训技能报告单

记录小鼠实验性酸中毒的表现，并分析原因。

实训技能三　高钾血症对动物机体的影响

能力目标

掌握高钾血症对动物机体的影响，分析高钾血症产生的原因和致病机理。

实训准备

1. 动物：小鼠、鸡、兔、蟾蜍（根据实训条件选用）。

2. 器材：电子天平、称量纸、蓝盖玻璃瓶、记号笔、标签纸、量筒、注射器、手术剪、手术镊、眼科剪、眼科镊、小鼠固定板、蛙板。

3. 药品：氯化钾、生理盐水、蒸馏水。

实训内容

视频 4-3　配制 10%氯化钾溶液

（一）配制 10%氯化钾溶液

称取 5 g 氯化钾溶于 50 mL 蒸馏水中，做好标记，待用。

（二）高钾血症对动物机体的影响

1. 观察动物正常状态。实验前观察并记录实验动物的活动状态，呼吸，皮肤、口唇颜色。观察呼吸频率时应在小鼠安静时迅速观察，记录 10 s 内腹部的起伏次数。

2. 保定。将动物保定。

3. 注射氯化钾。鸡翅下缘静脉注射 10%氯化钾溶液 5 mL。小鼠腹腔注射 10%氯化钾溶液 2 mL。

4. 观察。动物剧烈抽搐后很快死亡。

（三）观察高钾血症对心脏的影响

1. 暴露蛙心。取蟾蜍两只，毁坏脑和脊髓，将其仰卧固定在蛙板上。从剑突下将胸部皮肤向上剪开或剪掉，然后剪掉胸骨，打开心包，暴露心脏。

2. 滴加 10%氯化钾溶液和生理盐水。用 2 支注射器分别吸取 10%氯化钾溶液和生理盐水，两蛙心同时等量地滴加 10%氯化钾溶液和生理盐水，观察心肌纤颤及心脏停搏时的状态。

此试验也可用小鼠，麻醉后开胸进行观察。

视频 4-4　高钾血症对动物机体的影响（鸡）

视频 4-5　高钾血症对心脏的影响（小鼠）

思考题

分析上述实验中动物发生死亡的原因和机理。

实训技能报告单

记录观察结果，分析高钾血症对动物的影响、原因和机理。

◆ 相关知识

相关知识二　酸碱平衡紊乱

一、概念

动物机体在正常生命过程中,不断产生酸性物质和碱性物质,同时也有一定量的酸性或碱性物质伴随日粮进入体内,机体通过体液的缓冲系统和肺、肾及组织细胞的调节作用,使体液的pH始终稳定在正常范围内(7.35~7.45),机体维持内环境pH相对恒定的过程称为酸碱平衡。许多因素可破坏这种平衡而引起酸碱平衡紊乱。当体液酸碱度超过一定范围,会引起物质代谢紊乱和重要器官的功能受损,严重者会导致动物死亡。

血浆中$NaHCO_3$的含量受代谢状况的影响,故$NaHCO_3$对体液pH的影响称为代谢性因素。血浆中H_2CO_3的含量受呼吸状况的影响,故H_2CO_3对体液pH的影响称为呼吸性因素。由血浆中$NaHCO_3$的含量原发性降低(或升高)引起的酸中毒(或碱中毒)称为代谢性酸中毒(或碱中毒),由血浆中H_2CO_3的含量原发性升高(或降低)引起的酸中毒(或碱中毒)称为呼吸性酸中毒(或碱中毒)。因此,酸碱平衡紊乱可分为代谢性酸中毒、呼吸性酸中毒、代谢性碱中毒和呼吸性碱中毒四种基本类型。

二、机体对酸碱平衡的调节

动物体液中的酸性或碱性物质主要是在细胞内物质分解代谢的过程中产生的,同时有一定数量的酸性或碱性物质随饲料、饲草、药物等进入体内。体内的酸性物质主要包括由三大营养物质彻底氧化分解后产生的二氧化碳与水生成的碳酸;蛋白质分解代谢产生的氨基酸、硫酸、磷酸、脲酸;无氧糖酵解产生的甘油酸、丙酮酸、乳酸;糖氧化分解产生的三羧酸;脂肪分解代谢产生的脂肪酸、乙酰乙酸、β-羟丁酸等。其中H_2CO_3能分解成水和CO_2,CO_2通过呼吸由肺排出,故称H_2CO_3为挥发性酸,其余的酸性产物称固定酸。机体对酸碱平衡的调节主要通过以下途径进行。

(一)血液缓冲系统的调节

由弱酸及弱酸盐组成的缓冲对广泛分布于血浆和红细胞内,这些缓冲对共同构成了血液的缓冲系统,血浆缓冲对主要有以下4对:

1. 碳酸氢盐-碳酸缓冲系统

在细胞内为$KHCO_3/H_2CO_3$,在细胞外液中为$NaHCO_3/H_2CO_3$,$NaHCO_3/H_2CO_3$具有最强的缓冲能力。

2. 磷酸氢盐缓冲系统(Na_2HPO_4/NaH_2PO_4)

红细胞和其他细胞内的主要缓冲系统,特别是在肾小管内其作用更为重要。

3. 蛋白缓冲系统(NaPr/HPr)

主要存在于血浆和细胞中。

4. 血红蛋白缓冲系统(KHb/HHb 和 $KHbO_2/HHbO_2$)

主要存在于红细胞内。

以上四对缓冲系统,血浆中的碳酸氢盐-碳酸缓冲系统是体内含量最高、缓冲能力最强的系统,故临床上常用血浆中这一对缓冲系统的量代表体内的缓冲能力。体内的 pH 是由 $NaHCO_3/H_2CO_3$ 的比值决定的,正常比值为 20∶1。缓冲系统能有效地将进入血液的强酸转化为弱酸,强碱转化为弱碱,减少对机体造成的危害,维持体液 pH 的正常。

(二)呼吸系统的调节

机体在代谢过程中产生的大量 CO_2 必须由肺排出,以维持体内的酸碱平衡。肺通过呼吸运动的频率和幅度来调节血浆 H_2CO_3 的浓度。呼吸运动受到中枢和外周化学感受器的调节,当动脉血 CO_2 分压升高,氧分压低,血浆 pH 降低时,可刺激延髓中枢化学感受器和主动脉弓、颈动脉体的外周化学感受器,反射性地引起呼吸中枢兴奋,使呼吸加深加快而使 CO_2 排出增多,血液 pH 恢复正常,但动脉血氧 CO_2 过高可引起呼吸中枢抑制。而当动脉血 CO_2 分压降低或血浆 pH 升高时,呼吸变浅变慢而使 CO_2 排出减少,血浆中 H_2CO_3 的浓度升高,血液 pH 恢复正常。

(三)肾脏的调节

肾脏通过排出过多的酸或碱来调节血浆中的 $NaHCO_3$ 含量,维持血浆中正常的 pH。肾脏的具体作用方式有两种:一是酸中毒时的排酸保碱,主要通过肾小管上皮细胞分泌 H^+、重吸收 Na^+ 并保留 HCO_3^- 和分泌 NH_4^+ 以维持血浆 $NaHCO_3$ 含量来调节酸碱平衡。二是在碱中毒时的碱多排碱,表现形式为大量 $NaHCO_3$、Na_2HPO_4 等碱性物质随尿排出。

动画 4-1　肾脏对酸碱平衡的调节

(四)组织细胞的调节作用

组织细胞对酸碱平衡的调节作用,主要是通过细胞内外离子交换实现的,红细胞、肌细胞和骨组织均能发挥这种作用。当细胞外液中的 H^+ 浓度升高时,细胞外的 H^+ 就会弥散入细胞内,同时细胞内的 K^+ 移至细胞外;当细胞外液 H^+ 浓度降低时,细胞内的 H^+ 移出,同时细胞外的 K^+ 移至细胞内,以维持细胞内外离子的平衡。这种离子交换的结果能缓冲细胞外液 H^+ 浓度的变动,同时也可影响 K^+ 浓度。在酸中毒时,往往伴有高钾血症;在碱中毒时,往往伴有低钾血症。

此外,在酸负荷增加时,骨细胞可接受 H^+,释放骨盐入细胞外液,对酸碱平衡调节起缓冲作用。

在生理条件下,机体通过调节,将体内多余的酸性物质或碱性物质排出体外,使体液的 pH 维持相对恒定,但机体对酸碱平衡的调节是有限的,当不能调节时,则出现酸碱平衡紊乱,引起酸中毒或碱中毒。

以上四方面的调节作用共同维持体内的酸碱平衡,但在作用时间和强度上有差别,血液和肺的几秒到几分钟即能发挥调节作用。血液缓冲系统反应迅速,但缓冲作用不能持久;肺的调节作用效能最大,缓冲作用于30 min时达最高峰,但仅对CO_2有调节作用;细胞的缓冲能力虽强,3～4 h发挥作用,但常可导致血钾的异常;肾脏的调节作用比较缓慢,常在数小时后至1 d以上起作用,但是维持时间较长,特别是对于保留碳酸氢钠、排出固定酸和排出碱性物质具有重要的作用。

三、酸中毒

在病理情况下,由于体内酸过多,机体酸碱平衡紊乱,血液pH低于7.35,机体表现出多方面的临床症状,称为酸中毒。根据起因不同,将酸中毒分为两种类型:代谢性酸中毒和呼吸性酸中毒。

(一)代谢性酸中毒

代谢性酸中毒是机体内固定酸生成过多或碱性物质(HCO_3^-)大量丧失引起的以血浆中$NaHCO_3$原发性减少为特征的病理过程。它是临床上酸碱平衡失调最常见的一种类型。

1. 发生原因

(1)体内固定酸增多。

①酸性物质生成过多。在许多疾病或病理过程中,缺氧、发热、血液循环障碍、糖尿病、病原微生物及其毒素的作用及饥饿等引起物质代谢紊乱,导致糖、脂肪、蛋白质分解代谢加强,中间代谢产物乳酸、酮体、氨基酸等酸性物质产生增多并在体内大量蓄积,而导致血浆pH下降。

②酸性物质摄入过多。饲喂酸度过高的饲料;酸性药物服用过多,如在治疗过程中给动物服用大量稀盐酸、氯化铵、水杨酸等药物;或当反刍动物前胃阻塞、胃内容物异常发酵,生成的大量短链脂肪酸因胃壁细胞损伤可通过胃壁血管弥散进入血液。这些因素均可引起酸性物质摄入过多。

③酸性物质排出障碍。肾功能不全时,易发生酸性物质的排出障碍。例如,急性或慢性肾小球性肾炎,体内磷酸、硫酸等酸性代谢产物排出减少而潴留于体内,引起代谢性酸中毒。当肾小管上皮细胞发生病变,引起细胞内碳酸酐酶活性降低时,CO_2和H_2O不能生成H_2CO_3而致排泌H^+障碍,或任何原因引起肾小管上皮细胞产NH_3、排泌NH_4^+受限,均能导致酸性物质在体内蓄积。

(2)碱性物质丧失过多。血液中$NaHCO_3$丢失过多,酸性物质相对增多。

①碱性肠液丢失。剧烈腹泻、肠扭转、肠梗阻等疾病时,大量碱性肠液排出体外或蓄积在肠腔内,造成血浆内碱性物质丧失过多,酸性物质相对增加。

②HCO_3^-随尿丢失。肾小管上皮细胞内的碳酸酐酶活性受到抑制时,使肾小管内$HCO_3^- + H^+ \rightarrow H_2CO_3 \rightarrow CO_2 + H_2O$反应受阻,引起$HCO_3^-$随尿排出增多。

③HCO_3^-随血浆丢失。大面积烧伤时,血浆内大量$NaHCO_3$由烧伤创面渗出丢失,引起代谢性酸中毒。

2. 机体的代偿性调节

(1)血液缓冲系统代偿。当机体内形成的固定酸(乳酸、酮体、氨基酸等)增多而使血浆中

H^+浓度增加，机体为了维持 pH 恒定，细胞外液增多的 H^+ 迅速被血浆缓冲体系中的 HCO_3^- 中和，产生对机体影响较小的弱酸和中性盐。

$H^+ + HCO_3^- \rightarrow H_2CO_3 \rightarrow H_2O + CO_2$ 反应中生成的 CO_2 随即由肺排出。血液缓冲系统调节的结果是某些酸性较强的酸转变为弱酸（H_2CO_3），弱酸分解产生的 CO_2 很快排出体外，以维持体液 pH 的稳定。

（2）呼吸代偿。代谢性酸中毒时，血浆 H^+ 浓度增高，而经碱储缓冲生成的大量 H_2CO_3 分解，使 CO_2 分压也升高，其可刺激颈动脉体、主动脉弓的化学感受器，反射性引起呼吸中枢兴奋，使呼吸加深加快，肺泡通气量增多，加速呼出 CO_2，以降低血浆中 CO_2 分压和血 H_2CO_3 浓度，从而调整了 $NaHCO_3/H_2CO_3$ 的比值，使机体 pH 维持正常。呼吸系统的代偿是非常迅速的，所表现的呼吸加强是代谢性酸中毒的重要标志之一。

（3）肾脏代偿调节。除因排酸保碱功能障碍引起的代谢性酸中毒外，肾均起着重要代偿调节作用。代谢性酸中毒时，肾小管上皮细胞内碳酸酐酶和谷氨酰胺酶活性增强，使肾小管上皮细胞分泌 H^+、NH_4^+ 增多，重吸收 Na^+ 并保留 HCO_3^-，使血浆中的碱储得以补充，$NaHCO_3/H_2CO_3$ 的比值维持正常。

（4）组织细胞的代偿调节。代谢性酸中毒时，细胞外液中过多的 H^+ 可通过细胞膜进入细胞内（首先进入红细胞）。H^+ 被细胞内缓冲体系中的磷酸盐、血红蛋白等所中和。由于 H^+ 进入细胞内，导致 K^+ 从细胞内外移，引起血钾浓度升高，易造成 K^+ 外移流失。长时间而又严重的代谢性酸中毒时（如慢性肾功能衰竭时），通过上述各种代偿调节后，血中 H^+ 浓度仍然很高，则骨骼也参与调节作用，沉积于骨骼的磷酸盐和碳酸盐可释放入细胞外液，对 H^+ 进行缓冲。

经过上述代偿调节，可使血浆 $NaHCO_3$ 含量上升，或 H_2CO_3 含量下降，如果能使 $NaHCO_3/H_2CO_3$ 比值恢复到 20∶1，血浆 pH 仍维持在正常范围内（多偏于正常值的下限），称为代偿性代谢性酸中毒。如果持续酸中毒，体内固定酸不断增加，碱储被不断消耗，经过代偿后 $NaHCO_3/H_2CO_3$ 比值仍小于 20∶1，则 pH 低于正常范围，称为失代偿性代谢性酸中毒。

3. 对机体的影响

代谢性酸中毒主要影响心血管和神经系统的功能。特别是严重的酸中毒，发展急速时可使这两大重要系统的功能障碍而导致死亡。慢性酸中毒还能影响骨骼系统。

（1）心血管系统功能障碍。

①血压下降。H^+ 还可降低外周血管对儿茶酚胺的反应性，使其扩张而血压下降，回心血量减少，严重时可发生休克。

②心脏收缩力减弱，心输出量减少。正常时 Ca^{2+} 与肌钙蛋白的钙受体结合是心肌收缩的重要步骤。但在酸中毒时，H^+ 增多可竞争性地抑制 Ca^{2+} 和肌钙蛋白结合，从而抑制心肌的兴奋-收缩偶联过程，使心肌收缩力减弱。如此，既可加重微循环障碍，也可因供氧不足而加重已存在的酸中毒。

③心律失常。当细胞外液 H^+ 升高时，H^+ 进入细胞内换出 K^+，使血钾浓度升高而出现高钾血症，从而引起心律失常。此外酸中毒时肾小管上皮细胞排 H^+ 增多，竞争性地抑制排 K^+，也是高钾血症的发生机制之一。再就是肾功能衰竭引起的酸中毒，高钾血症更为严重。高钾血症可使心脏的自律性、传导性、收缩性降低，表现为心律过缓、传导阻滞或心室纤维性颤动。

(2)中枢神经系统功能障碍。代谢性酸中毒时神经系统功能障碍主要表现为乏力、知觉迟钝、意识障碍等抑制状态,严重者可发生嗜睡或昏迷,最后可因呼吸中枢和心血管运动中枢麻痹而死亡。其发病机制可能与下列因素有关:①酸中毒时脑组织中谷氨酸脱羧酶活性增强,使抑制性神经介质 γ-氨基丁酸生成增多,该物质对中枢神经系统有抑制作用。②酸中毒时生物氧化酶类的活性减弱,氧化磷酸化过程也减弱,ATP 生成减少,因而脑组织能量供应不足。

(3)骨骼系统的变化。慢性肾功能衰竭可伴发长期代谢性酸中毒,由于骨内磷酸钙不断释放入血以缓冲 H^+,故对骨骼系统的发育和正常机能造成严重影响,在幼畜可引起生长迟缓和佝偻病,在成年家畜可引起骨软化症。

除以上 3 个主要方面的影响外,其他如呼吸功能也有改变,在代谢方面,因许多酶的活性受抑制而使机体出现代谢紊乱。

4. 防治原则

(1)积极治疗原发病。及时消除代谢性酸中毒的原因是防治代谢性酸中毒的主要措施。

(2)及时纠正水、电解质平衡。补充水、电解质以恢复有效循环血量和血液灌流量以及时纠正水、电解质平衡。

(3)应用碱性药物。酸中毒严重时,应补充碱性物质,首选 $NaHCO_3$,也可用乳酸钠。

(二)呼吸性酸中毒

呼吸性酸中毒是指由于体内生成的 CO_2 排出障碍或 CO_2 吸入过多,引起血浆中 H_2CO_3 浓度原发性增高的一种病理过程。

1. 发生原因

(1)CO_2 排出障碍。

①呼吸中枢受抑制。脑炎、脑肿瘤、颅脑损伤、过量麻药等可使呼吸中枢受到抑制而导致肺通气不足或呼吸停止,以致 CO_2 在体内潴留。

②呼吸肌麻痹。有机磷中毒、脊髓损伤等疾病,常可引起呼吸肌麻痹,使呼吸随意运动减弱或丧失,以致 CO_2 排出障碍而发生呼吸性酸中毒。

③胸廓疾病。胸部创伤、胸膜腔积液等可使胸膜腔内压升高、肺扩张与回缩障碍以及通气功能障碍均可引起呼吸性酸中毒。

④呼吸道阻塞。肿瘤压迫、喉头水肿、异物堵塞气管或喉头以及慢性支气管炎时,通气功能障碍,CO_2 排出障碍。

⑤肺部疾病。较广泛的肺组织病变,如肺水肿、肺气肿、大面积的肺萎缩及肺炎等疾病,肺呼吸面积减少,换气障碍,从而引起呼吸性酸中毒。

(2)CO_2 吸入过多。当厩舍过小、畜群过于拥挤,且通风不良时,常因空气中 CO_2 含量过多,使动物吸入 CO_2 量过多,血浆中 H_2CO_3 浓度升高,发生酸中毒。

2. 机体的代偿性调节

呼吸性酸中毒多由呼吸功能障碍所引起,所以,此时的呼吸系统常失去代偿作用,机体的代偿调节主要靠血液中缓冲系统和肾的功能来完成。

(1)血浆缓冲系统代偿。当 CO_2 排出受阻而使血液中 H_2CO_3 浓度升高时,就可导致

$NaHCO_3$ 与 H_2CO_3 的比值小于 20∶1，pH 下降，从而使血液中缓冲作用大大降低。此时，缓冲系统主要靠血浆蛋白和血红蛋白缓冲系统来调节。当血液内二氧化碳分压升高时，CO_2 还可借助其分压差而弥散入红细胞内，在红细胞内碳酸酐酶的作用下与 H_2O 结合形成 H_2CO_3。H_2CO_3 解离后产生的 HCO_3^- 浓度如超过了血浆内 HCO_3^- 的浓度，就可由红细胞内向血浆中转移，为了维持阴阳离子的平衡，血浆内 Cl^- 则进入红细胞，以替补红细胞内丧失的 HCO_3^-，使血浆中 HCO_3^- 浓度增高，$NaHCO_3/H_2CO_3$ 的比值得到维持（图 4-4）。

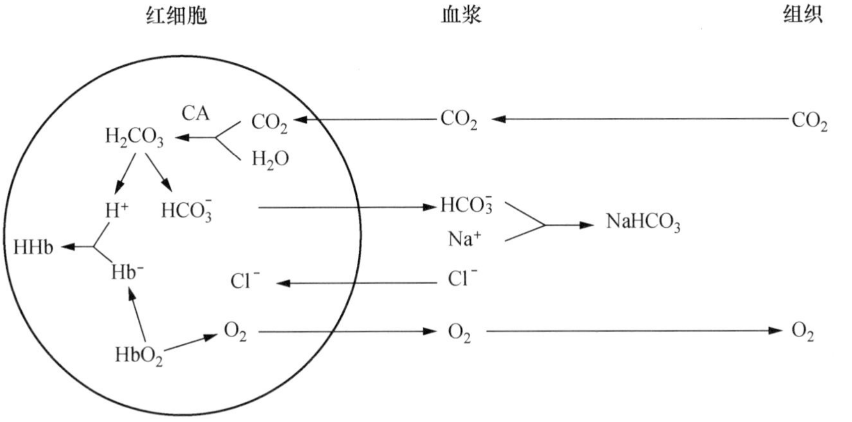

图 4-4　呼吸性酸中毒时血红蛋白的缓冲作用和红细胞内外的离子交换（CA 表示碳酸酐酶）

（2）肾的调节作用。与代谢性酸中毒时相同。肾虽然具有强大的代偿能力，但其生成 HCO_3^- 是一个比较缓慢的过程，所以必须经过一定时间（数小时至数日），才有可能让这种代偿功能充分发挥作用。

（3）组织细胞的代偿调节。呼吸性酸中毒时，血浆中 H_2CO_3 浓度升高，H_2CO_3 解离后产生 H^+ 和 HCO_3^-，H^+ 与细胞内 K^+ 进行交换使 H^+ 进入细胞内。

经过上述代偿调节，可使血浆 $NaHCO_3$ 含量上升，如果能使 $NaHCO_3/H_2CO_3$ 比值恢复到 20∶1，血浆 pH 仍维持在正常范围内（多偏于正常值的下限），称为代偿性呼吸性酸中毒。如果 CO_2 在体内大量滞留，超过了机体的代偿能力，则导致 $NaHCO_3/H_2CO_3$ 比值小于 20∶1，则 pH 低于正常，称为失代偿性代谢性酸中毒。

3. 对机体的影响

呼吸性酸中毒对机体的影响和代谢性酸中毒基本相同，不同的是呼吸性酸中毒有高碳酸血症，高浓度的 CO_2 可使脑血管扩张，颅内压升高，导致患病动物精神沉郁和疲乏无力。严重者可引起脑水肿，致使病畜陷入昏迷状态；CO_2 还可直接通过血脑屏障，使脑脊液 pH 降低，引起脑功能紊乱，甚至导致动物死亡。

当急性呼吸性酸中毒或慢性呼吸性酸中毒急性发作时，K^+ 往往从细胞内移向细胞外，使血钾浓度急剧升高，引起心肌收缩力减弱，末梢血管扩张，血压下降，严重者导致心室颤动，患病动物急速死亡。

4. 防治原则

（1）积极治疗原发病，关键改善肺通气和换气功能，排除体内过多 CO_2，一般不用碱性药物。

(2)酸中毒严重时,可用碱性药物 $NaHCO_3$ 暂时减轻酸中毒,但通气功能障碍时不能用,因 H^+ 和 HCO_3^- 结合产生 CO_2 会加重呼吸性酸中毒,可根据实际情况选用一些呼吸兴奋剂和强心剂,以恢复神经系统和心血管系统的功能。

◆ 拓展知识

拓展知识　碱中毒

一、代谢性碱中毒

代谢性碱中毒是指体内碱性物质摄入过多或酸性物质丧失过多引起的以血浆中 $NaHCO_3$ 浓度原发性升高为特征的一种病理过程。

1. 发生原因

(1)酸性物质丢失过多。在急性胃肠炎时,由于严重的呕吐,导致酸性胃液大量丢失,使血浆中 Cl^- 减少,原来与 Cl^- 结合的 Na^+ 则相对增多,Na^+ 再与 HCO_3^- 结合成 $NaHCO_3$ 而引起碱中毒。另外,当大量胃酸丢失后,肠道消化液中的 $NaHCO_3$ 不能被胃酸中和而被吸收入血,这也是碱中毒的重要原因之一。

(2)碱性物质摄入过多。在治疗某些疾病时,应用大量的碱性物质也可引起碱中毒。

(3)血钾降低。当血钾过低时,一方面可使肾小管排钾减少,排 H^+ 增多,导致血浆中 HCO_3^- 增多;另一方面,细胞内的 K^+ 和细胞外的 Na^+、H^+ 互换转移,导致细胞内的酸中毒和细胞外的碱中毒。

2. 机体的代偿性调节

(1)呼吸系统代偿。血液中 $NaHCO_3$ 浓度原发性增高时,H^+ 浓度降低和 pH 增高,使呼吸中枢受到抑制,呼吸变浅变慢,通气量降低,血液中 CO_2 排出减少,使 H_2CO_3 浓度逐渐增高;但呼吸浅表又可导致机体迅速缺氧,因此,通过呼吸机能的改变所进行的代偿是短暂而有限的。

(2)肾的代偿。当血液中 pH 增高时肾小管上皮细胞分泌 H^+,产生 NH_3 的能力降低,因此与肾小管中的 Na^+ 交换量也随之减少,于是体内多余的 $NaHCO_3$ 可随尿排出,尿液呈碱性。这是肾排碱保酸作用的主要形式。由于 HCO_3^- 在肾小管腔中的浓度升高,可减少 Cl^- 和酸性代谢产物(如乳酸、酮体等)的排出,血氯往往偏高。

(3)细胞的代偿。细胞外液 H^+ 浓度降低,引起细胞内的 H^+ 与细胞外的 K^+ 进行跨膜交换,结果导致细胞外液 H^+ 浓度有所升高,但往往伴发低血钾。

通过上述代偿反应,如果 $NaHCO_3/H_2CO_3$ 的比值恢复至 20∶1,血浆 pH 在正常范围内,称为代偿性代谢性碱中毒,反之则称为失代偿性代谢性碱中毒。

3. 对机体的影响

代谢性碱中毒时,氧解离曲线(简称"氧离曲线")左移,释出氧量减少,此时虽然血氧含量和血氧饱和度正常，但组织有可能缺氧，病畜出现精神沉郁、昏睡甚至昏迷；碱中毒时，血浆中游离钙转变为结合钙，导致神经-肌肉的兴奋性增强，病畜出现反射亢进和肌肉抽搐；碱中毒可引起低血钾和低血氯。

4. 防治原则

纠正代谢性碱中毒首先要积极防治原发病，同时要促使血浆中过多的 HCO_3^- 从尿中排出。对氯反应性碱中毒患畜，一般只口服或静脉注射等张(0.9%)或半张(0.45%)的盐水即可恢复血浆 HCO_3^- 浓度。肾上腺皮质激素过多引起的碱中毒，需用抗醛固酮药物。对全身性水肿患畜，应尽量少用髓袢或噻嗪类利尿剂，以预防发生碱中毒。碳酸酐酶抑制剂如乙酰唑胺能抑制肾小管上皮细胞中的碳酸酐酶活性，从而减少碳酸的合成，故可使细胞内 H^+ 降低，肾小管 H^+ 排泌减少，HCO_3^- 重吸收减少而随尿排出增多，这样既达到了治疗碱中毒的目的又减轻了水肿。缺钾性碱中毒患畜可适当补充氯化钾。严重代谢性碱中毒可酌情给予酸进行治疗，如用盐酸稀释液、盐酸精氨酸溶液等迅速中和过多的 HCO_3^-。

二、呼吸性碱中毒

呼吸性碱中毒是指肺通气过度使 CO_2 排出过多所引起的以血浆中 H_2CO_3 浓度原发性减少为特征的一种病理过程。

1. 发生原因

(1)中枢兴奋性增高　脑炎、脑膜炎等疾病初期，呼吸中枢兴奋性增高，呼吸加深、加快，肺泡换气过度，呼出大量 CO_2，使血浆 HCO_3^- 含量明显降低，导致呼吸性碱中毒。

(2)某些药物中毒。某些药物如水杨酸钠中毒时，也可兴奋呼吸中枢，导致 CO_2 排出过多。

(3)机体缺氧。高原地区大气中氧分压低，机体缺氧，导致呼吸加深、加快。

(4)机体代谢亢进。外界环境温度过高或机体发热，由于物质代谢亢进，产热增多，加之高血温的直接作用，可引起呼吸中枢兴奋性升高。

2. 机体的代偿性调节

呼吸性碱中毒时，由于血浆中 H_2CO_3 含量减少，形成低碳酸血症，pH 升高，故可抑制呼吸中枢，使呼吸减慢，但这种代偿极其有限。故呼吸性碱中毒代偿适应性反应主要靠肾排出过多的 H_2CO_3 来完成。经过肺、肾的代偿，可使血浆中 $NaHCO_3/H_2CO_3$ 的比值恢复 20∶1，pH 逐渐恢复，则称为代偿性呼吸性碱中毒。在急性呼吸性碱中毒时，肾代偿机能未能充分发挥，血液中 H_2CO_3 急剧减少而 $NaHCO_3$ 相对升高，pH 升高，则称为失代偿性呼吸性碱中毒。

3. 对机体的影响

呼吸性碱中毒时，由于血液中 H_2CO_3 含量减少，pH 升高，可使脑组织抑制性物质产生减少，病畜处于兴奋状态；在碱性环境中，血浆中游离钙减少，病畜神经肌肉的应激性增高，表现反射活动亢进，抽搐甚至痉挛，最后昏迷。

4. 防治原则

积极治疗原发病和及时去除引起通气过度的原因是防治呼吸性碱中毒的基本原则。急性呼吸性碱中毒可给患畜吸入含 5%CO_2 的混合气体，也可以用纸袋罩于患畜口鼻，使其再吸入呼出的气体，以提高血浆中碳酸浓度。对神经性通气过度患畜可用镇静剂。

思维导图

项目四 脱水及酸碱平衡紊乱

- 体液
  - 概念——动物体内的水和溶解于其中的电解质、低分子有机化合物以及蛋白质等形成的液体称为体液，占体重的60%～70%
  - 分类
    - 细胞内液:存在于细胞内，约占体液总量的2/3——机体大部分生化反应在细胞内液进行
    - 细胞外液:存在于细胞外，约占体液总量的1/3
      - 血浆和组织间液（即组织液），以及由少量淋巴液、脑脊液、胸腔、腹腔液体、关节滑膜腔、胃肠道等处的液体等
      - 组织细胞摄取营养、排除代谢产物、赖以生存的内环境
  - 功能
    - 维持机体正常的生命活动
    - 水盐代谢及酸碱平衡紊乱的基本病理过程主要包括水肿、脱水及酸碱中毒
- 脱水
  - 脱水
    - 概念——机体在某些情况下，由于水的摄入不足或丧失过多，引起体液总量减少的现象
    - 类型——根据血浆渗透压（Na^+浓度)的变化分三类
      - 高渗性脱水
      - 低渗性脱水
      - 等渗性脱水
  - 脱水的治疗原则
    - 积极治疗原发病
    - 确定脱水类型
    - 补液量
    - 补液方法
- 酸碱平衡紊乱
  - 概述
    - 概念
    - 机体对酸碱平衡的调节
      - 血液缓冲系统的调节
        - 碳酸氢盐-碳酸缓冲系统
        - 磷酸氢盐缓冲系统
        - 蛋白缓冲系统
        - 血红蛋白缓冲系统
      - 呼吸系统的调节
      - 肾脏的调节
      - 组织细胞的调节作用
  - 酸中毒
    - 代谢性酸中毒
      - 发生原因
      - 机体的代偿性调节
      - 对机体的影响
      - 防治原则
    - 呼吸性酸中毒
      - 发生原因
      - 机体的代偿性调节
      - 对机体的影响
      - 防治原则
  - 碱中毒
    - 代谢性碱中毒
      - 发生原因（酸性物质丢失过多、碱性物质摄入过多、血钾降低）
      - 机体的代偿性调节（呼吸系统的代偿、肾的代偿、细胞的代偿）
      - 对机体的影响——氧离曲线左移，释出氧量减少，组织有可能缺氧，病畜出现精神沉郁、昏睡甚至昏迷；碱中毒时，血浆中游离钙转变为结合钙，导致神经－肌肉的兴奋性增强，病畜出现反射亢进和肌肉抽搐；碱中毒可引起低血钾和低血氯
      - 防治原则——首先要积极防治原发病
    - 呼吸性碱中毒
      - 发生原因（中枢兴奋性增高、某些药物中毒、机体缺氧、机体代谢亢进）
      - 机体的代偿性调节——可抑制呼吸中枢，使呼吸减慢，但这种代偿极其有限
      - 对机体的影响——可使脑组织抑制性物质产生减少，病畜处于兴奋状态；在碱性环境中，血浆中游离钙减少，病畜神经肌肉的应激性增高，表现反射活动亢进，抽搐甚至痉挛，最后昏迷
      - 防治原则

思政园地

科学防控动物疫病，牧医学生任重道远

党的二十大报告指出，必须坚持科技是第一生产力。在开展动物疫病防治时要贯彻好党的二十大报告精神，依靠科技建立高水平、可持续防疫体系。从动物疫病流行情况看，疫情日趋复杂，必须依靠科技，不断创新疫病防控体制机制。从畜牧业发展趋势看，为适应现代畜牧业生产方式，必须依靠科技，不断提升疫病防控能力。从经济社会发展情况看，动物疫病防控涉及面逐步扩大，必须依靠科技，不断拓宽疫病防控领域。要将科学发展的理念贯彻到动物疫病防控工作中，进一步提升兽医科技水平，强化科学决策，从更高的层次、用更新的视角，来认真审视、研判重大动物疫病防控工作。

当今人兽共患病暴发流行以及生态环境恶化给人类生命健康和公共卫生安全造成持续的威胁。作为畜牧兽医类专业学生需要扎实学好专业理论和技能，掌握科学的疫病防控知识，才能在工作中为动物疫病防控、维护公共卫生安全贡献自己的力量。

复习思考题

一、名词解释

脱水　高渗性脱水　低渗性脱水　酸中毒　代谢性酸中毒　呼吸性酸中毒

二、填空题

1. 脱水分为__________、__________和__________三种类型。

2. 高渗性脱水以失水为主，兽医临床上常用 2 份__________加 1 份__________进行补液。

3. 机体发生酸中毒的类型有__________和__________。

4. 机体发生代谢性酸中毒的主要原因有__________和__________。

三、选择题

1.（　　）为等渗性脱水，（　　）为低渗性脱水，（　　）为高渗性脱水。

A. 失水大于失盐　　B. 失水等于失盐

C. 失水小于失盐

2. 代谢性酸中毒的特点是（　　）。

A. H_2CO_3 逐渐增多　　B. H_2CO_3 逐渐减少

C. HCO_3^- 逐渐增多　　D. HCO_3^- 逐渐减少

3. 高渗性脱水主要造成（　　）。

A. 组织脱水　　B. 细胞脱水　　C. 循环脱水

4. 皮肤大面积烧伤的动物易发生（　　）。

A. 高渗性脱水　　B. 低渗性脱水　　C. 等渗性脱水

5. 临床上腹泻的动物，若只给水而不给钠盐，易引起（　　）。

A. 高渗性脱水　　B. 低渗性脱水　　C. 等渗性脱水

(6～8题共用题干)

病畜情况：猪，2月龄时，食欲减退，不安，拱腰，里急后重，粪便腥臭、稀软，体温40.2 ℃，脉搏100次/min。

6. 该病最可能导致(　　)。

A. 脱水　B. 黄疸　C. 水肿　D. 贫血　E. 碱中毒

7. 该病最适宜的护理措施是(　　)。

A. 大量饮水　B. 少量多次饮水　C. 禁止饮水　D. 增加饲喂量　E. 增加饲喂次数

8. 该病最可能的诊断是(　　)。

A. 肠嵌闭　B. 肠痉挛　C. 肠扭转　D. 肠梗阻　E. 肠炎

9. 动物某些原发性疾病导致体内 $NaHCO_3$ 含量降低，主要引起(　　)。＜2009＞

A. 代谢性碱中毒　B. 呼吸性碱中毒　C. 代谢性酸中毒　D. 呼吸性酸中毒　E. 呼吸性酸中毒合并代谢性碱中毒

10. 一犬因腹泻脱水，某兽医门诊实习生误给病犬静脉输入过量注射用水，引起其尿量增多，分析该犬尿量增多的生理机制是(　　)。＜2009＞

A. 囊内压下降　B. 肾血流量下降　C. 血浆胶体渗透压下降　D. 血浆胶体渗透压下降　E. 肾小球毛细血管血压下降

11. 呼吸性碱中毒的特点(　　)。＜2012＞

A. 血浆 $NaHCO_3$ 含量原发性增加　B. 血浆 $NaHCO_3$ 含量原发性减少　C. 血浆 H_2CO_3 含量原发性增加　D. 血浆 H_2CO_3 含量继发性增加　E. 血浆 H_2CO_3 含量原发性减少

12. 呼吸性酸中毒的特征是(　　)。＜2014＞

A. 血浆 H_2CO_3 浓度原发性降低　B. 血浆 H_2CO_3 浓度原发性升高　C. 血浆 HCO_3^- 浓度原发性升高　D. 血浆 HCO_3^- 浓度原发性降低　E. 血浆 HCO_3^- 浓度不变

13. 高渗性脱水的特点是(　　)。＜2015＞

A. 细胞外液容量减少，渗透压降低　B. 细胞外液容量增加，渗透压降低　C. 细胞外液容量减少，渗透压增高　D. 细胞外液容量增加，渗透压升高　E. 细胞外液容量减少，细胞内溶液量增加

14. 呼吸性酸中毒的主要特点是血浆(　　)。＜2017＞

A. HCO_3^- 浓度原发性升高　B. HCO_3^- 浓度原发性降低　C. H_2CO_3 浓度原发性升高　D. H_2CO_3 浓度原发性降低　E. H_2CO_3 与 HCO_3^- 浓度均降低

15. 失水多于失钠可引起(　　)。＜2019＞

A. 等渗性脱水　B. 低渗性脱水　C. 高渗性脱水　D. 水中毒　E. 水肿

16. 水中毒又称为(　　)。<2020>

A. 稀释性高钠血症　　B. 低容量性高钠血症

C. 高容量性低钠血症　　D. 低容量性低钠血症

E. 高容量性高钠血症

17. 等渗性脱水的主要特征是(　　)。<2021>

A. 细胞外液不变　　B. 细胞外液显著增加

C. 细胞外液显著减少　　D. 细胞内液显著增加

E. 细胞内液显著减少

18. 下列情况不会同时发生的是(　　)。<2022>

A. 呼吸性酸中毒合并代谢性酸中毒　　B. 呼吸性酸中毒合并呼吸性碱中毒

C. 代谢性酸中毒合并呼吸性碱中毒　　D. 代谢性酸中毒合并代谢性碱中毒

E. 呼吸性碱中毒合并代谢性碱中毒

四、判断题

1. 高渗性脱水可导致细胞内脱水。(　　)
2. 脱水患畜都表现口渴尿少。(　　)
3. 肾功能不全时可造成呼吸性酸中毒。(　　)
4. 厩舍中 CO_2 浓度过高可造成代谢性酸中毒。(　　)
5. 呼吸性酸中毒时,中和酸首选药物是 $NaHCO_3$。(　　)
6. 慢性代谢性酸中毒时,患病动物易缺钾。(　　)
7. 呼吸性酸中毒时,呼吸系统表现机能增强。(　　)
8. 酸中毒时,患病动物易缺钙。(　　)

五、简答题

1. 试述各类型脱水的原因、动物表现及其处理原则。
2. 引起酸中毒的原因有哪些?
3. 酸中毒对机体有什么影响?

项目五 缺 氧

◆ **学习目标**

掌握缺氧的概念和类型、各类型缺氧的原因、缺氧的机制及缺氧的病理特征；理解缺氧时机体机能和代谢的变化；了解常用的血氧指标。

实训技能一 鼠低张性缺氧实验

能力目标

通过鼠低张性缺氧实验，理解外环境中氧气减少对动物机体的影响。

视频 5-1 小鼠缺氧观察

实训准备

1. 动物：小鼠 2 只，体重约 20 g。

2. 器材：250 mL 带盖广口瓶 2 个、眼科剪、眼科镊等、小鼠解剖板、签字笔、A4 纸。

实训内容

1. 观察小鼠正常状态。将 2 只小鼠分别置于上述广口瓶内，观察并记录小鼠的活动状态、呼吸、皮肤和口唇颜色。观察呼吸频率时应在小鼠安静时迅速观察，记录 10 s 内腹部的起伏次数。

2. 塞紧瓶口。将装有实验组小鼠的广口瓶瓶盖盖紧，装有对照组小鼠的广口瓶不盖瓶盖。做好标记，记录时间，每隔 3 min 观察小鼠的呼吸及全身状态的变化，直至其中 1 只小鼠死亡，并记录存活时间。

3. 解剖小鼠，对比观察。将存活的小鼠断颈处死。分别解剖上述 2 只小鼠，观察血液及脏器颜色。取心脏血 2 滴，滴入装有 5 mL 生理盐水的试管中，摇匀观察溶液的颜色。

4. 记录实验结果。整理实验结果，记录在小鼠实验性缺氧记录表（表 5-1）中，并分析上述实验中，小鼠发生死亡的原因和机理。

实训技能二 鼠亚硝酸钠中毒实验

能力目标

通过鼠亚硝酸钠中毒实验，掌握亚硝酸盐中毒病变特点及致病机理。

实训准备

1. 动物：小鼠 2 只，体重约 20 g。

2. 器材：1 mL 注射器 1 支、5%亚硝酸钠溶液、生理盐水、手术剪、手术镊等。

实训内容

1. 取 2 只体重相近的小鼠，观察呼吸及全身状态。

2. 分别腹腔注入 5%亚硝酸钠溶液[用量为 0.35 mL/10 g（以体重计）]、生理盐水 0.7 mL，并做好标记。

3. 记录时间，每隔 3 min 观察 2 只动物的呼吸及全身状态的变化（尤其是可视黏膜的变化），直至其中 1 只小鼠死亡，并记录存活时间。

4. 分别解剖这 2 只小鼠，对比观察血液及脏器颜色。

5. 记录实验结果于表 5-1 中。

视频 5-2 5%亚硝酸钠溶液的配制

视频 5-3 鼠亚硝酸钠中毒实验

实训结果

根据实训中观察到的结果，填写表 5-1。

表 5-1 小鼠实验性缺氧记录表

序号	处理方式	缺氧类型	呼吸频率	口唇颜色	肝颜色	血液颜色	死亡时间
1							
2							
3							
4							

思考题

分析实训技能一和实训技能二中小鼠发生死亡的原因和机理。

◆ 相关知识

相关知识　缺　　氧

氧是动物机体生命活动必需的物质。缺氧是指机体内氧的吸入不足、运输障碍或组织细胞对氧的利用能力降低,从而导致机体的代谢、功能和形态结构发生一系列改变的病理过程。缺氧是造成细胞损伤的最常见原因,是存在于多种疾病中的基本病理过程之一,也是许多疾病引起死亡的重要原因。

一、缺氧的原因及类型

氧的获得和利用包括外呼吸、氧的运输和内呼吸,即外界氧吸入肺泡,弥散入血液,再与血红蛋白结合,由血液循环输送到全身,最后由组织细胞摄取利用。其中任何环节发生障碍都可能引起缺氧。根据缺氧的原因和血氧变化,一般将缺氧分为四个类型:低张性缺氧、血液性缺氧、循环性缺氧和组织性缺氧。

(一)低张性缺氧

低张性缺氧又称为呼吸性缺氧、低氧血症,是指动脉血流中血氧分压和血氧含量均低于正常值,使组织供氧不足引起的缺氧。

动画5-1　氧的摄取和利用

动画5-2　低张性缺氧

1. 原因与机理

(1)空气中氧分压过低。例如高原或高空,空气稀薄,大气压力及氧分压低(氧含量少),由于空气中氧分压过低,使得吸入气氧分压也降低,导致进入肺泡进行气体交换的氧不足;地窖、通风不良或拥挤的畜舍等,由于空气中的氧气被消耗而没有补充或更新而发生缺氧现象。此外,血氧分压降低使血液向组织弥散氧的速度减慢,供应组织的氧不足造成细胞缺氧。此类缺氧又称大气性缺氧。

(2)外呼吸功能障碍。由肺的通气和换气功能障碍所致。肺通气功能障碍可引起肺泡气氧分压降低;肺换气功能障碍使经肺泡扩散到血液中的氧减少,动脉血氧分压和血氧含量不足而导致缺氧,又称呼吸性缺氧。呼吸中枢抑制、呼吸肌麻痹、气管和支气管阻塞或狭窄(异物、肿瘤等)、肺疾病(肺炎、肺水肿、肺肿瘤、严重肺结核等)、胸腔疾病(气胸、胸膜炎等)以及中毒等均可导致此型缺氧。

2. 病理特征

低张性缺氧时,毛细血管中氧合血红蛋白浓度降低,还原血红蛋白浓度增加,患畜皮肤、黏膜呈青紫色(发绀),并反射地引起呼吸中枢兴奋,代偿性呼吸增加。

(二)血液性缺氧

血液性缺氧又称等张性低氧血症,是由于血红蛋白数量减少或性质改变,动脉血氧含量降低或氧合血红蛋白释放氧不足,引起的供氧障碍性缺氧。由于动脉血氧含量降低,而血氧分压正常,血液性缺氧又称等张性低氧血症。

动画 5-3 血液性缺氧

1. 原因与机理

(1)贫血。常见于各种原因引起的严重贫血,如急性大失血、全身性营养不良、溶血和再生障碍性疾病等,血液中的红细胞和血红蛋白数量明显减少,故血液携氧减少而导致组织缺氧。

(2)血红蛋白性质的改变。

①一氧化碳中毒。一氧化碳进入血液与血红蛋白结合形成碳氧血红蛋白,碳氧血红蛋白不能与氧结合而失去携氧能力。一氧化碳与血红蛋白的结合力比氧与血红蛋白的结合力高210倍,而碳氧血红蛋白的解离速度比氧合血红蛋白慢2 100倍。另外,一氧化碳还能抑制红细胞内糖酵解,使2,3-二磷酸甘油酸(2,3-DPG,是红细胞内糖酵解过程的中间产物)生成减少,使氧和血红蛋白的亲和力增强,氧离曲线左移,氧合血红蛋白中的氧不易释出,从而加重组织缺氧。此类缺氧常由煤气中毒所致。

②高铁血红蛋白血症。某些氧化剂进入血液后,能将血红蛋白中的二价铁氧化成三价铁,形成高铁血红蛋白(也称变性血红蛋白)而失去携氧能力。高铁血红蛋白血症多见于亚硝酸盐、苯胺中毒等。在家畜的青饲料中,萝卜、白菜、甜菜等的叶子含有大量的硝酸盐,当这些饲料保存或加工不当,其中的微生物生长繁殖,并将硝酸盐还原为亚硝酸盐,家畜吃了大量此种饲料,即可引起中毒。

(3)血红蛋白与氧的亲和力异常增强。输入大量的碱性液体,血浆pH升高,可使血红蛋白与氧的亲和力增强,血液经毛细血管时氧的释放量减少,引起组织细胞供氧不足。

2. 病理特征

贫血所致的缺氧,表现皮肤、可视黏膜苍白;一氧化碳中毒所致的缺氧,碳氧血红蛋白为樱桃红色,所以皮肤、可视黏膜呈樱桃红色,严重中毒时,因毛细血管收缩,可视黏膜苍白;高铁血红蛋白血症(亚硝酸盐中毒)患畜皮肤、可视黏膜呈高铁血红蛋白的咖啡色或类似发绀的青石板色(黑紫色)。

(三)循环性缺氧

循环性缺氧是指组织器官血流量减少或流速减慢而供氧不足所引起的缺氧,又称低血流性缺氧,包括缺血性缺氧和淤血性缺氧。前者为动脉血流入组织不足所致,后者为静脉血回流受阻所致。

1. 原因与机理

动画 5-4 循环性缺氧

循环系统是推动血液运送氧气的动力系统。心血管系统的病变，可以使动脉血输出障碍或静脉血回流受阻，导致通往全身或部分组织、器官的血流量减少或血流速度减慢造成缺氧。

(1)全身性循环障碍。见于休克、心力衰竭等全身性血液循环障碍。休克时全身微循环严重障碍而且持久，由于微循环缺血、淤血和微血栓形成，动脉血流量急剧减少，造成全身各组织器官的严重缺氧和器官功能衰竭，属于缺血性缺氧。心力衰竭时，由于心输出量减少和静脉血回流受阻，引起组织淤血和缺氧，属于淤血性缺氧。

(2)局部性循环障碍。见于血栓形成、动脉狭窄、局部血管受压迫、血管病变等，如动脉粥样硬化、脉管炎、静脉血栓等。局部性血液循环障碍时，单位时间内从毛细血管流过的血量减少或变慢，弥散到组织细胞内的氧减少而引起组织缺氧。

2. 病理特征

缺血性缺氧的患畜因供应组织的血量不足，皮肤出现苍白；淤血性缺氧的患畜，血液淤积在毛细血管床中，形成了更多的还原血红蛋白，皮肤、黏膜可出现发绀。

(四)组织性缺氧

动画 5-5 组织性缺氧

组织、细胞利用氧的能力降低引起的缺氧，称为组织性缺氧，又称氧利用障碍性缺氧。

正常情况下，细胞内 80%～90%的氧在线粒体内通过氧化磷酸化过程还原成水，并产生能量，其余 10%～20%的氧在羟化酶和加氧酶等的催化下，参与核、内质网和高尔基体内的生物合成、物质降解和解毒反应。但呼吸链的酶类受到抑制、线粒体损伤或功能障碍、呼吸酶合成障碍，会导致细胞利用氧障碍而引起缺氧。

1. 原因与机理

(1)组织中毒。氰化物(氰化钾、氰化钠等)、硫化物(硫化氢)、砷化物(三氧化二砷)等化学物质都可引起组织中毒性缺氧。氰化物中毒时，由于氰基(—CN)与细胞色素氧化酶中的三价铁结合，使铁保持三价状态，此时该酶传递电子的能力丧失，即不能再接受并传递电子给氧原子以形成水，导致生物氧化过程障碍，影响组织细胞利用氧的能力。硫化物、砷化物中毒也主要抑制细胞色素氧化酶的活性而影响细胞利用氧。毒性物质抑制细胞生物氧化引起的缺氧又称为组织中毒性缺氧。

(2)线粒体损伤。细菌毒素、大剂量放射线照射、过热等因素均可抑制线粒体功能或造成线粒体结构损伤，使细胞利用氧的能力降低。

(3)维生素缺乏。如硫胺素(维生素 B_1)、核黄素(维生素 B_2)、维生素 PP、烟酰胺(维生素 B_5)缺乏导致呼吸酶合成障碍，引起细胞利用氧障碍。

2. 病理特征

组织性缺氧时，由于细胞生物氧化过程受损，细胞不能充分利用氧，导致动脉血氧分压和静脉血氧分压均高于正常，动-静脉血氧含量差减小。静脉、毛细血管中氧合血红蛋白浓度增加，所以动物皮肤、可视黏膜呈鲜红色或玫瑰红色。

二、缺氧引起的机能与代谢变化

缺氧引起机能与代谢的改变取决于缺氧发生的速度、程度、持续的时间和机体的机能与代谢状态。一般来说，轻度缺氧或在缺氧初期，机体为了克服缺氧造成的伤害，呈现一系列代偿适应性变化，但是在急性缺氧、重度缺氧或随着缺氧的加剧，机体来不及代偿及超过机体组织细胞的代偿能力时，机体就会出现代谢和机能障碍。而慢性缺氧时，机体的代偿反应和缺氧的损伤作用并存。所以缺氧时机体的机能与代谢变化包括机体对缺氧的代偿性反应和由缺氧引起的代谢与机能障碍。

(一)机能的变化

1. 呼吸系统的变化

(1)代偿性反应。以低张性缺氧时呼吸系统变化最明显。低张性缺氧时，血氧分压降低，颈动脉体和主动脉体的化学感受器兴奋，反射性地引起呼吸加深加快，使肺通气量增大，从而有利于从外界摄取更多的氧以提高动脉血氧分压。同时，胸廓呼吸运动增强而使胸腔负压增大，使腔静脉扩张，回心血量增加，提高了心输出量，增加了肺血流量，有利于氧弥散入血及在体内的运送。慢性缺氧时，由于机体逐渐对缺氧的适应(主要是外周化学感受器的适应与中枢化学感受器得不到充分刺激)，呼吸可受到抑制。

(2)损伤性变化。

①肺水肿。急性低张性缺氧可发生肺水肿，常见于高原肺水肿。发病机制不清，可能与肺动脉高压有关。急性缺氧使外周血管收缩，回心血量和肺血流量增加，缺氧性肺血管收缩使肺循环阻力增加，均可导致肺动脉高压，血浆液体成分渗出而导致肺水肿。动物表现为呼吸困难，肺部出现啰音，严重时吐出血性泡沫样液体，可视黏膜发绀。肺水肿还可引起氧弥散障碍，使动脉血氧分压进一步下降。

②中枢性呼吸衰竭。动脉血氧分压过低，可直接导致中枢性呼吸衰竭，表现为呼吸抑制、肺通气量减少、呼吸节律和频率不规则。

2. 循环系统的变化

(1)代偿性反应。

①心输出量增加。在低张性缺氧时，可出现心率加快，心收缩力加强，且缺氧时呼吸加深加快、胸腔负压加大使静脉血回流增加，故在缺氧初期心输出量增加以提高全身供氧量。

②血管机能的改变。缺氧既可以使血管收缩，也可以使血管扩张。氧分压降低，刺激颈动脉体和主动脉体化学感受器，反射性地通过交感神经兴奋引起血管收缩；局部组织缺氧产生的酸性代谢产物及血管活性物质的作用可使血管扩张。血管机能的改变，使血液重新分布，各组织器官的血流量发生改变。各器官组织血流量的变化取决于上述缩血管与扩血管两种力量的对比，在急性缺氧时，往往是皮肤、腹腔内脏及骨骼肌等组织器官血管收缩，而心脑血管扩张，以保证生命重要器官的血液供应，主要表现为心和脑供血量增多，而皮肤、内脏、骨骼肌和肾的组织血流量减少。应当指出，血管的扩张与收缩是随着机体缺氧程度的变化而改变的，当缺氧加重时，血管运动中枢由兴奋转向抑制，可引起全身血管紧张性降低，导致血压下降而危及生命。

(2)损伤性变化。严重的全身性缺氧或慢性缺氧可使肺小动脉持续性收缩，导致肺循环阻力增加，肺动脉高压引起右心室肥大甚至衰竭。严重缺氧能引起能量代谢障碍和酸中毒，心肌变性、坏死,心律失常;另外,严重缺氧时,乳酸、腺苷等酸性产物在体内蓄积,引起周围血管的广泛扩张,血压下降,回心血量减少,回心血量减少又进一步降低心输出量,使组织的供血供氧量减少。

3. 血液系统的变化

(1)代偿性变化。血液系统对缺氧的代偿主要是通过增加红细胞数量和氧离曲线右移实现的。

①红细胞和血红蛋白增多。慢性缺氧时红细胞增多。主要是由于低氧血流经肾刺激肾产生并释放促红细胞生成素,促红细胞生成素作用于骨髓,使骨髓的造血机能增强,促进红细胞生成;另外,缺氧时,可使脾等贮血器官的血管收缩,释放红细胞入血,从而引进红细胞增多,可提高血液携带氧的能力,使血氧容量和血氧含量增加,对缺氧有代偿意义。

②氧离曲线右移。缺氧时,2,3-DPG数量增加,导致氧离曲线右移,即血红蛋白与氧的亲和力降低,易于将结合的氧放出供组织利用。

(2)损伤性变化。红细胞增多、氧离曲线右移,都有利于对组织供氧,但红细胞过度增加,会引起血液黏稠,血流阻力增大,增加心脏负荷,易引起心力衰竭。另外,在吸入气氧分压明显降低的情况下,红细胞内过多的2,3-DPG将妨碍血红蛋白和氧的结合,使动脉血氧含量过低,导致供应组织的氧严重不足。

4. 组织细胞的变化

(1)代偿性反应。

①细胞利用氧的能力增强。慢性缺氧时,细胞内线粒体的数目和膜的表面积增加,呼吸链中的酶活性升高,促进生物氧化过程,提高组织利用氧能力。

②肌红蛋白增加。慢性缺氧时,肌肉中肌红蛋白的含量增多,肌红蛋白可协助血红蛋白供氧。肌红蛋白与氧的亲和力高于血红蛋白,所以肌红蛋白可从血液中摄取更多的氧,增加氧在体内的贮存,在动脉血氧分压进一步降低时,肌红蛋白可释放出一定量的氧供细胞利用。

③无氧糖酵解增强。严重缺氧时,ATP生成减少,但缺氧同时可激活磷酸果糖激酶,使无氧糖酵解过程加强,以补偿能量的不足。

(2)损伤性变化。

①细胞损伤。严重缺氧时,线粒体外的氧利用受到影响,使神经介质的生成和生物转化过程受抑制,另外,线粒体内脱氢酶的功能也受到抑制,ATP生成减少;同时,线粒体的结构发生损伤(如线粒体肿胀、嵴断裂崩解、外膜破裂和基质外溢),由于线粒体内氧化过程障碍,线粒体变性,细胞、组织因能量不足而陷于代谢机能紊乱,导致细胞变性坏死;另外,溶酶体膜的稳定性降低,通透性增高,严重时,溶酶体膜破裂,释放出大量的水解酶导致细胞变性坏死。

②器官组织损伤。主要是脑,其次是心脏。脑血流量占心输出量的15%,脑耗氧量约占全身耗氧量的23%。因此,脑对缺氧最为敏感。缺氧可引起神经细胞变性、坏死及脑水肿。缺氧使心输血量增加,心率加快,血压升高。严重持续缺氧,使能量产生障碍而引起心肌收缩无力,甚至导致心肌细胞内酸中毒,最终形成心肌不可逆性损害——心肌纤维化。

(二)代谢的变化

缺氧时,机体的三大营养物质(糖、脂肪、蛋白质)代谢也发生明显的改变。其代谢改变的特点是:分解代谢加强,氧化不全产物蓄积,导致呼吸性碱中毒和代谢性酸中毒。

缺氧初期,因呼吸运动加强,呼吸加深加快,排出较多的二氧化碳,使血中的二氧化碳分压降低，血液中的二氧化碳含量相应减少，而碱储却相应增多，导致呼吸性碱中毒；而碱中毒使血的 pH 升高，又可消除 ATP 对磷酸果糖激酶的抑制作用而促进糖酵解，使乳酸生成增多，加之在缺氧后期，大量氧化不全的酸性产物（酮体等）在体内蓄积，引起代谢性酸中毒。

◆ 拓展知识

拓展知识 常用血氧指标及其意义

大气主要由氮、氧以及少量惰性气体构成，总压力（大气压力）为 1.01325×10^{5} Pa（760 mmHg），其中氮占 78.08%，氮分压为 7.9114×10^{4} Pa（593.4 mmHg），氧占 20.95%，氧分压为 2.1225×10^{4} Pa（159.2 mmHg）。气体在血液（水）内溶解的量取决于该气体的分压，分压大则溶解得多，分压小则溶解得少。所以医学上也用血液内氧气分压的大小表示氧在血液内溶解的量。

1. 血氧分压

指以物理状态溶解在血浆内的氧分子所产生的张力。动脉血氧分压表示为 $P_A(O_2)$，静脉血氧分压表示为 $P_V(O_2)$。$P_A(O_2)$ 取决于吸入气体的氧分压及肺的呼吸功能；$P_V(O_2)$ 取决于组织摄氧和利用氧的能力。

2. 二氧化碳分压

指血液中物理溶解的 CO_2 所产生的压力。

3. 血氧容量

指 100 mL 血液充分与氧接触后的最大含氧量。血氧容量大小取决于血红蛋白的质（与氧结合的能力）和量。血氧容量的高低反映血液携氧的能力。

4. 血氧含量

指 100 mL 血液的实际含氧量，包括化学结合在血红蛋白上的氧和物理溶解于血液中的氧。动脉血氧含量为 $c_A(O_2)$，静脉血氧含量为 $c_V(O_2)$。血氧含量的多少取决于血氧容量和血氧分压。

5. 血氧饱和度

指血氧含量和血氧容量的百分比。血氧含量和血氧容量均决定于血红蛋白结合的氧量，因此，血氧饱和度即为血红蛋白氧饱和度（血红蛋白与氧结合的百分数）。正常时动脉血氧饱和度约为 95%，静脉血氧饱和度约为 70%。血氧饱和度主要取决于血氧分压。血氧饱和度和血氧分压的关系可用氧合血红蛋白解离曲线表示。

6. 氧解离曲线（ODS）

以氧分压值为横坐标，相应的血氧饱和度为纵坐标，可以得出一条“S”形曲线，称为氧解离曲线，简称氧离曲线。红细胞内的 2,3-二磷酸甘油酸增多、酸中毒、CO_2 增多及血温增高，可使血红蛋白（Hb）与氧结合力降低，导致在相同动脉血氧分压下，血氧饱和度也降低，氧离曲线右移，P_{50} 增加；反之则左移。

P_{50} 是反映氧离曲线右移、左移的指标，指血红蛋白氧饱和度为 50%时的氧分压。P_{50} 代表 Hb 与氧的结合力。

思维导图

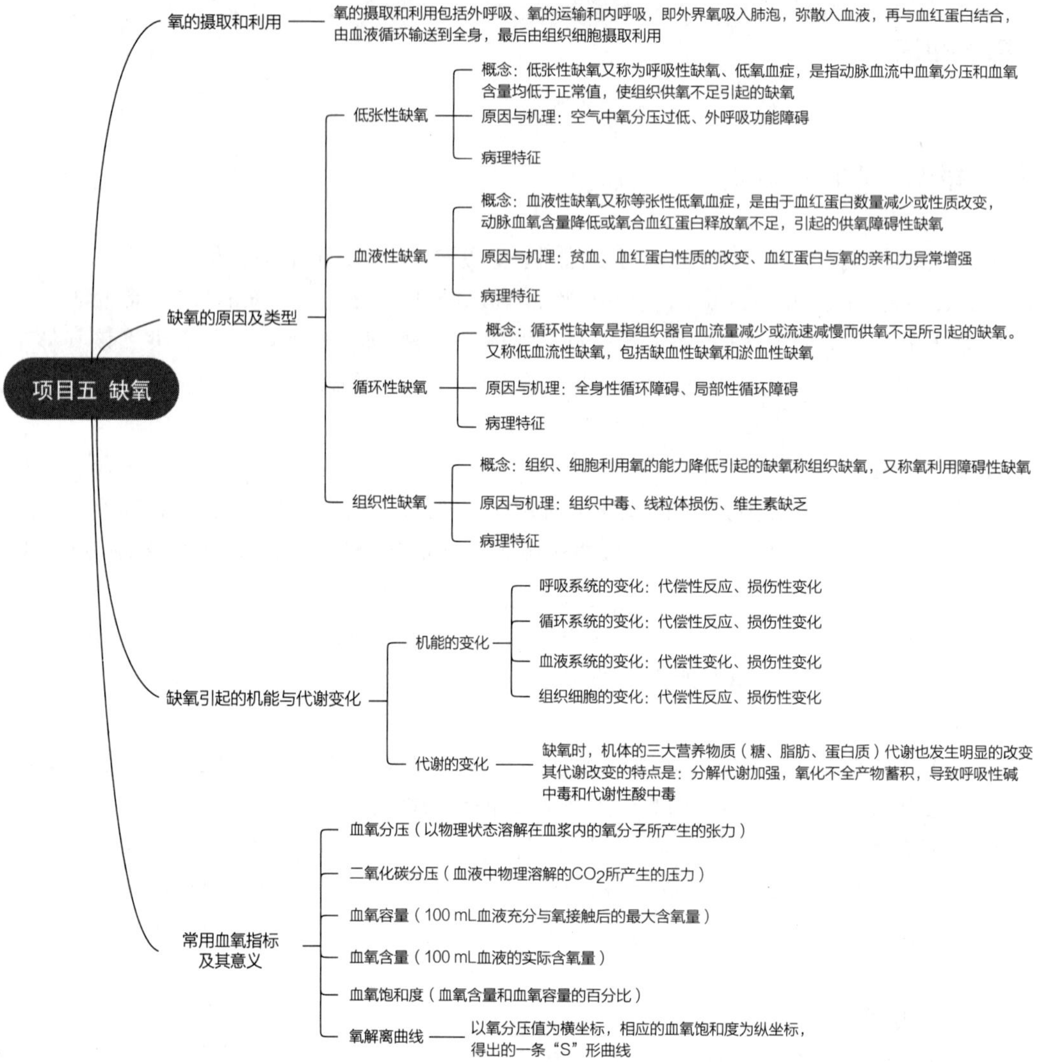

思政园地

学习病理课程，做到两个“坚持”

党的二十大报告提出，必须坚持问题导向。要增强问题意识，这非常适应于“动物病理”课程的学习。书中每个项目都有复习思考题，其内容包括名词解释、填空题、问答题、判断题、选择题和简答题多种形式。同学们可以带着思考题中的问题主动学习，做好课前预习、课后练习，不会的做好标记，上课时认真听讲，和同学们互相探讨，积极向老师请教，使不懂的问题得到解决。

党的二十大报告提出，必须坚持系统观念。万事万物是相互联系、相互依存的。只有用普遍联系的、全面系统的、发展变化的观点观察事物，才能把握事物发展规律。动物机体是由局部组成的完整有机体，通过神经体液调节，使全身各部分保持密切联系。通过对本课程的学习，同学们在动物疾病的诊断过程中，要善于透过现象看本质，把握好局部和全身、眼观病变和微观病变、疾病现状和疾病结局的关系，不断提高认识疾病的辩证思维、系统思维，掌握疾病发生发展规律，为动物疾病防控和诊断提供科学的思维方法。

复习思考题

一、名词解释

缺氧　低张性缺氧　血液性缺氧

二、填空题

1. 氧的获得和利用包括__________、__________和内呼吸。

2. 根据缺氧的原因和血氧变化，一般将缺氧分为__________、__________、__________、和__________四个类型。

3. 循环性缺氧是指组织血流量减少，供氧不足所引起的缺氧，又称__________。

4. 组织、细胞利用氧的能力降低引起的缺氧称为__________，又称氧利用障碍性缺氧。

5. 缺氧时，机体的三大营养物质(糖、脂肪、蛋白质)代谢也发生明显的改变。其代谢改变的特点是__________，氧化不全产物蓄积，导致呼吸性碱中毒和代谢性酸中毒。

三、选择题

1. 红细胞和血红蛋白量减少或者血红蛋白变性，携带氧能力下降造成的缺氧属于(　　)。

A. 循环性缺氧　B. 等张性缺氧　C. 低张性缺氧
D. 血液性缺氧　E. 组织性缺氧

2. 引起血液性缺氧的主要原因是(　　)。

A. 吸入空气中的氧分压降低　B. 血红蛋白变性
C. 机体内呼吸障碍　D. 以上都是　E. 以上都不是

3. 亚硝酸盐中毒时(　　)。

A. 可视黏膜鲜红　B. 可视黏膜咖啡色　C. 可视黏膜苍白
D. 可视黏膜无变化　E. 以上都不是

4. 煤气中毒引起的缺氧属于(　　)。

A. 外呼吸性缺氧　B. 血液性缺氧
C. 循环性缺氧　D. 组织中毒性缺氧

5. 氰化物中毒时，皮肤颜色变化是呈(　　)。

A. 鲜红色　B. 咖啡色　C. 暗紫红色　D. 樱桃红色

6. 动物一氧化碳中毒时，血液呈(　　)。<2010>

A. 黑色　B. 咖啡色　C. 紫红色
D. 暗红色　E. 樱桃红色

7. 动物亚硝酸盐中毒时，末梢血液呈(　　)。<2012>

A. 浅红色　B. 酱油色　C. 鲜红色
D. 樱桃红色　E. 玫瑰红色

(8～9题共用备选答案)<2014>

A. 黄色　　B. 鲜红色　　C. 樱桃红色

D. 酱油色　　E. 苍白色

8. 亚硝酸盐中毒性缺氧，可视黏膜的颜色变化是呈(　　)。

9. 氰化物中毒性缺氧，可视黏膜颜色的变化是呈(　　)。

10. 上呼吸道狭窄可引起(　　)。<2015>

A. 血液性缺氧　　B. 低张性缺氧　　C. 缺血性缺氧

D. 淤血性缺氧　　E. 组织性缺氧

11. 下列引起血液性缺氧的病因是(　　)。<2016>

A. 呼吸道狭窄　　B. 心力衰竭　　C. 氰化物中毒

D. 肺动脉栓塞　　E. 亚硝酸盐中毒

12. 猪，采食烂青菜后，站立不稳，呼吸困难，脉搏细弱，全身发绀，其可能的发病机制是(　　)。<2016>

A. 血红蛋白 Fe^{3+} 还原为 Fe^{2+}　　B. 血红蛋白 Fe^{2+} 氧化为 Fe^{3+}

C. 血液 pH 降低使氧离曲线左移　　D. 血液 $P(CO_2)$ 增高使氧离曲线左移

E. CO_2 与血红蛋白结合率降低

13. CO 中毒性缺氧时，动物的黏膜呈现(　　)。<2017>

A. 苍白色　　B. 暗红色　　C. 樱桃红色

D. 咖啡色　　E. 青紫色

14. 对缺氧反应最敏感的器官是(　　)。<2018>

A. 心脏　　B. 肝脏　　C. 脾脏

D. 肾脏　　E. 大脑

15. 可引起组织性缺氧的原因是(　　)。<2019>

A. 呼吸机能不全　　B. 贫血　　C. 一氧化碳中毒

D. 氰化物中毒　　E. 缺血

16. 由血流量减少引起的缺氧属于(　　)。<2020>

A. 低动力性缺氧　　B. 血液性缺氧　　C. 低张性缺氧

D. 组织性缺氧　　E. 组织中毒性缺氧

17. 引起组织性缺氧的原因(　　)。<2021>

A. 氰化物中毒　　B. 一氧化碳中毒　　C. 贫血

D. 淤血　　E. 胃炎

18. 可引起血液性缺氧的原因是(　　)。<2021>

A. 氰化物中毒　　B. 亚硝酸钠中毒　　C. 失血

D. 淤血　　E. 发绀

19. 低张性缺氧的特征是(　　)。<2023>

A. $P_A(O_2)$降低　　B. 呼吸减弱　　C. 呼吸次数减少

D. 血氧含量升高　　E. 血红蛋白减少

四、判断题

1. 呼吸性缺氧时，可视黏膜发绀。(　　)

2. 一氧化碳与血红蛋白的结合力比氧与血红蛋白的结合力强。（　　）

3. 亚硝酸盐中毒时，亚硝酸盐能使低铁血红蛋白转变为高铁血红蛋白而引起缺氧。（　　）

五、简答题

1. 简述缺氧的类型、原因及其病理变化特点。

2. 简述煤气中毒和亚硝酸盐中毒的机理。

项目六 细胞和组织的适应、损伤与修复

◆ **学习目标**

掌握萎缩、肥大、增生、化生、变性、坏死、再生的概念、原因、类型、病变特点、结局及对机体的影响，各种组织的再生特点，肉芽组织的概念、结构及功能，创伤及骨折的愈合过程，病理产物的改造方式；了解颗粒变性和脂肪变性的机理。

任务一 细胞和组织的适应

实训技能一 肥大、增生及萎缩观察

能力目标

1. 通过观察大体标本，掌握并能识别常见器官组织肥大、增生、萎缩的眼观病变特点。
2. 通过观察病理组织切片，了解肥大、增生的镜检病变特点。

实训准备

大体标本，肥大、增生的病理组织切片，幻灯片，挂图，图片，光学显微镜，投影仪等。

实训内容

(一)肥大

1. 肾代偿性肥大

一侧肾体积变小，另一侧肾代偿其功能，其体积增大，两侧比较，体积差异较大。

2. 心肌肥大

眼观病变：心脏体积显著增大，重量增加，硬度增强，切面见心壁增厚，乳头肌及肉柱等呈圆柱状突出于腔内。

镜检病变：心肌纤维变粗，横纹明显，肌细胞核变大，肌纤维数量增多，间质相对减少、血管增粗。

3. 肝假性肥大

肝片吸虫在肝内寄生，导致慢性炎症，肝间质内结缔组织大量增生并深入肝实质内，压迫肝实质使之发生萎缩，肝体积增大，变硬。

(二)增生性淋巴结炎

1. 材料

猪气喘病的肺门淋巴结、纵隔淋巴结和仔猪副伤寒的肠系膜淋巴结及增生性淋巴结炎的标本与病理切片。

2. 眼观病变

体积明显增大，可增大3～10倍，灰白色，质地较硬实。切面也呈灰白色，湿润，边缘有轻度充血。

3. 镜检病变

淋巴小结生发中心增大，淋巴细胞和网状细胞高度增生，许多淋巴细胞处于有丝分裂状态。增生的淋巴细胞呈弥漫性分布或形成新的淋巴小结。淋巴小结生发中心数量增多，淋巴小结外周仅有一薄层的小淋巴细胞。淋巴窦扩张，其中充满大量淋巴细胞和渗出液。

(三)萎缩

1. 观察萎缩标本

(1)肾盂积水。尿液排出障碍，滞留在肾盏及肾盂内，久之肾盂扩张成囊状，压迫肾实质使之萎缩、变薄。

(2)鼻甲骨萎缩(猪传染性萎缩性鼻炎)。发病早期见鼻黏膜充血、肿胀，鼻腔中有浆液性、黏液性或脓性渗出物，常混有血液。发病中期见鼻黏膜坏死脱落，鼻甲骨上下卷曲萎缩消失后，鼻腔变为空洞。发病后期，鼻中隔发生弯曲或厚薄不匀，鼻筒出现歪斜、上翘或鼻梁皮肤皱褶。

(3)肝压迫性萎缩(细颈囊尾蚴)。细颈囊尾蚴呈囊泡状，俗称水铃铛(彩图6-1)。眼观，肝表面突起大小不一的白色囊泡，囊体大小不一，豌豆大或更大。虫体的囊壁薄而透明，呈乳白色，内含透明液体。囊壁上有1个不透明的乳白色结节，为其颈部和内陷的头节，如将头节翻转出来，则见头节与囊体之间具有1个细长的颈部。囊壁上有1个向内生长具细长颈部的头节，故名细颈囊虫。在脏器中的囊体，囊壁外层厚而坚韧，是由宿主组织反应形成的结缔组织包膜，故不透明。囊泡周围的肝实质因压迫而萎缩。

(4)神经型马立克病的病鸡后躯大体标本。以受损害神经(常见于腰荐神经、坐骨神经)的横纹消失，变成灰色或黄色，或增粗、水肿，比正常的大2～3倍，有时更大，多侵害一侧神经，有时双侧神经均受侵害。对比观察，可见病侧后肢肌肉体积明显缩小，坐骨神经明显增粗，这是发生马立克病时，坐骨神经受损，其支配的肌肉萎缩所致。

(5)脂肪胶样萎缩。当长期营养不良而造成全身性萎缩时，可见全身的脂肪组织消耗殆尽，皮下、腹膜下、肠系膜及网膜的脂肪完全消失；肾周围及心冠状沟周围的脂肪组织发生萎缩后，空缺被渗出的浆液填充，呈黄白色半透明胶冻状，故称为脂肪浆液性萎缩或胶冻样萎缩。

(6)肌肉萎缩。色泽变淡、体积变小、弹性降低。

(7)骨骼萎缩。骨骼变细、变轻，骨壁变薄，黄骨髓呈黄白色胶冻样。

(8)肝萎缩。体积缩小，重量减轻，边缘变薄，被膜皱缩或增厚，质地变硬，色泽变淡或呈红褐色，切面稍干燥。

(9)胃肠道萎缩。管壁变薄，呈半透明状，内腔扩大，撕拉时容易破碎。

(10)肾萎缩。体积缩小，色泽变深，被膜皱缩，断面显示皮质变薄(彩图6-2)。

(11)脾萎缩。体积显著缩小，重量变轻，厚度变薄，边缘变薄，被膜增厚而皱缩(彩图6-3)。

(12)脑萎缩。生理性脑萎缩见于老龄动物，表现为脑回变窄、脑沟变深变宽，脑与颅骨间隙增大。病理性萎缩常见于脑水肿、脑积水等病理过程。

2. 镜检萎缩切片

肾小管上皮细胞变小变薄，肾小管管壁变薄、管腔扩大，间质增生(彩图6-4、彩图6-5)。

思考题

1. 试述局部性萎缩的原因、类型和结局。
2. 引起全身性萎缩的原因有哪些？组织、器官发生萎缩的先后顺序和结局是什么？
3. 肥大与增生有何区别？

实训技能报告单

1. 描述所观察的病理标本(包括大体标本和切片)的病变名称及病变特点。
2. 绘出肾萎缩时显微镜下的病理变化。

◆ 相关知识

相关知识一　细胞和组织的适应

适应是指动物机体以及细胞、组织和器官，能对体内外环境的不断变化做出及时反应，表现为代谢、功能和形态结构的调整与改变，以维持其正常的生命活动。在生理情况下，动物机体会出现一定程度的适应性反应，如饥饿时动用机体储备，寒冷时动物表现出寒战等。在致病因素的作用下，机体所出现的适应性反应主要包括代偿、肥大、增生、萎缩和化生等，以达到体内外新的平衡。

一、代偿

在致病因素的作用下，机体出现代谢、功能障碍或组织结构破坏时，机体通过相应器官的代谢改变、功能加强或形态结构的变化来替代、补偿的过程，称为代偿。这种代偿过程主要是通过神经体液调节来实现的，是机体的一种重要的适应性反应。

（一）代偿的形式

代偿的形式可分为以下 3 种。

1. 代谢性代偿

指在疾病过程中体内出现以物质代谢改变为其主要表现形式，以适应机体新情况的一种代偿过程。如缺氧时，糖的有氧氧化过程受阻，能量供应不足，此时糖酵解加强，以补充一部分能量；在慢性饥饿状态下，动物机体主要依靠消耗体内贮存的脂肪来提供能量。

2. 功能性代偿

指机体通过增强器官的功能来补偿病变器官的功能障碍和损伤的一种代偿形式。如成对器官肾中的一个肾发生损伤而致其功能丧失时，健侧的肾通过功能加强来补偿。

3. 结构性代偿

指机体在功能加强的基础上伴发形态结构的变化来实现的代偿。这种代偿通常是在代谢和机能改变的基础上产生的，是一种慢性过程。如肠管某部狭窄时，其上方则因蠕动增强而发生肌层肥厚。其主要表现形式为肥大。

代谢性代偿、功能性代偿及结构性代偿常同时存在，互相影响。一般来讲，功能性代偿发生快，长期功能性代偿会引起结构变化，因此结构性代偿出现比较晚。结构性代偿能使功能持久增强，而代谢性代偿则是功能性代偿与结构性代偿的基础。例如，机体在缺血或缺氧时，首先通过心肌纤维的代谢加强，以增强心脏收缩功能，长期的代谢、功能增强，会导致心肌纤维的增粗、心脏肥大，肥大的心脏又反过来增强了心脏的功能。

（二）代偿的意义

代偿是机体极为重要的适应性反应。它通过物质代谢的改变、功能的加强和组织器官的肥大或增生，来补偿病因所造成的损伤、障碍，使生命活动能在不利的条件下继续进行。

机体的代偿能力是相当大的，然而又是有限的，如果疾病过程继续发展，功能障碍不断加重，并超过了器官的代偿能力时，即发生代偿失调，或称失代偿。心功能不全、肾功能不全等都是代偿失调的结果。

代偿对机体是有利的，但在一定的条件下又存在不利的一面。主要表现在它可以掩盖疾病的真相，造成患病动物处于“健康”状态的假象，这就可能延误疾病的诊断和治疗，使疾病进一步发展，从而造成代偿失调。

二、肥大

细胞、组织或器官的体积增大称为肥大。细胞体积增大是由于细胞内合成了较多的细胞器。组织、器官肥大的基础是细胞肥大。许多组织或器官的肥大常伴有细胞数量的增多（增生），即肥大与增生并存，只有心肌和骨骼肌的肥大不伴发增生。肥大分为生理性肥大和病理性肥大。

1. 生理性肥大

指机体为适应生理功能需要所引起的组织器官的肥大。其特点是：肥大的组织器官不仅体积增大，功能增强，并具有更大的贮备力。如经常锻炼和使役的马匹，其肌腱特别发达；泌乳期的乳腺和妊娠期的子宫等。

2. 病理性肥大

指在病理性条件下所发生的肥大,它又分为真性肥大和假性肥大。真性肥大是指肥大的组织器官实质细胞体积增大和数量增多,同时伴有功能增强;成对的器官例如肾,一侧发育不良或切除时,另一侧肾发生肥大。假性肥大是指组织器官体积增大是由间质的结缔组织增生引起的。假性肥大的组织或器官,虽然外形呈体积增大,但其功能却降低。如长期休闲、缺乏锻炼的马,由于脂肪蓄积过多,不仅外形肥胖,而且心脏内脂肪过多蓄积,心肌纤维发生萎缩,若突然使以重役,往往可发生急性心力衰竭而死亡。细胞增殖力弱的器官、组织(如心脏、骨骼肌)肥大主要为实质细胞的体积增大(容积性肥大),而细胞增殖力强的器官、组织如腺体主要通过细胞数量的增多而实现肥大(数量性肥大)。

三、增生

由实质细胞数量增多导致的组织、器官体积增大称为增生。

(一)增生的类型

根据发生的原因不同,增生可分为生理性增生和病理性增生。

(1)生理性增生。指在生理条件下组织器官为适应生理需要而发生的增生。如妊娠后期及泌乳期乳腺上皮的增生等。

(2)病理性增生。指由于某些致病因子作用所引起的组织、器官的增生。这种增生常见于慢性刺激引起的过度增生、激素刺激以及营养缺乏情况下引起的增生。如消化道寄生虫寄生时,黏膜上皮细胞长期受到刺激而增生;雌激素绝对或相对增多时,可致子宫腺上皮增生;动物缺碘时,可致甲状腺上皮增生等。

(二)病理变化

眼观可见组织和器官体积增大。镜检可见细胞数量增多,细胞和细胞核形态正常或稍大。

(三)增生与肥大的关系

引起细胞、组织或器官的增生与肥大的原因往往十分相似,甚至会相同,两者常相伴存在。对于细胞分裂增殖能力活跃的组织、器官(如子宫、乳腺等),其肥大可以是细胞体积增大(肥大)和细胞数量增多(增生)的共同结果;对于细胞分裂增殖能力较低的组织、器官(如心肌、骨骼肌等),其组织、器官的肥大仅由细胞肥大所致。

四、萎缩

已经发育成熟的器官或组织,物质代谢障碍使其实质细胞体积缩小、数量减少,最终导致器官或组织体积缩小和功能减退的病理过程称为萎缩。萎缩与发育不全、不发育不同。发育不全是指器官、组织不能发育到正常结构,体积一般较小,其发生原因可以是血液供应不良、缺乏特殊营养成分或是先天性的缺陷。不发育是指器官不能发育,器官完全缺乏或只有一个结缔组织构成的痕迹性结构,其发生往往和遗传因素、激素有关。

(一)原因和类型

根据发生原因,萎缩可分为生理性萎缩和病理性萎缩两种。

1. 生理性萎缩

在生理情况下,动物体的某些组织器官随年龄的增长而萎缩,又称年龄性萎缩或退化。如动物的胸腺、法氏囊在性成熟后逐步发生退化,老龄动物的乳腺、性腺器官的萎缩等,是一种正常的生理现象。

2. 病理性萎缩

指组织、器官受某些致病因子作用而发生的萎缩,分为全身性萎缩和局部性萎缩两种类型。

(1)全身性萎缩。由机体全身物质代谢障碍所致。多见于长期饲料不足、慢性消化道疾病(如慢性胃肠炎)、严重的消耗性疾病(如结核病、鼻疽、恶性肿瘤等)。营养物质的供应和吸收不足,或体内营养物质特别是蛋白质过度消耗均可引起全身性萎缩,动物常常出现严重的衰竭症状,表现精神萎靡、行动迟缓、被毛粗乱、严重贫血、进行性消瘦,常发生因低蛋白血症引起的全身性水肿,呈现全身恶病质状态,故又称恶病质性萎缩。

动物发生全身性萎缩时,由于机体各组织器官的功能不同,发生萎缩的先后顺序也是不同的。其中脂肪组织的萎缩发生得最早而且严重,几乎完全消失;其次是肌肉组织,可减少45%;再次是肝、胃、脾、肾及淋巴结等实质器官;而心、脑、内分泌腺等生命重要器官则发生得最晚且不明显。

(2)局部性萎缩。通常是由局部原因引起的局部组织器官的萎缩。按照其发生原因又可分为以下几种类型。

①废用性萎缩。由于骨折、关节炎等原因,肢体肌肉长期不能活动,导致局部血液供应和物质代谢降低,引起营养障碍而发生萎缩。

②压迫性萎缩。组织或器官长期受到压迫而发生的萎缩,例如寄生虫(棘球蚴、囊尾蚴)寄生压迫肝组织,引起相邻组织萎缩;肾盂积液时压迫肾组织而引起肾萎缩。

③神经性萎缩。当外周神经或运动神经受到损伤时,相关组织发生萎缩,如鸡的马立克病,当肿瘤侵害坐骨神经和臂神经时,可造成相应部位的肢体瘫痪和肌肉萎缩。

④缺血性萎缩。当局部小动脉不全阻塞时,由于血液供应不足,引起相应部位的组织萎缩。动脉硬化、血栓形成或栓塞造成动脉内腔狭窄是缺血性萎缩的常见原因,如肾动脉硬化可导致肾实质萎缩。

⑤激素性萎缩。由于内分泌功能异常而引起的相应器官的萎缩,如去势动物性器官的萎缩。

⑥病原微生物引起的萎缩。猪传染性萎缩性鼻炎是由产毒素多杀性巴氏杆菌和支气管败血波氏杆菌引起的猪的一种慢性接触性呼吸道传染病。临床表现为打喷嚏、鼻塞、流鼻涕、鼻出血、颜面部变形或歪斜,常见于2～5月龄的猪。它以鼻炎、鼻中隔偏曲、鼻甲骨萎缩和病猪生长迟缓为特征。传染性法氏囊病是由传染性法氏囊病病毒引起的鸡的一种急性接触性传染病。感染后第5天,法氏囊开始萎缩,到第8天后仅为正常值的1/3左右。法氏囊体积缩小,深灰色,变硬。

(二)病理变化

(1)眼观。体积缩小,边缘变薄,被膜起皱,重量减轻,颜色变深或呈褐色。

(2)镜检。实质细胞体积缩小或数目减少,胞浆(即细胞质溶胶,指细胞质中除细胞器和不溶性骨架以外的无色半透明无定形胶体物质,也称细胞基质)内可见脂褐素沉着,脂褐素为未被消化的、富含磷脂的、膜包被的细胞器残体。

(三)结局和对机体的影响

萎缩是一种可复性病理过程,当病因消除后,萎缩的组织、器官可恢复其形态和功能。但如病因不能及时消除,病变继续发展,则萎缩的细胞最后可死亡消失。

组织器官萎缩后,会导致其功能不同程度地降低。如果萎缩程度轻,一般可由其周围的健康组织代偿而无明显影响。如果发生在生命重要器官就可引起严重后果,如多头蚴寄生在羊的脑部时,可使羊产生严重的运动和感觉功能障碍。

五、化生

已分化成熟的组织细胞,为了适应生活环境的改变或理化刺激,在形态和机能上完全转化为另一种成熟组织细胞的过程称为化生。化生并非是由已分化成熟的细胞直接转化为另一种细胞,而是由该处具有多方向分化功能的未分化细胞分化而成。化生一般在同类组织范围内出现。

(一)化生的类型

1. 上皮组织化生

(1)鳞状上皮化生(鳞化)。气管和支气管黏膜的纤毛柱状上皮,在长期吸烟者或慢性炎症损害时,可转化为鳞状上皮。若其持续存在,则有可能成为支气管鳞状细胞癌的基础。鳞状上皮化生可增强局部的抵抗力,但同时也失去了原有上皮的功能。

(2)柱状上皮化生。常见于肠上皮化生(肠化),是指胃黏膜上皮细胞被肠型上皮细胞代替,即胃黏膜中出现类似小肠或大肠黏膜的上皮细胞,是胃黏膜常见病变,见于多种慢性胃病。肠上皮化生细胞来自胃固有腺体颈部未分化细胞,这部分细胞是增殖中心,具有向胃及肠上皮细胞分化的潜能。正常时,它不断分化成胃型上皮细胞,以补充衰老脱落的表面上皮;病理情况下,它可分化为肠型上皮细胞,形成肠化生。这种化生常见于胃体和(或)胃窦部。肠上皮化生常见于慢性萎缩性胃炎、胃溃疡及胃黏膜糜烂后黏膜再生时。

2. 间叶组织化生

多半由纤维结缔组织化生为骨、软骨组织。如骨化性肌炎时,由于外伤引起肢体近段皮下及肌肉内纤维组织增生,并发生骨化生。这是新生的结缔组织细胞转化为骨母细胞的结果。老年人的喉及支气管软骨可化生为骨。

(二)化生的意义

化生是局部组织在病理情况下的一种适应性表现,利弊兼有。如支气管黏膜的柱状上皮鳞化后能增强黏膜的抵抗力,使黏膜在不利的情况下仍能生存。但支气管黏膜的柱状上皮发生鳞化时,丧失了纤毛,黏膜的自净能力明显减弱,削弱了呼吸道的防御功能,使动物易受感染。有时化生的细胞可以发生恶性肿瘤。如化生的鳞状上皮，有时未能分化成熟，产生不典型增生，可进而发生恶变，发生浸润成为鳞状细胞癌。胃黏膜的肠上皮化生与胃癌的发生可能有密切关系。

任务二　细胞和组织的损伤

实训技能二　变性、坏死病变观察

能力目标

通过实训，掌握变性、坏死组织的眼观病变特点和坏死时细胞的形态变化，并明确不同类型坏死的病变特点。

实训准备

大体标本、幻灯片、挂图、病理组织片、图片、光学显微镜、投影仪等。

实训内容

(一)观察变性标本

1. 颗粒变性

发生颗粒变性的器官体积增大，重量增加，边缘钝圆，被膜紧张，切面隆突，边缘外翻，颜色变淡，呈灰白色或黄白色，器官组织混浊无光泽，如沸水烫过一样。常发于心、肝、肾、骨骼肌等器官的实质细胞。

肾颗粒变性：眼观肾体积增大，边缘钝圆，被膜紧张，易剥离，颜色变淡，严重时像被开水烫过一样呈灰白色，质地变软，易碎。剖开时切面外翻，皮质部与髓质部界限不清晰，组织纹理模糊(彩图 6-6)。

2. 空泡变性

多见于皮肤和黏膜的被覆上皮，最初只见病变部肿胀，肿胀严重时，细胞破裂，胞质内水分集聚在表皮的角质层下，向表面隆起，形成肉眼可见的水疱。肝、肾等器官发生空泡变性时，与颗粒变性难以区别。

3. 脂肪变性

(1)肝脂肪变性。肝体积增大，呈黄褐色或土黄色(彩图 6-7)，被膜紧张，边缘稍钝，质地脆弱易碎，组织结构模糊。切面有油腻感，若肝的淤血与脂肪变性同时发生，则肝切面暗红色的淤血部分与黄褐色的脂变部分互相交错，形成红黄相间的类似槟榔切面的花纹，称为“槟榔肝”(彩图 6-8)。

(2)心肌脂肪变性。在严重贫血、中毒、感染(如恶性口蹄疫)及慢性心力衰竭时，心肌可发生脂肪变性。脂肪变性的心肌呈灰黄色或土黄色，质地变软，切面干燥，组织纹理较模糊。有时,在心外膜下、心室乳头肌及肉柱部位小静脉周围的心肌纤维发生脂肪变性时,呈土黄色斑点或条纹状,与正常的心肌交杂,形成红黄相间的虎皮样斑纹,称为“虎斑心”(彩图 6-9)。

(二)观察变性病理组织切片

1. 颗粒变性

颗粒变性时胞质内水分增多,故细胞体积增大。胞核有时染色变淡,并常被颗粒物掩盖而不清晰。胞质疏松、淡染,胞质内出现大量微细的淡红色颗粒。

(1)肾颗粒变性。肾小管上皮细胞肿大,突入管腔,边缘不整齐,胞质混浊,充满淡红色颗粒,有的细胞核模糊不清,肾小管管腔狭窄或闭锁(彩图 6-10,图 6-1)。

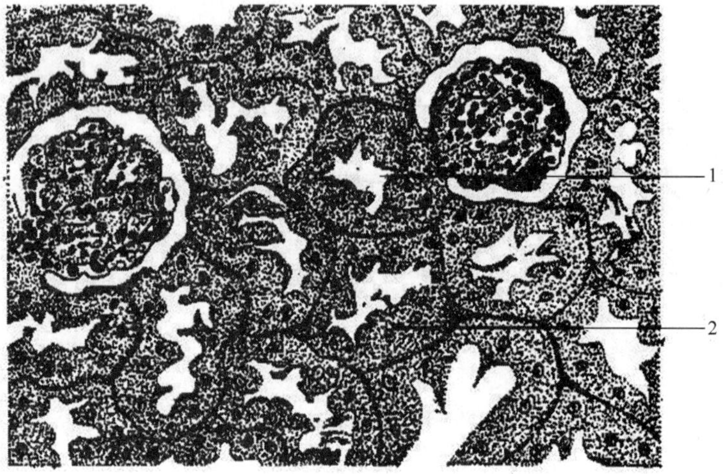

图 6-1 肾小管上皮细胞颗粒变性

1. 肾小管管腔狭小,呈星芒状 2. 肾小管上皮细胞肿胀,胞浆内出现较粗的蛋白性颗粒

(2)心脏颗粒变性。心肌纤维肿胀变粗,横纹消失,肌原纤维不清楚,在肌纤维之间出现微细的蛋白质性颗粒。

(3)肝颗粒变性。肝细胞肿大,胞质内充满淡红色的颗粒状物,胞核常被颗粒掩盖而不清楚,肝细胞索增粗,肝窦受压闭锁(彩图 6-11)。

2. 空泡变性

空泡变性细胞的体积增大,胞质内含有大小不一、形态不规则的空泡,小空泡可融合成较大空泡,大空泡甚至充盈整个细胞,细胞质原有结构破坏,使细胞呈气球样肿胀,所以又称为气球样变。

肝空泡变性:低倍镜下肝细胞排列紊乱,红色着染不均,肝窦贫血、狭窄,甚至闭锁,高倍镜下胞质淡染且出现许多大小不一的空泡,呈蜂窝状,细胞核肿大、淡染(彩图 6-12)。

3. 脂肪变性(肝)

变性的肝细胞胞质内出现大小不一的空泡,随着病变发展,脂肪小滴可融合成大脂滴,光镜下可见大的空泡,细胞核被挤于一侧或消失(彩图 6-13)。脂肪变性在肝小叶内的分布可呈区域性,也可呈弥漫性,如中毒时肝小叶周边细胞先发生脂肪变性;而缺氧时,肝小叶中心的细胞先发生脂肪变性(彩图 6-14)。严重中毒或感染时,各肝小叶的肝细胞可普遍发生重度脂肪变性(图 6-2)。

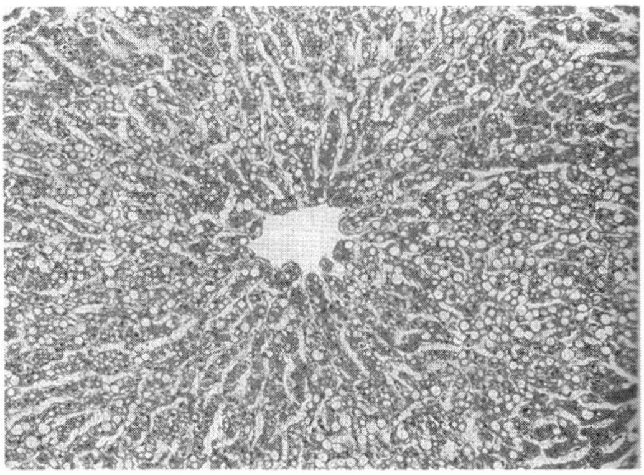

图 6-2　肝脂肪变性

(三)观察坏死标本

1. 肾贫血性梗死

坏死区呈灰白色、干燥,早期肿胀、稍突出于脏器表面,与周围正常组织界限清楚,切面呈楔形或三角形。

2. 肺干酪样坏死(肺结核)

在肺切面上,有些部位的肺组织失去原有的结构。肺组织内有灰黄色干酪样均质外观的凝固物,此即为肺的干酪样坏死。坏死灶周围可见结缔组织形成包囊(彩图 6-15)。

3. 骨骼肌坏死(白肌病)

弥漫性受侵时,病变部肌肉呈灰红色或灰白色,鱼肉样;局灶性受侵时,肌群内病变的肌肉呈清晰可见的灰白色条纹状或斑块状。肌肉失去光泽,干燥,常发生钙化,有时可见到出血点或出血斑。

4. 脂肪组织坏死

脂肪组织坏死后失去其柔软、油腻特性,因钙化而呈灰白色凝固的石灰样物。轻者在脂肪组织内有形状不一的白垩状斑点。严重者如牛、羊腹腔脂肪自发性硬化时,大片的脂肪变成乳白色硬板状。

5. 肝液化性坏死(肝脓肿)

脓肿为局限性化脓性炎,主要由金黄色葡萄球菌感染引起,病变组织的主要特征是发生溶解坏死。肝组织坏死后液化溶解形成脓液。肝切开后,液化性坏死物质往往容易流出,而使肝呈空腔状。

6. 脑的液化性坏死(脑软化)

坏死部位可见到黄白色的乳汁状液体,由于液化可在病变部位看到不规则的空洞。

7. 皮肤干性坏疽

坏死部与正常皮肤分界清楚,交界处常见脓样物或充血。坏死的皮肤呈黑褐色、黑色,硬如皮革(彩图 6-16)。末梢部位发生干性坏疽后可自然脱落,躯体部皮肤坏疽后则因皮下结缔组织增生而附着相当牢固,强力撕脱后则出现易出血的肉芽面。

8. 肠道坏死

肠道异物(彩图 6-17、彩图 6-18)、肠扭转(彩图 6-19)、肠套叠或腹股沟疝时(彩图 6-20),可见肠管肿胀、淤血、腐败坏死,甚至穿孔。

9. 子宫坏死

死胎没有及时排出,子宫壁淤血、腐败,呈紫黑色,可导致子宫破裂,流出绿色的胎粪(彩图 6-21)。

10. 肌肉气性坏疽(牛气肿疽)

肌肉丰满部(如腰、臀、股部)发生气性肿胀,触之有捻发音,肌肉切开呈多孔海绵状,有暗紫色出血斑,挤压流出红黄色带气泡液体。

(四)观察坏死组织病理切片

1. 肺结核

见肺内坏死灶,灶内坏死组织肺泡上皮细胞的细胞核溶解消失,或残留部分碎片,胞浆崩解融合成为一片红色的无结构的颗粒状物,坏死灶周围可见炎症反应带,可见上皮样细胞增生和炎性细胞浸润(彩图 6-22 至彩图 6-24)。

2. 肝坏死

坏死灶内肝细胞索状结构消失,肝细胞的细胞核溶解消失,或残留部分碎片,胞浆崩解融合成为一片红色的无结构的颗粒状物,坏死灶周围可见炎症反应带,炎性细胞浸润(彩图 6-25、彩图 6-26)。

思考题

1. 如何鉴别脂肪变性与空泡变性?
2. 诊断组织坏死的主要根据是什么?
3. 简述坏死的类型及常发器官和结局。
4. 坏死与坏疽有何不同?为何干性坏疽多发于四肢末端?

实训技能报告单

1. 描述所观察的病理标本的病变名称及病变特点。
2. 绘出肾颗粒变性、肝脂肪变性、肺结核的镜检病变。
3. 绘出坏死时细胞核的变化。

◆ 相关知识

相关知识二　细胞和组织的损伤

一、变性

变性是指由于物质代谢障碍,在细胞内或细胞间质出现某些异常物质或正常物质蓄积过多的病理现象。变性是组织、细胞对各种损伤所产生的最基本的,也是最常见的一种应答反应,是组织、细胞的机能和物质代谢障碍在形态学上的反映。变性可大致分为两大类:细胞含水量异常和细胞及间质内物质的异常沉着。常见的细胞变性有细胞肿胀、脂肪变性及玻璃样变性等,间质变性有玻璃样变性、淀粉样变性、黏液样变性及纤维素样变性等。变性的细胞或组织仍保持着生活能力,但功能降低,病因消除之后,细胞组织的结构和功能可以恢复正常状态。但严重的变性可发展为坏死。

(一)细胞肿胀

细胞肿胀是指细胞内水分增多,胞体增大,胞浆内出现微细的嗜伊红蛋白颗粒或大小不等的空泡，多发生于代谢旺盛的肝细胞、肾小管上皮细胞和心肌细胞，也可见于皮肤和黏膜的被覆上皮细胞。

1. 机理

由于致病因素的作用，细胞膜损伤，导致细胞膜通透性增高，细胞内钠、水增多；致病因子也可破坏细胞内线粒体的氧化酶系统，导致三羧酸循环和氧化磷酸化发生障碍，ATP 生成减少，能量不足，使细胞膜的钠泵功能失常，细胞内 Na^+ 不能被泵出细胞外，使得细胞内渗透压升高，造成细胞内钠、水积聚，导致细胞肿胀；大量的水分进入细胞内，使线粒体等细胞器吸水膨胀；在严重变性的细胞内，大分子的血浆蛋白也可进入细胞中，形成光学显微镜下的红染颗粒。

2. 类型

细胞肿胀是一种常见的轻度的细胞变性。根据不同的病变特点可以分为颗粒变性和空泡变性。空泡变性与颗粒变性常同时出现，在形态上也无明显界限，其发病机理基本相同，是一个病理过程的不同发展阶段，所以有人将颗粒变性和水疱变性合称为“细胞肿胀”。

(1)颗粒变性。颗粒变性是一种最常见的轻微的细胞变性。它的主要特征是变性细胞的体积肿大，胞质内出现蛋白质性颗粒，故称颗粒变性。由于变性的器官和细胞肿胀混浊，失去原有光泽，也称混浊肿胀，简称浊肿。又因为这种变性主要发生于心、肝、肾等实质器官，又称为实质变性。

①原因。颗粒变性最常见于一些急性病理过程，如急性感染、发热、缺氧、中毒、过敏等。

②病理变化。眼观，病变器官体积肿大，被膜紧张，切面隆起，边缘外翻，色泽苍白、混浊无光泽，似被沸水烫过一样，质地脆弱易碎。光学显微镜下，可见细胞肿大，细胞质内出现多量细小的淡红色颗粒。

③结局和对机体的影响。颗粒变性是一种轻微的变性，一般病因消除后都能恢复正常。如果病变继续发展，则可进一步发生空泡变性或脂肪变性，甚至细胞坏死。颗粒变性的器官组织，其生理功能降低，如心肌颗粒变性，使心肌收缩力减弱；肾颗粒变性，使肾小管细胞重吸收功能降低，出现蛋白尿。

(2)空泡变性。空泡变性是指细胞内水分增多，在胞质或胞核内形成大小不等的空泡，使整个细胞呈蜂窝状结构。

①原因。空泡变性多发生于烧伤、冻伤、口蹄疫、痘疹、猪传染性水疱病以及中毒等急性病理过程，又称水泡变性。

②病理变化。轻度的空泡变性肉眼常常不易辨认，多在显微镜下才能发现。只有当皮肤和黏膜产生严重的空泡变性时，由于变性的细胞极度肿大，破裂，胞浆内的水滴聚于角质层下，即形成肉眼可见的水疱。光学显微镜下，变性的细胞肿大，胞浆内含有大小不等的空泡，空泡之间由残留的胞浆分隔，所以呈蜂窝状或网状外观。进一步发展小空泡相互融合成大空泡，甚至整个细胞被空泡充盈，胞浆的原有结构完全破坏，胞核悬浮于细胞中央。严重的空泡变性时，细胞显著肿大，胞浆空白，形如气球，因此又有气球样变之称。

③结局和对机体的影响。发生空泡变性的器官组织，其生理功能发生不同程度的障碍。变性严重的细胞，细胞核也发生空泡变性，整个细胞可崩解死亡；变性轻微的，随着病因的消除可以恢复其生理功能。

(二)脂肪变性

脂肪变性是指变性细胞的胞质内出现大小不等的游离脂肪滴，简称脂变，是细胞内脂肪代谢障碍时的形态表现。

在正常细胞结构中,脂滴是一种正常细胞内含物,还有一些脂类与蛋白质结合形成脂蛋白存在于细胞质中。脂滴以极小的微粒散布于细胞质中,在正常情况下用光学显微镜看不见,只有在电镜下方可见到。在病理情况下,脂肪代谢发生障碍,细胞质内大量脂类积聚。脂肪滴较多为中性脂肪(甘油三酯),也可能是磷脂及胆固醇等类脂质,或为二者的混合物。在石蜡切片中,中性脂肪被二甲苯、乙醇等溶解而呈圆形空泡状。为了与空泡变性的空泡区别,可做脂肪染色。脂肪染色的常用方法是用一些能溶解于中性脂肪的染料,如苏丹红Ⅲ、锇酸、油红O等来染冰冻切片,脂肪被苏丹红Ⅲ染成橘红色,被锇酸染成黑色,被油红O染成红色或橘红色。

脂肪变性多发生于代谢旺盛耗氧多的器官,如心脏、肝、肾,其中尤以肝脂肪变性最为常见。

1. 原因

急性感染、中毒、缺氧、饥饿或某些营养物质缺乏等是引起脂肪变性的原因。

2. 机理

不同原因引起脂肪变性的机理各不相同,但都有一个共同点,就是干扰或破坏脂肪的代谢。由于肝是脂肪代谢的重要场所,以及脂肪变性多见于肝。现以肝为例来对脂肪变性的机理加以说明。肝是脂肪代谢的枢纽,它既可利用碳水化合物合成脂肪酸,又可通过门静脉吸收脂肪酸,只有小部分脂肪酸在肝内作为能源利用,大部分脂肪酸以酯的形式与蛋白质结合,形成不同类型的脂蛋白,输入血液,或供其他组织利用,或运入脂库贮存。上述脂肪代谢的任何一个环节发生障碍,都可引起肝细胞的脂肪变性。其发生机理可以归纳为以下几点:

(1)脂蛋白合成发生障碍。常见于合成脂蛋白所必需的磷脂或组成磷脂的胆碱等物质缺乏,或由于缺氧、中毒破坏内质网结构或抑制某些酶的活性而使脂蛋白及组成脂蛋白的磷脂、蛋白质的合成发生障碍,肝不能将脂肪运送出去,从而使脂肪在肝细胞内蓄积。

(2)中性脂肪合成过多。常见于某些饥饿状态或发生糖尿病时对糖的利用发生障碍,而从体内脂库动用大量脂肪,或食物中脂肪过多,大部分以脂肪酸的形式进入肝,肝细胞内合成的甘油三酯剧增,超过了肝细胞将其氧化和酯化合成脂蛋白输送出去的能力,脂肪即在肝细胞内蓄积。

(3)结构脂肪破坏。见于感染、中毒和缺氧,此时细胞结构破坏,细胞的结构脂蛋白崩解,脂肪析出形成脂肪滴。

(4)脂肪酸的氧化发生障碍。如中毒、缺氧时,催化脂肪氧化的酶受抑制,肝细胞内脂肪酸的氧化过程发生障碍,导致脂肪在细胞内蓄积。

3. 病理变化

眼观,轻度脂肪变性时,病变器官的变化常不明显,仅见器官稍显黄色。随着病变的加重,脂肪变性的器官体积肿大,被膜紧张,边缘钝圆,呈黄褐色或土黄色,质地松软、脆弱、易碎,切面结构模糊不清,有油腻感。肝发生脂肪变性时,若伴发淤血,则肝切面由暗红色的淤血部分和黄褐色的脂肪变性部分相互交织,形成红黄相间类似槟榔切面的花纹,称作“槟榔肝”。心脏发生脂肪变性时,在心外膜下和心室乳头肌及肉柱的静脉血管周围,脂肪变性心肌呈黄色,正常的心肌呈暗红色,形成黄红相间的虎皮状斑纹,故有“虎斑心”之称。光学显微镜下,HE染色切片由于在制片过程中脂肪滴被有机溶剂(乙醇、二甲苯)溶解,表现为大小不等的圆形空泡,大者可充满整个细胞而将细胞核挤压于一侧。冰冻切片可保存脂质,苏丹红Ⅲ染料可将脂肪染成橘红色，锇酸可将其染成黑色。

4. 结局和对机体的影响

脂肪变性也是一种可复性的病理过程，当病因消除，损伤细胞的功能和结构仍可恢复正常。脂肪变性对机体的影响由其发生的脏器来决定，如发生于肝，可使肝糖原的合成和解毒功能降低；发生于肾，可使机体的排泄功能发生障碍；发生于心肌，可使心肌收缩功能减退，引起心力衰竭。

（三）玻璃样变性

玻璃样变性又称透明变性，是指在细胞质、血管壁和纤维结缔组织内出现一种均质、无结构的蛋白质性物质，即透明蛋白或透明素，可被伊红或酸性复红染成鲜红色。透明变性包括多种性质不同的病变，它们只是在形态上出现相似的均质、玻璃样物质，而其原因、发生机理和玻璃样物质的化学性质都是不同的。常见的有以下三种：

1. 纤维结缔组织玻璃样变性

常见于慢性炎症、瘢痕组织、纤维化的肾小球、动脉粥样硬化的纤维性斑块和硬性纤维瘤等。眼观病变组织呈灰白色、半透明状，质地坚韧，缺乏弹性。光学显微镜下可见增生的胶原纤维肿胀增粗，融合形成梁状、带状或片状、均匀红染的半透明状物质，其间少有纤维细胞和血管。其发生机理尚不清楚。

2. 血管壁玻璃样变性

常见于高血压时肾、脑、脾和视网膜等处的细小动脉壁，因有血浆蛋白渗入而使管壁变厚、管腔狭窄，甚至闭塞。玻璃样变的细小动脉壁弹性减弱，脆性增加，易继发扩张、破裂和出血。

3. 细胞内玻璃样变性

指蓄积于细胞内的异常蛋白质形成均质、红染的近圆形小体，通常位于细胞质内。例如，慢性肾小球肾炎时肾小管上皮细胞内的玻璃样小滴（蛋白尿时由原尿中重吸收的蛋白质形成）、浆细胞细胞质中的 Russell 小体（蓄积的免疫球蛋白）和酒精性肝病时肝细胞细胞质中的 Mallory 小体。

（四）淀粉样变性

淀粉样变性是指在细胞间质，特别是在小血管基底膜出现淀粉样蛋白-黏多糖复合物沉淀，称为淀粉样变性。HE 染色其镜下特点为呈淡红色、均质状物，显示淀粉样显色反应：刚果红染色为橘红色，遇碘则为棕褐色，再加稀硫酸又变成蓝色或紫色。这种变色反应与淀粉遇碘时的反应相似，所以传统称之为淀粉样物质，其实和淀粉并无关系。常发生于脾、肝、肾及淋巴结等器官。早期病变，眼观不易辨认，在光学显微镜下才能发现。淀粉样变性的原因和发生机理还不完全清楚，总的来说是蛋白质代谢障碍的一种产物，与全身免疫反应有关。

轻度淀粉样变性一般是可以恢复的，重症淀粉样变性不易恢复。发生淀粉样变性的器官由于实质细胞受损和结构破坏均发生机能障碍。

（五）黏液样变性

黏液样变性是指细胞间质内出现类黏液（黏多糖和蛋白质）的积蓄。常见于间叶组织肿瘤、急性风湿病时的心血管壁、动脉粥样硬化的主动脉壁和营养不良时的骨髓与脂肪组织等。眼观,病变组织呈灰白色、半透明胶状。在光学显微镜下,可见病变处间质变疏松,充满淡蓝色的胶性液体,其中散在一些多角形的星芒状纤维细胞。甲状腺功能低下时,透明质酸酶活性受抑制,含有透明质酸的黏液样物质及水分在皮肤及皮下蓄积形成黏液性水肿。在病因消除后,黏液样变性可吸收消散。但若病因长期存在,则可引起纤维组织增生而硬化。

(六)纤维素样变性

纤维素样变性是指间质胶原纤维及小血管壁的一种变性。其病变特点是发生变性的胶原纤维可断裂、崩解,变为一堆边界不清晰的颗粒状、小条或团块状无结构的物质,呈强嗜酸性红染,类似纤维素,因此称纤维素样变性。

纤维素样变性主要见于变态反应性疾病,其发生可能是抗原-抗体反应形成的活性物质使局部胶原纤维崩解;此外,小血管壁损伤而通透性增高,以致血浆渗出,其中的纤维蛋白原可转变为纤维蛋白沉着于病变部,形成纤维素样物质。

二、细胞死亡

(一)坏死

在致病因素的作用下,活体内局部组织细胞的死亡,称为坏死。坏死有时只发生于部分组织和个别细胞,但有时可累及器官的一部分或整个肢体。坏死的局部组织、细胞内的物质代谢完全停止,其功能完全丧失,所以坏死是一种不可逆的病理变化。坏死的发生除少数是由强烈致病因子(如强酸、强碱)作用而造成组织的急骤死亡外,大多数坏死是在萎缩、变性的基础上发展起来的,是一个由量变到质变的发展过程,故称为渐进性坏死。

1. 坏死的原因和机理

引起组织、细胞坏死的原因种类很多,任何致病因素只要其损伤作用达到一定强度或持续相当的时间,就能使细胞、组织代谢完全停止,引起坏死。局部缺血缺氧可导致细胞物质代谢障碍而死亡;机械性创伤引起细胞损伤;物理因素中高温可使细胞蛋白质变性凝固,低温可使细胞内水分结冰,破坏细胞质的胶体结构;强酸、强碱等化学因素可使细胞蛋白质及酶的性质发生改变;微生物或寄生虫及其毒素直接破坏细胞酶系统而引起细胞死亡。神经营养机能障碍可引起相应部位的组织细胞因缺乏神经的兴奋性冲动而萎缩、变性和坏死;免疫损伤也可引起坏死。

2. 坏死的病理变化

(1)坏死的眼观病理变化。坏死的病理变化多种多样,坏死范围也大小不一。有的坏死仅仅波及少数几个细胞,只有在光镜下才能看见。肉眼可见的坏死灶或坏死部位,可由针尖大、粟粒大到器官的一大部分。一般来说,坏死组织失去正常光泽或变为苍白色,混浊,失去正常组织的结构和弹性,捏起组织回缩不良,切割无血液流出,感觉及运动功能消失。在坏死发生2～3 d及以后,坏死组织周围出现一条明显的分界性炎性反应带。

(2)坏死的镜检病理变化。坏死的镜检病理变化表现为细胞核、细胞质及间质的改变。细胞核的变化是细胞坏死的主要标志。细胞死亡的组织学特征变化表现为:

动画 6-1　坏死的病理变化
（眼观病理变化）

动画 6-2　坏死的病理变化
（镜检病理变化）

①细胞核的变化（图 6-3）。

图 6-3　细胞核损伤模式图

1. 正常细胞　2. 核浓缩　3. 核碎裂　4. 核溶解

核浓缩：染色质浓缩，核体积缩小，染色加深。

核碎裂：染色质崩解成碎片，先堆积于核膜下，以后随核膜破裂而分散在胞质中。

核溶解：核染色变淡，进而仅见核的轮廓或残存的核影，最后完全消失。

②细胞质的变化。胞质内的微细结构破坏，呈红染的颗粒状或均质状，最后细胞膜破裂，整个细胞轮廓消失。如果胞质内水分较多，则胞质液化或空泡化以至溶解，以后细胞完全溶解消失。

③间质的变化。间质结缔组织基质解聚，胶原纤维肿胀、崩解、断裂和液化，最后坏死的细胞核、细胞质和间质融合起来，失去原有的结构，形成一片颗粒状或均质无结构的物质，被伊红染成深红色。

3. 坏死的类型

根据坏死的原因和形态变化可将坏死分为以下几种类型。

（1）凝固性坏死。凝固性坏死是指组织坏死后，在蛋白凝固酶的作用下，坏死组织发生凝固。眼观坏死组织呈灰白或灰黄色，无光泽，质地干燥坚实，坏死区界限清楚，周围有暗红色的充血和出血带。镜检时组织结构的轮廓尚存，如肾贫血性梗死时，肾小球和肾小管的形态仍然隐约可见，但实质细胞的结构已破坏消失。坏死细胞的核完全溶解消失，或有部分碎片残留，细胞质崩解融合成为一片淡红色均匀无结构的颗粒状物。临床上常见的凝固性坏死表现如下：

①贫血性梗死。常发于肾、脾等器官的一种典型的凝固性坏死。

②干酪样坏死。由结核分枝杆菌引起的一种特殊类型的凝固性坏死，坏死组织除凝固的蛋白质外，还含有多量来自结核分枝杆菌的脂类物质，坏死灶呈灰白色或黄白色的无结构物质，质较松软易碎，似干酪或豆腐渣，故名干酪样坏死。

③蜡样坏死。发生在肌肉组织的一种凝固性坏死。眼观坏死的肌肉组织混浊、无光泽、干燥而坚实，呈灰黄或灰白色，如同石蜡一样，故称蜡样坏死。这种坏死常见于动物的白肌病。

镜检见肌纤维肿胀、断裂、横纹消失,成为均质无结构的红染物。

④脂肪坏死。指脂肪组织的一种分解、坏死性变化,也是一种凝固性坏死。常见的有胰性脂肪坏死和营养性脂肪坏死。胰性脂肪坏死常见于胰腺炎或胰腺导管损伤时,胰腺破坏,胰脂酶、蛋白酶等逸出并被激活,使胰腺周围及腹腔中脂肪组织坏死。眼观坏死的脂肪组织呈不透明的白色斑块或结节状。营养性脂肪坏死多见于因慢性消耗性疾病而呈恶病质状态的动物,脂肪坏死为全身性,尤其是腹部(肠系膜、网膜与肾周围)脂肪。眼观脂肪组织弥散很小的白色小点,以后逐渐增大为白色坚硬的结节或斑块,并可互相融合;有些时间较长的坏死灶周围有结缔组织包囊形成。

(2)液化性坏死。液化性坏死是坏死组织受蛋白酶的作用,迅速溶解成液体状。主要发生于富有蛋白酶(如胃肠道及胰腺)或含磷脂和水分多而蛋白质较少的组织(如脑),以及有大量中性粒细胞浸润的化脓性炎灶。例如,脓肿中有大量中性粒细胞渗出,崩解后释出蛋白酶,将坏死组织迅速分解成液体,其与渗出液、细菌等组成脓汁。脑组织的坏死常为液化性坏死,因为脑组织蛋白质含量少,不易凝固,而磷脂及水分多,容易分解液化,故常把脑组织的坏死称为脑软化。

(3)坏疽。坏疽是组织坏死后受到外界环境的影响或继发感染腐败菌所引起的一种特殊坏死。常发生于体表及与外界相通的内脏,如肺、肠和子宫等。坏疽外观呈灰褐色或黑色。这是腐败菌分解坏死组织产生的硫化氢与血红蛋白分解所产生的铁结合,形成黑色硫化铁的结果。根据坏疽的原因和病理变化可以分为三种类型。

①干性坏疽。多发生于体表,尤其是四肢末端、耳壳和尾尖(彩图 6-3)。坏疽部干燥、变硬、皱缩,呈褐色或黑色。坏死区与健康组织之间有炎性反应带分隔,故边界清楚。动物中常见的干性坏疽有慢性猪丹毒的皮肤坏疽和猪蓝耳病所致的耳壳皮肤坏疽。

②湿性坏疽。坏死组织继发腐败细菌感染,引起腐败分解所致,多见于肠扭转、肠套叠、异物性肺炎及产后子宫内膜炎等。湿性坏疽的组织柔软、崩解,呈污灰色、暗绿色或黑色的糊粥状,有恶臭。坏疽区与健康组织之间的分界不明显。

③气性坏疽。湿性坏疽的一种特殊形式,主要见于感染了厌氧产气菌的严重深部创伤。细菌在分解坏死组织的过程中,产生大量气体,使坏死组织变成蜂窝状,呈污秽的暗棕黑色,用手指按压有捻发音;切开时流出多量有酸臭气味并带有气泡的混浊液体。

上述坏死的类型,不是固定不变的,随着机体抵抗力、坏死发生原因和条件等的改变,坏死的病理变化在一定条件下也可互相转化。例如凝固性坏死如果继发化脓细菌感染,可以转变为液化性坏死。

4. 坏死的结局和对机体的影响

坏死组织本身已不能恢复,功能也完全丧失,成为机体的异物,和其他异物一样刺激机体发生防御反应,机体对坏死组织通过多种方式进行清除。依不同的情况可有以下结局。

(1)反应性炎症。因坏死组织分解产物的刺激作用,在坏死区与周围活组织之间发生反应性炎症,表现为血管充血、浆液渗出和白细胞游出。眼观坏死局部的周围呈现红色带,称为分界性炎。

(2)腐离脱落。由于分界性炎,白细胞可吞噬坏死的组织碎片,并释放蛋白酶,使坏死区周围发生脓性溶解,坏死物和周围健康组织分离脱落。皮肤或黏膜的坏死脱落后,局部留下缺损,浅的缺损叫糜烂,深的称为溃疡。肺组织的坏死液化后可经气管排出,局部留下的较大空腔，称为空洞。

(3)溶解吸收。小范围的坏死灶，被来自坏死组织本身或中性粒细胞释放的蛋白酶分解、液化，随后被淋巴管、血管吸收，不能吸收的碎片由巨噬细胞吞噬和消化。

(4)机化和包囊形成。机体在疾病过程中所出现的各种病理产物或异物(如渗出物、血栓、坏死组织、寄生虫、缝线等)，被周围新生的毛细血管和成纤维细胞组成的肉芽组织逐渐长入并取代，最后形成瘢痕。这种由肉芽组织取代各种病理产物或异物的过程称为机化。如果病理产物或异物太大，肉芽组织难以长入并吸收，则由周围增生的肉芽组织将其包裹限制，称包囊形成。脑组织坏死后，机化不是由肉芽组织完成的，而是由神经胶质细胞来完成的。

机化与包囊的形成可以消除或限制各种病理性产物或异物的致病作用，是机体抗御疾病的重要手段之一。但机化能造成永久性病理状态，故在一定条件下或在某些部位，会给机体带来严重的不良后果。如心肌梗死后形成瘢痕，伴有心脏功能障碍；心瓣膜赘生物机化可导致心瓣膜增厚、粘连、变形，造成瓣膜口狭窄或闭锁不全，严重影响瓣膜功能；浆膜面纤维素性渗出物机化，可使浆膜增厚、不平，形成一层灰白、半透明绒毛状或斑块状的结缔组织，有时造成内脏之间或内脏与胸、腹膜间的结缔组织性粘连；肺泡内纤维素性渗出物发生机化，肺组织形成红褐色质地如肉的组织，称为肺的肉质变，使肺组织呼吸功能丧失。

(5)钙化。坏死组织发生钙盐沉着称为钙化。凝固性坏死物如结核病的坏死灶及寄生虫的寄生均易发生钙化。

因组织坏死发生的部位和范围不同，产生的影响也有所差异。组织坏死脱落后留下的缺损可通过周围健康组织的再生而得到修复。心脏和脑坏死，常导致动物死亡；一般器官小范围的坏死，可通过机能代偿而不产生严重影响。坏死组织的自溶产物被吸收后可导致机体自身中毒。

(二)凋亡

凋亡指在生理或病理状态下，活体内单个细胞发生的、由基因调控的、主动而有序的死亡过程，也称程序性细胞死亡。

细胞凋亡与坏死是两种截然不同的细胞学现象。细胞凋亡是细胞自我破坏的主动过程。细胞凋亡过程中，细胞膜反折，包裹断裂的染色质片段或某些细胞器，然后逐渐分离，形成众多的凋亡小体，凋亡小体则被附近的细胞(单核巨噬细胞或实质细胞)所吞噬。在整个过程中，细胞膜的整合性保持良好，死亡细胞的内容物不会逸散到胞外环境中去，因而不引发炎性反应。而在细胞坏死时，细胞膜发生渗漏，细胞内容物，包括膨大、破碎的细胞器及染色质片段释放到胞外环境中，发生炎性反应。

细胞凋亡对多细胞生物个体发育的正常进行、自稳平衡的保持以及抵御外界各种不良因素的干扰都起着非常重要的作用。如细胞能适时凋亡，有机体可以清除不再需要的细胞，而不引起炎性反应。但若细胞凋亡的机制失调，包括不恰当的激活或抑制，则将导致疾病发生(如各种肿瘤病、病毒病以及自身免疫性疾病等)。近年来，随着分子生物学、细胞生物学、免疫学和肿瘤学的深入研究，人们对细胞凋亡的理论和实际意义有了更深的理解，对其机制已经有了比较清晰的认识，但有些细节仍需进一步证明和阐释；细胞凋亡与疾病关系的研究也有很大进展，很多研究成果为防治肿瘤和自身免疫性疾病拓宽了思路，为人类攻克某些重大疾病提供了可靠的依据。

三、病理性物质沉着

(一)病理性钙化

除骨和牙齿外,在机体的其他组织发生钙盐沉着的现象,称为病理性钙化。沉着的钙盐主要是磷酸钙,其次是碳酸钙。眼观,为灰白色,颗粒状或团块状,坚硬,触之有沙粒感或硬石感。光镜下,在HE染色时,钙盐呈蓝色颗粒状、片块状。病理性钙化可分为营养不良性钙化和转移性钙化两类,前者多见,后者少见。

1. 营养不良性钙化

营养不良性钙化主要发生在局部组织变性坏死的基础上,由于局部组织的理化环境改变而促使血中钙、磷离子发生沉积和析出所致。因无全身钙、磷代谢障碍,故血钙浓度不升高。在营养不良性钙化中,钙盐常沉积在结核病坏死灶、鼻疽结节、脂肪坏死灶、梗死、干涸的脓液、血栓、细菌团块、死亡寄生虫(如棘球虫蚴、囊尾蚴、旋毛虫等)与虫卵(如血吸虫卵)以及其他异物等病理产物中。

2. 转移性钙化

转移性钙化是由于全身钙、磷代谢障碍,血钙浓度升高,钙盐沉积于机体多处健康组织中。主要见于甲状腺功能亢进、骨肿瘤破坏骨组织或维生素D摄入过多等,常在肾小管、胃黏膜和肺泡等处沉积。

少量的钙化,有时可被溶解吸收,如鼻疽结节和寄生虫结节。若钙化灶较大或钙化物较多时,则难以溶解吸收而成为机体内长期存在的异物,可刺激周围结缔组织增生,将其包裹。一般来说,营养不良性钙化是机体的一种防御适应性反应,可使病变局限化,固定和杀灭病原微生物,消除其致病作用;但钙化严重时造成组织器官硬化、功能降低。如胆管寄生虫损害的钙化,可导致胆道狭窄。转移性钙化常给机体带来不良影响,例如,血管壁发生钙化时,血管壁失去弹性,变脆,容易破裂出血。

(二)尿酸盐沉着(痛风)

尿酸盐沉着即痛风,是体内嘌呤代谢紊乱导致血液中尿酸浓度升高,并以尿酸盐的形式沉着于体内一些器官、组织而引起的疾病。痛风可发生于人类及多种动物,但以家禽尤其是鸡最为常见。

1. 病因和发生机理

痛风发生的原因和机理很复杂,目前尚不十分清楚,一般认为与饲料中核蛋白含量过高、饲养管理不当、中毒以及病原体感染等有密切联系,其中之一或多种因素综合作用均可引起该病发生。

(1)核蛋白。核蛋白是由核酸和蛋白质组成的一种结合蛋白,在水解时能产生蛋白质和核酸,其又可分解为磷酸和核苷。核苷在核苷酶作用下,分解为戊糖、嘌呤和嘧啶类碱性化合物。嘌呤类化合物在体内进一步氧化为次黄嘌呤和黄嘌呤,后者再形成尿酸。但和其他动物不同的是,禽类不仅可将嘌呤分解为尿酸,而且还可用蛋白质代谢中产生的氨合成尿酸,体内缺乏精氨酸酶,故不能经鸟氨酸循环生成尿素,随尿排出,而只能生成尿酸。在一般情况下,机体的血液只能耐受一定限度的尿酸和尿酸盐,当其含量过多又不能排出体外时,便沉积在内脏器官或关节内而导致痛风。因此，禽类更容易发生痛风。

(2)维生素 A 缺乏。饲料中维生素 A 缺乏时，除食管与眼睑黏膜上皮常发生角化甚至脱落外，肾小管、输尿管上皮也会出现病变，致使尿路受阻。此时，一方面尿酸和尿酸盐排出障碍；另一方面因肾组织细胞发生坏死，核蛋白大量分解并产生大量尿酸，使血液中尿酸的浓度随之升高。所以，鸡尤其是幼鸡维生素 A 缺乏时，肾小管与输尿管等常有尿酸盐沉着。

(3)中毒性因素。如长期大量服用磺胺类药物、抗生素、食盐、硫酸钠、碳酸氢钠等，造成肾的损害。肾损伤后，尿酸排出障碍，肾组织细胞破坏而产生较多核蛋白，使尿酸生成增多，结果血中尿酸盐的浓度增加，进而引起痛风。

(4)传染性疾病方面的因素。许多传染病，如传染性法氏囊炎、肾型传染性支气管炎、传染性喉气管炎、包含体肝炎、单核细胞增多症、产蛋下降综合征、淋巴细胞性白血病、鸡白痢、大肠杆菌病、传染性盲肠肝炎等疾病，均可引起家禽肾的损害，故常引起家禽的痛风。此外，日粮配合不当、缺水、长途运输、运动不足、严寒等饲养管理方面的因素和遗传因素在痛风的发生上也起一定的作用。

2. 病理变化

根据尿酸盐沉着的部位，可分为内脏型和关节型，有时两型可同时发生。

(1)内脏型。鸡最常见于剖检时，在胸、腹腔和心脏的浆膜面上有白色粉末状尿酸盐沉着，病变严重时，心、肝、脾、肾和肠系膜表面可完全被白色尿酸盐所覆盖。肾肿大，色淡，切面上可见白色尿酸盐小点和小条。输尿管扩张，管腔内含有石灰样沉淀物。尿酸盐易溶于水，所以福尔马林固定的 HE 染色切片中，尿酸盐结晶的形态不能显示，但沉着部位的组织坏死、结缔组织增生、巨细胞和其他炎症细胞等变化均可很好着染。如欲观察尿酸盐针状或菱形结晶，组织块应以无水乙醇固定，尿酸盐染色法染色。

(2)关节型。尿酸盐沉着于关节及其附近组织。其临床病理特征是趾及腿部关节因尿酸盐沉着和炎症而肿胀，关节软骨、关节间隙、关节周围结缔组织、滑膜、腱鞘、韧带及骨骺等部位，都可见尿酸盐沉着。沉着部位的组织发生变性、坏死，周围发生炎性水肿和白细胞浸润，故初期表现局部肿胀。随炎症发展，尿酸盐沉着部位周围的结缔组织增生，形成致密、坚硬的结节(痛风结节)。关节中沉积尿酸盐时，可使关节变形并形成尿酸盐结石。

(三)病理性色素沉着

组织中的有色物质称为色素。机体自身产生的色素为内源性色素，如含铁血黄素、脂褐素、黑色素、胆红素等都属于内源性色素，在机体内正常存在。有些色素如铅、炭末、铁末、硅末等可自体外经呼吸道、消化道或皮肤进入体内，属于外源性色素。

细胞和组织内色素过量蓄积称为病理性色素沉着，根据色素来源不同可分为外源性色素沉着和内源性色素沉着。

1. 外源性色素沉着

外源性色素沉着是动物吸入了矿物或有机粉尘里的化合物造成的，可沉着于呼吸器官及其局部的淋巴结。动物较常见的外源性色素沉着是炭末沉着，如工矿区的动物易发生。

2. 内源性色素沉着

内源性色素沉着是指体内自身产生的色素的异常沉着，常见的有以下几种：

(1)含铁血黄素。含铁血黄素是指巨噬细胞吞噬、降解红细胞血红蛋白所产生的含铁蛋白微粒积聚形成的金黄色或黄棕色颗粒。巨噬细胞破裂后,此色素也可见于细胞外。生理情况下,肝、脾和骨髓内可见有少量含铁血黄素形成;病理情况下,如陈旧性出血和溶血性疾病时,肝、脾、淋巴结、肺和骨髓等组织可见含铁血黄素蓄积。含铁血黄素的存在,体现了红细胞的破坏和全身或局限性含铁物质的剩余。普鲁士蓝染色时,细胞和组织中的含铁血黄素被染成蓝色。

(2)脂褐素。脂褐素是细胞自噬溶酶体内未被消化的细胞器碎片残体,其是脂质和蛋白质的混合体。正常时,附睾管上皮细胞、睾丸间质细胞和神经节细胞胞质内可含有少量脂褐素。在老龄病畜和营养耗竭性病畜,萎缩的心肌细胞和肝细胞核周围出现大量黄褐色、微细颗粒状脂褐素。

(3)黑色素。黑色素是由黑色素细胞胞质中酪氨酸氧化聚合而产生的黑褐色细微粒,存在于正常动物的皮肤、毛发、虹膜、眼部脉络膜中。肾上腺皮质功能低下时,肾上腺皮质激素分泌减少,促肾上腺皮质激素(ACTH)分泌增多,黑色素细胞会产生更多的黑色素,导致全身皮肤黑色素增多。

(4)胆红素。胆红素是吞噬细胞吞噬衰老的红细胞后形成的一种血红蛋白衍生物,血中胆红素过多时则将组织染成黄色,形成黄疸。胆红素一般为溶解状态,但也可为黄褐色折光小颗粒或团块。在胆道堵塞及某些肝脏病例中,肝细胞、毛细胆管及小胆管内可见许多胆红素。

任务三　损伤的修复

实训技能三　损伤的修复观察

能力目标

通过实训,掌握并能识别再生、肉芽组织、创伤愈合、钙化、机化和包囊形成的病变特点。

实训准备

大体标本、病理切片、幻灯片、挂图、图片、光学显微镜、投影仪等。

实训内容

1. 横纹肌再生病理切片

镜检:横纹肌纤维坏死、断裂,一些肌纤维的断端膨大,有数个淡染的肌细胞核增生聚集,呈花蕾状,横断面上形成多核巨细胞样细胞。

2. 肉芽组织

眼观:肉芽组织表面覆有炎性分泌物形成的痂皮,痂下肉芽色泽鲜红,呈颗粒状,质地柔软,湿润,形似肉芽,触之易出血。

镜检:肉芽组织具有明显的层次结构(图6-4),表层往往均质红染,其间有坏死组织并散在许多炎性细胞（中性粒细胞、单核细胞、组织细胞、淋巴细胞、浆细胞）；中间层具有丰富的毛细血管和幼稚的成纤维细胞，其间混有一定数量的炎性细胞；下层主要有少量的纤维细胞和成纤维细胞分泌的胶原纤维，最底层胶原纤维集合成束（彩图 6-27 至彩图 6-29）。

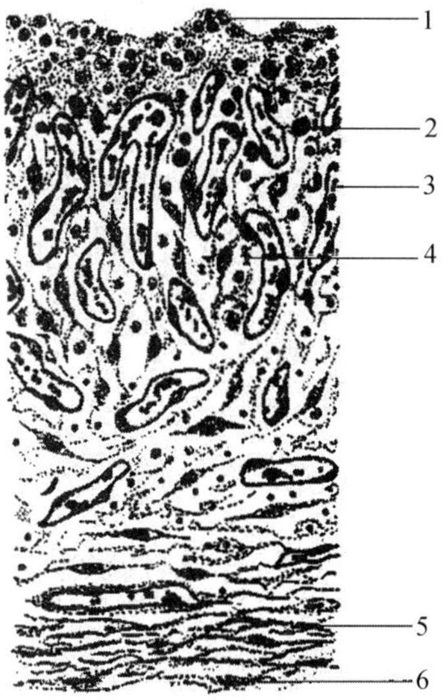

图 6-4　肉芽组织的结构

1. 中性粒细胞　2. 巨噬细胞
3. 毛细血管　4. 成纤维细胞
5. 胶原纤维　6. 纤维细胞

3. 皮肤创伤愈合后的瘢痕组织标本

瘢痕部位不平，表面光滑、无毛、灰白色、质硬，切面呈赤白色，组织结构致密。

4. 骨折愈合后的骨痂标本

经过骨折愈合过程已达骨痂形成期，于骨折处见局部因新骨形成而膨大，称骨痂形成。

5. 肝包囊形成

眼观：在肝表面能见到一个至数个呈半球形隆起的结节，边缘规整。切面可见结节周围包被灰白色有透明感的结缔组织包膜，包膜内有病理产物如血凝块或寄生虫等（彩图 6-30、彩图 6-31）。

镜检：肝包囊形成见坏死的肝组织周围形成炎症反应带，最外层形成纤维包膜（彩图 6-32）。

6. 心包炎机化

心包炎机化后，心包和心外膜因纤维组织增生而增厚，其浆膜面生长出灰白色绒毛状或膜片状纤维结缔组织并互相交织，使心包腔完全或不完全闭塞，两层浆膜牢固地粘连，不易撕开。

7. 纤维素性渗出物的机化

肺胸膜和肋膜增厚呈灰白色，其间有坚韧的绒毛样结缔组织，使肺与胸壁发生粘连，这是大量的纤维素性渗出物被增生的结缔组织机化的结果。

8. 钙化

（1）结核病灶发生钙化。

眼观：在黄白色干酪样坏死物中可见白色石灰样的颗粒斑点、条纹，普遍钙化后，整个坏死病灶呈粗糙的灰白色石灰样硬块，难切开，用金属器具轻刮切面有沙砾感并发沙沙声。

镜检：在苏木精-伊红染色的组织切片中，钙盐呈蓝紫色细颗粒状或斑块状。

（2）肝内寄生虫幼虫和虫卵钙化灶。呈小球状，坚硬，乳白色，似嵌入肝内的沙粒（称为“沙粒肝”），用刀可剜出。钙化小球表面有珍珠样光泽，需用力才能切开，剖面常呈灰白色轮层状，中心为黄白色虫体残骸。

（3）钙化标本浸入 10％硝酸中一定时间后，因钙盐被溶去而复软。

思考题

1. 包囊形成和机化对机体有何利弊？
2. 肉芽组织是如何形成的？有何结构特点？肉芽组织的功能有哪些？
3. 骨折愈合有哪几个过程？
4. 一期愈合与二期愈合有何区别？

5. 钙化灶眼观有什么特征,常见于哪些病理过程?

实训技能报告单

1. 描述在这次实训中见到的病理标本的病变名称及病变特点。
2. 绘出光镜下所见的肉芽组织的结构。

◆ 相关知识

相关知识三　损伤的修复

在生理情况下,动物机体的组织细胞在不断变化着的体内、外环境中具有一定的适应能力,如果体内外的各种有害因素的刺激超过了细胞组织的调整适应能力,组织细胞就会发生损伤,表现出代谢、功能和形态三方面的变化,根据其损伤程度和形态变化特征通常分为变性(可逆性损伤)和死亡(不可逆损伤)。

修复是指机体的细胞组织或器官受损伤而缺损时,由周围健康组织细胞分裂增生来加以修补恢复的过程。修复主要是通过细胞的再生来完成的,参与修复的细胞可以是实质细胞,也可以是结缔组织细胞。修复的形式有多种主要包括再生、纤维性修复、创伤愈合三种形式。

一、再生

(一)概念

再生是机体细胞或组织损伤后,由邻近健康组织细胞分裂增殖来修复的过程。一般生物都具有再生能力,但高等动物随着进化发展的不断完善,其组织器官的再生能力却逐渐降低,有些组织甚至不能完全再生。

(二)类型

再生可以分为生理性再生和病理性再生两种类型。

1. 生理性再生

指正常生命活动过程中发生的再生,表现为衰老和消耗的细胞不断被新生细胞所补偿。如在正常生理情况下,表皮的表层角化细胞经常脱落,由基底细胞不断增生、分化补充;消化道黏膜上皮每 1～2 d 更新一次;红细胞平均寿命 120 d,红细胞衰老后不断从血液中消失,又不断从造血器官再生补充。再生的组织在结构和功能上与原来的组织完全相同,属于完全再生,这种再生在体内多种组织中以不同程度进行。

2. 病理性再生

由致病因素引起细胞死亡和组织破坏后所发生的旨在修复损伤的再生称为病理性再生。病理性再生的细胞和组织在结构和功能上与原来完全相同,称为完全再生。如少数实质细胞的变性、坏死,浅表的糜烂等发生的再生。如果缺损的组织不能完全由结构和功能相同的原组织来修补，而是由结缔组织增生来修复，则最后形成瘢痕，称为不完全再生。不完全再生可导致组织、器官的机能下降。

(三)组织的再生能力

体内各种组织的再生能力是不同的，一般来讲，低等动物的再生能力比高等动物强，如蚯蚓断成两截后，一端可再生出头部，另一端可再生出尾部。分化程度低的组织比分化程度高的组织再生能力强；生理条件下经常更新的组织有较强的再生能力。能否完全再生取决于损伤组织的再生能力和损伤程度。

再生能力较强的组织主要包括结缔组织、表皮、黏膜、淋巴造血组织、骨组织、周围神经组织、肝细胞及某些腺上皮等。

再生能力弱的组织主要有平滑肌、横纹肌和软骨组织。心肌的再生能力很弱，缺损后基本由瘢痕修复。

神经细胞缺乏再生能力。

(四)各种组织的再生方式

1. 上皮组织的再生

(1)被覆上皮细胞的再生。皮肤或黏膜表面的复层上皮受损时，由创缘的生发层细胞分裂增殖修复。新生的上皮细胞沿创缘生长，在创口中心汇合后形成单层上皮细胞层，后来逐渐成熟，分化为复层鳞状上皮，并发生角化。损伤的范围较大时，再生的细胞层不生成色素，故再生的皮肤呈白色，被毛和皮脂腺也多不能再生。当胃肠道、子宫黏膜表面被覆的柱状上皮细胞受损后，由损伤部边缘的上皮细胞分裂增生，初为立方形的幼稚细胞，以后逐渐分化成熟为柱状细胞，有时还可向深部生长形成管状腺。胸膜、腹膜和心包膜等处的间皮细胞受损后，由缺损边缘的间皮细胞分裂增殖填补，初为立方形细胞，之后发展为扁平的间皮细胞。

(2)腺上皮细胞的再生。腺上皮细胞的再生能力虽比被覆上皮细胞弱，但仍有较强的再生能力，再生的状态依腺上皮细胞损伤的不同而异。如受损腺体的结构尚保存完整，则经周围腺上皮再生，腺体的结构和功能得到完全修复。若腺体及其支持组织均受严重破坏时，其结构和功能不能通过再生完全修复，常由残留的腺细胞肥大来代偿其功能，由结缔组织增生来填补因损伤造成的缺损，最后形成瘢痕。

(3)肝细胞的再生。肝细胞具有很强的再生能力。如果肝细胞坏死不严重，网状支架仍完整，再生的肝细胞可沿网状支架生长，可完全再生而恢复原有结构。如果肝细胞坏死严重，范围较广，且肝小叶内网状纤维支架遭到破坏，则肝细胞形成无规则的细胞团块，其间增生大量的结缔组织和小胆管，又称假小叶。

(4)肾小管上皮细胞的再生。肾小管上皮细胞有较强的再生能力，轻度的坏死，可由残留的上皮完全再生，但若整个肾单位坏死时特别是肾小球遭破坏时，病灶多由结缔组织增生来填补缺损。

总之，上皮组织的完全再生有赖于间质支架组织的完整，当上皮组织和间质同时遭受破坏时，其不能完全再生，而由瘢痕修复。

2. 结缔组织的再生

结缔组织具有强大的再生能力，它不仅见于结缔组织本身受损伤后，也见于其他组织受损后不能完全再生时以及炎性渗出物和异物不能溶解吸收时的病理过程中。结缔组织再生时，局部原有的呈静止状态的纤维细胞活化、肥大、分裂,形成幼稚的成纤维细胞,逐渐成熟并分泌合成胶原纤维与弹力纤维,最后本身又转化为纤维细胞(图 6-5)。

3. 血细胞的再生

当机体因频繁的出血而发生失血性贫血时,会出现造血功能亢进,一方面,原有红骨髓中成血细胞分裂增殖能力增强,大量新生的血细胞进入血液循环;另一方面,四肢管状骨内黄骨髓转变为红骨髓,恢复造血功能,甚至出现骨髓外造血,在肝、脾、淋巴结及肾等出现骨髓样组织,由其中的网状细胞和内皮细胞形成红细胞和白细胞。

4. 血管的再生

(1)动、静脉血管的再生。动、静脉血管一般不能再生,常在损伤后管腔被血栓堵塞,以后被结缔组织取代,血液循环靠侧支循环恢复。

(2)毛细血管的再生。毛细血管的再生能力强,多以芽生的方式再生,即由原有毛细血管的内皮细胞肥大并分裂增殖,形成向外突起的幼芽,幼芽逐渐延长而成实心的内皮细胞条索,随着血流的冲击,细胞条索中出现管腔,形成新的毛细血管,新生毛细血管彼此吻合,形成毛细血管网(图 6-6)。为适应功能的需要,这些毛细血管不断改建,有的关闭,有的管壁增厚发展成为小动脉和小静脉。

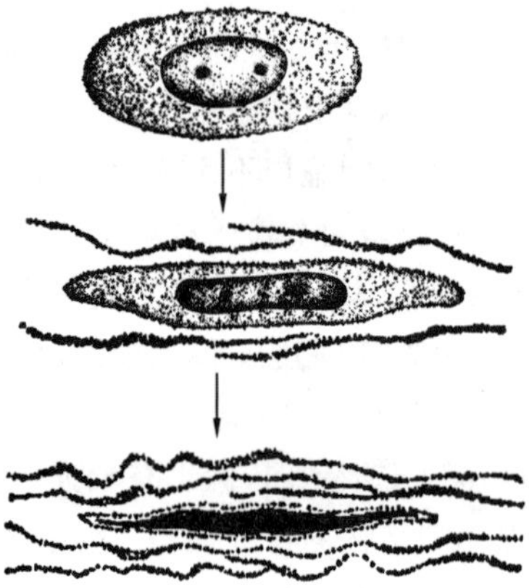

图 6-5 成纤维细胞产生胶原纤维并转化为纤维细胞模式图

图 6-6 毛细血管的再生模式图

动画 6-3 毛细血管的再生方式

5. 骨组织的再生

骨组织的再生能力很强,但其再生程度取决于损伤的大小、固定的状况和骨膜的存在。骨组织损伤后主要由骨外膜和骨内膜的成骨细胞增殖修复,通常可完全再生。

6. 软骨组织的再生

软骨组织的再生能力弱,小的软骨组织损伤由成软骨细胞增殖,形成软骨细胞与软骨基质来修复。大的软骨组织损伤则由结缔组织修复。

7. 肌肉组织再生

(1)骨骼肌的再生。依肌膜是否完整或肌纤维是否完全断裂而有所不同。当损伤轻微时,仅肌纤维变性或部分发生坏死,而肌膜完整和肌纤维未完全断裂,此时巨噬细胞进入病变肌纤维内,吞噬清除坏死物质,而后由残留的肌细胞核分裂增殖修复。如果损伤使肌纤维完全断裂，则断端肌细胞核分裂增殖，肌浆也增多，断端膨大，分裂增殖的细胞核形成多核巨细胞样的肌芽，再生的肌芽不能使中断的肌纤维相接，缺损通常由增生的结缔组织填补，最后形成瘢痕。

(2)平滑肌的再生。平滑肌的再生能力较骨骼肌弱，损伤后主要由结缔组织修复。

(3)心肌的再生。一般情况下心肌缺乏再生能力，死亡后由结缔组织修复形成瘢痕。

8. 神经组织的再生

(1)中枢神经的再生。成熟的神经细胞没有再生能力，其损伤由神经胶质细胞再生来修复，形成胶质细胞瘢痕。

(2)外周神经的再生(图 6-7)。外周神经纤维具有较强的再生能力，如果损伤断裂，只要与它相连的神经细胞仍然存活，断端离得很近或接触，就能完全再生。但如两断端相隔超过 2.5 cm 或两断端间有瘢痕组织，则再生的轴突不能到达远端，而与增生的结缔组织混在一起，卷曲成团，形成结节状瘤样神经疙瘩(称为损伤性神经瘤)，形成不完全修复，常引起顽固性疼痛。

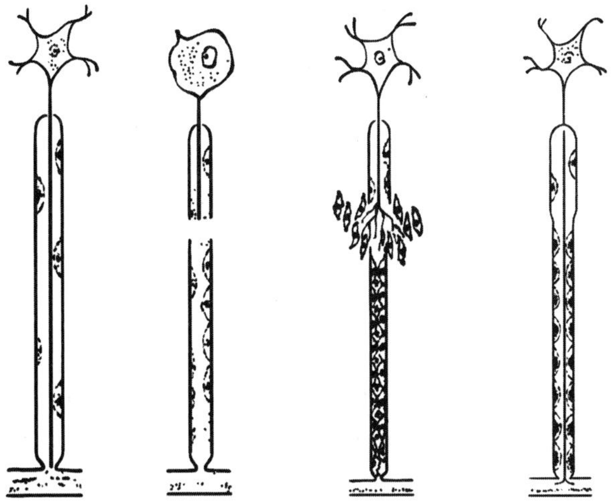

图 6-7　神经纤维再生模式图

1. 正常神经纤维　2. 断裂纤维　3. 神经膜细胞再生，轴突生长　4. 神经轴突达末梢，多余部分消失

(五)影响再生的因素

组织再生的速度与完善程度受全身和局部因素的影响。

1. 全身因素

(1)营养。营养对组织再生有很大影响。如饲料中蛋白质缺乏时，肉芽组织和胶原纤维合成被抑制，其创伤愈合过程迟滞，甚至被完全抑制，严重影响再生。维生素 C 缺乏时，也会引起类似结果。

(2)年龄。一般情况下，年龄幼小的动物组织再生能力强，愈合快，老龄动物的再生能力则显著减弱，且愈合慢。

(3)激素。激素能影响组织的生长，如大剂量的肾上腺皮质激素能抑制炎症渗出、毛细血管形成、成纤维细胞生长及胶原纤维的合成，从而阻碍了组织的再生修复。因此，在创伤愈合过程中，要避免大量使用这类激素。

(4)神经系统的状态。再生与神经对营养的调节过程密切相关，当神经系统受到损害时，神经对营养的调节功能失调,使组织的再生过程受到抑制。

(5)环境温度。寒冷季节创伤愈合慢,动物(鳄鱼)实验表明,环境温度与创伤愈合的速度呈正比,温度升高10 ℃,愈合速度加快1倍。

2. 局部因素

(1)局部组织的再生能力。受损伤的局部组织再生能力的强弱,直接影响该组织的再生过程,一般来说,再生能力强的组织常发生完全再生,而再生能力弱的组织常表现为不完全再生。

(2)组织的损伤程度。局部组织损伤的范围大小,直接影响再生的速度及完善程度,组织损伤越大,再生所需要的时间越长,如超过该组织再生能力的极限,就形成不完全再生。

(3)局部组织的神经功能状况。组织的再生依赖完整的神经支配,如果局部神经受损后,其所支配的组织再生过程迟缓或不完善。

(4)局部血液循环状况。局部血液循环良好,有利于坏死组织的吸收和组织再生,而血液供应不足时则延缓创伤愈合。

(5)感染和异物。伤口感染是影响愈合的很重要的局部因素,感染局部的化脓菌产生一些毒素和酶,可引起组织坏死和胶原纤维溶解,从而加重局部的损伤。创腔内的异物、坏死物质及消毒剂也可影响组织的再生。

二、纤维性修复

(一)肉芽组织

1. 肉芽组织的概念

组织损伤后的修复过程中,常出现由毛细血管内皮细胞和成纤维细胞分裂增殖所形成的富有新生的毛细血管和成纤维细胞,并伴有炎性细胞浸润的一种幼稚的结缔组织。因其眼观呈颗粒状、鲜红色、质地柔软,形似肉芽,故名肉芽组织。

2. 肉芽组织的结局

随着伤口病理性产物的清除及创伤的修复,肉芽组织中由成纤维细胞形成的胶原纤维越来越多,压迫毛细血管使之逐渐萎缩、闭合、消失,成纤维细胞逐渐转变为纤维细胞,最后胶原纤维集合成束,形成成熟的结缔组织,即灰白色的缺乏弹性的瘢痕组织。

3. 肉芽组织的功能

①抵抗感染,保护创面;②机化血凝块、坏死组织和其他异物;③填补伤口和其他损伤,使断裂组织接合起来。

(二)瘢痕组织

瘢痕组织是指肉芽组织改建形成的纤维结缔组织。肉眼观察,瘢痕组织呈收缩状态,颜色苍白或灰白,半透明,质硬韧,缺乏弹性。光镜下,瘢痕组织由大量平行或交错分布的胶原纤维束组成,纤维束常呈均质、红染的玻璃样变;纤维细胞很稀少,核细长而深染,组织内血管减少。

瘢痕组织对机体的影响可概括为以下两个方面:

1. 对机体有利的影响

①填补并连接损伤的创口或其他缺损,保持组织器官的完整性;②大量的胶原纤维使瘢痕组织比肉芽组织更具抗拉性,因而可保持组织器官的坚固性。

2. 对机体不利的影响

①瘢痕收缩:发生在关节附近和重要器官的瘢痕,常引起关节挛缩或活动受限,在腔性器官则可引起管腔狭窄;②瘢痕性粘连:多见于器官之间或器官与体壁之间发生的纤维性粘连,常不同程度影响其功能;③器官内广泛纤维化玻璃样变,可导致器官硬化;④瘢痕组织增生过度,形成肥大性瘢痕,可突出于皮肤表面,形成瘢痕疙瘩。

三、创伤愈合

创伤愈合是指机械外力作用于机体,引起组织器官的损伤或断裂后,由周围的健康组织再生进行修补的过程。创伤愈合的过程很复杂,但都以炎症和组织再生为基础。

动画 6-4
创伤愈合

(一)创伤愈合的基本过程

下面主要以皮肤及软组织的创伤为例,阐述创伤愈合的基本过程。

1. 伤口止血

小血管出血一般可自行停止,较大血管出血则需人工止血。

2. 创腔净化与炎症反应

创伤的修复首先要清除出血、坏死组织及细菌等,这一以炎症为基础的过程称为创腔净化,简称清创。镜检可见创伤周围小血管扩张充血,血浆液体成分和炎性细胞(中性粒细胞和巨噬细胞)渗出,吞噬和消化伤口内的异物。以后渗出液中出现纤维蛋白并联结成网,使创腔内的血液和渗出液凝固,干燥后结成痂皮(结痂)。

3. 创口收缩

经过 2～3 d,创口边缘的整层皮肤及皮下组织向创腔中心移动,使创口收缩,创面缩小;创口收缩由创伤部肉芽组织迅速增生以及创口边缘肉芽组织中新生的成纤维细胞牵拉所致。成纤维细胞在结构和功能上与平滑肌细胞相似,除能合成胶原纤维外,还具有收缩能力。

4. 肉芽组织和瘢痕形成

一般于创伤发生后 2～3 d 形成,由创口周围或底部的健康组织中长出肉芽组织,向伤口中的血凝块伸入,机化血凝块,并填平伤口。大约从第 5 天起,成纤维细胞开始产生胶原纤维。随着胶原纤维的增多与成熟,成纤维细胞转化为纤维细胞,许多毛细血管闭合、退化、消失,于是肉芽组织就逐渐转化成血管稀少的而主要由胶原纤维组成的灰白色坚韧的瘢痕。如果瘢痕组织形成过多,呈瘤状突起,则称为瘢痕疙瘩。

5. 表皮再生

当伤口被肉芽组织填平后,表皮开始迅速再生,由创口边缘向中心生长直到闭合为止。毛囊、汗腺和皮脂腺等如果遭到完全破坏,不能完全再生,则由瘢痕修复。

(二)创伤愈合的类型

1. 直接愈合

直接愈合(图 6-8)又称第一期愈合,这种愈合多见于创口较小、出血较少、组织破坏较轻、创缘整齐、无感染、经缝合后创面对接严密的伤口,如无菌手术创伤。其过程为:一般在创伤后 2～3 d 由结缔组织及毛细血管内皮细胞开始分裂增殖,3～4 d 新生的肉芽组织便从创缘长出,很快将伤口填满,同时表皮再生逐渐覆盖伤口。此时愈合伤口呈淡红色,稍隆起。1周左右,新生的肉芽组织便成为纤维性结缔组织,此时即可拆除缝合线。之后胶原纤维产生增多,愈合口逐渐收缩变平,红色消退。经2～3周完全愈合,局部只留下一线状瘢痕。

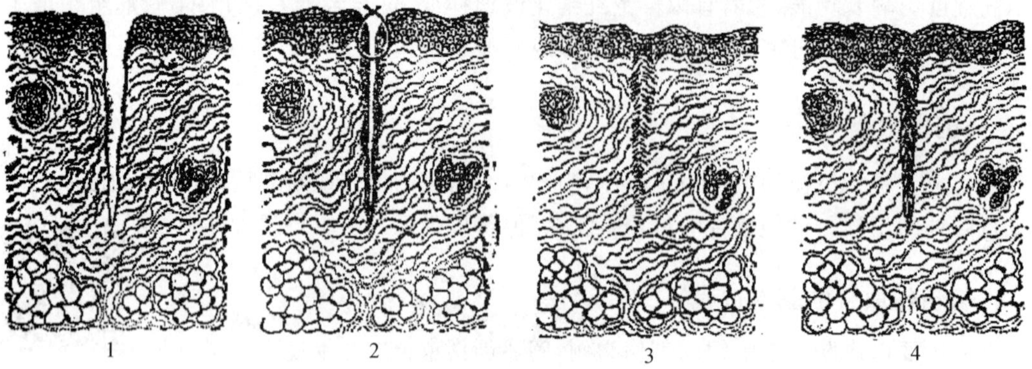

图6-8 创伤直接愈合模式图

1. 创缘整齐,组织破坏少 2. 经缝合,创缘对合,炎症反应轻微
3. 表皮再生,少量肉芽组织从伤口边缘长入 4. 愈合后仅有少量瘢痕形成

2. 间接愈合

间接愈合(图6-9)又称第二期愈合,创伤的创缘不整齐、裂开,创内坏死组织较多,出血重,伴有感染,炎症反应明显。愈合前先有一个控制感染和清创的过程,因伤口大需大量肉芽组织增生以填补创口。表皮再生一般要在肉芽组织将伤口填平后才开始。二期愈合所需时间长,常有明显的瘢痕形成。

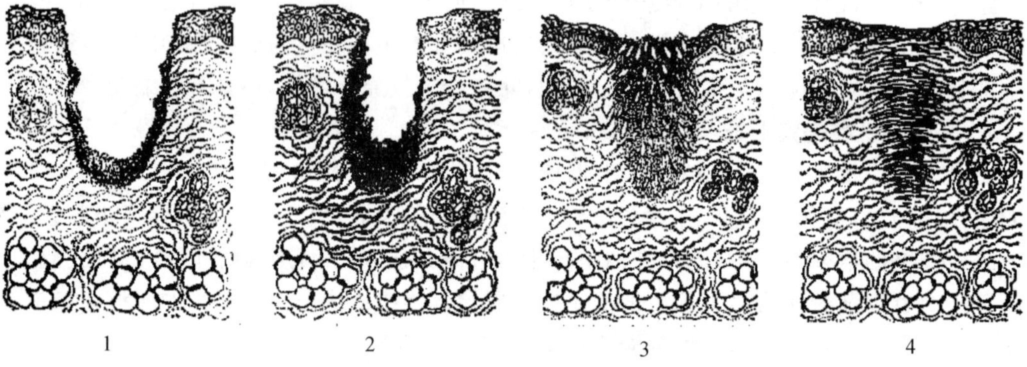

图6-9 创伤间接愈合模式图

1. 伤口大,创缘不整,组织破坏多 2. 伤口收缩,炎症反应重
3. 肉芽组织从伤口底部及边缘将伤口填平,然后表皮再生 4. 愈合后形成的瘢痕大

动画6-5 骨折愈合

(三)骨折愈合

骨折愈合是指骨折后局部所发生的一系列修复过程。轻度的骨折经过良好的复位,可以完全恢复正常的结构和功能。骨折愈合同样经历创腔净化和再生修复两个过程。骨折愈合的基础是骨膜的成骨细胞再生。骨折愈合包括以下几个相互连续的阶段(图6-10)。

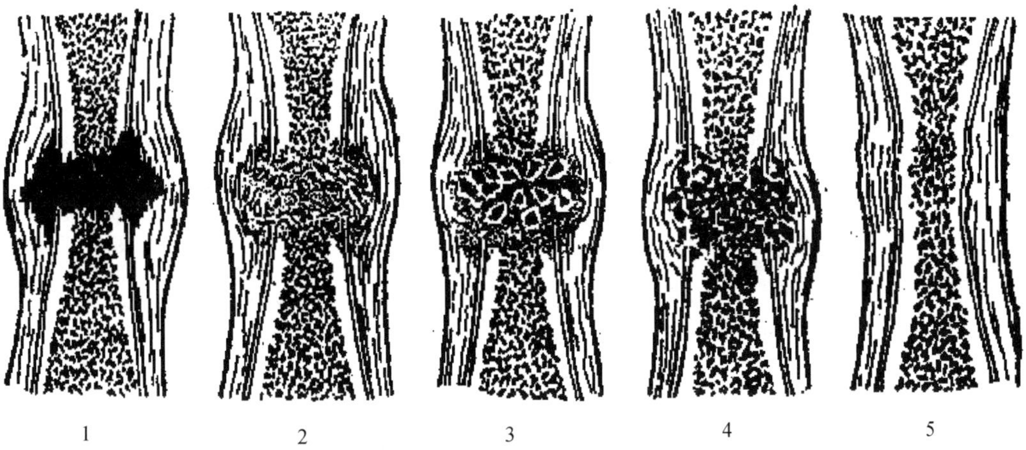

图 6-10　骨折愈合模式图

1. 骨折、血肿形成　2. 纤维性骨痂形成　3. 转化为类骨组织　4. 骨性骨痂形成　5. 改建

1. 血肿形成

骨折处血管破裂出血，在骨折断端间及其周围受损的软组织中形成血肿，血肿随后凝固，使两骨折断端初步连接，为肉芽组织生长提供了一个支架。

2. 局部炎症反应和纤维性骨痂形成

骨折局部炎症反应表现为血管扩张、血浆渗出、水肿及炎性细胞浸润，其中包括中性粒细胞和巨噬细胞。骨内、外膜的新生成骨细胞、成纤维细胞和毛细血管增殖，长入血肿中，形成新的成骨性肉芽组织。炎症反应和成骨性肉芽组织可将血凝块完全吸收、取代，并将骨折断端连接起来。在骨折处肉芽组织逐渐增加，形成梭形肿胀物，称为纤维性骨痂。

3. 骨性骨痂形成

继纤维性骨痂形成之后，成骨细胞分泌骨基质，细胞本身则成熟为骨细胞而形成类骨组织，类骨组织钙化后便形成骨组织，称为骨性骨痂。骨性骨痂虽使断骨连接比较牢固，但由于结构不致密，骨小梁排列比较紊乱，故比正常骨脆弱。

4. 改建

骨折愈合后新形成的骨组织须进一步改建以适应功能的需要。负重的骨小梁变致密，而不负重的骨组织逐渐被吸收，慢慢恢复正常骨的结构和功能。改建需要很长时间，一般需要数月至一年。

骨折后虽然可完全再生，但如发生粉碎性骨折，尤其是骨膜破坏较多或断端对位不好、断端有软组织嵌塞时，均可影响骨折愈合。因此，保护骨膜、正确复位与固定，对促进骨折愈合是十分必要的。

（四）病理产物改造

机体对坏死组织、炎性产物、血栓、血凝块等病理产物以及进入体内的寄生虫、缝线等异物予以清除或使其变为无害的过程，称为病理产物改造。机体对病理产物及异物采取炎症反应、腐离脱落、吞噬溶解、机化和包囊形成、钙化等方式进行无害化处理。

思维导图

- 项目六 细胞和组织的适应、损伤与修复
  - 细胞和组织的适应
    - 动物机体以及细胞、组织和器官，能对体内外环境的不断变化做出及时反应，表现为代谢、功能和形态结构的调整与改变，以维持其正常的生命活动
    - 代偿
      - 概念——致病因素的作用下，机体出现代谢、功能障碍或组织结构破坏时，机体通过相应器官的代谢改变、功能加强或形态结构的变化来替代、补偿的过程
      - 形式——代谢性代偿、功能性代偿、结构性代偿
      - 意义——代偿是机体极为重要的适应性反应。可发生失代偿
    - 肥大
      - 概念——细胞、组织或器官的体积增大
      - 类型——生理性肥大、病理性肥大
    - 增生
      - 概念——实质细胞数量增多导致组织、器官的体积增大
      - 类型——生理性增生、病理性增生
      - 病理变化
      - 增生与肥大的关系
    - 萎缩
      - 概念——已经发育成熟的器官或组织，物质代谢障碍使其实质细胞体积缩小、数量减少，最终导致器官或组织体积缩小和功能减退的病理过程
      - 类型——生理性萎缩、病理性萎缩（全身性萎缩、局部性萎缩）
      - 病理变化
      - 结局和对机体的影响——是一种可复性病理过程
    - 化生
      - 概念——一种分化成熟的组织被另一种分化成熟的组织所取代
      - 类型——上皮组织化生、间叶组织化生
  - 细胞和组织的损伤
    - 变性
      - 概念——由于物质代谢障碍在细胞内或细胞间质出现某些异常物质或正常物质蓄积过多的病理现象
      - 类型——颗粒变性、空泡变性、脂肪变性、玻璃样变性、淀粉样变性、黏液样变性、纤维素样变性
    - 细胞死亡
      - 坏死
        - 概念——在致病因素的作用下，活体内局部组织细胞的死亡
        - 病理变化——眼观：灰白、失常、不回缩、无血液；镜检：核浓缩、核碎裂、核溶解
        - 类型——凝固性坏死、液化性坏死、坏疽
        - 结局——反应性炎症、腐离脱落、溶解吸收、机化和包囊形成、钙化
      - 凋亡——程序性细胞死亡
    - 病理性物质沉着
      - 病理性钙化——营养不良性钙化、转移性钙化
      - 尿酸盐沉着（痛风）
      - 病理性色素沉着——含铁血黄素、脂褐素、黑色素、胆红素
  - 损伤的修复
    - 类型
      - 再生
        - 概念
        - 各种组织的再生方式、能力
        - 影响再生的因素
      - 纤维性修复——肉芽组织、瘢痕组织
      - 创伤愈合
        - 基本过程
        - 类型——直接愈合、间接愈合
        - 骨折愈合
    - 病理产物的改造——炎症反应、腐离脱落、吞噬溶解、机化和包囊形成、钙化

思政园地

病理诊断助力科学防疫
抗疫先锋——病理学家卞修武

传染病尸检工作的特点可以概括为“脏、累、险、严、慎、隐”，其中如何防控其传染性是难点。2020 年，中国科学院院士、陆军军医大学西南医院病理科主任、全军临床病理学研究所所长卞修武提出开展“新冠”肺炎尸检工作的建议方案，并被国家采纳。接着卞修武主动请缨，获准后他立即和擅长穿刺工作的影像学专家到达武汉，成为军事医学专家组成员。卞修武克服重重困难，“3 天集成负压尸检方舱”“2 天建立红区病理科”“2 小时获批尸检机构资质”，在移动手术方舱基础上，在火神山医院建成了首个符合负压过滤的生物安全尸检方舱和病理制样与诊断室。他带领团队完成了 40 例患者遗体解剖病理诊断和深入研究工作，建立了目前已知范围内全世界数量最多、病理数据最齐全的首个“新冠”肺炎病理样本与信息库，并牵头总结国内总共 91 例“新冠”肺炎解剖的诊断和研究成果，填补了“新冠”肺炎诊疗规范中病理学内容的空白。

复习思考题

一、名词解释

代偿　肥大　增生　化生　萎缩　变性　颗粒变性　脂肪变性　“槟榔肝”　“虎斑心”　坏死　病理性钙化　痛风　修复　再生　肉芽组织　机化　包囊形成　病理产物改造

二、填空题

1. 坏死时细胞核的变化为__________、__________和__________。根据坏死病变的特点，可将坏死分为三类，即__________、__________和__________。而坏疽按其原因及病理变化，可将其分为__________、__________和__________三种。

2. 按引起局部性萎缩发生的原因，可将其分为__________、__________、__________、__________和__________。

3. 代偿通常情况有三种形式，即__________、__________和__________。

4. 肉芽组织的作用有__________、__________、__________。

5. 皮肤创伤愈合的基本过程为__________、__________、__________、__________、__________。

6. 骨折愈合包括 4 个连续的阶段，即__________、__________、__________、__________。

7. 机体对病理产物的改造方式有__________、__________、__________、__________。

8. 病理性物质沉着包括尿酸盐沉着，即__________。根据尿酸盐沉着的部位，可分为__________和__________。

9. 细胞和组织内有色物质过量蓄积称为病理性色素沉着。常见的有以下几种：__________、__________、__________、__________。

三、选择题

1. 萎缩的基本病理变化是(　　)。

A. 细胞体积缩小或数目减少　　B. 细胞体积增大或数目减少

C. 细胞体积缩小或数目增加　　D. 细胞体积减小或数目增加

2. 神经型马立克病引起的病鸡患肢肌肉萎缩属于(　　),肾盂积水所致的萎缩属于(　　)。

A. 神经性萎缩　　B. 废用性萎缩　　C. 压迫性萎缩

D. 缺血性萎缩　　E. 激素性萎缩

3. 细胞损伤后的不可逆性变化是(　　)。

A. 颗粒变性　　B. 坏死　　C. 脂肪变性　　D. 空泡变性

4.(　　)属凝固性坏死,(　　)属液化性坏死,(　　)属干性坏疽,(　　)属湿性坏疽。

A. 肌肉蜡样坏死、心肌梗死　　B. 化脓性炎

C. 慢性猪丹毒皮肤坏死　　D. 腐败性子宫内膜炎

5."虎斑心"形成主要是因为(　　)。

A. 脂肪变性　　B. 空泡变性　　C. 颗粒变性　　D. 坏死

6."槟榔肝"的发生原因是(　　)。

A. 肝淤血伴随淀粉样物质沉着　　B. 肝淤血伴随肝细胞坏死

C. 慢性肝淤血伴随肝细胞颗粒变性　　D. 肝淤血伴随胆色素沉着

E. 慢性肝淤血伴随肝细胞脂肪变性

7. 干酪样坏死属于(　　)。

A. 纤维蛋白样坏死　　B. 脂肪坏死　　C. 凝固性坏死　　D. 液化性坏死

8. 光镜下判断细胞是否坏死,主要观察(　　)。

A. 细胞质形态　　B. 细胞核形态　　C. 细胞器形态　　D. 细胞膜形态

9. 构成肉芽组织的主要成分除毛细血管外,还有(　　)。

A. 纤维细胞　　B. 成纤维细胞　　C. 上皮细胞

D. 肌细胞　　E. 多核巨细胞

10. 坏死组织逐渐由肉芽组织取代的过程为(　　)。

A. 机化　　B. 再生　　C. 修复　　D. 增生

(11～13题共用题干)<2009>

一奶牛长期患病,临床表现咳嗽、呼吸困难、消瘦和贫血等,死后镜检可见其多种器官组织,尤其是肺、淋巴结和乳房等处有散在大小不等的结节性病变,切面有似豆腐渣样、质地松软的灰白色或黄白色物。

11. 似豆腐渣样病理变化属于(　　)。

A. 蜡样坏死　　B. 湿性坏死　　C. 干酪样坏死

D. 液化性坏死　　E. 贫血性梗死

12. 该奶牛所患的病最有可能是(　　)。

A. 牛结核病　　B. 牛放线菌病

C. 牛巴氏杆菌病　　D. 牛传染性鼻气管炎

E. 牛传染性胸膜肺炎

13. 进行病理组织学检查，似豆腐渣样物为(　　)。

A. 肉芽组织　　B. 寄生虫结节

C. 中性粒细胞团块　　D. 嗜酸性粒细胞团块

E. 无定形结构的坏死物

(14～16 题共用题干)<2010>

某肉鸡场病死鸡，剖检见营养状况良好，肝脏肿大，颜色淡黄、油亮，切面结构模糊，有油腻感，质脆如泥。

14. 该鸡肝脏的病变为(　　)。

A. 脂肪变性　　B. 颗粒变性　　C. 淀粉样变性

D. 脂肪浸润　　E. 玻璃样变性

15. 将此肝脏做石蜡切片，HE 染色后，镜下可见肝细胞内有(　　)。

A. 红染团块　　B. 红染条索　　C. 红染小颗粒

D. 均质红染圆滴　　E. 大小不一的空泡

16. 若将肝脏做冷冻切片，证明该病变应采用(　　)。

A. PAS 染色　　B. 苏丹红Ⅲ染色　　C. 刚果红染色

D. 普鲁士蓝染色　　E. 甲苯胺蓝染色

17. 与细胞水肿发生无关的是(　　)。<2011>

A. 细胞内线粒体受损　　B. 脂肪酸的氧化

C. 细胞膜的钠钾泵功能障碍　　D. 三羧酸循环障碍

E. ATP 生成减少而致细胞能量供应不足

18. 关于坏死的结局错误的描述是(　　)。<2011>

A. 反应性炎症　　B. 化生　　C. 腐离脱落

D. 溶解吸收　　E. 机化、组织包裹与钙化

19. 脂肪变性是指(　　)。<2012>

A. 组织中出现脂肪细胞　　B. 脂肪细胞内脂肪滴增多

C. 脂肪组织中脂肪细胞增多　　D. 组织内脂滴增多或脂肪细胞增多

E. 正常不见脂滴的细胞内出现脂滴，或胞浆内脂滴增多

20. 细胞肿胀的常见原因不包括(　　)。<2013>

A. 细菌感染　　B. 全身性营养不良　　C. 中毒

D. 缺血　　E. 缺氧

21. 细胞发生程序性死亡时可见到的特征性结构是(　　)。<2014>

A. 核固缩　　B. 核碎片　　C. 核小体

D. 残余小体　　E. 凋亡小体

22. “槟榔肝”是指慢性肝淤血伴发肝细胞(　　)。<2014>

A. 玻璃样变性　　B. 脂肪变性　　C. 颗粒变性

D. 空泡变性　　E. 淀粉样变性

(23～24 题共用备选答案)<2015>

A. 气球样变性　　B. 空泡变性　　C. 颗粒变性

D. 脂肪变性　　E. 透明变性

23. 病死犬，死前出现蛋白尿，肾脏组织病理学观察可见肾上管上皮细胞内有大小不一均质红染的滴状物，此病变为(　　)。

24. 病死犬，肾脏组织病理学观察可见肾小管上皮细胞内有大小不一的空泡，油红染色呈橘红色，此病变为(　　)。

25. 坏死组织由新生肉芽组织吸收、取代的过程称为(　　)。＜2016＞

A. 疤痕　　B. 机化　　C. 包囊形成

D. 钙化　　E. 吸收

26. 心脏发生脂肪浸润时，脂肪细胞出现于(　　)。＜2017＞

A. 心内膜内　　B. 心肌原纤维内　　C. 心肌细胞内

D. 心肌细胞之间　　E. 心脏血管内

27. 一仔猪阉割后不久出现体温升高，伤口红肿，切开伤口见病变组织呈蜂窝样和污秽的棕黑色，手按有捻发音。此伤口局部的病变为(　　)。＜2017＞

A. 干性坏疽　　B. 湿性坏疽　　C. 凝固性坏死

D. 液化性坏死　　E. 气性坏疽

28. 细胞坏死是(　　)。＜2018＞

A. 能形成凋亡小体的病理过程　　B. 由基因决定的细胞自我死亡

C. 不可逆的过程　　D. 可逆的过程

E. 细胞器萎缩的过程

29. 细胞内水分增多，胞体增大，胞浆内出现微细颗粒或大小不等的空泡称为(　　)。＜2019＞

A. 脂肪变性　　B. 黏液样变性　　C. 淀粉样变性

D. 透明变性　　E. 细胞肿胀

30. 属于液化性坏死的是(　　)。＜2020＞

A. 肺干酪样坏死　　B. 子宫气性坏疽　　C. 肾贫血性梗死

D. 脑软化　　E. 心肌蜡样坏死

(31～32题共用备选答案)＜2020＞

A. 恶性卡他热　　B. 牛蝇蛆病　　C. 口蹄疫

D. 痘病　　E. 牛瘟

31. 成年牛感染常呈良性经过，尸体剖检见口腔和蹄部皮肤及前胃黏膜分布有大量水疱。该病最可能的诊断是(　　)。

32. 犊牛感染呈恶性经过，尸体剖检见典型的“虎斑心”，该病最可能的诊断是(　　)。

33. 白肌病，其骨骼肌的坏死类型属于(　　)。＜2021＞

A. 液性坏疽　　B. 蜡样坏死　　C. 干酪样性坏死

D. 液性坏死　　E. 营养性脂肪坏死

34. “槟榔肝”除了淤血还伴随(　　)。＜2021＞

A. 空泡变性　　B. 脂肪浸润　　C. 颗粒变性

D. 脂肪变性　　E. 玻璃样变性

35. 致坏疽组织呈黑色外观的主要化学物质是(　　)。＜2021＞

A. 硫化钠　　B. 硫化镁　　C. 硫化锌

D. 硫化钙　　E. 硫化铁

36. 镜检见骨骼肌纤维之间分布有大量空泡状脂肪细胞的病变是(　　)。＜2022＞

A. 脂肪变性　　B. 脂肪浸润　　C. 淀粉样变性

D. 玻璃样变性　　E. 空泡变性

37. 细胞凋亡的形态学特征是(　　)。＜2022＞

A. 形成凋亡小体　　B. 核仁肿大变圆

C. 核内包涵体形成　　D. 核孔增大且增多

E. 胞浆包涵体形成

38. 脾脏淀粉样物质沉着在淋巴滤泡部位,称为(　　)。＜2022＞

A. 西米脾　　B. 火腿脾　　C. 坏死性脾炎

D. 化脓性脾炎　　E. 急性脾炎

39. 支气管肺炎继发腐败菌感染,以肺组织溶解为特征的肺炎,属于(　　)。＜2022＞

A. 坏疽性坏死　　B. 大叶性肺炎　　C. 间质性肺炎

D. 小叶性肺炎　　E. 肺气肿

40. 变性细胞的胞浆、胞核内出现大小不一的空泡,其可能为(　　)。＜2022＞

A. 空泡变性　　B. 脂肪变性　　C. 颗粒变性

D. 脂肪浸润　　E. 玻璃样变性

41. 动物心力衰竭细胞中的色素颗粒是(　　)。＜2009＞

A. 脂褐素　　B. 黑色素　　C. 胆红素

D. 细胞色素　　E. 含铁血黄素

42. 动物发生转移性钙化时可以出现(　　)。＜2010＞

A. 血磷不变　　B. 血钙不变　　C. 血钙升高

D. 血钙降低　　E. 血磷降低

43. “槟榔肝”的发生是由于(　　)。＜2010＞

A. 肝淤血伴随肝细胞坏死　　B. 肝淤血伴随胆色素沉着

C. 肝淤血伴随淀粉样物质沉着　　D. 慢性肝淤血伴随肝细胞脂肪变性

E. 慢性肝淤血伴随肝细胞颗粒变性

44. 与肾转移性钙化发生有关的因素是(　　)。＜2011＞

A. 甲状腺功能亢进　　B. 甲状腺功能减退

C. 甲状旁腺功能亢进　　D. 甲状旁腺功能减退

E. 维生素 D 减少

(45～46 题共用备选答案)＜2013＞

A. 尿酸盐　　B. 含铁血黄素　　C. 黑色素

D. 胆红素　　E. 脂褐素

45. 鸡传染性支气管炎肾脏中出现的石灰样物是(　　)。

46. 溶血性疾病时,脾脏 HE 染色切片中巨噬细胞内出现的棕色颗粒是(　　)。

47. 因代谢障碍引起家禽痛风的物质是(　　)。＜2014＞

A. 甘油三酯　　B. 含铁血黄素　　C. 嘌呤

D. 胆固醇　　E. 糖原

(48～49题共用备选答案)<2014>

A. 高胆红素血症　B. 血钙浓度升高　C. 尿酸盐沉着

D. 磷酸铵镁沉着　E. 含铁血黄素沉着

48. 机体发生转移性钙化是由于(　　)。

49. 胆管堵塞可引起(　　)。

50. 动物发生转移性钙化时(　　)。<2015>

A. 血磷不变　B. 血钙不变　C. 血钙升高

D. 血钙降低　E. 血磷降低

51. 病鸡心动迟缓,剖检见心包膜、肝和肾被膜及输尿管浆膜上有大量石灰样物质沉积,该沉积物是(　　)。<2019>

A. 磷酸盐　B. 碳酸盐　C. 尿酸盐

D. 草酸盐　E. 硫酸盐

52. 转移性钙化病灶常见于(　　)。<2016>

A. 心脏　B. 肝脏　C. 大脑

D. 脾脏　E. 肺脏

53. 在普鲁士蓝染色的组织切片中,含铁血黄素颗粒呈(　　)。<2016>

A. 黄色　B. 红色　C. 蓝色

D. 绿色　E. 紫色

54. 在下列疾病中,鸡痛风常见于(　　)。<2016>

A. 鸡肾型传染性支气管炎　B. 鸡新城疫

C. 鸡流感　D. 雏鸡脑软化

E. 鸡传染性脑脊髓炎

55. HE染色切片中,痛风结节呈(　　)。<2017>

A. 灰白色　B. 蓝色　C. 黄色

D. 棕色　E. 粉红色

56. 黄疸时,造成皮肤和黏膜黄染的色素是(　　)。<2018>

A. 含铁血黄素　B. 黑色素　C. 胆红素

D. 血红素　E. 脂褐素

57. 鸡,行动迟缓,腿关节肿大,死后剖检见肾、肝被膜和心包上有大量石灰样物质沉积。该病最可能的诊断是(　　)。<2018>

A. 病毒性关节炎　B. 痛风　C. 维生素E缺乏

D. 维生素B缺乏　E. 大肠杆菌病

58. 在动物肺门淋巴结中常见的外源性色素沉着是(　　)。<2019>

A. 脂褐素　B. 含铁血黄素　C. 卟啉色素

D. 炭末　E. 黑色素

59. 转移性钙化(　　)。<2020>

A. 对机体不利　B. 钙化的组织功能无变化

C. 对机体有利有弊　D. 对机体有利

E. 钙盐沉着在病理产物中

60. 家畜常有含铁血黄素沉着的病变器官和组织不包括(　　)。＜2021＞
A. 淋巴结　B. 肝脏　C. 皮肤
D. 骨髓　E. 脾脏

61. 由于血钙和(或)血磷升高,以致钙盐在健康组织中沉积的现象为(　　)。＜2022＞
A. 纤维化　B. 转移性钙化　C. 机化
D. 营养不良性钙化　E. 硬化

62. 局灶病灶及坏死组织的钙盐沉积称为(　　)。＜2022＞
A. 营养不良性钙化　B. 转移性钙化　C. 机化
D. 纤维性　E. 硬化

63. 证明脾脏中有含铁血黄素的方法是(　　)。＜2022＞
A. PAS 染色　B. 刚果红染色　C. 普鲁士蓝染色
D. 苏丹黑 B 染色　E. 苏丹红Ⅲ染色

64. 创伤愈合时,不属于肉芽组织固有成分的是(　　)。＜2009＞
A. 胶原纤维　B. 成纤维细胞　C. 中性粒细胞
D. 平滑肌细胞　E. 新生毛细管

65. 构成肉芽组织的主要成分除毛细血管外,还有(　　)。＜2010＞
A. 肌细胞　B. 上皮细胞　C. 纤维细胞
D. 成纤维细胞　E. 多核巨细胞

66. 不属于适应性反应的是(　　)。＜2011＞
A. 萎缩　B. 坏死　C. 增生
D. 化生　E. 肥大

67. 构成肉芽组织的主要成分是毛细血管内皮细胞和(　　)。＜2012＞
A. 肌细胞　B. 多核巨细胞　C. 成纤维细胞
D. 上皮细胞　E. 纤维细胞

68. 萎缩是指已发育成熟的组织、器官(　　)。＜2013＞
A. 体积不变、功能增强　B. 体积不变、功能减退
C. 体积缩小、功能增强　D. 体积缩小、功能不变
E. 体积缩小、功能减退

69. 创伤性肉芽组织的表层结构的组成主要是(　　)。＜2014＞
A. 渗出液和炎性细胞　B. 成纤维细胞和毛细血管
C. 纤维细胞和胶原纤维　D. 成熟的结缔组织
E. 疏松结缔组织

70. 动物发生全身性萎缩时,最早萎缩的组织或器官是(　　)。＜2015＞
A. 心脏　B. 肝脏　C. 肾脏
D. 脂肪　E. 垂体

71. 肉芽组织是指新生幼稚的(　　)。＜2016＞
A. 上皮组织　B. 网状组织　C. 纤维结缔组织
D. 肌组织　E. 软骨组织

72. 球虫寄生肠道导致肠黏膜上皮细胞数量增多的病变是(　　)。＜2017＞
A. 化生　　B. 再生　　C. 增生
D. 真性肥大　　E. 假性肥大
73. 再生能力较弱的细胞是(　　)。＜2018＞
A. 肠黏膜上皮细胞　　B. 肾小管上皮细胞
C. 肝细胞　　D. 成纤维细胞
E. 心肌细胞
74. 肉芽组织是一种幼稚结缔组织,其中富含(　　)。＜2019＞
A. 炎性细胞和胶原纤维　　B. 新生毛细血管和成纤维细胞
C. 网状纤维和胶原纤维　　D. 胶原纤维和纤维细胞
E. 成纤维细胞和纤维细胞
75. 发生萎缩的细胞(　　)。＜2020＞
A. 功能无变化　　B. 形态不可恢复　　C. 功能丧失
D. 功能降低　　E. 代谢停止
76. 分化成熟的黏膜柱状上皮细胞受到刺激分化为复层鳞状上皮细胞的现象,属于(　　)。＜2021＞
A. 机化　　B. 化生　　C. 增生
D. 再生　　E. 肥大
77. 发育成熟的器官、组织发生体积变小功能减退的称为(　　)。＜2022＞
A. 萎缩　　B. 增生　　C. 肥大
D. 化生　　E. 发育不全
78. 实质细胞数量增多并伴有组织器官体积增大称为(　　)。＜2022＞
A. 肥大　　B. 增生　　C. 萎缩
D. 再生　　E. 化生

四、判断题

1. 发生萎缩的组织或器官,其功能必然降低。(　　)
2. “虎斑心”属于实质性心肌炎,心肌有灰黄或灰白色斑状纹,外观形似虎皮。(　　)
3. 细胞膜破裂是细胞坏死的主要标志。(　　)
4. 蜡样坏死是指发生在脂肪组织的液化性坏死。(　　)
5. 化脓性炎是一种典型的湿性坏疽。(　　)
6. 结核病导致的干酪样坏死属于液化性坏死的一种类型。(　　)
7. 发生变性的细胞,只要消除病因、内环境改善,是可以恢复正常的。(　　)
8. 动物越高等,再生能力越强。(　　)
9. 完全再生时主要由结缔组织来修复。(　　)
10. 肥大的器官功能会增强。(　　)
11. 肝虽有强大的代偿能力,但它的再生能力却较弱而常常导致肝硬化。(　　)
12. 直接愈合和间接愈合虽是创伤愈合的两种类型,但它们的愈合过程具有本质的区别。(　　)
13. 转移性钙化是指钙盐沉着在变性、坏死组织或病理性产物中的过程。(　　)

14. 营养不良性钙化是由全身钙、磷代谢障碍，血钙升高所致。（　　）

五、简答题

1. 萎缩与发育不全、不发育有哪些区别？
2. 全身性萎缩的病理变化有哪些？通过对病理变化的分析试述萎缩的实质是什么？
3. 颗粒变性和脂肪变性常发生在哪些器官？病理变化如何？
4. 脂肪变性的原因、眼观病理变化有哪些？如何与颗粒变性、水疱变性相区别？
5. 细胞坏死的标志及形态学变化是什么？其胞质和间质有什么变化？
6. 坏疽有哪几种类型？各类型病变有何特点？
7. 坏死的组织细胞对机体是有害的，机体采取什么方法进行清除？

项目七　炎　症

◆ 学习目标

掌握与炎症相关的基本概念、炎症的基本病理变化、炎症的类型及病变特点；了解炎症的原因、炎症的经过和结局；理解炎症介质的作用、炎症的局部症状及全身反应、炎症的机理。

任务一　炎症的局部表现

实训技能一　局部炎症动物模型的建立与观察

能力目标

1. 熟悉急性炎症动物模型建立方法。
2. 观察急性炎症局部的红、肿、热、痛和机能障碍表现。

技能原理

通过对兔耳注射松节油(或用二甲苯、20%苯酚溶液等反复涂擦)，刺激局部组织引起炎症，观察处理前后耳郭皮肤血管扩张情况，测定局部皮肤厚度，判定其热痛反应等炎症表现，以了解炎症时的基本症状。

视频 7-1　炎症的局部表现

实训准备

1. 器材：兔固定筒、游标卡尺、1 mL 注射器、毛剪、镊子、松节油、二甲苯、20%苯酚溶液、75%酒精棉球、脱脂棉、生理盐水。

2. 动物：白色家兔。

实训内容

1. 取白色家兔，称重后用固定筒固定，使两耳自由露出。

2. 用毛剪将家兔两侧耳郭背面的毛剪去，一直剪到耳根部。注意不要剪破皮肤。

3. 选取一侧耳郭背面下 1/3 处血管分布最少部位为致炎区，用游标卡尺测定该部位致炎前厚度，用酒精棉球消毒后，注射松节油 0.2 mL 于该部皮下，出针时稍用力按压针孔片刻（也可用二甲苯或 20%苯酚等稍用力反复涂擦一侧耳郭皮肤，以引起炎症）。于另一侧耳郭皮下注射 0.2 mL 生理盐水作为对照。

4. 致炎处理后立即对光观察两耳血管有何不同。

5. 30 min 后，观察两耳颜色有何变化，温度及敏感性有无改变，并用游标卡尺测定该部位的厚度。

思考题

1. 注射松节油（涂擦二甲苯等）的耳郭与对照耳郭的颜色、厚度、温度及敏感性有何不同？为什么？

2. 体表急性炎症的局部表现有哪些？

任务二　炎性细胞的观察

实训技能二　血涂片制作与炎性细胞的观察

能力目标

通过实训，掌握并能识别各种炎性细胞的形态特征。

视频 7-2　炎性细胞的观察

实训准备

1. 器材：显微镜、移液枪（可用注射器或胶头滴管代替）、枪头、载玻片、盖玻片、瑞氏染色液、染色架、洗耳球、洗瓶、香柏油、擦镜纸、二甲苯、病理切片（炎性细胞）等。

2. 动物：鸡、犬、兔、小鼠、猪、羊等动物，可任选其中 1～2 种。

实训内容

（一）准备抗凝血

任选一种动物采血适量并注入 EDTA 抗凝管备用。

（二）准备载玻片及推片

取洁净无油脂的载玻片数张，选择边缘光滑平整的作为推片，也可用盖玻片作为推片。

(三)制作血涂片

取被检血一小滴,滴于洁净无油脂的载玻片右端,用左手的拇指与食指夹持载玻片,右手持推片,将其一端放在血滴之前并与载玻片接触,倾斜呈30°～40°角,向后拉动推片,使之与血滴接触,待血液扩散形成一条线之后,以均等的速度徐徐向前推进,则血液均匀地被涂成一薄膜。也可用盖玻片作为推片进行操作。

制作血涂片时,推片与载玻片之间的角度要适当,推进速度要适中,用力应均匀,一推到底,中间不得停顿。良好的血涂片,血液应分布均匀,厚度适当,头、体、尾分明。

(四)干燥

将制备好的血涂片自然干燥。

(五)染色

1. 准备

用蜡笔在血膜两端各划一道线,以防染料外溢,将血涂片置于染色架上。

2. 染色

滴加瑞氏染色液,记住滴数,量以盖满整个血膜为度,染色1～2 min。

3. 加缓冲液

滴加等量的磷酸盐缓冲液(或中性蒸馏水),用洗耳球轻吹液体,使缓冲液与染色液混匀,染色5 min。

4. 冲洗

用蒸馏水冲洗(如自来水的pH稳定于7.2左右时也可使用)。冲洗时,用流水将染色液带走,缓缓冲洗干净。注意:不要先倾去染液再冲洗,以免沉淀物附着在血膜上,不便观察。

5. 干燥

冲洗后,甩掉染色片上的水分,再用滤纸吸干,也可斜置血涂片使其自然干燥,用油镜检查。

(六)镜检

镜检观察自制的染色血涂片,也可观察各种炎性细胞的病理标本片,仔细分辨各种炎性细胞的特征。炎性细胞的类型及特征如下:

1. 中性粒细胞

细胞核一般分成2～5叶,幼稚型中性粒细胞的胞核呈弯曲的带状、杆状或锯齿状而不分叶。胞体呈圆形,胞质淡红色,内有淡紫色的细小颗粒。禽类的称为嗜异性粒细胞,胞质中含红色的椭圆形粗大颗粒。

2. 嗜酸性粒细胞

细胞核一般分为二叶,各自成卵圆形。胞质丰富,内含粗大的强嗜酸性染色反应的红色颗粒。

3. 嗜碱性粒细胞

细胞核呈分叶状,但常不清楚,胞质丰富,内含粗大、大小分布不均、染成蓝紫色的嗜碱性颗粒。颗粒可覆盖在细胞核上。

4. 单核细胞和巨噬细胞

细胞体积较大，呈圆形或椭圆形，常有钝圆的伪足样突起，细胞核呈卵圆形或马蹄形，染色质细粒状，胞质丰富，内含许多溶酶体（紫红色嗜天青颗粒）及少数空泡，空泡中常含有消化中的吞噬物。

5. 淋巴细胞

血液中的淋巴细胞大小不一，有大、中、小型之分。其中大多数是小型的成熟的淋巴细胞，胞核为圆形或卵圆形，常见在核的一侧有小缺痕；染色质较致密，染色深；胞浆很少，嗜碱性。大型淋巴细胞数量较少，是未成熟的，胞浆较多，一般只见于有炎症反应的淋巴结和脾脏。中型淋巴细胞的大小介于二者之间，胞质丰富，核椭圆形或肾形，有时和单核细胞难以区分。

6. 浆细胞

由B淋巴细胞受抗原刺激后演变而成。浆细胞呈圆形，较淋巴细胞略大，胞浆丰富，轻度嗜碱性；细胞核圆形，位于一端；染色质致密呈粗块状，多位于核膜的周边，呈辐射状排列，致使细胞核染色后呈车轮状（这种形态特征是识别浆细胞的标志之一）。

注意事项

1. 所用玻片必须干净，无油污。
2. 血涂片制备要厚薄适宜、均匀，头、体、尾分明，无溶血，无空洞。很多因素影响涂片时血膜的厚度，血滴大，血黏度高，推片角度大、速度快则血膜厚，反之则血膜薄。
3. 如白细胞核为天蓝色则染色时间过短。如红细胞呈紫红色，表示染色时间过长。
4. 染色时切勿使染液干涸，否则会产生不易去掉的沉淀。
5. 冲洗时不可先倾倒，应先轻轻摇动玻片，缓慢加水使沉渣泛起，然后用水冲洗。

思考题

1. 制作血涂片的关键是什么？
2. 炎症过程的不同阶段出现的炎性细胞的种类和数量是否相同？为什么？

实训技能报告单

描绘几种炎性细胞的示意图，并用文字说明其特征。

任务三 炎症观察

实训技能三 炎症标本观察

能力目标

通过观察标本，认识变质性炎、渗出性炎（浆液性炎、卡他性炎、纤维素性炎、出血性炎、化脓性炎)、增生性炎的病理形态学特征,分析其发生原因和机理,以及对机体的意义和影响。

实训准备

变质性炎、渗出性炎(浆液性炎、卡他性炎、纤维素性炎、出血性炎、化脓性炎)、增生性炎的典型病理标本、新鲜病料、组织切片、病变图片,光学显微镜,多媒体课件等。

实训内容

(一)观察变质性炎的大体标本或图片

1. 变质性肝炎

眼观:肝脏不同程度肿胀,质脆易碎,包膜紧张,表面和切面均呈暗红和土黄色相间的斑驳色彩,并有出血斑、出血灶和坏死灶(彩图7-1)。

镜检:肝细胞呈颗粒变性、空泡变性(彩图7-2)。脂肪变性并发生坏死,甚至溶解,窦状隙、中央静脉充血,汇管区和肝细胞索间见炎性细胞浸润,星状细胞轻度增生。

2. 变质性心肌炎

眼观:心肌质稍软,外观上色彩不均,室中隔、心房、心室面散在有灰黄色的条纹与斑点。

镜检:可见心肌纤维呈颗粒变性、空泡变性、脂肪变性并发生坏死,甚至心肌纤维发生断裂和崩解;间质充血、水肿,常见淋巴细胞、单核细胞浸润。

3. 变质性肾炎

眼观:肾肿大,呈灰黄或黄褐色,实质脆弱。

镜检:肾小管上皮细胞呈颗粒变性(彩图7-3)、脂肪变性或坏死脱落,间质充血、水肿、炎性细胞浸润,肾小球毛细血管内皮细胞和间质细胞轻度增生。

(二)观察渗出性炎

1. 观察浆液性炎

(1)浆液性心包炎。心包腔扩张,心包腔内积有大量淡黄色液体(彩图7-4)。

(2)浆液性肺炎。眼观:肺肿胀,暗红色,表面湿润,间质增宽,质地变实,切面流出多量泡沫样液体,支气管内充满浆液(彩图7-5)。

(3)皮肤痘疹、水疱。眼观:蹄部(彩图7-6)、乳房等部位皮肤及口腔黏膜出现浆液性炎,形成水疱、丘疹、糜烂或溃疡等病理变化。

(4)黏膜下层和皮下组织的浆液性炎。在黏膜下层和皮下组织形成厚层胶冻样物(彩图7-7)。

(5)浆液性淋巴结炎。眼观:淋巴结肿大,被膜紧张,质地柔软,呈潮红色或紫红色;切面隆起,颜色暗红,湿润多汁。

(6)浆液性关节炎。眼观:关节肿胀,跛行,切开有淡黄色液体流出(彩图7-8)。

2. 观察卡他性炎

(1)急性卡他性胃炎。眼观:胃卡他性炎症状最明显的部位是胃底部,胃黏膜上附有多量黄白色黏稠的黏液,黏膜肿胀、潮红(经福尔马林固定后潮红多不显著),有的还可看到出血点,形成这些变化的原因是黏膜分泌亢进,炎性细胞浸润,充血。

(2)急性卡他性肠炎。眼观:肠黏膜表面附有多量黄白色黏稠、混有脱落上皮的黏液,黏膜充血肿胀。

(3)急性卡他性气管炎。眼观:气管黏膜表面附有多量黄白色黏稠、混有脱落上皮的含有气泡的黏液,黏膜充血肿胀(彩图 7-9)。

3. 观察纤维素性炎

(1)纤维素性肺炎。眼观:病变肺叶增大,呈暗红或灰红色、灰白色,切面可见肺间质增宽,淋巴管扩张,肺质地变实,呈大理石样外观。肺表面附有纤维素性假膜(彩图 7-10)。

(2)浮膜性炎。

①纤维素性肝周炎和纤维素性心包炎。眼观:纤维素性肝周炎可见渗出的纤维素在肝脏的表面形成一层被膜,易于剥离(彩图 7-11)。纤维素性心包炎可见心包表面血管充血,心包增厚;心包腔积聚渗出液,并混有黄白色的絮状纤维素;心外膜充血、肿胀、粗糙不平,表面附着黄白色纤维素膜,易于剥离(彩图 7-12)。有的纤维素膜覆盖在心外膜上,呈绒毛状(彩图 7-13)。

②浮膜性肠炎。眼观:渗出的纤维素与肠腔内容物混合在一起,在肠腔内形成栓子样物质(彩图 7-14)。

③浮膜性腹膜炎。眼观:渗出的纤维素在腹腔脏器表面形成一层被膜,易于剥离(彩图 7-15)。

(3)固膜性炎。

①慢性猪瘟大肠黏膜"扣状肿"。眼观:肠黏膜可见散在直径 2~2.5 cm 的圆形病灶,质硬,病灶呈灰黄色,稍向黏膜表面隆起,有轮层状同心层结构,周围呈暗褐色,为反应性充血和出血,因其形状很像纽扣,故通常称为"扣状肿"(纽扣状溃疡),常沾染肠内容物而呈暗褐色或污绿色(彩图 7-16)。

②仔猪副伤寒大肠黏膜糠麸样病变。渗出的纤维素与深层坏死组织牢固地结合在一起,在黏膜上形成弥漫性坏死物,不易剥离(彩图 7-17)。

4. 观察出血性炎

(1)出血性淋巴结炎(猪瘟)。眼观:淋巴结体积肿大,呈暗红色或黑红色,切面呈暗红色与灰白色相间的大理石样花纹(前者为出血,后者为淋巴组织)。出血十分严重时,则整个淋巴结切面呈红色。猪瘟时,由于毛细血管内皮受损,炎性渗出和出血显著,淋巴结肿大(彩图 7-18)。

(2)出血性肠炎。眼观:肠黏膜肿胀、潮红,呈弥漫性红色,同时散在大小不一的出血点,黏膜表面附着黏稠、红色炎性渗出物。一些区域黏膜坏死、脱落。

(3)出血性心肌炎。眼观:心肌上呈现点状、斑状、片状出血(彩图 7-19)。

5. 观察化脓性炎

(1)皮下脓肿。眼观:皮下有化脓灶隆起于皮肤表面,切开后有黄白色的脓汁流出(彩图 7-20)。

(2)肝脓肿。眼观:肝被膜下有化脓灶凸于肝表面,切开后有黄白色的脓汁流出(彩图 7-21)。

(3)化脓性淋巴结炎。眼观:淋巴结肿大,潮红,剖面上可见黄白色的化脓灶,压之有脓液流出。有时整个淋巴结形成一团脓液,脓液为黄白色的糊状物。

(4)化脓性肾盂肾炎。眼观:肾表面的化脓灶为黄白色,周围有红色炎症反应带,肾盂充满黄白色脓汁(彩图 7-22)。

(5)腹壁皮下蜂窝织炎。眼观:在皮肤和腹壁肌之间的皮下组织中可见弥漫性淡黄色蜂窝状肿胀,其中蓄积淡黄色脓液。

(三)观察增生性炎

1. 结核性肺炎

眼观:结核性肺炎常表现为小叶性或小叶融合性。病变部充血、水肿,呈灰色红或灰白色,质地硬实。切面上肺组织呈现灰黄色干酪样坏死物(彩图7-23)。慢性病例在肺表面和切面上可见灰白色的结节即结核结节,结节中心呈灰黄色干酪样坏死物。

例如,牛结核性浆膜增生性结节(珍珠病)。眼观可见患牛的网膜上散布着一层密集的黄豆大或绿豆大圆而光滑的淡粉色珍珠样颗粒,此即网膜上的结核性增生性结节。这些结节的中心为结核菌所致的干酪样坏死,外周为特殊肉芽组织,最外层又被普通肉芽组织包囊。在其形成过程中,随着腹腔脏器的收缩运动而呈珍珠样外形,故称珍珠病。

镜检:中央无结构的粉红色区域为无结构的坏死组织,外层为上皮样细胞和多核巨细胞包绕,最外层可见大量淋巴细胞浸润(彩图7-24)。坏死灶中心为颗粒状无结构的嗜酸性染色坏死物,周围可见炎性细胞浸润和上皮样细胞包绕(彩图7-25)。

2. 牛副结核增生性肠炎

眼观:病牛的小肠黏膜光亮苍白,呈现脑回样皱褶,柔软富有弹性,肠壁明显增厚,尤以黏膜层最为显著,这是由于该部有大量淋巴细胞和上皮样细胞增生。

3. 大肠杆菌性肉芽肿

眼观:在心、肝、肠(浆膜、黏膜)等部位形成隆起的灰白色或深入组织实质的肉芽肿,呈小结节到大块组织坏死(彩图7-26)。多呈慢性经过,常呈散发性。

镜检:肉芽肿性炎病时可见肉芽肿内多核巨细胞形成及成纤维细胞增生(彩图7-27、彩图7-28)。多核巨细胞体积大,含多个细胞核,胞核排列在细胞周边(彩图7-29),有的排列成马蹄形(彩图7-30)。

思考题

1. 渗出性炎症主要包括哪几类?
2. “绒毛心”是如何形成的?
3. 比较浮膜性炎和固膜性炎的病变特点。

实训技能报告单

描述实训中见到的病理标本的病变名称及病变特点。绘图表示肉芽肿性炎症的镜检所见。

◆ 相关知识

相关知识一　炎症概述

一、炎症的概念

炎症(inflammation)是动物机体对各种致炎因子引起的损伤所产生的以防御为主的应答

性反应，其基本病理变化表现为局部组织的变质、渗出和增生。局部病变严重时常伴有不同程度的全身反应，如发热、白细胞增多等。发生于体表的急性炎症可以发生红、肿、热、痛和机能障碍等局部表现。

炎症是十分常见又极为重要的病理过程，见于动物的多种疾病中。俗话说"十病九炎"，临床上许多传染病、寄生虫病、内科病及外科病等，尽管病因不同，疾病性质和症状各异，但它们都以不同组织或器官的炎症作为共同的病理学基础。因此正确认识炎症的本质、类型和特征，正确理解和掌握炎症的概念及其发生、发展、转归的基本规律，可以帮助我们了解疾病发生发展的机制，更好地防治动物疾病。

二、炎症的病因

凡是能造成组织损伤的外源性和内源性因素几乎均可引发炎症，成为致炎因子，因此引起炎症的原因比较复杂，归纳起来有以下几类。

(一)外源性致炎因子

1. 生物性因素

生物性因素是最常见的致炎因素，主要包括细菌和病毒，其次还有立克次体、支原体、真菌、螺旋体和寄生虫等。它们通过在体内繁殖，产生、释放毒素直接导致细胞和组织损伤，还可通过其抗原性诱发免疫反应导致炎症。

2. 化学性因素

包括外源性和内源性化学物质。外源性化学物质主要包括强酸、强碱、刺激性药物、腐蚀剂、毒物、腐败饲料等，还有各种有毒动物的毒液、有毒植物的浆液作用于组织而导致炎症。一些有毒物质在其接触或排泄的部位引起组织不同程度的损伤而引起炎症，如腐败饲料可引起急性胃肠炎，动物采食有毒植物引起出血性肠炎等。

3. 物理性因素

低温、高温、放射线、红外线、紫外线和电击所导致的损伤以及机械力所致的挤压伤、切割伤、撞击伤等均可引起炎症反应。物理性致炎因子的作用时间往往短暂，而炎症的发生，则是组织损伤后出现复杂变化的结果。

(二)内源性致炎因子

1. 排泄物或内容物异位

某些排泄物或内容物若进入异位组织，也可诱发炎症。例如，胃、肠穿孔或膀胱破裂导致的腹膜炎，家禽的卵黄进入腹腔引起的腹膜炎等。

2. 内源性化学物质

疾病过程中的病理产物、肿瘤或组织坏死崩解产物、某些病理条件下体内堆积的代谢产物(尿素、胆酸盐等)，在其蓄积和吸收的部位也常引起炎症。

3. 免疫反应

各种变态反应均能造成组织细胞损伤而导致炎症。一些抗原物质作用于致敏机体后可引起变态反应和炎症。例如，抗原抗体复合物沉着引起的肾小球肾炎、关节炎及脉管炎，吸入真菌及其孢子引起的过敏性肺炎等。

(三)机体反应性在炎症中的作用

机体因素属于内因,是炎症发生的基础,包括机体的免疫状态、营养状态、内分泌系统功能状态等。致炎因子作用于机体,能否引起炎症,以及炎症反应的强弱,除与致炎因子的种类、性质、数量、强度和作用时间等有关外,还与机体的年龄、种属、组织特性、防御机能状态等内在因素有密切关系。特别是对生物性致炎因素和抗原物质而言,免疫状态起着决定性作用。机体免疫机能低下时,对致炎因子的反应往往降低,出现所谓的"弱反应性炎",常表现为局部损伤久治不愈。但在有些致敏机体,对一些通常不引起炎症的花粉、药物或异体蛋白等物质,也会出现强烈的炎症反应(即强反应性炎或变态反应性炎)。动物的营养状态对致炎因素作用的反应,特别是对损伤组织的修复有明显影响,如机体营养不良,缺乏某些必需氨基酸和维生素C时,引起蛋白质合成障碍,使修复过程缓慢甚至停滞。内分泌系统的功能状态对炎症的发生、发展也有一定影响。激素中肾上腺盐皮质激素、生长激素、甲状腺素对炎症有促进作用,肾上腺糖皮质激素则具有抑制炎症反应的作用。

三、炎症的局部表现

炎症局部的临床表现为红、肿、热、痛及机能障碍,以体表的急性炎症最为典型。

1. 红

由炎灶内充血所致。炎症初期,因发生动脉性充血,炎症部位血管扩张,血流加快,局部血液增多,氧合血红蛋白增多,故使炎症局部呈鲜红色。随着炎症的发展,血流变慢,动脉性充血转变为静脉性充血,血液中还原血红蛋白增多,故又转为暗红色或紫红色。但在动物皮肤有颜色且毛皮较厚的部位,有时表现不十分明显。

2. 肿

初期是由充血,毛细血管通透性增高、血浆渗出增多引起炎性水肿以及组织细胞变性肿胀所致。后期或慢性炎症,则是由组织增生而引起。

3. 热

见于动脉性充血时,因局部血流量增多,血流加快,分解代谢增强,产热增加,致使炎灶的温度较邻近正常组织高。一般体表的急性炎症表现得比较明显。

4. 痛

疼痛是感觉神经末梢受到致病因素和组织分解产物的刺激所致,如钾离子浓度增高,特别是有些炎症介质如5-羟色胺、缓激肽、前列腺素等都可作用于局部并引起疼痛。而炎区的肿胀压迫或牵拉感觉神经末梢也可引起疼痛。

5. 机能障碍

发炎器官组织的机能障碍是上述临床表现综合作用的结果。局部组织肿胀、疼痛、渗出物压迫阻塞、物质代谢障碍、组织损伤等影响组织器官的正常功能活动。例如,肺炎影响肺的气体交换,引起全身缺氧。

上述五种症状是炎症的共同特点,但并非每一种炎症都会全部表现这些症状,例如一些慢性炎症或内脏的炎症,红与热表现不明显。

四、炎症的全身反应

炎症的形态功能变化主要表现在局部,但局部的病变不是孤立的,它既受整体的影响,同时又影响整体。比较严重的炎症，尤其是生物性致炎因子引起的炎症常出现全身反应。炎症常见的全身反应主要有以下几方面：

(一)发热

发热是在致热原的作用下，使机体体温调节中枢的调定点升高而引起的一种体温调节活动。炎灶内的病原微生物、寄生虫及其代谢产物，以及炎症时组织细胞的坏死崩解产物、抗原抗体复合物、淋巴因子等，被产致热原细胞吞噬后，在胞浆内合成一种蛋白质并释放到细胞外，此即为内生性致热原（也称内源性致热原），它可作用于体温调节中枢，使机体体温调节中枢的调定点上移，引起机体产热过程增强、散热过程减弱，体温升高。

发热是机体抵抗疾病的防御性反应。一定程度的体温升高对机体是有利的，可使机体代谢增强，促进抗体的形成、白细胞生成增多、肝解毒功能和单核-巨噬细胞系统的吞噬功能增强等。同时发热还能促进血液循环，提高肝、肾等器官和组织的生理机能，加速对炎症有害产物的处理和排泄。所以适度发热对机体有一定的抗损伤作用，但持久的发热或超过一定限度的高热，则对生命活动产生不利的影响，可引起机体糖、脂肪、蛋白质大量分解，能量储备严重消耗，动物消瘦，抵抗力下降。甚至体温过高和有毒代谢产物的影响，可导致中枢神经系统受到损害，并出现严重后果。但若炎症病变十分严重时，体温反而不升高，表明机体的反应能力差，抵抗力低下，是预后不良的征兆。

(二)白细胞增多

循环血液中白细胞增多的现象是炎症最为常见的全身反应之一，是抗感染、抗损伤的一种十分重要的防御性反应。白细胞增多主要是由于病原微生物、细菌毒素、菌体产物、炎区代谢产物及白细胞崩解产物等刺激骨髓干细胞增殖，生成并释放白细胞进入血流，使外周血液中的白细胞增多。根据白细胞增多的程度与类型，可以了解感染的程度、发展阶段、致炎因子的类型、机体的机能状况以及疾病的预后等情况。因此，在临床上，外周血液的白细胞检测是一项非常重要的指标，是诊断疾病的重要依据。一般来说急性炎症，特别是化脓性炎以中性粒细胞增多为主；过敏性炎症或寄生虫感染时，多以嗜酸性粒细胞增多为特征；慢性炎症和病毒感染时，则以巨噬细胞和淋巴细胞增多为主。应该指出的是，并非所有的炎症都伴有血液白细胞增多现象，例如有些病毒（如流感病毒、猪瘟病毒等）和细菌（如猪丹毒杆菌感染之初）所引起的炎症，循环血液中的白细胞不仅不增多，反而减少。另外，在机体抵抗力低下或感染严重时，白细胞并不明显增多，甚至还会减少，预后一般较差。

(三)单核-巨噬细胞系统增生与机能亢进

炎症时，尤其是生物性因素引起的炎症，常见单核-巨噬细胞系统机能加强，表现为细胞活化增生，吞噬功能和杀菌机能加强。这也是机体抵御致炎因子刺激的一种反应。例如，发生急性炎症时，炎灶周围淋巴通路上的淋巴结肿胀、充血，淋巴窦扩张，窦内巨噬细胞活化、增生，吞噬功能加强。如果炎症发展迅速，特别是发生全身性感染时，则脾脏、全身淋巴结以及其他器官的单核-巨噬细胞系统的细胞都发生活化增生。主要表现为肝、脾和局部淋巴结肿大，骨髓、肝、脾、淋巴结等器官中的网状细胞以及血窦、淋巴窦的内皮细胞增生，吞噬功能增强。此外，淋巴组织中的 T 淋巴细胞与 B 淋巴细胞明显增生，前者被致敏后可释放大量的淋巴因子，参与炎症过程和细胞免疫;后者通过最终效应细胞——浆细胞产生、分泌大量抗体,参与机体的体液免疫。

(四)实质器官变化

在炎症过程中,特别是较严重的感染所引起的炎症,致炎因子、炎性细胞分解产物、组织坏死崩解产物、血液循环障碍、高温血液等继发全身物质代谢障碍,可以导致心、肝、肾等器官的实质细胞常发生细胞肿胀、脂肪变性,严重时可出现局灶性坏死。

五、炎症介质

炎症介质是指在炎症过程中形成或释放的参与炎症反应的某些化学活性物质,也称化学介质。它们有的来自血浆,有的来自组织细胞,在炎症过程中尤其是渗出性变化中起着非常重要的介导作用。

炎症介质可以促进血管反应,使血管通透性升高,对炎性细胞有趋化作用,引起疼痛和发热以及组织损伤等。

按其来源,炎症介质可分为两大类:细胞释放的炎症介质和血浆产生的炎症介质。

1. 细胞释放的炎症介质

(1)血管活性胺类。主要包括组胺和5-羟色胺(5-HT)。组胺主要贮藏于肥大细胞和嗜碱性粒细胞的胞质颗粒内,也存在于血小板中。在致炎因子作用下,细胞膜受损,细胞脱颗粒,释放组胺。其作用为:①使微动脉扩张,微静脉内皮细胞收缩,导致血管通透性增加;②对嗜酸性粒细胞有趋化作用。5-羟色胺主要存在于肥大细胞和肠道的嗜银细胞内,其作用与组胺相似。

(2)前列腺素和白细胞三烯。前列腺素和白细胞三烯是花生四烯酸的代谢产物。广泛存在于机体多种器官,如前列腺、肾、肠、肺、脑等组织内。其主要作用为:①使血管扩张、血管通透性升高;②对中性粒细胞有趋化作用;③引起发热、疼痛。某些抗炎药物如阿司匹林、消炎痛(吲哚美辛)和类固醇激素等能抑制花生四烯酸的代谢,减轻炎症反应。

(3)溶菌酶释放的炎症介质。中性粒细胞和单核细胞被致炎因子激活后释放的氧自由基和溶酶体酶,可成为炎症介质。其主要作用为破坏组织、促进炎症的血管反应和细胞趋化作用。

(4)细胞因子。细胞因子是一类主要由激活的淋巴细胞和单核-巨噬细胞产生的生物活性物质,可调节其他类型细胞的功能,在细胞免疫反应中起重要作用,在介导炎症反应中也有重要功能。其主要作用有:①促进白细胞渗出,并对中性粒细胞和单核细胞有趋化作用。②增强吞噬作用。③杀伤携带特异性抗原的靶细胞,引起组织损伤。④引起发热反应。细胞因子的种类很多,与炎症有关的主要有白细胞介素(IL)、肿瘤坏死因子(TNF)、干扰素(IFN)、淋巴因子等。

2. 血浆产生的炎症介质

(1)激肽系统。激肽系统是指由组织激肽释放酶原和血浆组织激肽释放酶原分别经一系列转化过程而形成缓激肽。缓激肽能使血管通透性升高,血管扩张,还可引起非血管平滑肌(如支气管、肠胃、子宫平滑肌)收缩,能引起哮喘、腹泻和腹痛。另外,低浓度的缓激肽还可引起炎症部位疼痛。

(2)补体系统。补体系统由一系列蛋白质组成,为机体抵抗病原微生物的重要因子,具有使血管壁通透性增高、化学趋化作用及调理素作用。其中激活的补体 C_{3a}、C_{5a} 等是重要的炎症介质。

(3)凝血系统。炎症时由于各种刺激,第Ⅻ因子被激活,同时启动血液凝固和纤维蛋白溶解系统。凝血酶在使纤维蛋白原变为纤维蛋白的过程中释放纤维蛋白多肽,后者使血管壁通透性增高并对白细胞有趋化作用。纤溶酶系统激活,可以降解 C_3 形成 C_{3a};溶解纤维蛋白所形成的纤维蛋白降解产物(FDP),具有增加血管壁通透性的作用。

以上各种炎症介质之间有着密切联系,其作用相互交织和促进,共同影响着炎症的发生和发展。

相关知识二 炎症的基本病理变化

各种炎症在临床和病理学上都有不同表现,但任何原因引起的炎症在局部均可出现不同程度的变质、渗出和增生三个基本病理变化。在炎症过程中这些病理变化既按照一定的先后顺序发生,又往往综合出现,但因致炎因子和炎症类型的不同或在炎症的不同时期,三者的变化程度有所差异。例如,炎症初期或急性炎症,常以变质、渗出变化为主,增生不明显。而慢性炎症尤其在后期,则多以增生变化为主。三者密切联系,互相影响,互相渗透,也可互相转化,构成炎症局部的基本病理变化。

一、变质

变质是炎症局部组织细胞物质代谢障碍、理化性质改变,以及由此引起的组织细胞变性或坏死等变化的总称。变质可以发生于实质细胞也可发生于间质细胞。实质常出现的变质变化包括细胞肿胀、脂肪变性和坏死等;间质结缔组织的变质可表现为黏液样变性、纤维素样变性和坏死、崩解等。

炎症的变质变化通常是致炎因子直接损伤的结果,但同时组织的变质变化又是炎症应答的诱因,使得炎症进一步发展。如创伤、中毒等致炎因子所引起的炎症,早期变质变化十分明显,随之才出现炎症的渗出和增生等反应,所以变质是诱发炎症应答的主要因素。在一些炎症中,变质常伴随炎症的发展才变得明显,如化脓性炎,开始时致炎因子的直接损伤轻微,但所引起的炎症应答在清除致炎因子时,才能对组织产生显著的损害。

二、渗出

渗出是指血液成分通过微静脉和毛细血管壁进入炎区组织间隙、体表、体腔或黏膜表面的过程。渗出的血液成分包括液体成分和细胞成分,统称为渗出物。渗出为重要的抗损伤过程,是机体消除致炎因子和有害病理产物所采取的积极措施,是多种炎症介质共同作用的结果,是在充血、血管通透性升高的基础上发生、发展而来的。渗出包括血管反应、液体渗出和细胞渗出等过程。

(一)血管反应

损伤局部的血管反应和血流动力学改变是炎症过程最早出现的变化,包括血管管径、血流量、血流速度及血管通透性的改变。

致炎因子作用于局部组织，炎区组织的微血管最初发生短时间反射性痉挛，使局部组织缺血，血流减少，组织色泽变淡甚至苍白。随后微血管扩张，血压升高，毛细血管开放增多，血流加速，局部血量增加，炎区组织潮红、温度升高，物质代谢增强，表现为炎性充血。

随着炎症的继续发展，炎区内动脉性充血可转变成为静脉性充血。此时炎区的血流逐渐减慢，炎区外观上也转为暗红色或紫红色，温度下降，最后甚至出现血流淤滞。淤血的发生同下列原因有关：首先，由于炎症介质的作用，血管通透性升高，血管内富含蛋白质的液体向血管外渗出，引起小血管内血液浓缩，黏稠度增加，血流变慢。其次，血流状态的改变，可引起血小板边移黏附和白细胞发生贴壁，加之血管内皮细胞受酸性产物和其他病理产物的影响而肿胀，因此血管内壁粗糙，管腔狭窄，使血流阻力增加。最后，在炎区酸性环境中，小动脉、微动脉、后微动脉和毛细血管前括约肌明显松弛，而微静脉平滑肌对酸性环境有耐受性，故不扩张，导致大量血液在毛细血管内滞留。淤血加之血管壁受损可引起局部组织的炎性水肿。

当炎症进一步发展时，随着淤血不断加重，使组织氧和营养物质供应障碍更为明显，形成更多氧化不全或中间代谢产物在炎区堆积，这些产物又将加剧局部血液循环障碍，形成恶性循环。最后血流可陷于淤滞状态或发生血栓形成和出血。

(二)液体渗出

1. 液体性渗出物

随着炎区局部血液循环障碍的发展，毛细血管壁的通透性增高，导致血浆成分通过微静脉和毛细血管壁进入组织内，这种现象称为渗出。渗出的液体为炎性渗出液。炎性渗出液是来自血浆的蛋白性液体，其成分可因致炎因子、炎症的发展阶段和血管壁受损程度不同而异。一般来说，血管壁受损轻微或炎症早期，渗出的主要是水、盐类和小分子白蛋白；若血管壁受损严重，分子较大的球蛋白甚至纤维蛋白原也可渗出。渗出的纤维蛋白原在坏死组织释放的组织因子作用下，可形成纤维蛋白即纤维素，如渗出物中含有大量纤维素时，则称纤维素性炎。

炎症时液体渗出是由多种因素引起微循环功能障碍所致。除血管壁的损伤引起通透性升高具有重要意义外，微血管淤血，血管内流体静力压升高以及炎区组织渗透压升高，也是导致炎性渗出的因素。

炎性水肿液称为渗出液，其形成主要与炎症有关。而非炎性水肿液称为漏出液，其形成主要与血液循环以及某些疾病(如肝硬化、肾炎等)引起的血浆胶体渗透压下降有关。二者形成的原因和机制不同，故有差异(表7-1)。

表7-1 渗出液与漏出液的比较

渗出液	漏出液
混浊	澄清
浓厚，含有组织碎片	稀薄，不含组织碎片
相对密度在1.018以上	相对密度在1.015以下
蛋白质含量高，超过4%	蛋白质含量低，低于3%
在活体内外均凝固	不凝固，只含少量纤维蛋白
细胞含量多	细胞含量少
与炎症有关	与炎症无关

2. 渗出液的作用

(1)炎性渗出液含有多种成分,对机体有重要防御作用。

①渗出物中有各种特异性免疫球蛋白、补体、溶菌素、调理素等抗菌物质,可以中和、抑制或杀伤病原微生物及其毒素。

②渗出液为炎区组织细胞带来营养物质(葡萄糖、氧等),并可稀释和带走局部病原微生物及毒素、炎症病理产物等有害物质,减轻其对组织的损伤。

③吸收进入血液的药物,可通过液体渗出被带到炎区发挥治疗作用。

④渗出液中的纤维蛋白原在凝血酶作用下形成纤维素,纤维蛋白交织成网,可限制病原微生物扩散,有利于吞噬细胞充分发挥其吞噬作用。

⑤在炎症后期,渗出的纤维蛋白原转变为纤维蛋白后,纤维素网架还可成为修复的支架,并有利于成纤维细胞产生胶原纤维,有利于肉芽组织的形成。

(2)渗出液对机体也有不利的影响。渗出液过多有压迫和阻塞作用。如肺泡内渗出液可影响气体交换,脑膜发生炎症时渗出液使颅内压升高,引起神经症状。纤维素渗出过多有时不能被完全吸收,发生机化时可导致发炎组织与邻近组织的粘连而影响其正常生理功能。

(三)细胞渗出

1. 细胞性渗出物

在炎症过程中,伴随着局部组织血流减慢及血液液体成分的渗出,各种细胞成分也随之渗出。其中白细胞通过变形运动游到血管外并向炎区做定向游走的过程称为白细胞渗出,游出的白细胞通常称为炎性细胞。炎性细胞弥散于组织间隙,称为炎性细胞浸润,它是炎症反应的重要形态学特征。应该指出,发生炎症时红细胞也可通过血管壁进入组织,称为红细胞漏出。这是血管壁完整性被破坏后红细胞在流体静力压的作用下被推出血管所致。因此,渗出液中若出现大量红细胞,则是炎症反应剧烈或血管壁受损严重的标志。

炎症反应的防御功能主要依赖于渗出的白细胞。白细胞渗出并吞噬和降解病原微生物、免疫复合物及坏死组织碎片,构成炎症反应的主要防御环节,但同时白细胞释放的酶类、炎症介质等可加剧组织损伤。

2. 白细胞的渗出过程

白细胞的渗出过程是极其复杂的,是一个主动运动的过程,包括白细胞靠边、黏附、游出与趋化四个阶段,在趋化因子的作用下到达炎症中心,在局部发挥重要的防御作用。

动画 7-1 白细胞的渗出过程

(1)白细胞靠边、黏附。炎症发生时,炎区内血液循环发生障碍,血流变缓慢,白细胞由轴流进入边流,称为白细胞靠边。靠边的白细胞沿着血管壁缓慢地滚动,一旦与血管内皮细胞接触即黏附在血管内皮细胞表面,称为白细胞黏附或附壁。

(2)游出。白细胞与血管内皮细胞黏附后,通过变形运动的方式穿越血管壁而移行到血管外,并游走到炎症灶内,这个过程称为白细胞的游出。白细胞的游出部位主要是微静脉和毛细血管静脉端。

白细胞黏附于微静脉内皮细胞后,首先沿内皮细胞表面缓慢滚动,当其靠近内皮细胞之间的连接处时,便可伸出伪足强行插入内皮细胞之间的缝隙,把内皮细胞之间的接合处分离开来,最后穿过基底膜使整个细胞移出血管外。白细胞渗出血管后,血管内皮间隙闭合,紧密连接部及基底膜也随之复原,不留有任何痕迹。游出的白细胞最初围绕在血管周围,然后在趋化因子的作用下沿组织间隙,向炎灶中心聚集。虽然各种白细胞都能游走,但其游走的能力差别较大。中性粒细胞和单核细胞的游走能力最强,而淋巴细胞最弱。由于中性粒细胞游走能力最强,而且在血液中的数量最多,在发生急性炎症时,中性粒细胞常最早出现于炎区,这是急性炎症反应的一个重要形态学标志(图 7-1)。

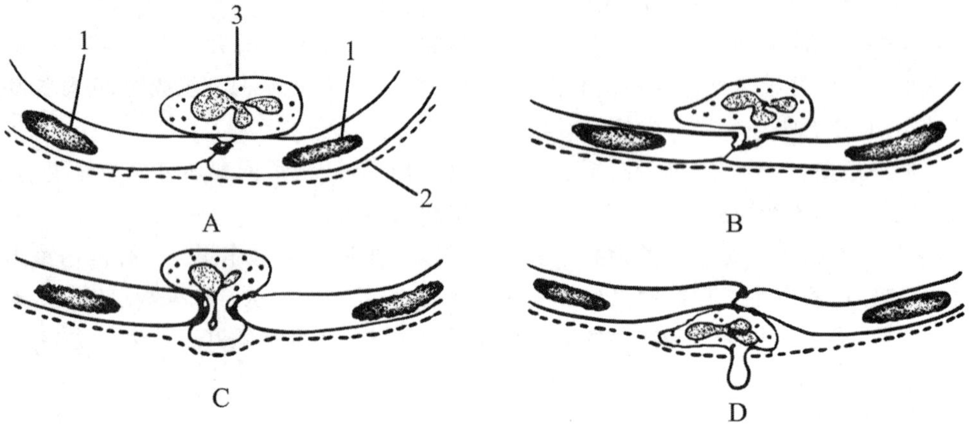

图 7-1　中性粒细胞游出

A. 白细胞黏附在血管内膜上　B. 白细胞伸出伪足　C. 伪足插入血管壁内皮细胞之间　D. 伪足已伸出血管外膜
1. 血管壁内皮细胞核　2. 血管外膜　3. 中性粒细胞

(3)趋化作用。即白细胞穿越血管壁后,向炎区损伤部位聚集的过程。白细胞游出血管后,因受某些化学刺激物的吸引,能以阿米巴运动做定向游走,称为趋化作用或趋化性,而这些调节白细胞定向运动的化学刺激物则称为趋化因子。趋化因子通常以一定的浓度梯度分布于炎区,白细胞则沿浓度差由低至高运动,最终到达浓度最高的炎灶中心发挥作用。

3. 炎性细胞的种类和功能

炎症过程中所出现的各种炎性细胞是机体炎症反应的重要标志和病理变化,在炎症的发生、发展和转归中发挥着重要作用。炎性细胞多数是由血液渗出而来的,如中性粒细胞、单核细胞、淋巴细胞和嗜酸性粒细胞;有的则是来自组织内增生的细胞,如浆细胞以及由巨噬细胞转化而来的上皮样细胞、多核巨细胞。

炎症过程中,渗出的白细胞主要有中性粒细胞、嗜酸性粒细胞、单核细胞、淋巴细胞和浆细胞(图 7-2)。不同致炎因子所引起的炎症,以及炎症过程中的不同阶段出现的炎性细胞种类和数量也不尽相同。

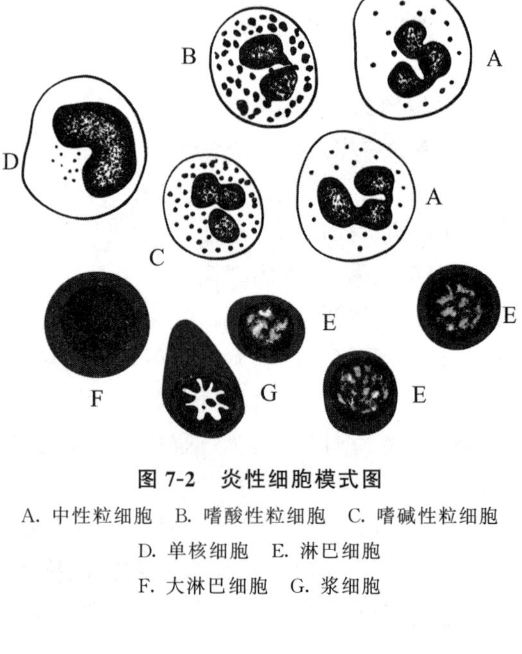

图 7-2　炎性细胞模式图

A. 中性粒细胞　B. 嗜酸性粒细胞　C. 嗜碱性粒细胞
D. 单核细胞　E. 淋巴细胞
F. 大淋巴细胞　G. 浆细胞

(1)中性粒细胞。中性粒细胞起源于骨髓干细胞,是白细胞中较多的一种,其胞浆中含丰富的中性颗粒(相当于溶酶体),其内含有多种酶,与细胞的吞噬和消化功能有关。这种颗粒在发生炎症时可见增多。

作用:中性粒细胞不仅具有很强的趋化性和活跃的游走能力,而且具有极强的吞噬功能,主要吞噬细菌,也能吞噬组织碎片、抗原抗体复合物以及细小的异物颗粒。中性粒细胞还能释放血管活性物质和趋化因子,促进炎症的发生、发展,是机体防御作用的主要成分之一。

诊断意义:中性粒细胞常见于急性炎症初期和化脓性炎。在炎症的早期,首先出现在炎症灶内的是中性粒细胞,特别是化脓性细菌感染时,中性粒细胞渗出最多。临床上将其作为急性炎症的重要指标。在病原微生物引起剧烈炎症时,中性粒细胞不仅大量出现于炎区,而且在外周循环血液中的数量也增多。临床上,幼稚型中性粒细胞出现较多时称核左移,分叶核的中性粒细胞增多时称核右移。但在某些病毒感染时,如猪瘟、牛病毒性腹泻-黏膜病,可引起中性粒细胞数量减少。中性粒细胞减少或幼稚型中性粒细胞增多,往往是病情严重的表现。机体严重衰竭时,若此细胞不增多或反而减少,则常提示预后不良。

(2)嗜酸性粒细胞。嗜酸性粒细胞起源于骨髓干细胞,其胞浆丰富,其中充满粗大的鲜红色嗜酸性颗粒,内含有多种酶(芳基硫酸酯酶、酸性磷酸酶、过氧化物酶、组胺酶、磷脂酶D、血纤维蛋白酯酶和碱性蛋白等)。

作用:嗜酸性粒细胞具有一定的游走运动能力和吞噬能力。通常可吞噬抗原抗体复合物、抗体包被的红细胞、细菌、支原体、念珠菌、肥大细胞脱颗粒、寄生虫等。在发生过敏性炎症时,嗜酸性粒细胞可通过释放组胺酶、芳基硫酸酯酶、磷脂酶D来分别灭活由肥大细胞或碱性粒细胞释放的组胺、白细胞三烯及血小板激活因子以消除它们引起的过敏反应。在寄生虫引起的炎灶内,嗜酸性粒细胞释放物可吸附于虫体表面,其中所含的主要是碱性蛋白、阳离子蛋白和过氧化物酶,可导致虫体死亡。

诊断意义:嗜酸性粒细胞多见于过敏性炎症、寄生虫感染、食盐中毒等。若反复感染或重度感染时,则不仅在组织中大量浸润,在循环血液中也显著增加,如在旋毛虫感染时特别明显,在过敏反应时可增加到20%～25%。

(3)单核细胞和巨噬细胞。单核细胞和巨噬细胞均起源于骨髓干细胞,血液中的单核细胞受到刺激后,离开血液到结缔组织或其他器官后转变为巨噬细胞。

作用:巨噬细胞具有趋化能力,其游走速度慢于中性粒细胞,但有强大的吞噬功能,可吞噬、消化较大的颗粒,如非化脓菌、原虫、衰老和异常的细胞、肿瘤细胞、坏死组织碎片、抗原抗体复合物、脂质以及体积较大的异物颗粒等,特别是对于慢性细胞内感染的细菌如结核分枝杆菌、布鲁氏菌和李斯特菌的清除有重要意义。但若巨噬细胞吞噬的病原体(如分枝杆菌)未能被杀死,则可随巨噬细胞的游走而在体内散播,对机体产生不利影响。巨噬细胞还参与特异性免疫反应,并能产生许多炎症介质促进调整炎症反应。炎症反应过程中,炎灶内存在某些病原体(如分枝杆菌、鼻疽杆菌等)或异物(如缝线、芒刺等)时,巨噬细胞可转变为上皮样细胞或多个巨噬细胞融合成多核巨细胞。

应指出的是,活化的巨噬细胞所产生和分泌的大量物质中,有些成分对组织和细胞具有毒性作用或能破坏细胞外基质(如蛋白酶类)。

诊断意义:单核细胞常见于急性炎症的后期、慢性炎症、某些非化脓性炎(结核分枝杆菌、布鲁氏菌感染)时。病毒性炎的早期及寄生虫感染的炎症灶内也可见大量单核细胞。在急性炎症,单核细胞在炎灶出现的时间往往迟于中性粒细胞,当其进入炎灶后,中性粒细胞便逐渐消失。但在病毒感染时,单核细胞于炎症的早期即可大量出现。

(4)淋巴细胞与浆细胞。

作用:淋巴细胞主要是产生特异性免疫反应,可分为T淋巴细胞和B淋巴细胞两类。T淋巴细胞受抗原刺激后转化为致敏淋巴细胞,当再次与相应抗原接触时,致敏淋巴细胞释放多种淋巴因子,发挥细胞免疫作用;B淋巴细胞在抗原刺激下,可以增殖转化为浆细胞,浆细胞能产生抗体,引起体液免疫反应。

诊断意义:淋巴细胞、浆细胞与机体的免疫反应及炎症密切相关,常在病毒感染和慢性炎症时出现。淋巴细胞、浆细胞和巨噬细胞在炎区内常可同时出现,因为在免疫反应过程中,首先是巨噬细胞吞噬处理抗原,然后把抗原信息传递给免疫活性细胞。

(5)嗜碱性粒细胞和肥大细胞。嗜碱性粒细胞是血液中数量最少的白细胞,细胞核呈分叶状,细胞质内含有大量的嗜碱性颗粒。肥大细胞来源于血液中的嗜碱性粒细胞或由间叶细胞演变而成,常常贴附于血管外膜或分布于疏松结缔组织中。两者在形态和功能上有很多相似之处。

作用和诊断意义:嗜碱性粒细胞的颗粒中含有组胺、5-羟色胺、肝素、白细胞三烯、激肽以及蛋白聚糖和一系列中性蛋白酶等。此外,嗜碱性粒细胞还含有过氧化物酶,但血清素和某些水解酶的含量比肥大细胞少得多。在致炎因子刺激下,嗜碱性粒细胞活化,通过脱颗粒释放出炎症介质,从而引起炎症反应。

肥大细胞和嗜碱性粒细胞一样,胞浆内含有嗜碱性颗粒,此外,还含有多种酶类。肥大细胞参与急性和持续性慢性炎症反应,是速发型过敏反应的主要靶细胞;能释放多种作用强烈的介质,可引发速发型变态反应。

4. 白细胞的吞噬过程

渗出到炎灶内的白细胞,吞噬和消化病原微生物、抗原抗体复合物、异物或组织坏死崩解产物的过程称为吞噬过程,这是机体消灭致病因子的一种重要手段。具有吞噬功能的细胞主要是中性粒细胞和巨噬细胞。

吞噬过程如下:

(1)识别和黏着。炎症早期,在特异性抗体尚未生成以前,吞噬细胞在合适的环境中(如有纤维素存在的粗糙面),能对细菌或其他异物进行吞噬,但其作用并不太强,称为表面吞噬。如果细菌或其他抗原物质先与存在于血清内的调理素(IgG、C_3b)相结合,可大大促进吞噬细胞的吞噬作用,称为调理吞噬反应。中性粒细胞和单核细胞表面存在着Fc和C_3b受体,能识别被抗体或补体包围的细菌,经抗体或补体与受体结合,细菌即黏着于吞噬细胞表面。

(2)摄入、杀伤和降解。吞噬物质被牢固地黏着在吞噬细胞表面后,吞噬细胞的胞质伸出伪足,将被吞噬的物质包入胞质内形成吞噬小体。吞噬小体和吞噬细胞胞浆内的溶酶体融合而成吞噬溶酶体。溶酶体内容物倾入其中,称为脱颗粒,细菌在吞噬溶酶体中被杀伤、降解。溶酶体酶也可被释放至细胞外而引起周围组织的损伤。

通过吞噬细胞的上述杀伤作用,大多数病原微生物被杀伤。有的病原微生物(如结核分枝杆菌、伤寒杆菌)虽被吞噬却不一定被杀死,一旦机体抵抗力下降,这些病原体反而在吞噬细胞内生长繁殖,并可能随吞噬细胞的游走而在病畜体内散播。

5. 巨噬细胞及其相关细胞

巨噬细胞也称大吞噬细胞，是炎灶中一类具有强大吞噬能力的细胞，其有两个来源，一是来源于血液中的单核细胞，二是由单核巨噬细胞系统中固定或游走的细胞增生而来。巨噬细胞的寿命很长，可达数月，一般不再返回血流，并以两种形式存在：一种是自由移动于组织间隙的游动的巨噬细胞；另一种则固定在组织或器官中，并因其分布的器官或组织不同而有不同的名称，如结缔组织中的组织细胞、肝巨噬细胞、肺中的尘细胞、骨髓中的破骨细胞、神经组织中的小胶质细胞等。这些细胞平常多处于静止状态，但均具有吞噬、趋化及增殖潜能，发炎时即变成活跃的巨噬细胞。巨噬细胞的表面分布有多种受体，与其识别抗原、吞噬及细胞毒作用等多种功能有关。

(1)上皮样细胞。正常的组织中没有上皮样细胞，它来源于炎症局部的巨噬细胞，也可由血液渗出的单核细胞演变而成。但巨噬细胞在吞噬过程中，不会转变成上皮样细胞。

上皮样细胞外形与巨噬细胞相似，呈梭形或多角形。胞浆丰富，内含大量内质网和许多溶酶体，胞膜不清晰，细胞核呈圆形、卵圆形或两端粗细不等的杆状，核内染色质较少，着色淡。因其形态与扁平上皮相似，故得其名。

作用：上皮样细胞虽然由巨噬细胞演变而来，但它已丧失了吞噬活细菌的能力，仅保留以胞饮摄取微粒的功能。该种细胞常以数层包绕在病原体、病理产物及异物的周围，是典型肉芽肿的中间部分。上皮样细胞可能通过分泌化学因子来破坏或有助于破坏其邻近的微生物。它的主要功能是围歼所包绕的病原微生物等，它们在肉芽肿中心的有害物与宿主之间，形成一道隔离屏障，限制其向周围扩散。

诊断意义：上皮样细胞见于肉芽肿性炎，是肉芽肿性炎(即特异性增生性炎)的标志。

(2)多核巨细胞。多核巨细胞简称巨细胞，是由巨噬细胞或上皮样细胞融合而成的，也可由其通过核分裂而胞质不分裂的方式来形成。

多核巨细胞体积巨大，胞质丰富，在一个细胞体内含有许多个大小相似的细胞核。细胞核的排列有三种方式：一是细胞核沿着细胞体的外周排列，呈马蹄状，这种细胞又称朗格汉斯巨细胞；二是细胞核聚集在细胞体的一端或两极；三是细胞核散布在整个巨细胞的胞质中，称异物巨细胞。朗格汉斯巨细胞多见于感染性肉芽肿内，异物巨细胞则主要见于异物性肉芽肿内。

作用及诊断意义：多核巨细胞具有强大的吞噬功能，常出现在结核病、鼻疽、副结核、放线菌病和霉菌病的病灶内，也见于坏死组织(尤其是坏死的脂肪组织)的边缘和芒刺、缝线及虫卵等异物周围。

三、增生

在致炎因子或某些理化因素的刺激下，以炎症局部细胞增殖为主的变化，称为增生。它是一种防御反应，可以清除致炎因子和病理产物、防止炎症蔓延、修复损伤等。

炎灶增生的细胞成分十分复杂，包括巨噬细胞、淋巴细胞、浆细胞、血管内皮细胞和血管外膜细胞、血窦和淋巴窦内皮细胞、神经胶质细胞、成纤维细胞以及炎灶周围的上皮细胞或实质细胞等。增生变化可贯穿于整个炎症过程。在炎症早期，增生反应表现得较弱，但随着炎症的发展，尤其到了炎症后期的修复阶段，或急性炎症转为慢性时，增生现象则表现得十分明显。

然而,在有些急性炎症或炎症初期,也会出现明显的细胞增生变化,如发生急性肾小球肾炎时,肾小球血管内皮细胞和系膜细胞明显增生。

综上所述,炎症局部的变质、渗出和增生变化既有区别,又有联系,互为因果,共同构成复杂的炎症过程。在此过程中,有致炎因子对机体的损伤作用,也有机体的抗损伤反应。二者的对立统一贯穿于炎症过程的始末,并以抗损伤反应占主导地位,故炎症本质上是一种以防御为主的病理生理过程。一般来说,炎症过程中的变质属于损伤性改变,渗出和增生属于抗损伤反应。而渗出虽属于抗损伤反应,但若渗出过多,则可造成不良影响。如压迫组织,造成组织缺血、缺氧;大量渗出物聚集在体腔,可影响脏器的功能活动;纤维蛋白渗出过多,可发生机化、粘连,若发生在肺脏,则使呼吸表面积大大减少,从而造成呼吸困难;白细胞渗出过多,在完成其吞噬等功能后,会发生死亡、崩解,释放大量蛋白酶,在降解炎性产物的同时,对周围正常组织也会产生溶解破坏作用。增生,尤其是增生的肉芽组织有修复损伤的作用,但过度增生可使原有组织的结构发生改变或破坏,并影响器官的功能,如慢性肾炎导致的皱缩肾、肝炎后期的肝硬化等。

相关知识三　炎症的类型

炎症是一个复杂的病理过程,其基本病理变化为变质、渗出、增生,但在不同情况下,由于炎症病因的性质、强度和作用时间的不同,以及发病器官的组织结构和功能特点,机体的免疫状态和病程长短的差异,使炎症往往表现为以其中的一种病理变化为主。故根据不同炎症表现的主要病理变化,将其分为变质性炎、渗出性炎和增生性炎三大类,变质性炎和渗出性炎常呈急性,而增生性炎多为慢性。

(一)变质性炎

变质性炎是以炎症局部组织变性、坏死为主的一类炎症,而渗出和增生变化轻微。变质性炎常发生于肝、心、肾、脑等实质器官,因此又称为实质性炎症。

(1)原因。最常见于各种中毒(如霉菌毒素、植物毒素中毒)、传染病(如传染性肝炎、坏死杆菌病)或机体发生过敏时,毒性物质直接或反射性地引起组织代谢的急性障碍。

(2)病理特征。主要表现为器官肿大,质地脆弱柔软,实质细胞发生颗粒变性、脂肪变性和坏死,有时也发生崩解和液化,还可出现轻度的充血、水肿和不同程度的炎性细胞浸润以及细胞增生等变化。严重的变质性炎以坏死变化为主,故又称坏死性炎。发生坏死性炎的器官,常见大小不等、界限清楚的灰白或灰黄色炎性坏死灶,在炎症初期,坏死灶周围常有红晕(彩图7-1)。

(3)结局。变质性炎多呈急性过程,其结局取决于实质细胞的损伤程度。一般炎症损伤较轻时,在病因消除后可完全康复。如果实质细胞大量受到损伤,引起器官功能急剧障碍,则可造成严重后果甚至发生死亡。但有时也可转为慢性,迁延不愈,此时局部损伤多由结缔组织增生来修复。

(二)渗出性炎

渗出性炎是以渗出变化为主的一类炎症,多呈急性经过。其特征是炎灶中有大量的渗出物,包括细胞渗出物和液体渗出物,在渗出物中有时可见漏出的红细胞,组织细胞有明显的变性、坏死,但增生变化比较轻微。由于致炎因子和机体反应性的不同,血管壁的损伤程度也不一样,因而渗出物的成分和性状也有所差异,根据渗出物的主要成分和病变特点,可将渗出性炎分为六种,即浆液性炎、纤维素性炎、化脓性炎、出血性炎、卡他性炎与坏疽性炎。

1. 浆液性炎

浆液性炎是以浆液渗出为主的炎症。浆液性炎常发生于浆膜、黏膜、皮肤、皮下组织、肺和淋巴结。

(1)原因。多种理化因素或生物因素均可引起浆液性炎。如烧伤、冻伤,各种酸、碱刺激,蚊虫叮咬,以及口蹄疫、猪水疱病引起的皮肤水疱,结核分枝杆菌引起的浆液性胸膜炎、风湿病时的风湿性关节炎以及感冒病毒引起的鼻炎等。

(2)病理特征。浆液类似血浆或淋巴液,含 3%～5%的蛋白质,主要是白蛋白和球蛋白,还有少量纤维蛋白原、白细胞、脱落的上皮细胞或间皮细胞等。浆液一般比较稀薄,黄色透明或稍混浊,容易凝固。

发生于浆膜时,常见浆膜腔积液,如心包腔积液、胸腔积液、腹腔积液、关节腔积液等。

发生于皮肤时,浆液多聚积于表皮棘细胞之间或真皮的乳头层,使皮肤局部形成丘疹样结节或水疱,此病变常见于口蹄疫(彩图 7-5)、猪水疱病、痘疹、烧伤、冻伤及湿疹等。

发生在黏膜表层的浆液性炎,是卡他性炎的初期表现,在黏膜的表面覆有大量混有黏液的浆液。

发生在黏膜下层,则表现为胶冻样水肿,切开肿胀部可见淡黄色浆液流出,疏松结缔组织呈淡黄色半透明胶冻样(如仔猪水肿病的胃壁)。皮下结缔组织的浆液性炎变化与此相似。

肺的浆液性炎比较常见,眼观可见肺明显肿大,重量增加,切面可流出多量含泡沫的液体;镜检可见肺泡隔毛细血管充血,肺泡腔充满浆液,其中有多少不一的白细胞,有时还见少量红细胞和纤维素。

淋巴结的浆液性炎(即浆液性淋巴结炎)是最为常见的淋巴结炎症,眼观肿大、切面隆起、潮红多汁。

(3)结局。浆液性炎通常是渗出性炎中比较轻微的一种,多呈急性经过。其结局以及对机体的影响取决于炎症的发生部位及渗出的程度。如致炎因子消除,渗出液能被吸收,损伤的细胞经再生修复,炎症即可消散,完全恢复至正常。但若渗出液过多,则可压迫脏器或周围组织,引起功能障碍,尤其发生在浆膜腔或肺、咽喉部时,常可造成严重后果,甚至危及生命。

2. 纤维素性炎

纤维素性炎是以渗出物中含有大量纤维素为特征的渗出性炎。纤维素即纤维蛋白,来源于血浆中的纤维蛋白原。当组织损伤较重,血管通透性增高,分子量较大的纤维蛋白原从血液中渗出后,受到来自损伤组织所释出的酶的作用而转变成不溶性的纤维素。

(1)原因。多由内、外源性毒素或某些微生物感染所引起,如猪肺疫、仔猪副伤寒、新城疫及白喉、中毒(氯化汞中毒、尿毒症)等。

(2)病理特征。纤维素性炎常发生在浆膜、黏膜和肺等部位。根据发炎组织受损伤程度的不同,又可分为浮膜性炎和固膜性炎两种类型。

①浮膜性炎。发生在黏膜或浆膜上,是指组织坏死性变化比较轻微的纤维素性炎。它的特征是渗出纤维素凝固并形成一层淡黄色、有弹性的膜状物和白细胞、坏死上皮被覆在炎症灶表面,这种膜易于剥离,剥离后,被覆上皮一般仍保留,组织损伤较轻。多发生于浆膜、黏膜和肺。

浆膜的浮膜性炎:常见于胸膜、腹膜、心外膜、肝包膜等处,初期见少量纤维素渗出,呈丝网状沉积于浆膜面上。随着渗出的纤维素不断增多,纤维素凝固而成的膜也不断增厚,呈絮状、网状或片状被覆在浆膜面上,呈灰白色或灰黄色,易于剥离。将纤维素剥离后,可见浆膜充血、出血、肿胀、粗糙,失去光泽。浆膜腔内蓄积含有大量絮片状纤维素的混浊渗出液。纤维素性炎若发生于心包膜(即纤维素性心包炎),纤维素则附着于心包膜上,由于心脏的跳动,可使心包的脏层和壁层之间互相摩擦,致使附着在心包膜脏面(即心外膜)上的纤维素呈绒毛状,故称为"绒毛心"。

黏膜的浮膜性炎:常见于喉头、气管、支气管、胃肠等部位。渗出的纤维素、白细胞和坏死的黏膜上皮常凝集在一起,形成一层灰白色的膜样物,称为"假膜"。常见于急性纤维素性胃肠炎和牛病毒性腹泻等。纤维素性胃肠炎时可见管状的假膜随粪便排出体外。假膜剥离后,黏膜见充血、肿胀,其下层组织无明显损伤。

纤维素性肺炎:纤维素性炎发生于肺时,在小支气管和肺泡腔内含有大量交织成网状的纤维素,网眼内有数量不等的红细胞、白细胞和脱落的肺泡上皮细胞等,因其发展阶段不同可呈红色(充血明显)或灰白色(充血减退、渗出细胞增多)等病理变化。渗出的纤维素积聚在肺泡腔内使肺组织变实,质地变硬如肝脏样,称为肝变。

②固膜性炎。指伴有比较严重组织坏死的纤维素性炎,故又称为纤维素性坏死性炎。它的特征是渗出的纤维素与深层坏死组织牢固地结合在一起,不易剥离,强行剥离后黏膜组织形成溃疡。固膜性炎可见于仔猪副伤寒、猪瘟、鸡新城疫等疾病的肠黏膜的病变,也可见于子宫和膀胱的病变。

固膜性炎只发生于黏膜,依炎症波及范围又可分为局灶性和弥漫性固膜性炎。发生局灶性固膜性肠炎时,黏膜上可见圆形隆起的痂,呈灰黄或灰白色,表面粗糙不平,直径大小不一,质地硬实,炎症可侵及黏膜下层,甚至到达肌层或浆膜。这种假膜不易剥离,若强行剥离则黏膜局部形成溃疡。弥漫性固膜性肠炎病变性质与上述相似,但范围扩大,可有大面积肠黏膜受损伤。仔猪副伤寒多表现为弥漫性固膜性炎,而猪瘟则呈局灶性固膜性炎,通常称为"扣状肿"。

(3)结局。纤维素性炎一般呈急性或亚急性经过,结局主要取决于组织坏死的程度。渗出物较少时,纤维素受到白细胞释放的蛋白酶的作用,可被机体溶解吸收,损伤组织通过再生而获修复。消化道黏膜的假膜脱落后,可随粪便排出,但支气管黏膜的假膜(如鸡传染性喉气管炎、鸡痘等)若大量脱落,则可引起支气管堵塞而发生窒息。有时浆膜面上的纤维素因机化使浆膜肥厚或与相邻器官发生粘连,发生纤维素性肺炎时,如纤维素不能完全被溶解吸收,则可发生机化，严重时导致肺肉质变。固膜性炎因组织损伤严重，不能完全修复，常因局部结缔组织增生而形成瘢痕。

3. 化脓性炎

化脓性炎是大量中性粒细胞渗出并有脓液形成的一种炎症，可发生在机体的任何部位，属于典型的液化性坏死。炎区内渗出的中性粒细胞崩解后释放的溶酶体酶和坏死组织产生的蛋白酶将局部组织溶解液化的过程称为化脓，所形成的液状物称为脓液。脓液主要由渗出的中性粒细胞、脓细胞、溶解的坏死组织、渗出的浆液和化脓菌等组成。脓细胞是指脓液中已发生变性、坏死的中性粒细胞。中性粒细胞坏死后，可将其溶酶体中的酶，尤其是蛋白酶被释放出来，使局部炎区的坏死组织和纤维素等渗出物被溶解，所以化脓性炎以液体的形式存在。

(1)原因。化脓性炎主要是由葡萄球菌、链球菌、大肠杆菌、绿脓杆菌、化脓棒状杆菌等化脓菌引起的。但有些化学物质(如松节油、巴豆油、煤焦油)或坏死组织(如坏死骨片)也可引起无菌性化脓。

(2)病理特征。脓液的性状可因病原菌不同而呈乳白色、灰黄色或黄绿色，质地浓稠或稀薄。感染葡萄球菌和链球菌时脓液一般呈乳白色或金黄色的乳糜状；脓液中含有红细胞时呈红黄色；感染绿脓杆菌和棒状杆菌时脓液常呈绿色；蹄部感染引起的化脓，常混合腐败菌，呈灰黑色、污绿色并带有恶臭味。此外，脓液的性状还与动物的种类、坏死组织的含水量及脱水的程度有关。例如，犬中性粒细胞的蛋白酶有较强的水解能力，故形成的脓液常稀薄如水；牛的脓液则黏稠，当脓液脱水后或含有多量组织碎片时则呈颗粒状；禽类的脓液中含有多量抗胰蛋白酶，常凝固呈干酪样。

化脓性炎的组织学特点是大量中性粒细胞渗出，在发挥吞噬等功能之后，多数中性粒细胞发生脂肪变性、空泡化、核固缩等退行性变化。与此同时，局部组织发生溶解液化。在化脓灶也可见巨噬细胞和淋巴细胞，尤其是呈慢性经过时，这两种细胞比较多见。

由于致炎因子和发生部位的不同，化脓性炎有多种表现形式，常见的有以下几种：

①积脓。脓汁蓄积在浆膜腔或黏膜腔的一种现象，见于化脓性胸膜肺炎、化脓性腹膜炎、牛创伤性心包炎和子宫积脓等。

②脓性卡他。指发生在黏膜的化脓性炎。其特点是：黏膜潮红、肿胀，表面覆有多量黄白色脓性渗出物，常伴有出血，重症时浅表坏死(糜烂)，黏膜腔蓄积大量脓汁(如胆管和输卵管积脓)。脓性卡他常发生在鼻腔、颌窦、鼻旁窦、子宫、喉囊、支气管、泌尿道和肠道等部位。动物的子宫内膜炎也常表现为脓性卡他。

③脓肿。发生在器官组织内的局限性化脓性炎，表现为炎区中心坏死液化而形成含有脓液的腔。多由葡萄球菌引起，皮肤和内脏多见。其特点是：形成的化脓灶有一定的界限，脓腔中充满脓液，其周围组织出现充血、水肿及中性粒细胞浸润组成的炎性反应带。时间较久者，脓肿周围出现肉芽组织，包围脓腔，并逐渐形成一个界膜，称为脓肿膜。脓肿膜具有吸收脓液、限制炎症扩散的作用。如果病原菌被消灭，则渗出停止，小的脓肿内容物可逐渐被吸收而愈合；大的脓肿通常见包囊形成，脓液干涸、钙化。如果化脓菌继续存在，则从脓肿膜内层不断有中性粒细胞渗出，化脓过程持续进行，脓腔可逐渐扩大(彩图 7-17、彩图 7-18)。

发生在皮肤的脓肿常以疖和痈的形式表现出来。疖是致病细菌侵入毛囊或汗腺所引起的单个毛囊及其所属皮脂腺的急性化脓性感染,好发于毛囊和皮脂腺丰富的部位,主要由金黄色葡萄球菌引起。痈是由多个疖融集而成,在皮下脂肪、筋膜组织中形成许多互相沟通的脓腔,在皮肤表面可有多个开口,常需及时在多处切开引流排脓,方可愈合。

皮肤或黏膜的脓肿可向表层发展,使浅层组织坏死溶解,脓肿穿破皮肤或黏膜而向外排脓,局部形成溃疡,如鼻疽性皮肤溃疡。位于深部的脓肿如果向体表或自然管道穿破,可形成窦道或瘘管。例如,发生慢性化脓性骨髓炎时,可见窦道形成并向体表皮肤排脓。窦道是只有一个开口的排脓通道;瘘管则是连接于体外与有腔器官之间或两个有腔器官之间的有两个以上开口的排脓通道。窦道或瘘管因长期排脓,一般不易愈合。

④蜂窝织炎。指发生在皮下组织、肌间膜或肌肉内的弥漫性化脓性炎,多见于皮下和肌间,常由溶血性链球菌引起。在发生化脓时,链球菌能产生透明质酸酶和链激酶,前者可降解结缔组织基质的透明质酸,使基质溶解,后者则可激活从血浆中渗出的溶纤维蛋白酶原,使之转变为溶纤维蛋白酶,进而溶解纤维蛋白。二者均有利于细菌沿间质和淋巴管向周围迅速蔓延。因此,蜂窝织炎发生发展迅速,炎症波及范围广,且发生高度水肿,炎区内大量中性粒细胞弥漫性地浸润于细胞成分之间,使得炎区与周围组织无明显界限,但炎区组织坏死不明显。轻度蜂窝织炎经及时治疗痊愈后可不留痕迹,但严重的蜂窝织炎患畜常因全身中毒致死。

(3)结局。化脓性炎多呈急性经过,如脓液被及时清除,则可痊愈。发生在皮肤的溃疡可由肉芽组织修复。小脓肿有时可发生钙化,有的钙化灶也可被溶解吸收。但若脓肿破溃,脓液进入静脉管或淋巴管,则引起化脓性静脉炎或淋巴管炎,此时如果机体抵抗力低下,病原菌便随脓液经血管和淋巴管蔓延至全身,造成脓毒败血症,在全身多种组织器官尤其是肺、肝、肾等形成多发性转移性脓肿。少数化脓性炎也可呈慢性经过,如牛放线菌病和马鼻疽的化脓性炎。

4. 出血性炎

出血性炎是指炎性渗出物中含有大量红细胞的炎症。炎灶内血管壁损伤严重,血管通透性显著升高,使渗出物中含有大量红细胞。出血性炎常是一种混合性炎症,如浆液性出血性炎、出血性坏死性炎等。

(1)原因。多见于急性传染病和中毒病,如炭疽、猪瘟、巴氏杆菌病、马传染性贫血与蕨类植物中毒等。

(2)病理特征。出血性炎可发生于各个组织器官,尤其胃肠道和淋巴结的出血性炎最常见。发生出血性炎时大量红细胞出现于渗出液内,眼观渗出物呈红色,发炎组织红肿,伴有出血斑点和糜烂等(彩图7-19、彩图7-20)。如胃肠道的出血性炎,眼观黏膜显著充血、出血,呈暗红色,胃肠内容物呈血样外观。镜检见炎性渗出液中红细胞数量增多,同时也有一定量的中性粒细胞;黏膜上皮细胞发生变性、坏死和脱落,黏膜固有层和黏膜下层血管扩张、充血、出血和中性粒细胞浸润。在实际工作中要注意区分出血性炎和出血,前者伴有血浆液体和炎性细胞的渗出,同时见程度不等的组织变质性变化,而后者则缺乏炎症的征象,仅具有单纯性出血的表现。

(3)结局。出血性炎一般呈急性经过,其结局取决于原发性疾病和出血的严重程度。

5. 卡他性炎

卡他性炎是发生在黏膜表面的渗出性炎(彩图7-21)。卡他一词来自希腊语“katarrhein”,

原意为液体向下流淌。

(1)原因。由病原微生物(如流感病毒)、刺激性气体(如烟熏)、药液等引起。

(2)病理特征。在黏膜的表面覆有大量不同性状的炎性渗出物。主要发生于胃肠黏膜、呼吸道黏膜、泌尿生殖道黏膜,无明显组织破坏现象。根据渗出物的性质,卡他性炎可分为浆液性卡他、黏液性卡他和脓性卡他。按病程可分为急性卡他性炎和慢性卡他性炎两种。

①急性卡他性炎。眼观可见黏膜充血、潮红、肿胀,有时有散在的斑点或条纹状出血,黏膜表面附着多量渗出物,黏膜腔内有大量渗出物蓄积。渗出物成分随炎症发展阶段不同而呈现不同的变化,炎症的初期以大量浆液渗出为主,混有少量的白细胞及脱落上皮细胞,渗出物稀薄如水、透明,称为浆液性卡他;继而,黏液腺和黏膜上皮分泌亢进,产生大量黏液,故渗出物黏稠,呈灰白色,称为黏液性卡他;以后渗出物因含有大量脓细胞而呈黄白色或浅绿色、灰黄色脓样黏稠浊液,则称脓性卡他。

②慢性卡他性炎。一般由急性的转变而来,主要特征是黏膜组织发生萎缩或增生。黏膜上皮细胞脱落、腺体和肌肉萎缩,使黏膜变薄、表面平坦,称萎缩性卡他。腺体增殖、黏膜下结缔组织增生及炎性细胞浸润等,使局部黏膜肥厚,称肥厚性卡他。发生慢性卡他性炎时,由于黏膜的肥厚程度不均、萎缩与肥厚同在等,往往使黏膜变得高低不平,形成皱襞。

(3)结局。卡他性炎一般比较轻微,常呈急性经过,如病因消除,即迅速痊愈,否则可引起继发感染,或转为慢性卡他性炎。

6. 坏疽性炎

坏疽性炎是指发炎组织感染了腐败菌后,引起炎灶组织和炎性渗出物腐败分解的炎症,也称腐败性炎。

(1)原因。由腐败菌感染引起,也常并发于卡他性炎、纤维素性炎和化脓性炎。

(2)病理特征。多发于肺、肠管和子宫等器官。发炎的组织坏死、溶解、腐败,呈现灰绿色或污黑色,并产生恶臭气味。如异物性肺炎时,肺组织肿胀、坚硬,切面呈污秽的灰褐色或灰绿色斑块,边缘不整齐,散发恶臭气味,有时坏死灶溶解而形成空腔,流出污秽的灰色恶臭液体。

(3)结局。往往继发败血症,最后引起动物死亡。

上述各型的渗出性炎,是依据炎性渗出物的性质来划分的,但它们之间联系密切,而且有些是同一炎症过程的不同发展阶段。例如,浆液性炎往往是渗出性炎的早期变化,当血管壁受损加重并有多量纤维素渗出时,就转化为纤维素性炎。而且在疾病发展过程中,两种或两种以上的炎症类型也可并存,如浆液性-纤维素性炎或纤维素性-化脓性炎等,在学习和实际工作中要予以注意。

(三)增生性炎

增生性炎是以结缔组织或某些细胞增生为主,变质与渗出变化轻微的一类炎症,多呈慢性经过。根据增生的组织细胞成分和结构特征,可将增生性炎分为普通增生性炎和肉芽肿性炎。

1. 普通增生性炎

普通增生性炎是指由非特异性病原体引起的相同组织增生,不形成特殊病理组织结构的炎症,可分为急性和慢性两种。

(1)急性增生性炎。以组织细胞增生为特征的一类急性炎症,常见于脑、淋巴结和肾脏等。在脑,主要见于病毒、寄生虫和食盐中毒引起的非化脓性脑炎,增生的成分是神经胶质细胞,常形成胶质细胞结节。例如猪瘟、狂犬病引起的急性病毒性非化脓性脑炎中,神经胶质细胞增生形成胶质细胞结节;仔猪和犊牛患副伤寒时,肝网状细胞、单核细胞增生形成"副伤寒结节"。

(2)慢性增生性炎。在慢性炎症过程中,器官的实质成分显著减少,间质结缔组织大量增生,并有程度不等的淋巴细胞、浆细胞和巨噬细胞浸润的慢性炎症。由于炎症起始于间质,故又称为慢性间质性炎症,如慢性间质性肾炎、慢性间质性肝炎、慢性关节周围炎等。在慢性增生炎症过程中,早期是一些幼稚的肉芽组织,以后逐渐成熟,成为细胞稀少、富有胶原纤维的瘢痕组织,因而使器官局部缩小,质地变硬,器官表面因结缔组织收缩而呈凹凸不平的颗粒状。例如,反刍动物的肝片形吸虫病引起的慢性肝炎和猪的慢性间质性肾炎。

动画 7-2　结核分枝杆菌感染引起的肉芽肿

2. 肉芽肿性炎

肉芽肿性炎又称炎性肉芽肿或特异性增生性炎,是一种慢性炎症。其特征是以巨噬细胞增生为主,并形成特殊结构的肉芽肿。炎症初始,来自血液的单核细胞和局部组织细胞增生,形成巨噬细胞,之后再转化为上皮样细胞和多核巨细胞。根据致炎因子的不同,肉芽肿性炎可分为感染性肉芽肿和异物性肉芽肿两类。

(1)感染性肉芽肿。指由细菌和霉菌等生物性致炎因子引起的肉芽肿。因其结构具有一定的特异性,故又称特异性肉芽肿(图 7-3)。由结核分枝杆菌、鼻疽杆菌、放线菌等引起的结核结节、鼻疽结节和放线菌性肉芽肿均为特异性肉芽肿,布鲁氏菌、大肠杆菌以及曲霉菌等也可引起类似的变化(彩图 7-22)。

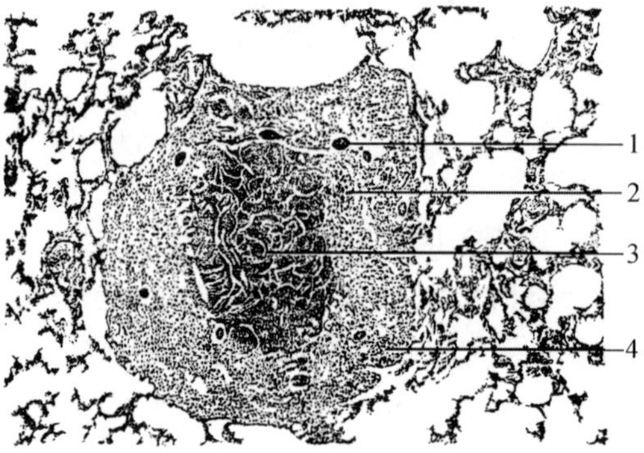

图 7-3　肺的结核结节

1. 朗格汉斯巨细胞　2. 上皮样细胞　3. 结核中心干酪样坏死　4. 淋巴细胞及成纤维细胞

炎症初期,局部可见大量巨噬细胞,之后巨噬细胞转变为上皮样细胞,其中部分上皮样细胞又融合为朗格汉斯巨细胞。在这些细胞间还夹杂有淋巴细胞、浆细胞。炎症后期,增生的肉芽组织将上述病灶包裹,形成明显的肉芽肿结构。

典型的感染性肉芽肿从其中心向外依次由以下 3 部分(或 3 层)组成:

①中心部分。为病原菌和病理产物,是不同病原引起的肉芽肿的区别所在,也是鉴别诊断的主要依据之一。例如,分枝杆菌引起的肉芽肿,中心是干酪样坏死和钙化,抗酸染色尚见分枝杆菌;鼻疽肉芽肿的中心部为中性粒细胞核崩解区或化脓灶,可见大量脓细胞;放线菌病肉芽肿的中心部除脓细胞外,还可见呈玫瑰花状的放线菌菌块;禽曲霉菌肉芽肿的中心部为干酪样坏死,其中有霉菌菌丝及孢子。

②中间部分。由上皮样细胞和巨细胞组成,这是特异性增生性炎的标志。

③外围部分。为肉芽组织,其中可见淋巴细胞、浆细胞。

(2)异物性肉芽肿。由寄生虫、寄生虫虫卵、外科缝线、硅尘、滑石粉及某些难溶解的代谢产物(如尿酸盐结晶、类脂质)引起。这些异物体积较大,常不能被单个巨噬细胞吞噬,因而不引发典型的炎症或免疫反应,但却能刺激巨噬细胞增生,并转化成上皮样细胞和多核巨细胞。它们附着于异物表面并将其包围。因此,典型的异物性肉芽肿中央常可见到异物成分。

异物性肉芽肿的基本结构和感染性肉芽肿相似,除中心部为异物外,在异物周围也有多少不等的上皮样细胞、(异物)巨细胞以及最外围的肉芽组织。

相关知识四 炎症的结局

致炎因子引起的损伤与抗损伤的斗争过程贯穿于炎症的始末,决定着炎症的发生、发展和结局。如损伤占优势,炎症则加重,并向全身扩散,甚至可导致机体死亡;若抗损伤反应占优势,炎症会逐渐趋向康复。

1. 康复

(1)完全康复。如果致炎因子和病理产物被清除,损伤的组织通过再生而修复,炎区最后完全可恢复其正常的结构和功能。

(2)不完全康复。如坏死范围较大,病理产物过多,而机体抵抗力又较弱时,则由肉芽组织修复发生机化或包囊形成。这种结局常可导致一定的不良影响,尤其机化可造成器官组织间的粘连,如心包膜脏层和壁层粘连、肺和胸壁粘连、肠和腹壁粘连等,进一步引起这些器官发生功能障碍。

2. 迁延不愈

如炎症治疗不及时、不彻底,或机体抵抗力低下,致炎因子持续作用,则可造成炎症迁延不愈,时好时坏,反复发作,最后转为慢性。

3. 蔓延扩散

当机体抵抗力低下,或病原微生物数量多、毒力强时,病原微生物即在局部大量繁殖,并向周围组织蔓延扩散,或经淋巴管、血管扩散,从而引起严重后果,甚至危及生命。

(1)局部蔓延。炎症局部的病原微生物沿组织间隙、器官表面或天然管道向周围组织扩散使炎区扩大,如支气管炎蔓延引起肺炎,心包炎蔓延引起心肌炎等。

(2)淋巴道扩散。炎区病原微生物如侵入淋巴管,则可随淋巴液到达局部或远处淋巴结,引起淋巴结炎。另外,淋巴系统内的病原微生物还可经胸导管进入血液,引起血道扩散。

(3)血道扩散。如果炎区的病原微生物及其毒素侵入血液循环,则可引起菌血症、毒血症、败血症或脓毒败血症等。

相关知识五 败血症

败血症是指病原微生物感染机体后,迅速突破机体的防御系统,在体内增殖或其产生的毒素向血液不断扩散,造成广泛的组织损伤和严重的物质代谢障碍的全身性病理过程。

败血症的发生与动物机体的抵抗力和病原微生物的毒力、数量、侵袭力有密切关系。败血症不是一种独立的疾病,而是许多病原微生物感染后病程演变的共同结局,是引起动物死亡的一个重要原因。动物机体在发生败血症的过程中往往伴有菌血症、毒血症、病毒血症、虫血症和脓毒败血症。

(1)菌血症。病原菌出现于循环血液中的现象,称为菌血症。持续存在的菌血症标志着病原菌已从原发病灶进入血液,而机体由于防御机能降低,不能将其清除。但菌血症并不等于败血症,在一些细菌性传染病的早期,常有菌血症出现,甚至在健康的机体内也偶然发生,但不出现临床症状。

(2)毒血症。血液内有细菌毒素和其他毒性产物(如组织的毒性代谢产物)蓄积而引起的全身中毒现象,称为毒血症。毒血症的发生,主要是病原微生物侵入机体后,在其适宜部位增殖,不断产生毒素,并形成大量组织崩解产物,被机体吸收入血液而引起全身中毒;此外与全身的物质代谢障碍、肝的解毒功能和肾脏的排毒功能障碍因素有关。

(3)病毒血症。病毒粒子存在于血液中的现象,称为病毒血症。病毒血症的出现有两种可能:一种是败血症时的病毒血症,当病毒侵入机体后,在其适宜部位进行繁殖,然后向血液释放大量病毒粒子,由于机体防御机能瓦解,不能将其清除,大量病毒存在于血液中,同时伴有明显的全身性感染过程;另一种是非败血症时的病毒血症,病毒出现于血液中为临时性或称为路过性。

(4)虫血症。寄生原虫侵入血液的现象,称为虫血症。败血症原虫病时的虫血症,主要是由于原虫在其适于寄生的部位繁殖后,大量原虫进入血液,同时伴有明显的全身性病理过程。

(5)脓毒败血症。化脓菌使局部组织和局部淋巴管、静脉管发生化脓性炎,而细菌性栓子又不断流入血液,以致在机体的其他部位造成多发性转移性化脓灶,这种由化脓菌感染的全身化过程,称为脓毒败血症。

1. 原因及发病机理

各种致病菌、病毒、某些原虫(如牛泰勒焦虫、弓浆虫等)均可成为败血症的病原。

由某些侵袭力和毒力很强的病原体引起的败血症称传染性败血症。如炭疽、败血型巴氏杆菌病、猪瘟、强毒型禽流感、新城疫等,病原侵入机体后,迅速突破机体防御屏障,经血液散播到全身,在适宜生存的部位进行增殖,然后大量向血液释放,造成广泛的组织损伤,此时机体的防御适应反应虽有所表现,但在病原体的强大作用下迅速瓦解,很快发展为败血症。此时肉眼常常找不到侵入门户的明显病变,因此曾称为隐源性败血症。

另有一些病原体引起的败血症不传染其他动物,称非传染性败血症或感染创伤型败血症。如绿脓杆菌、坏死杆菌、气肿疽梭菌及恶性水肿梭菌等,首先在侵入的部位引起局部炎症,在机体防御机能下降、治疗不及时或治疗不当的情况下,局部炎症病灶内的病原菌及其毒性产物大量进入血液并随血流扩散到全身,引起全身各器官、组织损伤,物质代谢障碍和生理机能严重紊乱,此时患病动物出现明显的全身症状和病变,即发生败血症。

2. 病理变化

对于每一个具体的败血症病例来说,随着机体的状况、病程的长短以及病原毒力强弱等不同,各有其特有的表现形式。但无论何种原因引起的败血症,在病理形态学变化上通常有一些共同的特点。

(1)尸僵不全,尸体腐败。由于动物体内有大量病原微生物及其毒素存在,在动物死亡前,体内的肌肉组织发生变性坏死，释放出大量的蛋白酶，故在动物死后往往不出现尸僵或尸僵不完全。同时，由于肠道内的腐败菌在机体抵抗力降低的情况下进入血液，因此极易引起尸体腐败，临床常见臌气。

(2)血液凝固不良。由于病原体及其毒素使血液中凝血物质遭到严重破坏，往往发生血液凝固不良。常见从尸体的口、鼻、内眼角、阴门及肛门等天然孔流出黑红色不凝固的浓稠血液。

(3)溶血现象及黄疸。在细菌毒素的作用下，红细胞遭到破坏，故发生溶血现象。常见心内膜、血管内膜、气管黏膜及周围组织被血红素染成污红色。同时，由于肝机能不全，造成胆红素在体内蓄积，故可视黏膜(眼结膜、口腔黏膜等)及皮下组织可见黄染。

(4)全身黏膜、浆膜出血。由于病原微生物及其毒素的作用，血管壁发生严重损伤。临床可见四肢、背腰部和腹部皮下、黏膜和浆膜下的结缔组织有浆液性或胶样出血性浸润，在皮肤、浆膜、黏膜及一些实质器官的被膜上有散在的出血点或出血斑。

(5)脾肿大。脾被膜和小梁的平滑肌在病原体、毒素和酶的作用下发生变性和坏死，收缩力降低，导致脾高度淤血，出现脾肿大，有时可达正常时的3～5倍，可见被膜紧张，边缘钝圆，质地松软易碎，呈黑紫色，切面隆突，白髓和小梁不明显，切面流出黑紫色液体，呈浓稠粥样。脾肿大是败血症的特征性变化，称为败血脾。但是，某些机体极度衰弱的动物或最急性型病例的脾肿大并不明显或不肿大。

(6)淋巴结呈急性炎症。病程稍长的病例，全身各处的淋巴结均见肿大、充血、出血、水肿等急性浆液性和出血性淋巴结炎的变化。组织学检查可见淋巴窦扩张，窦内有单核细胞、中性粒细胞和红细胞，有时可见细菌团块。扁桃体和肠道淋巴小结也见肿大、充血及出血等急性炎症变化。

(7)实质器官。实质器官如心脏、肝脏、肾脏等以变性、坏死为主，有时也见炎症变化。肺可见淤血、水肿。肾上腺呈明显变性，类脂质消失，皮质部失去固有的黄色，呈浅红色，皮质与髓质部可见出血灶。

(8)神经系统。眼观脑软膜充血，脑实质无明显病变。组织学检查，可见脑软膜下和脑实质充血、水肿，毛细血管有透明血栓形成，神经细胞不同程度变性，有时见局灶性充血、出血、坏死、炎性细胞浸润和神经胶质细胞增生等变化。

(9)原发病灶病理变化。非传染性病原体引起的败血症，常在侵入门户呈现明显化脓性炎和坏死性病变。病原菌及侵入门户不同引起败血症的原发性病灶也各不相同，如由坏死杆菌引起的败血症，其原发病灶通常都位于四肢下部的深部创伤中；异物性肺炎引起的败血症的病发灶为化脓性坏疽性肺炎；而口腔感染链球菌和坏死杆菌引起的败血症，原发病灶常见于扁桃体，呈化脓性坏死性扁桃体炎变化。

①由创伤感染引起的败血症。主要病理变化常在侵入门户表现局部浆液性化脓性炎、蜂窝织炎和坏死性炎。

②幼畜脐炎引起的败血症。往往只在脐带的根部看到不明显的出血性化脓性病灶，该病灶可蔓延到腹膜，引起纤维素性化脓性腹膜炎。病原菌还可沿化脓的脐静脉进入血液，引起化脓性肺炎和化脓性关节炎(多见于肩关节、肘关节、髋关节及膝关节等四肢关节)。

③产后败血症。主要病理变化是化脓性坏疽性子宫内膜炎，常由此发生败血症而死亡。

3. 对机体的影响

败血症的出现,是动物抵抗力不足、病原体损伤占优势的表现。如治疗不及时,则会很快引起动物死亡。

思维导图

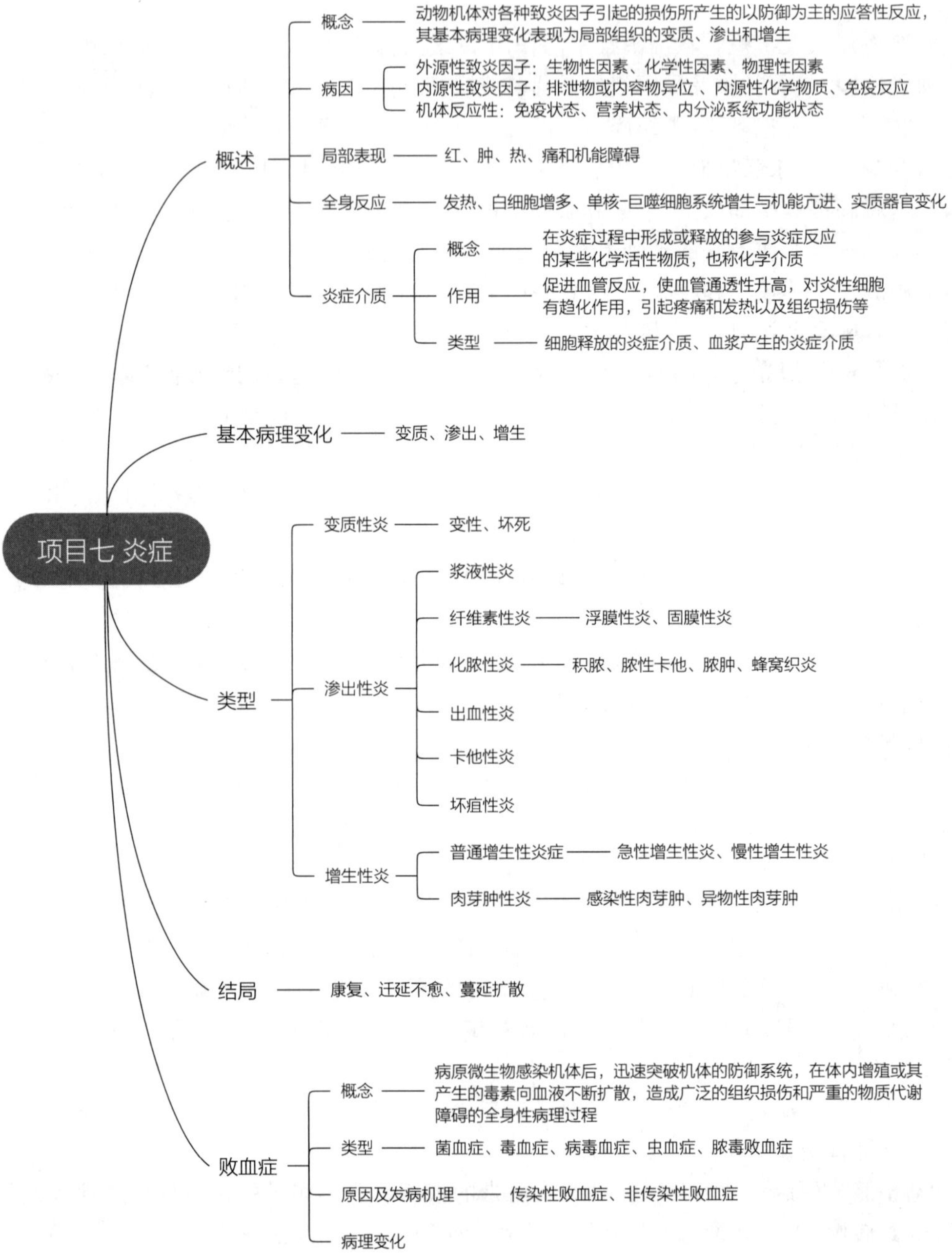

思政园地

解剖病理学之父——莫尔加尼

莫尔加尼(1682—1771 年),意大利解剖学家,病理解剖学奠基人,为病理解剖学的确立做出了很大贡献。1761 年,他发表了一生中最重要的著作《疾病的位置与病因》,该书收载了几百个病例。他致力于寻找尸解发现与临床症状之间的联系,经过多年对数百例尸体的解剖观察,并将病例的临床表现、死亡原因和尸解发现进行比较、整理,以充分的事实证明疾病的症状与器官病变有密切的关系,认为疾病的位置是在某个或某些器官上。通过观察器官上解剖学的变化,可以判定疾病的性质和症状产生的原因,从此确立了"病灶"的观念,促进了近代临床诊断学的发展,因此莫尔加尼被誉为"解剖病理学之父"。

复习思考题

一、名词解释

炎症　变质　渗出　增生　浆液性炎　卡他性炎　化脓性炎　纤维素性炎　肺肝变　积脓　蜂窝织炎　浮膜性炎　固膜性炎　感染性肉芽肿　败血症　菌血症

二、填空题

1. 炎症局部的基本病变为__________、__________、__________。

2. 根据炎症时渗出物成分的不同,渗出性炎可分为__________、__________、__________、__________、__________和坏疽性炎。

3. 在渗出性变化中,渗出物主要有__________和__________;游出物是指__________。

4. 炎症细胞的渗出中,化脓性炎以__________为主;慢性炎症以__________细胞为主;寄生虫感染时以__________细胞为主。

5. 炎症的局部临床表现有__________、__________、__________、__________和机能障碍,但慢性炎症时__________和__________往往表现不明显。

6. 浆液性炎是以__________渗出为主的炎症;化脓性炎是__________渗出并有脓液形成的一种炎症;卡他性炎是发生在__________表面的渗出性炎;纤维素性炎是以渗出物中含有__________为特征的渗出性炎;出血性炎是指炎性渗出物中含有大量__________的炎症。

7. 纤维素性炎根据发炎组织受损伤程度的不同可以分为__________和__________两种类型。

8. 肉芽肿性炎症,根据致炎因子的不同可分为__________和__________两类。

9. 炎症蔓延和扩散主要通过__________、__________和__________三种方式。

三、选择题

1. 红、肿、热、痛和机能障碍是指(　　)。

A. 炎症的本质　　B. 炎症时机体的全身反应

C. 炎症局部的临床表现　　D. 炎症局部的基本病理变化

2. 嗜酸性粒细胞的主要功能是(　　)。

A. 吞噬抗原抗体复合物及降解组胺　　B. 产生抗体

C. 吞噬细菌、细胞碎片　　D. 产生补体

3. 在细菌感染的炎症病变中,最常见的炎性细胞是(　　)。

A. 淋巴细胞　　B. 浆细胞

C. 中性粒细胞　　D. 嗜酸性粒细胞

4.(　　)不属于渗出性炎。

A. 化脓性炎　　B. 出血性炎　　C. 浆液性炎

D. 感染性肉芽肿性炎　　E. 假膜性炎

5. 淋巴细胞最常见于(　　)。

A. 病毒感染　　B. 细菌感染　　C. 寄生虫感染　　D. 原虫感染

6. 禽霍乱时,肝脏表面出现的灰黄色针尖大病灶的病理本质为(　　)。

A. 脂肪变性　　B. 坏死灶　　C. 肉芽肿结节　　D. 小的化脓灶

7. 脓细胞是指变性、坏死的(　　)。

A. 淋巴细胞　　B. 嗜酸性粒细胞　　C. 中性粒细胞　　D. 巨噬细胞

8. 猪瘟、猪副伤寒和新城疫肠黏膜表面出现不容易剥离的假膜是(　　)。

A. 化脓性炎　　B. 浆液性炎　　C. 纤维素性炎　　D. 出血性炎

9. 肉芽肿主要是由下列哪种细胞增生形成的?(　　)

A. 成纤维细胞　　B. 巨噬细胞

C. 淋巴细胞　　D. 血管内皮细胞

10. 化脓性心肌炎时渗出的炎性细胞主要是(　　)。

A. 嗜酸性粒细胞　　B. 中性粒细胞　　C. 淋巴细胞

D. 浆细胞　　E. 单核细胞

11. 易发生蜂窝织炎的组织器官是(　　)。

A. 骨皮质　　B. 皮肤　　C. 内脏器官

D. 肌肉组织　　E. 皮下疏松结缔组织

12. 急性咽炎时,颌下淋巴结常见的变化是(　　)。

A. 萎缩、变硬、敏感　　B. 肿大、柔软、敏感

C. 肿大、变硬、敏感　　D. 肿大、柔软、不敏感

D. 肿大、变硬、不敏感

13. 蜂窝织炎属于(　　)。

A. 急性弥漫性化脓性炎症　　B. 慢性化脓性炎症

C. 慢性增生性炎症　　D. 慢性局限性化脓性炎症

E. 急性局限性非化脓性炎症

(14～17题共用备选答案)

A. 中性粒细胞　　B. 淋巴细胞　　C. 嗜酸性粒细胞

D. 嗜碱性粒细胞　　E. 单核细胞

14. 食盐中毒病猪,脑组织病灶渗出的炎性细胞主要是(　　)。

15. 乙型脑炎病猪,脑组织病灶渗出的炎性细胞主要是(　　)。

16. 链球菌病猪，脑组织病灶渗出的炎性细胞主要是(　　)。

17. 寄生虫性炎症或变态反应性炎症时渗出的炎性细胞主要是(　　)。

(18～20 题共用备选答案)

A. 浆液性淋巴结炎　B. 出血性淋巴结炎　C. 化脓性淋巴结炎

D. 坏死性淋巴结炎　E. 增生性淋巴结炎

18. 剖检猪瘟病死猪，见淋巴结肿大，周边呈暗红色或黑红色，切面隆突，湿润，呈"大理石样"外观，此病变为(　　)。

19. 剖检一副结核病死牛，见淋巴结肿大，呈灰白色髓样外观，质地稍硬实，此病变为(　　)。

20. 马腺疫病马颌下淋巴结肿胀，有波动，局部皮肤变薄，后自行破溃，流出大量黄白色黏稠液体，此病变为(　　)。

(21～23 题共用题干)

病猪，可视黏膜发绀，死后剖检见颌下淋巴结及腹股沟淋巴结明显肿胀，灰白色，质地柔软。肺、肝及肾表面有大小不一的灰白色柔软隆起，切开见有灰黄色混浊的凝乳状液体流出。

21. 上述病灶局部的炎症反应为(　　)。

A. 变质性炎　B. 渗出性炎　C. 增生性炎

D. 化脓性炎　E. 出血性炎

22. 确诊该病应做的检查是(　　)。

A. 细菌分离培养　B. 病毒分离培养　C. 寄生虫观察

D. 饲料毒物分析　E. 肿瘤组织学鉴定

23. 病灶组织中的主要炎性细胞是(　　)。

A. 淋巴细胞　B. 浆细胞　C. 中性粒细胞

D. 嗜酸性粒细胞　E. 嗜碱性粒细胞

24. 牛，采食、咀嚼障碍，吞咽正常，张口伸舌，口温升高，口腔黏膜红肿，有大量浆液性分泌物流出，体温正常，该病可能是(　　)。

A. 咽炎　B. 口炎　C. 食管炎

D. 食管阻塞　E. 食管痉挛

25. 红、肿、热、痛和机能障碍是指(　　)。＜2009＞

A. 炎症的本质　B. 炎症的基本经过

C. 炎症局部的主要表现　D. 炎症时机体的全身反应

E. 炎症局部的基本病理变化

26. 卡他性炎常发生在(　　)。＜2009＞

A. 肌肉　B. 皮肤　C. 黏膜

D. 浆膜　E. 实质器官

(27～28 题共用备选答案)＜2009＞

A. 淋巴细胞　B. 单核细胞　C. 中性粒细胞

D. 嗜酸性粒细胞　E. 嗜碱性粒细胞

27. 在病毒性脑炎时渗出的炎性细胞主要是(　　)。

28. 在寄生虫性炎症或变态反应性炎症时，引起渗出的白细胞主要是(　　)

29. 引起炎症局部疼痛的炎症介质是(　　)。<2010>

A. P物质　　B. 组胺　　C. 缓激肽

D. 一氧化氮　　E. 溶酶体酶

30. 寄生虫性炎症病灶内特征性的炎性细胞是(　　)。<2010>

A. 单核细胞　　B. 淋巴细胞　　C. 中性粒细胞

D. 嗜酸性粒细胞　　E. 嗜碱性粒细胞

31. 卡他性炎发生的部位在(　　)。<2010>

A. 黏膜　　B. 浆膜　　C. 肌膜

D. 筋膜　　E. 滑膜

(32~33题共用备选答案)<2010>

A. 单核细胞　　B. 淋巴细胞　　C. 中性粒细胞

D. 嗜酸性粒细胞　　E. 嗜碱性粒细胞

32. 鸡感染了新城疫病毒,临诊见有观星姿势,组织病理学观察见有非化脓性脑炎,脑血管周围有大量炎性细胞浸润,该疾病炎症病灶中渗出的主要炎性细胞类型是(　　)。

33. 犊牛感染了化脓棒状杆菌,剖检见肾脏有明显的化脓灶,组织病理学观察见病灶局部有大量的炎性细胞浸润,该疾病炎症病灶中渗出的主要炎性细胞类型是(　　)。

34. 与炎性渗出有关的因素是(　　)。<2011>

A. 血管壁通透性增高　　B. 血管通透性下降

C. 血浆胶体渗透压升高　　D. 组织内晶体渗透压下降

E. 组织内晶体渗透压增加

(35~36题共用备选答案)<2011>

A. 单核细胞　　B. 淋巴细胞　　C. 中性粒细胞

D. 嗜酸性粒细胞　　E. 嗜碱性粒细胞

35. 化脓灶内的炎性细胞是(　　)。

36. 寄生虫病灶内常见的炎性细胞是(　　)。

37. 发生于黏膜的渗出性炎称(　　)。<2011>

A. 伪膜性炎　　B. 浆液性炎　　C. 化脓性炎

D. 卡他性炎　　E. 固膜性炎

38. 炎性渗出物中的纤维素是指(　　)。<2012>

A. 纤维组织　　B. 纤维蛋白　　C. 纤维细胞

D. 纤维蛋白原　　E. 纤维蛋白酶

39. 结核性肉芽肿病灶内的上皮样细胞来源于(　　)。<2012>

A. 淋巴细胞　　B. 浆细胞　　C. 巨噬细胞

D. 中性粒细胞　　E. 嗜酸性粒细胞

40. 牛副结核病时的肠炎属于(　　)。<2012>

A. 出血性肠炎　　B. 坏死性肠炎

C. 增生性肠炎　　D. 慢性卡他性肠炎

E. 纤维素性坏死性肠炎

41. 被称为“绒毛心”的炎症是心外膜的(　　)。<2013>
A. 化脓性炎　B. 出血性炎　C. 浆液性炎
D. 卡他性炎　E. 纤维素性炎

42. 寄生虫感染时常出现的炎性细胞是(　　)。<2014>
A. 中性粒细胞　B. 淋巴细胞　C. 单核细胞
D. 嗜酸性粒细胞　E. 嗜碱性粒细胞

43. 结核结节的病变属于(　　)。<2014>
A. 化脓性炎　B. 出血性炎
C. 特异性增生性炎　D. 非特异性增生性炎
E. 急性增生性炎

44. 支原体肺炎时，肺间质中浸润的炎性细胞主要是(　　)。<2014>
A. 中性粒细胞　B. 嗜酸性粒细胞　C. 嗜碱性粒细胞
D. 淋巴细胞　E. 巨噬细胞

45. 疏松结缔组织内的弥漫性化脓性炎称为(　　)。<2015>
A. 纤维素性炎　B. 蜂窝织炎　C. 浆液性炎
D. 出血性炎　E. 变质性炎

(46～47 题共用备选答案)<2015>
A. 蓄脓　B. 脓性卡他　C. 脓肿
D. 蜂窝织炎　E. 坏疽

46. 发生在组织内的局限性化脓性炎是(　　)。

47. 发生在黏膜表面的化脓性炎是(　　)。

48. 脓液中的脓球是指变性坏死的(　　)。<2016>
A. 浆细胞　B. 淋巴细胞　C. 嗜酸性粒细胞
D. 单核细胞　E. 中性粒细胞

49. 一病死猪，剖检肺表面有大小不一的灰白色隆起，切开病灶见灰黄色混浊的凝乳状物流出，该病灶属于(　　)。<2016>
A. 变质性炎　B. 浆液性炎　C. 出血性炎
D. 化脓性炎　E. 增生性炎

50. 渗出性炎症时，炎灶局部最先渗出的蛋白成分是(　　)。<2017>
A. 血红蛋白　B. 白蛋白　C. α-球蛋白
D. β-球蛋白　E. γ-球蛋白

51. 一氧化氮参与炎症过程时，主要作用是(　　)。<2017>
A. 激活肥大细胞　B. 促进微生物增殖
C. 激活血小板黏着和聚集　D. 扩张血管
E. 保护组织细胞免于损伤

52. 肺结核时，结核分枝杆菌引起肺部损伤的结局不包括(　　)。<2017>
A. 机化包围　B. 不完全修复　C. 完全修复
D. 钙化　E. 空洞形成

53. 化脓性心肌炎时渗出的炎性细胞主要是(　　)。＜2018＞

A. 嗜酸性粒细胞　B. 中性粒细胞　C. 淋巴细胞

D. 浆细胞　E. 单核细胞

54. 雏鸡,排白色稀便,剖检见心肌和肝脏有散在的黄白色针尖大小坏死点;镜下见有多量网状细胞浸润,其炎症类型是(　　)。＜2018＞

A. 出血性炎　B. 化脓性炎　C. 增生性炎

D. 浆液性炎　E. 纤维素性炎

(55～57题共用备选答案)＜2018＞

A. 中性粒细胞　B. 淋巴细胞　C. 嗜酸性粒细胞

D. 嗜碱性粒细胞　E. 单核细胞

55. 食盐中毒病猪,脑组织病灶渗出的主要炎性细胞是(　　)。

56. 乙型脑炎病猪,脑组织病灶渗出的主要炎性细胞是(　　)。

57. 链球菌病猪,脑组织病灶渗出的主要炎性细胞是(　　)。

58. 在结核性肉芽肿的炎症病灶内的特异性细胞成分是(　　)。＜2019＞

A. 肥大细胞　B. 多核巨细胞　C. 淋巴细胞

D. 中性粒细胞　E. 嗜酸性粒细胞

59. 下列由细胞释放的炎症介质是(　　)。＜2019＞

A. 激肽系统　B. 补体系统　C. 单核因子

D. 凝血系统　E. 纤溶系统

60. 卡他性炎发生在(　　)。＜2019＞

A. 黏膜　B. 腱膜　C. 肌膜

D. 筋膜　E. 滑膜

61. 奶牛,2岁,精神沉郁,体温40℃,白细胞计数 15×10^9 个/L,中性粒细胞的百分比为48%,该牛可能发生(　　)。＜2020＞

A. 细菌感染　B. 蠕虫感染　C. 病毒感染

D. 消化不良　E. 贫血

62. 以浆液性渗出为主的炎症是(　　)。＜2021＞

A. 化脓性炎症　B. 出血性炎症　C. 浆液性炎症

D. 纤维素性炎症　E. 坏死性炎症

63. 感染肉芽肿的中心部分是(　　)。＜2021＞

A. 上皮样细胞　B. 巨细胞　C. 淋巴细胞

D. 坏死组织　E. 浆细胞

64. 膀胱黏膜充血、肿胀,并有浆液性渗出物的炎症是(　　)。＜2021＞

A. 纤维素性膀胱炎　B. 慢性膀胱炎　C. 卡他性膀胱炎

D. 出血性炎症　E. 化脓性炎症

65. 淋巴细胞分泌的蛋白是(　　)。＜2022＞

A. γ-球蛋白　B. α-球蛋白　C. β-球蛋白

D. 纤维蛋白　E. 白蛋白

(66～68 题共用备选答案)<2022>

A. 变质性炎　　B. 渗出性炎　　C. 纤维素性炎

D. 出血性炎　　E. 肉芽肿性炎

66. 以心肌纤维变性、坏死为主要病变的病毒性心肌炎属于(　　)。

67. 以中性粒细胞大量渗出并伴有不同程度组织坏死和脓液为特征的属于(　　)。

68. 因结核分枝杆菌感染引起的炎灶内含有上皮样细胞以及多核巨细胞的淋巴结炎属于(　　)。

69. 脓毒败血症的主要特点是(　　)。<2009>

A. 血液内出现化脓菌　　B. 体表有多发性脓肿

C. 血液中白细胞增多　　D. 病畜不断从鼻孔流出带血脓汁

E. 血液中出现大量的化脓菌及其毒素

70. 动物发生急性传染病时导致死亡的主要原因是(　　)。<2010>

A. 菌血症　　B. 毒血症　　C. 败血症

D. 虫血症　　E. 病毒血症

71. 动物机体抵抗力低下,或病原微生物侵入机体的数量多、毒力强时,炎症局部的病原微生物可通过自然通道或组织间隙向周围扩散,此情形炎症结局最可能是(　　)。<2010>

A. 局部蔓延　　B. 血道扩散　　C. 完全愈合

D. 不完全愈合　　E. 淋巴道扩散

72. 败血症是(　　)。<2012>

A. 病畜血液内存在原虫　　B. 病畜血液内存在病原菌

C. 病畜血液内存在病毒　　D. 病畜血液内存在毒素

E. 病原体侵入血液增殖、产生毒素引起的全身严重病变

73. 关于败血症对机体的影响,表述错误的是(　　)。<2016>

A. 心功能无异常　　B. 凝血功能异常　　C. 休克

D. 全身组织出血　　E. 尸僵不全

74. 急性猪瘟引起的败血症的典型病理变化是(　　)。<2020>

A. 无溶血　　B. 肝肾明显淤血肿大

C. 尸僵完全　　D. 脾脏明显肿大

E. 血液凝固不良

75. 败血症动物死亡剖检的共同病理学变化特点是(　　)。<2022>

A. 仅局部组织出血　　B. 血液凝固不良呈酱样

C. 血液呈鲜红色　　D. 免疫器官明显缩小

E. 尸僵明显

四、判断题

1. 炎症局部的基本病变是变质、渗出、增生。(　　)

2. 炎症的发展过程中一种炎症类型可转变成另一种炎症类型。(　　)

3. 渗出液是通过血管壁进入组织间隙、体腔和黏膜表面的液体成分,但不包括细胞成分。(　　)

4. 浮膜性纤维素性肠炎时,肠黏膜表面形成凝固性假膜,如猪瘟。(　　)

5. 慢性炎症的病理变化常以渗出为主,浸润的炎性细胞常为中性粒细胞。(　　)
6. 炎性液与漏出液成分相同。(　　)
7. 发生在浆膜的浆液性炎称浆液性卡他。(　　)
8. 间质性炎以结缔组织增生为主,通常为一种慢性增生性炎。(　　)
9. 慢性炎症以中性粒细胞最常见。(　　)
10. 葡萄球菌和链球菌感染以淋巴细胞渗出为主。(　　)
11. 肉芽肿就是肉芽组织。(　　)

五、简答题

1. 简述炎症的局部症状和全身反应。
2. 列表说明渗出液与漏出液的区别。
3. 简述渗出液的作用。
4. 简述炎性细胞的类型、形态特点及其在炎症过程中的主要功能。
5. 总结渗出性炎的类型及各型的主要病变特点,并举出各类型的病理实例。
6. 简述典型的感染性肉芽肿的结构。
7. 简述炎症的结局。

项目八 发 热

◆ 学习目标

掌握正常体温调节，发热的概念、病因，发热的过程及热型，发热的生物学意义；理解发热时机体代谢与功能的改变，发热的机理；了解发热的处理原则。

实训技能 动物发热相关疾病调查

能力目标

1. 通过调研掌握发热的原因、过程、热型及动物表现。
2. 锻炼学生的社交能力、调查研究能力、团队协作能力、自主学习能力。
3. 提高学生的口头表达能力、对资料的整理归纳总结能力。

实训内容

(一)进行调研

(1)组建调研小组，以 3～5 人为一组，确定联系员、记录员、询问员、总结员、讲解员。

(2)选择调研地点，如鸡场、鸭场、猪场、羊场、牛场、动物医院、疾病控制中心等。

(3)选择调研对象，如防疫员、兽医、专业老师等。

(4)准备调研材料，记录表格、记录本、笔等。制定调研内容，可参照表 8-1。

(5)调研并记录结果。

(6)以小组为单位，根据调研结果，参照相关知识总结发热原因、发热时患畜表现、热型及治疗措施，提交总结报告。

(二)调研成果展示与评价

1. 展示调研成果

(1)以小组为单位展示说明调研成果。

(2)以小组为单位形成一份调研报告。

表 8-1　动物发热相关疾病调查表

<table>
<tr><td colspan="2">调研地点</td><td colspan="8"></td><td colspan="3">单位名称</td><td colspan="5"></td></tr>
<tr><td>被调研人姓名</td><td colspan="2"></td><td colspan="2">工作岗位</td><td colspan="3"></td><td colspan="3">职务职称技术级别</td><td colspan="2"></td><td colspan="2">联系电话</td><td colspan="3"></td></tr>
<tr><td colspan="18">发热动物相关情况记录表</td></tr>
<tr><td rowspan="2">发病动物种类</td><td rowspan="2">发热疾病名称</td><td colspan="7">患病动物表现</td><td colspan="7">热型</td><td colspan="2">治疗措施</td></tr>
<tr><td>皮温</td><td>体温</td><td>精神</td><td>食欲</td><td>呼吸</td><td>心跳</td><td>其他</td><td>稽留热</td><td>弛张热</td><td>间歇热</td><td>回归热</td><td>不定型热</td><td>波浪热</td><td>双相热</td><td colspan="2"></td></tr>
<tr><td></td><td></td><td></td><td></td><td></td><td></td><td></td><td></td><td></td><td></td><td></td><td></td><td></td><td></td><td></td><td></td><td colspan="2"></td></tr>
<tr><td></td><td></td><td></td><td></td><td></td><td></td><td></td><td></td><td></td><td></td><td></td><td></td><td></td><td></td><td></td><td></td><td colspan="2"></td></tr>
<tr><td></td><td></td><td></td><td></td><td></td><td></td><td></td><td></td><td></td><td></td><td></td><td></td><td></td><td></td><td></td><td></td><td colspan="2"></td></tr>
</table>

2. 成绩评定

以小组为单位进行成绩评定,包括教师评价、学生评价两部分,学生评价是以小组为单位进行组间互相评价。评价内容及评价方式可参考表 8-2。

表 8-2　动物发热相关疾病调研成绩评价表　　　　组别:__________

<table>
<tr><td colspan="2">分值标准</td><td>学生评价
(占总分的 40%)</td><td>教师评价
(占总分的 60%)</td></tr>
<tr><td rowspan="3">调研成果展示
(70 分)</td><td>积极主动(10 分)</td><td></td><td></td></tr>
<tr><td>语言表达(20 分)</td><td></td><td></td></tr>
<tr><td>调研内容(40 分)</td><td></td><td></td></tr>
<tr><td rowspan="2">调研报告
(30 分)</td><td>字迹工整(10 分)</td><td rowspan="2"></td><td rowspan="2"></td></tr>
<tr><td>内容丰富(20 分)</td></tr>
<tr><td colspan="2">小计</td><td></td><td></td></tr>
<tr><td colspan="2">实际得分合计</td><td colspan="2"></td></tr>
</table>

◆ 相关知识

相关知识 发 热

一、发热概述

(一)正常体温调节

动物只有在相对稳定的体温下才能进行正常的生命活动。大部分哺乳动物和鸟类具有相对恒定的体温,这是动物在长期进化过程中获得的较高级的调节功能,对减少动物对环境的依赖性、增强对环境的适应能力具有重要的意义。正常体温的维持有赖于机体的产热过程和散热过程的动态平衡,这一平衡是在体温调节中枢的调控下实现的。

体温调节的高级中枢位于视前区-下丘脑前部,延髓、脊髓等部位也对体温信息有一定程度的整合功能,被认为是体温调节的次级中枢。体温调节中枢的调节方式,目前大多仍以调定点学说来解释。

体温调定点学说认为,视前区-下丘脑前部神经元设定了一个调定点,即规定的温度值,如37 ℃,视前区-下丘脑前部的体温调节中枢就是按照这个设定的温度来调节体温的。也就是说,当体温与调定点水平一致时,机体的产热与散热维持平衡;当中枢局部温度稍高于调定点的水平时,在中枢调节下使产热减少,散热增加;反之,当中枢局部温度稍低于调定点水平时,产热增加,散热减少,直至体温回到调定点水平。

动画 8-1 散热调节

动画 8-2 产热调节

(二)发热的概念

发热是指恒温动物在致热原的作用下,体温调节中枢的调定点上移(超过正常体温0.5 ℃)而引起的产热增加散热减少使体温升高的现象,并伴有机体各系统器官功能和代谢的改变。

体温升高分为生理性体温升高和病理性体温升高,病理性体温升高包括发热和过热。

生理性体温升高,是指在某些生理情况下出现的体温升高,如剧烈运动、采食温热料水、雌性动物的妊娠期等,此时机体的体温有升高现象,但不是病理性体温升高,不属于发热,而是一种生理性反应。

发热时体温调节功能正常,只不过是由于调定点上移,体温在调定点水平上进行调节性升高。

过热不同于发热。过热时体温调定点并未上移,而是由于体温调节功能障碍(如脑出血、颅骨损伤、脑肿瘤等直接损害丘脑下部体温调节中枢)、散热障碍(如中暑、先天性汗腺缺乏或大面积皮肤病)及机体产热加强(甲状腺功能亢进)等,使体温调节机能紊乱,不能将体温控制在与调定点相适应的水平上,是被动性体温升高,故把这类体温升高称为过热。过热与发热的区别见表 8-3。

发热不是一种独立的疾病,而是许多疾病尤其是传染性疾病所共有的一种病理过程。不同疾病所引起的发热常具有一定的特殊形式和恒定的变化规律,所以临床上检查体温和观察体温曲线的动态变化及其特点,对于诊断疾病、判断病情、评价疗效和估计预后均有重要的参考价值。

表 8-3　发热与过热的区别

区别要点	发热	过热
原因	由致热原作用导致	由体温调节失控或调节功能障碍所致,无致热原作用
调定点	调定点上移	调定点无变化
体温变化	体温虽升高,但由于有热限存在,体温不至于过高	体温异常升高,没有热限,甚至可因体温过高而致命
防治原则	对抗致热原	物理降温

二、发热原因

(一)发热激活物

发热激活物是引起发热的原因。凡能刺激机体产生和释放内生性致热原(EP),从而引起发热的物质称发热激活物。根据激活物的来源,可将其分为感染性发热激活物和非感染性发热激活物。

1. 感染性发热激活物

各种病原微生物(如细菌、病毒、支原体、立克次体、螺旋体、真菌及寄生虫等)及其代谢产物均可引起发热。

(1)细菌。革兰氏阳性菌(如葡萄球菌、链球菌、猪丹毒杆菌、结核分枝杆菌等)的菌体和代谢产物都可引起发热,如葡萄球菌释放的可溶性外毒素、链球菌产生的致热性外毒素等,此类细菌感染是常见的发热原因。革兰氏阴性菌(如大肠杆菌、沙门菌、巴氏杆菌等)的细胞壁含脂多糖,也称内毒素,有极强的致热性,耐热性很高,且其致热性不易被蛋白酶破坏,在自然界中分布极广。在临床输液或输血过程中,输入的液体或输液器具被内毒素污染时,患病动物可出现寒战、高热等反应。结核分枝杆菌的菌体及细胞壁中所含的肽聚糖、多糖和蛋白质都具有致热作用。

(2)病毒。常见的有流感病毒、猪瘟病毒、猪传染性胃肠炎病毒、犬细小病毒、犬瘟热病毒等,其发热激活作用可能与全病毒及其所含的血细胞凝集素、毒素样物质等有关。

(3)其他微生物。支原体、立克次体、螺旋体、真菌及寄生虫等,均可作为发热激活物引起机体发热。

2. 非感染性发热激活物

(1)致炎物和炎症灶激活物。尿酸盐和硅酸盐结晶等在体内不仅可以引起炎症,还有诱导产致热原细胞产生和释放内生性致热原的作用。大面积烧伤、严重创伤、大手术、梗死、物理及化学因子作用所致的组织细胞坏死,其蛋白分解产物可作为发热激活物引起发热。

(2)恶性肿瘤。某些恶性肿瘤如淋巴肉瘤、白血病等常伴有发热。这种发热主要是由肿瘤组织坏死产物引起的。恶性肿瘤细胞还可引起自身免疫反应,抗原抗体复合物的形成也可导致发热。

(3)抗原抗体复合物。实验证明,抗原抗体复合物对产内生性致热原细胞有激活作用。如由药物引起的变态反应(如荨麻疹)和血清病等,抗原抗体复合物的形成可激发产内生性致热原细胞产生内生性致热原引起发热;坏死肿瘤细胞的某些蛋白成分可引起免疫反应,产生的抗原抗体复合物或致敏淋巴细胞产生的淋巴因子均可导致内生性致热原的释放而引起发热;患自身免疫性疾病时常出现发热。

(4)致热性类固醇。体内某些类固醇对机体有致热作用,特别是睾酮的中间代谢产物本胆烷醇酮是其典型代表。在某些原因不明的发热动物的血液中,发现其浓度升高。

(二)内生性致热原

产内生性致热原细胞在发热激活物的作用下,产生和释放的能引起恒温动物体温升高的物质叫内生性致热原(EP)。所有能够产生和释放内生性致热原的细胞都称为产内生性致热原细胞,包括单核细胞、巨噬细胞、星状细胞及肿瘤细胞等。内生性致热原主要有以下几种:

1. 白细胞介素-1(IL-1)

白细胞介素-1是由单核细胞、巨噬细胞、星状细胞及肿瘤细胞等多种细胞在发热激活物的作用下产生的多肽类物质。

2. 肿瘤坏死因子(TNF)

感染性发热激活物如葡萄球菌、链球菌、内毒素等都可诱导巨噬细胞、淋巴细胞等产生和释放肿瘤坏死因子,其具有和白细胞介素-1相似的生物学特性,也是重要的内生性致热原之一。

3. 干扰素(IFN)

干扰素是机体活细胞受病毒等因素作用后产生的一种具有抗病毒、抗肿瘤作用的蛋白质。主要由白细胞产生,有多种亚型,与发热有关的是IFNα和IFNγ。提纯的和人工重组的干扰素对人和动物都具有一定的致热效应,同时可引起发热中枢调节介质——前列腺素E(PGE)含量升高。

4. 白细胞介素-6(IL-6)

IL-6是由巨噬细胞、成纤维细胞和内皮细胞等分泌的细胞因子,白细胞介素-1、肿瘤坏死因子等都可诱导其产生和释放。由于 IL-6 能引起各种动物的发热反应,也被认为是内生性致热原之一。其致热作用弱于 IL-1 和 TNF。

三、发热机理

发热机理较复杂,目前大多仍以调定点学说来解释,认为发热有三个环节:第一环节是发热激活物激活产内生性致热原细胞,产内生性致热原细胞产生和释放内生性致热原;第二环节是内生性致热原通过血液循环到达脑内,引起中枢发热介质的释放,使体温调节中枢的体温调定点上移;第三环节是调定点上移后引起调温效应器的反应,由于调定点高于中心温度,使体温调节中枢发出神经冲动,一方面通过运动神经使骨骼肌的紧张度增高或寒战,产热增多;另一方面经交感神经系统引起皮肤血管收缩,使散热减少。由于产热大于散热,产热增加,散热减少,体温达到调定点水平。发热基本机理见图 8-1。

动画 8-3 发热的机理

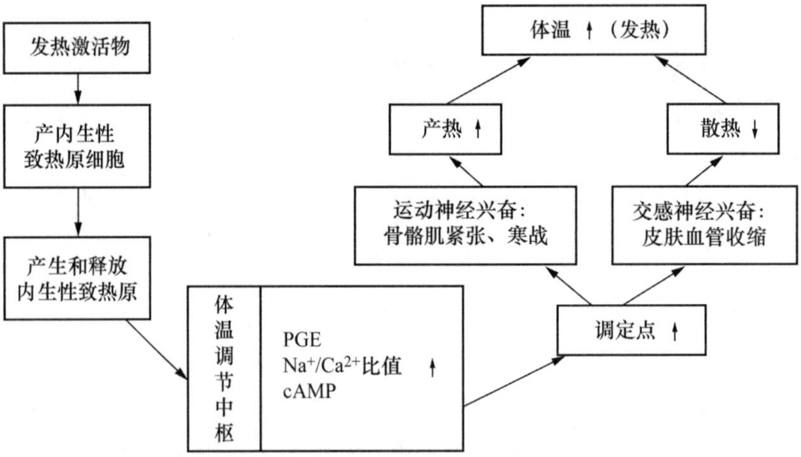

图 8-1 发热基本机理示意图

(注:cAMP 为环磷酸腺苷,PGE 为前列腺素 E)

1. 内生性致热原的产生和释放

内生性致热原的产生和释放是一个复杂的细胞信息传递和基因表达调控的过程。这一过程包括产内生性致热原细胞的激活和内生性致热原的释放。

细菌、病毒、真菌、内毒素等感染性发热激活物及抗原抗体复合物、致炎物和某些类固醇等体内产物作为发热激活物作用于产内生性致热原细胞,使其产生和释放内生性致热原。内生性致热原在细胞内合成后即可释放入血。

2. 体温调定点上移

研究证明,内生性致热原无论以何种方式入脑,它们仍然不是引起调定点上移的最终物质,内生性致热原可能首先作用于体温调节中枢,引起发热中枢介质释放,继而引起调定点的改变。发热中枢介质可分为两类:正调节介质和负调节介质。引起体温调定点上移的介质为正调节介质;限制调定点上移和体温上升的介质为负调节介质。正调节介质有三种,即前列腺素 E(PGE)、Na^{+}/Ca^{2+} 比值、环磷酸腺苷(cAMP)。负调节介质主要包括抗利尿激素、黑素细胞刺激素和膜联蛋白。

体温调定点上移的基本过程是：发热激活物作用于产内生性致热原细胞，引起内生性致热原释放，内生性致热原经血液循环到达颅内，在视前区-下丘脑前部(POAH)或终板血管器(OVLT)附近，引起中枢发热介质(正调节介质)的释放，中枢发热介质相继作用于相应的神经元，使调定点上移。

在体温升高的同时，负调节中枢也被激活，产生负调节介质，进而限制调定点的上移和体温的上升。正、负调节介质相互作用的结果决定体温上升的水平。

3. 调温效应器的改变

当下丘脑体温调节中枢将体温的调定点上移确定后，它就发出传出信号，对产热和散热过程进行调整，引起调温效应器的改变，把体温升高到与调定点相适应的水平，即一方面通过运动神经引起骨骼肌紧张度增高或寒战，产热增加；另一方面，通过交感神经系统引起皮肤血管收缩，减少散热。产热大于散热，使体温升高并维持在某一高度。

四、发热的过程及热型

(一)发热的过程

发热时体温调节方式是：①发热激活物→进入机体→激活产内生性致热原细胞→产生和释放内生性致热原→作用于体温调节中枢→中枢发热介质释放→体温调定点上移→体温调节中枢对产热和散热进行调整→把体温升高到与调定点相适应的水平。②在体温上升的同时，负调节中枢也被激活，产生负调节介质，进而限制调定点的上移和体温的上升，所以临床上患发热性疾病的动物，体温升高都有一定的范围，如哺乳动物发热一般很少超过 41 ℃，这是机体的自我保护功能和自稳调节机制，具有极其重要的生物学意义。③发热持续一定时间后，随着激活物被控制或消失，内生性致热原及增多的介质被清除或降解，调定点迅速或逐渐恢复至正常水平，体温也相应被调控下降至正常。发热过程大致分为三个阶段，即体温上升期、高热持续期和体温下降期(图 8-2)。每个时期有各自的临床症状和热代谢特点。

动画 8-4 发热的过程

1. 体温上升期

这是发热的第一阶段，因调定点上移，体温从正常逐渐或迅速升高，称为体温上升期。

此期的特点是机体通过肌肉收缩加强、肌糖原和肝糖原分解加强，使产热增多；通过皮肤血管收缩、汗腺分泌减少，使散热减少，产热大于散热，体温因而升高。由于疾病的性质、致热原数量及机体的状态等不同，动物体温升高的速度也不同，如发生高致病性禽流感、猪瘟、猪丹毒等疾病时，体温升高较快；而发生结核病、布鲁氏菌病等时，体温上升较缓慢。

患畜临床表现为兴奋不安，食欲减退或废绝，呼吸和心跳加快，恶寒怕冷，寒战，被毛蓬松，皮肤苍白、干燥、有冷感等现象。

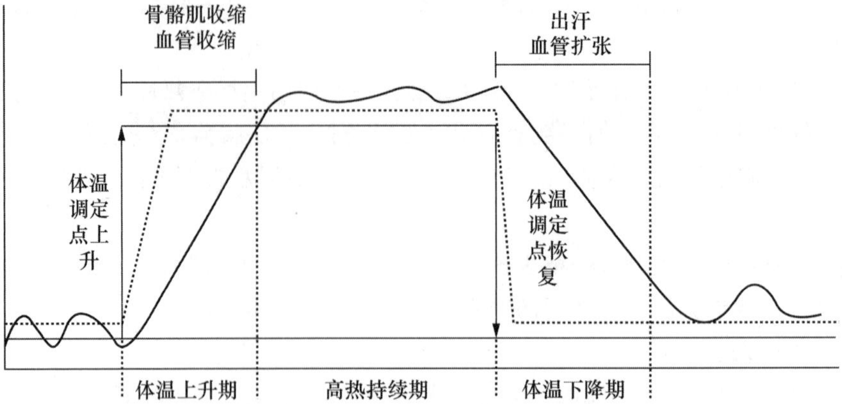

图 8-2　发热的发展过程

…调定点动态曲线　～体温曲线

2. 高热持续期(热稽留期)

当体温升高到新的调定点水平时，便不再继续上升，而是在这个与新调定点相适应的水平上波动，所以称为高热持续期。

此期的特点是体温已与新调定点相适应，所以体温调节中枢在一个较高水平上按正常的调节方式进行产热和散热的调节。患畜不仅产热过程较正常增高，其散热过程也开始加强。不同的疾病和动物，高温持续的时间不同，如牛传染性胸膜肺炎时，高热期可长达 2～3 周，而牛流行性感冒的高热期仅为数小时或几天。

患畜临床表现为体表血管扩张、血流量增加，皮温升高，寒战停止；皮温的升高加强了皮肤水分的蒸发，因而皮肤和口唇干燥；眼结膜充血潮红，呼吸和心跳加快，胃肠蠕动减弱，粪便干燥，尿量减少，有时开始排汗。

3. 体温下降期(退热期)

体温下降期是由于机体防御功能的增强，发热激活物、内生性致热原、发热介质得到控制和清除，或应用药物使上升的调定点恢复到正常水平，血液温度高于调定点的感受阈值，产热减少、散热增强。

此期的特点是散热量超过产热量。患畜临床表现为体表血管舒张、汗腺分泌增加，引起大量出汗散发热量，同时尿量也增加，使体温下降。体温迅速下降，在 24 h 内退至正常者称体温骤退；体温缓慢下降，经数日恢复到常温称为热渐退；在兽医临床上要谨防动物体温骤退，因为在体温骤退过程中，体表血管扩张、循环血量减少、血压下降以及发热时引起酸中毒等因素，可引起急性循环衰竭而造成动物死亡。另外，大量出汗可造成脱水，甚至循环衰竭，应注意监护，补充水和电解质，尤其是有心脏疾病者更应注意。

动画 8-5　热型

(二)热型

在许多发热性疾病的发生过程中，病畜体温升高的水平随着时间而发生变化，将这些病畜的体温按一定的时间记录，绘制成曲线图，即为热型。热型在疾病诊断和鉴别诊断上有一定的临床意义。常见的热型有以下几种：

1. 稽留热

指高热持续数日不退，昼夜温差变动不超过 1 ℃(图 8-3)。临床常见于大叶性肺炎、急性猪瘟、猪丹毒、流感、猪急性痢疾等急性发热性传染病。

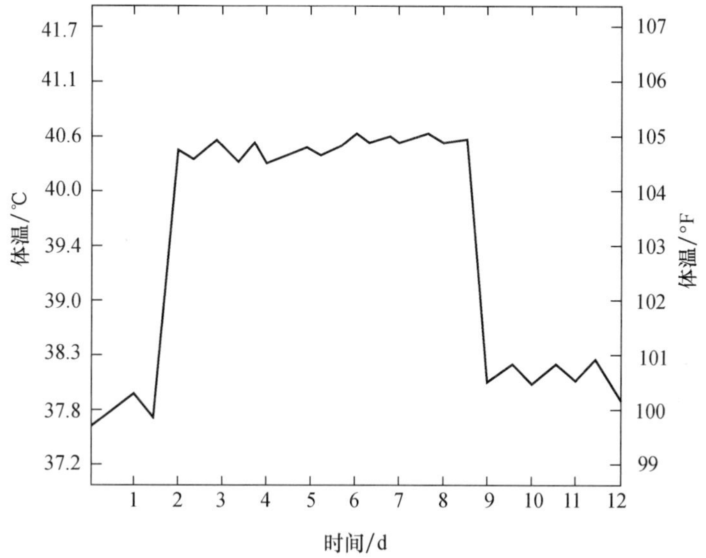

图 8-3　稽留热型曲线图

2. 弛张热

体温升高后，昼夜温差变动常超过 1 ℃，但又不降至常温(图 8-4)。临床常见于小叶性肺炎、胸膜炎、败血症、严重肺结核。

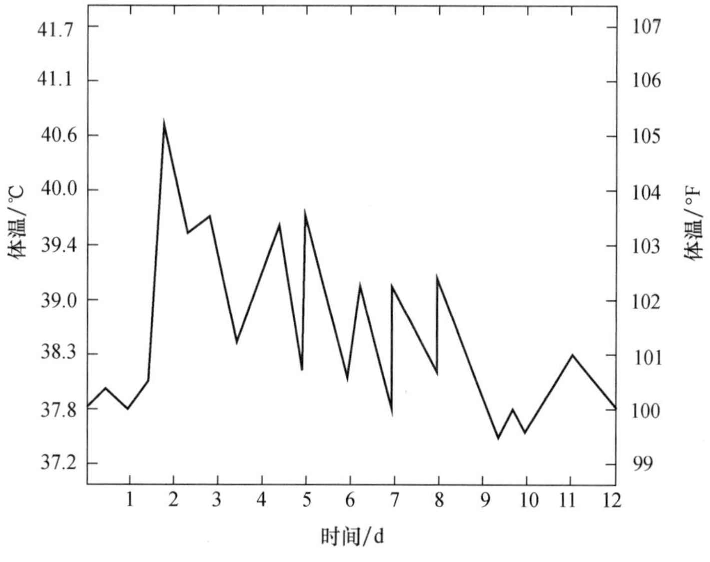

图 8-4　弛张热型曲线图

3. 间歇热

发热期与无热期有规律地交替出现,即高热持续一定时间后,体温降至常温,间歇较短时间后再升高(图 8-5)。临床常见于血孢子虫病、锥虫病、化脓性局灶性感染等。

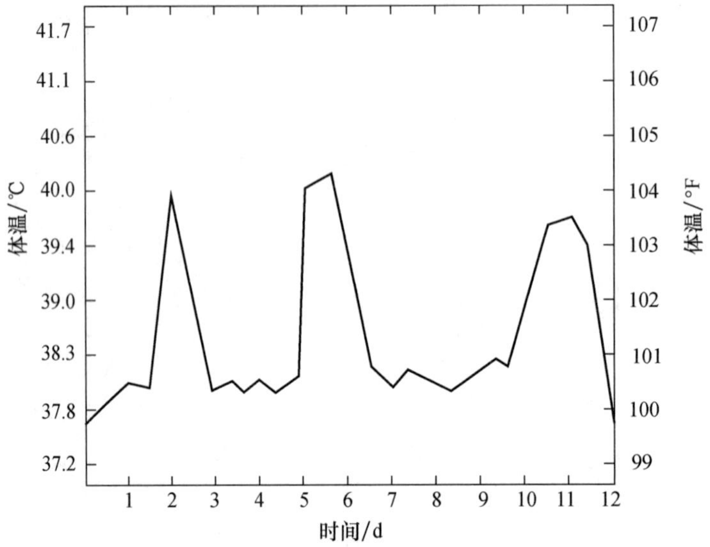

图 8-5 间歇热型曲线图

4. 回归热

与间歇热相似,发热期与无热期有规律地交替出现,但间歇时间长,无热持续时间与发热持续时间大致相等(图 8-6)。临床常见于亚急性和慢性马传染性贫血、梨形虫病等。

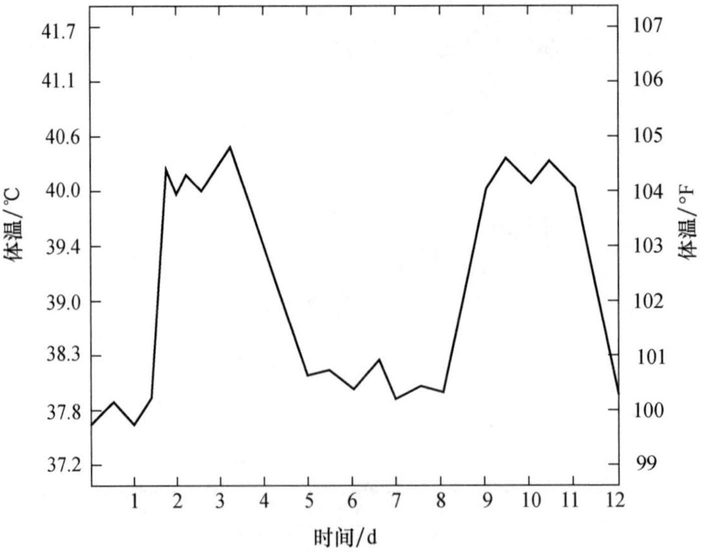

图 8-6 回归热型曲线图

5. 不定型热

发热持续时间不定，体温变动无规律，体温曲线呈不规则变化。临床常见于慢性猪瘟、慢性副伤寒、慢性猪肺疫、渗出性胸膜炎等许多非典型经过的疾病。

6. 其他热型

(1)波浪热。体温在数天内逐渐上升至高峰，然后逐渐降至微热或常温状态，不久再复发，体温曲线呈波浪式起伏。临床可见于布鲁氏菌病等。

(2)双相热。即第一次热程持续数天，然后经一至数天的间歇期，又突然发生第二次热程，称为双相热。临床常见于某些病毒性疾病，如犬瘟热。

某些疾病有时并不以单种热型出现，可伴有两种或两种以上的热型先后或混合存在，如大叶性肺炎并发脓胸和败血症时，可以由稽留热变为弛张热。此外，热型还受其他因素如年龄、个体反应和治疗影响，尤其是抗生素和解热药的应用等。故热型的临床表现有时并不典型，只有针对患畜的病情做具体分析，才能对疾病做出正确的诊断和治疗。

五、发热时机体的代谢及机能变化

(一)代谢的变化

发热时机体物质代谢的变化特点是分解代谢增强。体温每升高 1 ℃，基础代谢率提高13%，所以发热动物的物质消耗明显增多。如果持久发热，营养物质没有得到相应的补充，病畜就会消耗自身的物质，导致患病动物消瘦，体重下降。因此，在护理病畜时，要注意补充营养丰富且易消化吸收的饲料和多种维生素。

1. 糖代谢

发热时，由于产热的需要，能量消耗大大增加，因而对糖的需求增多，尤其是在寒战期，糖的消耗更大，糖的分解代谢加强，糖原贮备减少；另外，发热时，由于耗氧量和基础代谢率升高，相对氧供给不足，引起有氧氧化障碍，而使糖的无氧酵解过程加强，结果血液和组织内乳酸增多。

2. 脂肪代谢

发热时由于糖代谢加强，加上患畜食欲较差，营养摄入不足，使糖原贮存减少或耗尽，机体即动员脂肪贮备，使脂肪分解明显加强，机体消瘦。如果脂肪分解加强伴有氧化不全，则出现酮血症及苯丙酮尿症。

3. 蛋白质代谢

当糖原和脂肪大量分解时，组织蛋白也随之分解供给能量。首先是肝和其他实质器官的组织蛋白分解，其次是肌蛋白，血浆蛋白也减少。由于蛋白质分解加强，尿氮比正常增加 2～3 倍，可出现负氮平衡，即排出氮量多于进饲氮量，表明体内蛋白质合成量少于分解量，体内蛋白质总量减少。此时必须保证供给机体大量的蛋白质营养，否则，持续发热，蛋白质消耗过多或摄入不足，可致蛋白质缺乏型营养不良，实质器官及肌肉发生萎缩、变性，机体衰竭，组织修复能力减弱等。

4. 维生素代谢

长期发热时，由于参与酶系统组成的维生素消耗过多，加之发热时患畜食欲减退和消化液分泌减少，维生素的摄取和吸收减少，故常发生维生素缺乏，特别是 B 族维生素和维生素 C 缺乏。因此,对长期发热或高热患畜应适当补充维生素。

5. 水、电解质代谢

在发热的体温上升期,由于肾血流量减少,尿量也明显减少,Na^+ 和 Cl^- 的排泄也减少。但在退热期,由于尿量增多和大量出汗,Na^+ 和 Cl^- 的排出增加。高热持续期和退热期皮肤和呼吸道水分蒸发及大量出汗,可导致水分大量丢失,严重者可引起脱水。此外,发热时物质分解代谢加强,乳酸、酮体生成增多,加上肾排泄功能降低,故常常引起患畜代谢性酸中毒。

根据以上变化,对发热患畜应大量补充糖以供能量消耗,并可防止蛋白质及脂肪的消耗,同时,要及时补充B族维生素和维生素C,以保证各种酶类的需要,另外,对发热患畜应足量补水,适量补钾,增加碱储以纠正酸中毒。

(二)机能的变化

1. 中枢神经系统功能改变

发热初期,中枢神经系统兴奋性增高,动物表现为兴奋不安;高热期,由于高温血液及有毒产物的作用,中枢神经系统呈现抑制,动物精神沉郁,甚至出现昏迷症状。此外,在体温上升期和高热持续期,交感神经兴奋性增强;退热期,副交感神经兴奋性增高。

2. 循环系统功能改变

发热时由于交感神经兴奋和高温血液刺激心脏窦房结使心率加快,一般体温每上升1 ℃,心率每分钟增加10~15次。在一定限度内,心率增加可增加心输出量,但如果超过一定限度,心输出量反而下降;又因心率过快,增加心脏负担,对心肌有潜在病灶的动物,会诱发心力衰竭。因此,应尽量减少发热患畜的活动或使役,让其安静休息。在长期发热(尤其是传染病)时由于体内氧化不全的代谢产物和微生物毒素对心肌有直接损害作用,常引起心肌变性。另外,发热初期,由于心率加快,外周血管收缩,可使血压轻度升高;高温持续期和退热期因外周血管舒张,血压可轻度下降。此外,当高温骤退时,特别是用解热药引起体温骤退,动物机体可因大量出汗而虚脱、休克,甚至循环衰竭,应予以注意。

3. 呼吸系统功能改变

发热时,高温血液和酸性代谢产物刺激呼吸中枢,引起呼吸加深加快。深而快的呼吸有利于氧气的吸入和机体散热。

4. 消化系统功能改变

发热时,因交感神经兴奋,副交感神经抑制,消化液分泌减少,各种消化酶的活性降低,使动物消化吸收功能降低,动物表现为食欲减退或废绝,口腔黏膜干燥。胃肠蠕动减弱,肠内容物发酵和腐败,可诱发腹胀、便秘,甚至自体中毒。

5. 泌尿系统功能变化

发热初期,血压升高,肾血流量增加,尿量稍增多,尿相对密度较低;高热时,一方面由于呼吸加深加快,水分被蒸发;另一方面因肾组织轻度变性,加之体表血管舒张,肾血流量相应减少以及酸性代谢产物增多,水和钠盐被潴留在组织中,使尿液减少,尿相对密度增加。到退热期,由于肾血液循环得到改善,又表现为尿量增加。

6. 防御功能的改变

一是发热时,机体内单核巨噬细胞系统的功能活动增强。表现为抗感染能力增强,抗体形成增多,肝解毒功能增强。二是发热时产内生性致热原细胞产生大量的内生性致热原除引起发热外,大多具有一定程度的抑制或杀灭肿瘤的作用。三是内生性致热原引起的急性期反应。急性期反应是机体在细菌感染和组织损伤时所出现的一系列急性时相的反应,是机体快速启动的防御性非特异性反应,主要包括急性期蛋白的合成增多、血浆微量元素浓度的改变(铁和锌含量下降、血铜浓度增高)和外周血白细胞数增高等。

六、发热的生物学意义及处理原则

(一)发热的生物学意义

发热是生物在长期进化过程中获得的一种以抗损伤为主的防御适应性反应,它是疾病的重要信号,对判断疾病、评价疗效和估计预后均有重要价值。

一般来说,短时间轻、中度发热对机体是有利的。发热能抑制病原微生物在体内的活性,帮助机体对抗感染;可增强单核巨噬细胞系统的功能,促进淋巴细胞的转化,加速抗体的生成;还可使肝氧化过程加速,增强肝的解毒功能等,有助于机体对致病因素的清除,提高机体对致热原的清除能力。

但长时间的持续高热,对机体有害。持续高热可使机体的分解代谢加强,营养物质过度消耗,消化机能紊乱,导致病畜消瘦和机体抵抗力下降;能使中枢神经系统和血液循环系统发生损伤,导致病畜精神沉郁甚至昏迷,或使心肌变性而发生心力衰竭,这样就会加重病情。此外,发热还可致胎儿发育障碍等。

(二)发热的处理原则

在疾病过程中,既要看到发热对机体有利的一面,又要看到其不利的一面,必须根据具体情况,采取适当的措施,既不能盲目地不加分析地乱用解热药,也不应对高热或长期发热的病畜置之不理。在临床实践中,对发热的处理应根据具体的情况采取适当的措施。一般注意以下几点:

1. 积极治疗原发病

针对发热的病因进行积极的处理是解决发热的根本办法。例如,感染性发热,根据病原不同选择有效药物进行治疗。

2. 一般性发热的处理

对持续时间不长、中度或中度以下发热患畜,尚未查明发热原因者,不贸然退热,以免延误诊断和抑制机体的免疫机能。

3. 必须及时解热的病例

对于高热、持久发热的患畜,有严重肺炎或心血管疾病及妊娠期的动物,治疗原发病的同时采取退热措施,但高热不可骤退。

4. 解热的具体措施

可采用药物或物理降温进行解热。

5. 加强护理和补充营养

注意纠正水、电解质和酸碱平衡紊乱,补充发热时营养物质的消耗,补充糖和维生素,给予营养丰富易消化的食物,密切监护心脏功能等。

思维导图

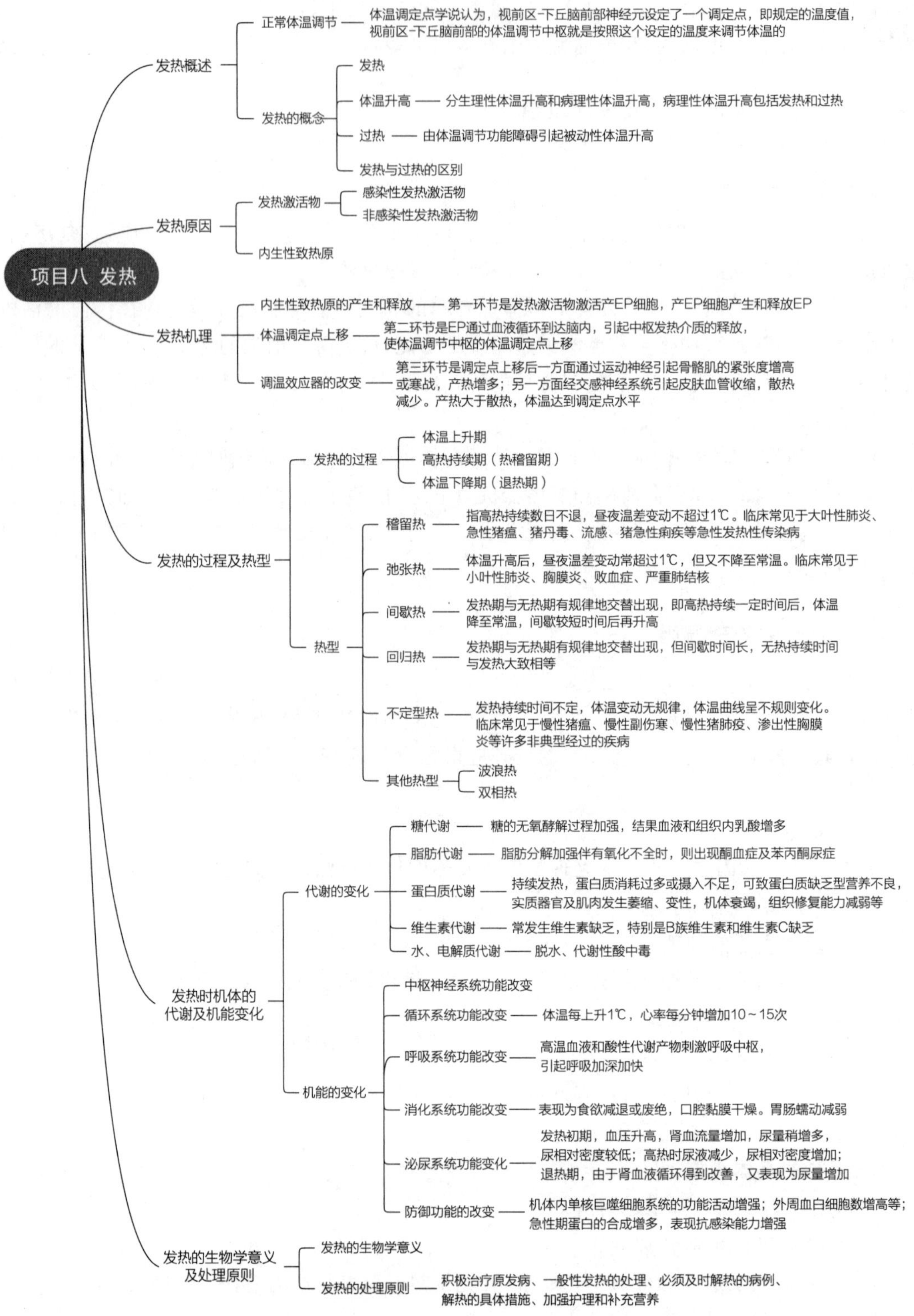
项目八 发热
发热概述
正常体温调节
体温调定点学说认为，视前区-下丘脑前部神经元设定了一个调定点，即规定的温度值，视前区-下丘脑前部的体温调节中枢就是按照这个设定的温度来调节体温的
发热的概念
发热
体温升高
分生理性体温升高和病理性体温升高，病理性体温升高包括发热和过热
过热
由体温调节功能障碍引起被动性体温升高
发热与过热的区别
发热原因
发热激活物
感染性发热激活物
非感染性发热激活物
内生性致热原
发热机理
内生性致热原的产生和释放
第一环节是发热激活物激活产EP细胞，产EP细胞产生和释放EP
体温调定点上移
第二环节是EP通过血液循环到达脑内，引起中枢发热介质的释放，使体温调节中枢的体温调定点上移
调温效应器的改变
第三环节是调定点上移后一方面通过运动神经引起骨骼肌的紧张度增高或寒战，产热增多；另一方面经交感神经系统引起皮肤血管收缩，散热减少。产热大于散热，体温达到调定点水平
发热的过程及热型
发热的过程
体温上升期
高热持续期（热稽留期）
体温下降期（退热期）
热型
稽留热
指高热持续数日不退，昼夜温差变动不超过1℃。临床常见于大叶性肺炎、急性猪瘟、猪丹毒、流感、猪急性痢疾等急性发热性传染病
弛张热
体温升高后，昼夜温差变动常超过1℃，但又不降至常温。临床常见于小叶性肺炎、胸膜炎、败血症、严重肺结核
间歇热
发热期与无热期有规律地交替出现，即高热持续一定时间后，体温降至常温，间歇较短时间后再升高
回归热
发热期与无热期有规律地交替出现，但间歇时间长，无热持续时间与发热大致相等
不定型热
发热持续时间不定，体温变动无规律，体温曲线呈不规则变化。临床常见于慢性猪瘟、慢性副伤寒、慢性猪肺疫、渗出性胸膜炎等许多非典型经过的疾病
其他热型
波浪热
双相热
发热时机体的代谢及机能变化
代谢的变化
糖代谢
糖的无氧酵解过程加强，结果血液和组织内乳酸增多
脂肪代谢
脂肪分解加强伴有氧化不全时，则出现酮血症及苯丙酮尿症
蛋白质代谢
持续发热，蛋白质消耗过多或摄入不足，可致蛋白质缺乏型营养不良，实质器官及肌肉发生萎缩、变性，机体衰竭，组织修复能力减弱等
维生素代谢
常发生维生素缺乏，特别是B族维生素和维生素C缺乏
水、电解质代谢
脱水、代谢性酸中毒
机能的变化
中枢神经系统功能改变
循环系统功能改变
体温每上升1℃，心率每分钟增加10～15次
呼吸系统功能改变
高温血液和酸性代谢产物刺激呼吸中枢，引起呼吸加深加快
消化系统功能改变
表现为食欲减退或废绝，口腔黏膜干燥。胃肠蠕动减弱
泌尿系统功能变化
发热初期，血压升高，肾血流量增加，尿量稍增多，尿相对密度较低；高热时尿液减少，尿相对密度增加；退热期，由于肾血液循环得到改善，又表现为尿量增加
防御功能的改变
机体内单核巨噬细胞系统的功能活动增强；外周血白细胞数增高等；急性期蛋白的合成增多，表现抗感染能力增强
发热的生物学意义及处理原则
发热的生物学意义
发热的处理原则
积极治疗原发病、一般性发热的处理、必须及时解热的病例、解热的具体措施、加强护理和补充营养

思政园地

流感病毒的掘墓人:伟大的病理学家乔汉·赫尔汀

1918—1919 年发生的世界范围的大流感,是人类历史上最凶险的传染病,全球有 1/5 的人感染,5 000 万人死亡。因流感死亡的人数比第一次世界大战的死亡人数还多,并成为第一次世界大战提早结束的原因之一,因为各国都已经没有额外的兵力作战了。当时科学家们将此次大流感误判为由一种"流感嗜血杆菌"引起。

流感远去后,科研人员依然在与流感的"元凶"斗争。瑞典医学生乔汉·赫尔汀于 1950 年来到艾奥瓦大学进修,由于他之前参加了阿拉斯加冻土地带考古挖掘,受到启发后,再赴阿拉斯加,挖掘出埋在冻土中的 1918 年大流感死者的肺部样本,回到实验室后进行病毒培养,但一无所获。

1996 年,利用分子生物学技术,美军病理学研究所的杰夫瑞·陶本伯格从美军病理库的 1918 年死者的肺切片中分离出 1918 年大流感病毒的片段。但仅仅是片段,还是无法确认,要拿到完整序列,才更有说服力。不过,病毒已经离开近 80 年,到哪里去寻找它的真身呢?

年过七旬的病理学家赫尔汀已经退休,在读到陶本伯格的论文后,写信告诉陶本伯格,为了追寻流感病毒,他于 20 世纪 50 年代去过曾经发生流感的布瑞维格米申。那一次,他并没有得出任何结论。在极寒之地,尸体或许仍然保存完好。有没有可能,从这些尸体中分离出病毒?这次,他说他愿意再去一次。于是,1997 年他只身再度前往阿拉斯加的布瑞维格米申,找当地人作掘墓助手。这次他挖得更深了些。然后,他见到了露西。露西是赫尔汀取的名字。她是个胖女人。因为生前身体内脂肪较多,她的大部分身体仍然保存完好。赫尔汀从露西的肺部取得了样本。露西的肺部样本起了大作用。收到赫尔汀的样本后,陶本伯格的工作有了巨大进展,并于 2005 年 10 月人工复制成功 1918 年大流感病毒株。通过现代测序技术从样本中获得了该流感病毒的全部基因序列。后来,不同研究小组的分析均表明,1918—1919 年的大流感,是一种甲型流感病毒变异株引起的烈性传染病。

为病毒溯源,没有捷径可走。面对 1918—1919 年的流感病毒,病理学家和病毒学家如同考古学家,艰难地逆着时间洪流而上,严谨但又充满创造性地将它看清。

复习思考题

一、名词解释

发热　发热激活物　内生性致热原　稽留热　弛张热　间歇热

二、填空题

1. 发热激活物包括__________和__________。

2. 感染性发热激活物主要指各种__________及其代谢产物。

3. 产内生性致热原细胞在发热激活物的作用下,产生和释放的能引起体温升高的物质叫__________。

4. 发热的发展过程大致分为__________、__________和__________三个时期。

5. 发热时心率加快,体温每上升1 ℃,心率每分钟平均增加__________次。
6. 发热时机体物质代谢变化的特点是__________。
7. 能引起恒温动物体温升高的物质有__________、__________、__________、__________。

三、判断题

1. 体温升高就是发热。(　　)
2. 回归热与间歇热一样,都是高热期与无热期有规律地交替出现且间歇时间相同。(　　)
3. 体温上升期的代谢特点是产热增加,散热减少,引起体温升高。(　　)
4. 发热是一种独立的疾病。(　　)
5. 中暑时机体体温调定点上移,引起体温升高。(　　)
6. 高热持续期的代谢特点是产热与散热在高水平上平衡,体温保持高水平。(　　)
7. 对于发热的动物,退热时越快越好。(　　)

四、选择题

1. 以下属于内生性致热原的物质是(　　)。
   A. 细菌　　B. 病毒
   C. 巨噬细胞　　D. 白细胞介素和干扰素
2. 发热主要见于(　　)。
   A. 中毒性疾病　　B. 营养代谢性疾病　　C. 感染性疾病
3. 体温每升高1 ℃,基础代谢率提高(　　)。
   A. 20%　　B. 13%　　C. 5%　　D. 10%
4. 体温上升阶段,动物体表温度(　　)。
   A. 升高　　B. 降低　　C. 不变
5. 中枢神经兴奋,动物表现烦躁不安的阶段是(　　)。
   A. 体温上升期　　B. 高热持续期　　C. 退热期
6. 不属于产内生性致热原细胞的是(　　)。
   A. 中性粒细胞　　B. 单核巨噬细胞
   C. 红细胞　　D. 肿瘤细胞
7. 发热激活物作用对象为(　　)。
   A. 产内生性致热原细胞　　B. 体温调节中枢
   C. 交感神经　　D. 寒战中枢
8. 体温调节高级中枢位于(　　)。
   A. 小脑　　B. 脊髓
   C. 视前区-下丘脑前部　　D. 大脑皮层
9. 不属于发热中枢正调节介质的是(　　)。
   A. PGE　　B. cAMP　　C. Na^+/Ca^{2+}比值　　D. 黑素细胞刺激素
10. 下列属于发热的是(　　)。
   A. 中暑　　B. 脱水热　　C. 胸膜炎　　D. 剧烈运动后
11. 能引起恒温动物体温升高的物质是(　　)。<2009>
   A. 钙离子　　B. 白细胞介素　　C. 精氨酸加压素
   D. 脂皮质蛋白　　E. α-黑素细胞刺激素

12. 关于在某些病理情况下，动物机体在一定限度内的发热叙述不正确的是（ ）。＜2011＞

A. 增强机体单核巨噬细胞的吞噬功能

B. 加速抗体生成

C. 增强肝脏的解毒功能

D. 有助于机体对致病因素的消除

E. 会对机体造成严重影响

13. 患化脓性炎症动物的热型通常为（ ）。＜2013＞

A. 稽留热 B. 弛张热 C. 间歇热

D. 回归热 E. 波状热

14. 发热的体温上升期，表现为（ ）。＜2014＞

A. 体表血管扩张 B. 排汗显著增多

C. 尿量增加 D. 脉搏加快

E. 皮温增高

15. 牛结核病引起的发热类型是（ ）。＜2016＞

A. 稽留热 B. 弛张热 C. 回归热

D. 不规则热 E. 波状热

16. 发热期与无热期间歇时间较长，而且发热期和无热期的出现时间大致相等。此热型为（ ）。＜2019＞

A. 回归热 B. 间歇热 C. 弛张热

D. 稽留热 E. 双向热

17. 持续高热，但昼夜温差超过 1 ℃的热型，称为（ ）。＜2020＞

A. 弛张热 B. 消耗热 C. 稽留热

D. 间歇热 E. 回归热

五、简答题

1. 简述体温过高与发热的区别。

2. 简述发热的过程、各期的特点及患畜的临床表现。

3. 对发热动物应如何处理？

项目九 休 克

◆ 学习目标

掌握休克的概念、原因、类型、休克的过程及机理；理解休克时机体的病理变化；了解休克的防治原则。

实训技能 动物休克相关疾病调查

能力目标

1. 通过调研掌握畜禽常见导致休克的疾病、发病原因及转归情况。
2. 锻炼人际交往能力、团队协作能力、调查研究能力。
3. 提高口头表达能力及资料的整理归纳能力。

实训内容

(一)进行调研

(1)组建调研小组。以3～5人为一组，进行实训技能分工，确定联系员、记录员、询问员、总结员等。

(2)选择调研场所。如鸡场、鸭场、猪场、羊场、牛场、动物医院、疾病控制中心、图书馆等。

(3)联系调研对象。如防疫员、兽医、饲养员、专业老师等。

(4)准备调研材料。调研记录表格、记录本、笔等。制定调研内容(可自行制定或参照表9-1制定)。

(5)调研并记录结果。

(6)以小组为单位总结发病原因、发病特点及休克类型，提交总结报告。

(二)调研成果展示与评价

1. 展示调研成果

(1)以组为单位展示说明调研成果。

(2)以组为单位形成一份调研报告。

表 9-1 动物休克相关疾病调查表

<table>
<tr><td>单位名称</td><td colspan="5"></td><td>地址</td><td colspan="3"></td></tr>
<tr><td>被调研
人姓名</td><td></td><td>工作岗位</td><td colspan="2"></td><td>职务职称
技术级别</td><td></td><td>联系
电话</td><td colspan="2"></td></tr>
<tr><td colspan="10">发病情况记录表</td></tr>
<tr><td rowspan="2">动物
种类</td><td rowspan="2">疾病名称</td><td colspan="6">休克类型</td><td rowspan="2">休克原因</td><td rowspan="2">临床表现</td></tr>
<tr><td>低血容量性休克</td><td>心源性休克</td><td>感染性休克</td><td>过敏性休克</td><td>创伤性休克</td><td>神经性休克</td></tr>
<tr><td></td><td></td><td></td><td></td><td></td><td></td><td></td><td></td><td></td><td></td></tr>
<tr><td></td><td></td><td></td><td></td><td></td><td></td><td></td><td></td><td></td><td></td></tr>
<tr><td></td><td></td><td></td><td></td><td></td><td></td><td></td><td></td><td></td><td></td></tr>
</table>

2. 成绩评定

以小组为单位进行成绩评定，包括教师评价、学生评价两部分，学生评价是以小组为单位进行组间互相评价。评价内容及评价方式可参考表 9-2。

表 9-2 动物休克相关疾病调研成绩评价表 组别：________

<table>
<tr><td colspan="2">分值标准</td><td>学生评价
（占总分的 50%）</td><td>教师评价
（占总分的 50%）</td></tr>
<tr><td rowspan="3">调研成果展示
（70 分）</td><td>积极主动（20 分）</td><td></td><td></td></tr>
<tr><td>语言表达（20 分）</td><td></td><td></td></tr>
<tr><td>调研内容（30 分）</td><td></td><td></td></tr>
<tr><td rowspan="2">调研报告
（30 分）</td><td>字迹工整（10 分）</td><td rowspan="2"></td><td rowspan="2"></td></tr>
<tr><td>内容丰富（20 分）</td></tr>
<tr><td colspan="2">小计</td><td></td><td></td></tr>
<tr><td colspan="2">实际得分合计</td><td colspan="2"></td></tr>
</table>

◆ 相关知识

相关知识 休 克

一、休克的概念

休克指机体在各种强烈致病因子作用下发生的以微循环障碍为主的急性循环功能不全，

表现为有效循环血量急剧减少,微循环血液灌流严重不足,导致各重要组织器官功能代谢发生紊乱和结构损伤的一种全身性危重病理过程。其主要临床表现为血压下降,心跳加快,脉搏频弱,耳、鼻和四肢末端发凉,体温下降,可视黏膜苍白或发绀,尿量减少或无,反应迟钝,精神高度沉郁,甚至昏迷等。

二、微循环

在了解休克的微循环分期前,先要了解什么是微循环。

动画 9-1 微循环　　　　动画 9-2 休克

微循环是指微动脉和微静脉之间的血液循环,微循环最根本的功能是进行血液和组织细胞之间的物质交换。典型的微循环一般由微动脉、后微动脉、毛细血管前括约肌、真毛细血管、通血毛细血管、动静脉吻合支和微静脉等七个部分组成,微循环的血液可通过三条途径由微动脉流向微静脉,三条途径为直捷通路、营养通路(迂回通路)、动静脉短路。正常情况下大部分血液通过营养通路和组织细胞之间进行物质交换,少部分血液通过直接通路回心维持血压,动静脉短路关闭(图 9-1)。

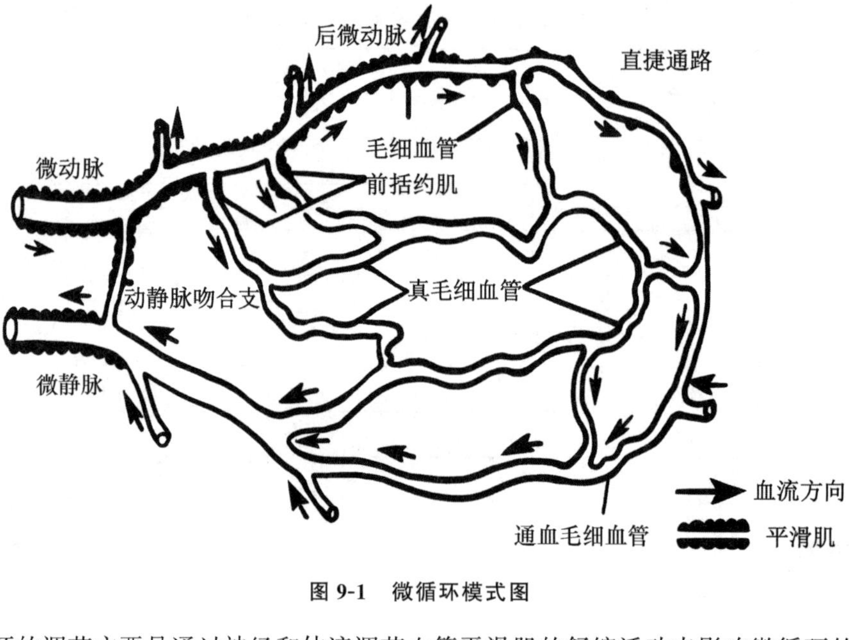

图 9-1　微循环模式图

微循环的调节主要是通过神经和体液调节血管平滑肌的舒缩活动来影响微循环的血流量。

三、休克的原因及类型

引起休克的原因很多,分类方法也较多,按照引起休克的病因可分为低血容量性休克、心源性休克、血管源性休克三大类。

1. 低血容量性休克

血液总量减少使有效循环血量不足而引起的休克，称为低血容量性休克。低血容量性休克包括脱水性休克、失血性休克和烧伤性休克。

(1)脱水性休克。剧烈腹泻、呕吐或出汗过多导致体液丢失，引起血容量减少而导致的休克。如急性胃肠炎引起的腹泻。

(2)失血性休克。各种原因引起的大量血液流失所致的休克，如外伤、内脏破裂出血及产后大出血等。

(3)烧伤性休克。大面积烧伤时因伤口大量血浆丢失及水分的蒸发而导致的血容量减少引起的休克。

2. 心源性休克

由于急性心功能衰竭或严重的心律失常，心输出量急剧减少，使有效循环血量和微循环灌流量下降所引起的休克，称为心源性休克。如急性心肌炎、大面积心肌梗死等。

3. 血管源性休克

由于外周血管扩张、血管容量扩大导致的血液分布异常，大量血液淤滞在扩张的小血管内，使有效循环血量减少而引起的休克，称为血管源性休克。它包括以下几种休克：

(1)感染性休克。由于病原微生物严重感染导致的休克。如革兰氏阴性菌、革兰氏阳性菌、立克次体、病毒和霉菌等感染导致的休克，这些病原微生物引起的感染常伴随败血症，故又称败血症休克；革兰氏阴性菌感染时容易导致内毒素性休克。

(2)过敏性休克。某些药物(如青霉素)或血清制剂注射到过敏体质的机体引起的变态反应所导致的休克。

(3)创伤性休克。严重创伤、骨折、大手术等使组织器官受到严重的破坏，疼痛、失血导致血管活性物质释放引起小血管扩张，有效循环血量减少而引起的休克。

(4)神经源性休克。由神经系统受到强烈刺激或损伤导致的休克。

四、休克的发生、发展过程及机理

休克发生的原因及类型虽多，其发病机理也不尽相同，但微循环有效血流量灌注不足是各种休克发生、发展的共同环节。而微循环血流量灌注不足是由微循环灌流压降低、微循环血流阻力增加和微循环血液改变引起的。依据微循环障碍的变化，休克发生发展的过程可分微循环缺血缺氧期、微循环淤血缺氧期和微循环凝血期。

1. 微循环缺血缺氧期(休克代偿期)

此期为休克的早期，以代偿适应反应为主。其特点为微循环痉挛，其机理为各种原因引起交感-肾上腺髓质系统的强烈兴奋，儿茶酚胺大量释放入血。儿茶酚胺的大量释放既刺激 α 受体，造成皮肤、内脏血管明显痉挛，毛细血管前阻力显著增加，同时大量真毛细血管网关闭；又刺激 β 受体引起大量动-静脉短路开放，微循环灌流量锐减，组织灌流变为少灌少流或灌少于流，导致组织呈缺血、缺氧状态(图 9-2)。因脑血管对儿茶酚胺不敏感，同时儿茶酚胺能使心冠状血管扩张而有较多血液流入，可保证心、脑等重要器官的血液供应。此期对全身循环系统的调节作用为自身输血和自身输液以及血液重分布，其中自身输液的原理为毛细血管前阻力大

动画 9-3　微循环缺血缺氧期

于后阻力，致使毛细血管流体静力压下降，大量液体从组织间隙回收进入血管。休克代偿期的意义是有利于维持动脉血压以及有利于心脑的血液供应。

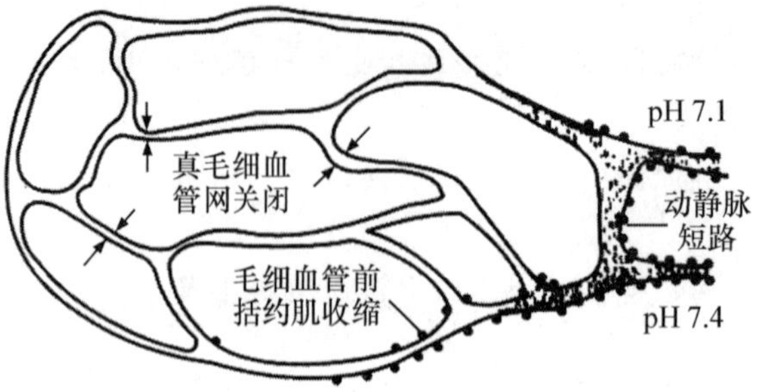

图 9-2 微循环缺血缺氧期示意图

患畜在此期表现为烦躁不安、可视黏膜苍白、皮肤发凉、心跳加快但有力、脉搏细速、尿量减少、血压稍降或无变化。

2. 微循环淤血缺氧期(休克期)

此期为休克的中期。如果休克的原始病因不能及时去除，且未得到及时和适当的救治，病情将从微循环缺血缺氧期发展到淤血缺氧期。随着病情的发展，组织器官的缺血缺氧越来越严重，无氧分解加强，酸性代谢产物在局部组织蓄积越来越多，终末血管对儿茶酚胺的反应性降低，微动脉和毛细血管前括约肌的收缩逐渐减弱，血液大量涌入毛细血管网；同时因微静脉对酸性环境耐受性较强，仍保持着对儿茶酚胺的敏感性，继续处于收缩状态。这样毛细血管的后阻力大于前阻力，组织灌流变为灌而少流或灌大于流，导致微循环发生淤血(图 9-3)。此期全身循环系统出现以下变化：一是回心血量急剧减少，二是自身输液停止，三是心脑血液灌流量减少。

动画 9-4 微循环淤血缺氧期

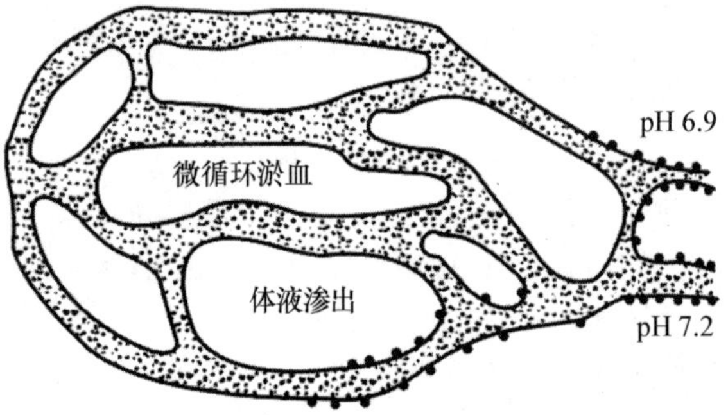

图 9-3 微循环淤血缺氧期示意图

此期由于微循环血流灌注量进一步减少，从而进一步加重组织器官的缺血、缺氧和酸中毒等病理过程，导致休克的进一步恶化。

由于淤血、缺氧和酸中毒，患畜的主要临床表现是精神沉郁或昏迷、皮温下降、可视黏膜发绀、心跳快而弱、脉搏细而频、血压下降、少尿或无尿。

3. 微循环凝血期(微循环衰竭期)

此期为休克的晚期，是不可逆性休克期。此期微血管发生麻痹性扩张，毛细血管大量开放，血流停止，出现不灌不流状态，组织几乎完全不能进行物质交换。缺氧和酸中毒导致毛细血管内皮细胞损伤，有利于血小板的沉积并激活内源性凝血系统；组织细胞的损伤可启动外源性凝血系统；休克还能使红细胞崩解，产生红细胞素，促进外源性的凝血；同时缺氧使单核巨噬细胞的机能降低而不能及时清除凝血酶、纤维蛋白等物质，使凝血因子相对增多，发生 DIC，即弥散性血管内凝血（图 9-4），导致重要器官的功能衰竭，甚至发生多系统衰竭综合征。

动画 9-5 微循环凝血期

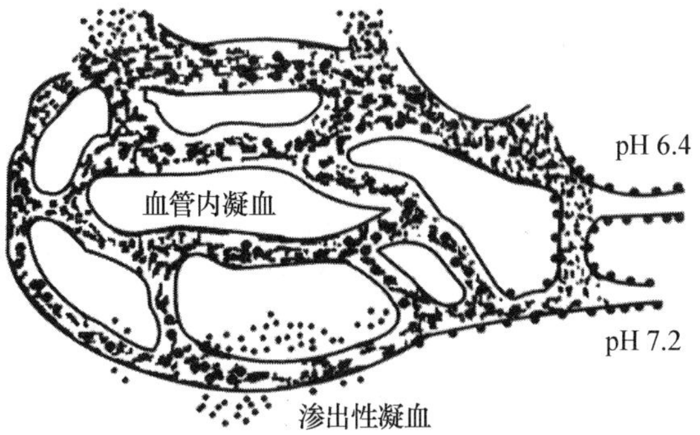

图 9-4 微循环衰竭期示意图

DIC 是许多疾病发展过程中出现的一种严重病理状态，是一种获得性出血性综合征，其特点是微循环中发生血小板聚集及纤维蛋白沉积，形成广泛的微血栓，消耗大量凝血因子和血小板，在病程中又出现继发性纤维蛋白溶解亢进，从而引起微循环障碍、血栓、溶血和出血等临床表现，往往危及生命。

微血栓是在微循环的血管中由血小板、白细胞或纤维蛋白聚集而成的一种均质无结构的微小血栓。根据微血栓的组成成分，可分为以下三类：①透明血栓，由纤维蛋白聚集形成；②血小板血栓，由血小板聚集形成；③混合血栓，由血小板、血细胞和纤维蛋白混合聚集形成。

患畜的主要临床表现是血压继续下降、脉搏快而弱或不能感觉到脉搏、昏迷、呼吸不规则、全身皮肤有出血点或出血斑、四肢发凉、无尿等，各器官功能严重障碍，严重时导致死亡。

五、休克时机体的病理变化

（一）细胞病理变化

1. 细胞物质代谢障碍导致酸中毒

休克时微循环障碍，器官组织缺血、缺氧，糖的有氧代谢障碍，无糖酵解过程增强，脂肪及蛋白质分解加强，而合成减少，除 ATP 生成显著减少外，重要的是乳酸、脂肪酸、丙酮酸等酸性代谢产物产生明显增多，导致机体发生代谢性酸中毒。肝脏摄取转化酸性物质的功能下降，代谢产物转化受阻，此外，由于血液循环障碍酸性物质及二氧化碳排出，减少上述因素共同作用的结果是机体发生酸中毒。

休克时，由于组织缺氧，线粒体功能障碍，ATP 生成不足，细胞膜上的钠泵功能失常，因而细胞内钠离子增多，而细胞外钾离子增多，导致细胞水肿和高钾血症。

2. 细胞损伤与死亡

缺血、缺氧和酸中毒，可使细胞膜受损，细胞水肿；线粒体肿胀，线粒体膜破裂，线粒体受损，能量产生障碍；溶酶体肿胀、空泡形成，破裂后释放溶酶体，引起细胞自溶。

各种休克因子均可引起炎症细胞的活化，产生细胞因子及氧自由基，攻击血管内皮细胞，使中性粒细胞、单核巨噬细胞、淋巴细胞和各脏器实质细胞发生变性、坏死和凋亡，导致各器官功能衰竭。

(二)各主要器官功能障碍

休克是以微循环障碍为特征的全身性病理过程。休克时体内各组织器官的结构和功能都将发生改变，现将主要器官的功能和结构变化描述如下：

1. 心功能改变

除了心源性休克伴有原发性心功能障碍以外，其他类型休克在早期，由于机体的代偿，心功能一般不受显著的影响。严重和持续时间较长的休克，使有效循环血量减少，动脉血压下降，从而使冠状动脉供血减少，心肌缺血、缺氧，ATP生成不足，导致心肌收缩力减弱、心输出量减少、心率加快或失常等。死于休克的动物的心脏，常见的病理变化为心外膜出血、心内膜出血和心肌纤维坏死等。

2. 肾功能改变

各种类型的休克常伴发急性肾功能衰竭，主要临床表现为少尿或无尿。肾功能衰竭的发生首先是致休克的病因引起交感-肾上腺髓质系统兴奋，肾小球入球微动脉收缩，肾血流量减少，肾小球滤过率降低；由于肾小球入球微动脉压力下降、肾血流量减少时肾素-血管紧张素分泌增多，致使肾血管进一步收缩，肾血量进一步减少，滤过率进一步降低。其次因血管紧张素的增多及血容量的降低可促进抗利尿激素和醛固酮分泌增加，使尿液形成更少。在休克初期发生肾衰竭时，若及时恢复肾血流灌注量可使肾功能恢复。若休克持续时间较长，随着缺血、缺氧的加剧和内毒素等因素的作用，将使肾小管上皮细胞发生变性、坏死，血管内膜受到损伤而导致DIC的发生，即使恢复肾的血液灌流，肾功能也不可能立刻逆转，只有在肾小管上皮修复再生后，肾功能才能恢复。因休克死亡的动物，肾脏的病理变化表现为肿大，质地变软，切面上皮质增宽、色淡，髓质淤血而呈暗红色。

3. 肺功能改变

肺在休克早期由于呼吸中枢兴奋而呼吸加快加深。在休克的中、晚期，肺出现微循环障碍，肺组织缺血、缺氧不断加重，酸性产物大量蓄积，使肺泡毛细血管扩张、血管通透性增加并发生淤血，导致大量的血浆成分渗入到肺泡和肺间质而引起肺水肿。同时由于肺组织的缺氧，肺泡壁Ⅱ型上皮细胞分泌的表面活性物质减少，使肺泡的表面张力增加、顺应性下降而引起肺萎陷。肺的通气和换气功能障碍，导致急性呼吸衰竭甚至死亡。肺出现上述功能和结构变化称为休克肺。

尸检时见肺体积增大，重量增加，呈暗红色，有充血、水肿、血栓形成及局灶性的肺萎陷，稍有实变，可有肺出血和胸膜出血，切面流出多量血染液体等病理变化。

4. 脑功能改变

在休克早期，由于血液的重新分布和脑循环的自身调节，暂时保证了脑的血液供应。除了因应激引起的烦躁不安外，没有明显的脑功能障碍表现。随着休克的发展，有效循环血量的不断减少和血压的持续降低，脑组织因血液灌注量减少而缺氧，患畜表现反应迟钝、活动减弱或消失，甚至昏迷。缺氧可使脑组织受损，毛细血管通透性增高引起脑水肿，使脑功能障碍进一步加重，最后动物机体可因生命中枢麻痹而死亡。

5. 消化系统功能改变

胃肠因缺血、淤血和DIC形成，发生功能紊乱。肠壁水肿，消化腺分泌抑制，胃肠道运动减弱，黏膜糜烂，有时形成应激性溃疡，使肠道屏障功能严重受阻，进而肠道细菌大量繁殖，大量内毒素甚至细菌可以入血，从而使休克加重。

休克时肝缺血、淤血，常伴有肝功能障碍，由肠道入血的细菌内毒素不能被充分解毒，引起内毒素血症，同时乳酸也不能转化为葡萄糖或糖原，加重了酸中毒，促使休克恶化。

6. 多系统器官功能不全

休克晚期常出现多个器官同时或相继发生功能不全，称为多系统器官功能不全，是休克患畜死亡的重要原因。

六、休克的防治原则

1. 防治病因

首先应消除休克的原始病因，预防休克的发生，如积极防治感染和各种容易引起感染性休克的疾病（如败血症、细菌性痢疾、肺炎、病毒性腹泻、腹膜炎等）；及时处理外伤（如及时止血、镇痛、保温等）。对失血或失液过多（如呕吐、腹泻、咯血、消化道出血、大量出汗等）的患病动物，应及时酌情补液或输血；输血前应严格检查供受双方血型是否相符等。

2. 改善微循环

(1)补充血容量。休克时组织灌流量减少，因此补充血容量是提高心输出量、改善组织灌流的根本措施。在补充血容量的同时，除失血性休克时宜输全血外，对其他休克应补充适量的胶体溶液（如血浆及其代用品、右旋糖酐等）及晶体溶液（如生理盐水、林格氏液等）。

(2)合理应用血管活性药物。在补足血容量的基础上方可使用血管活性药物，根据休克的不同类型、不同的发展阶段以及不同的表现，合理选用血管活性药物，对于改善微循环、提高组织灌流量有重要意义。

在微循环缺血缺氧期，应采用扩血管药物以解除微血管的痉挛，提高微循环的灌流量；在微循环淤血缺氧期应在补足血容量的基础上使用扩血管药物或与缩血管药物交替使用，以疏通微循环；在微循环凝血期扩血管与抗DIC措施同时进行。抗DIC措施包括应用肝素抗凝防止新的微血栓形成，应用抑制血小板黏附和聚集功能的药物（如潘生丁、阿司匹林等）以及酌情使用溶栓剂（如链激酶）等。

3. 保护细胞

(1)清除自由基。亚硒酸钠、谷胱甘肽过氧化物酶、维生素C、辅酶Q、甘露醇和葡萄糖等都有清除自由基的作用，可以防止或减轻细胞的损害。

(2)稳定溶酶体。糖皮质激素可以稳定溶酶体膜，防止溶酶体酶的释放及其破坏作用。

4. 纠正酸中毒

酸中毒可加重微循环障碍，促进DIC的形成，增高血钾，降低心肌收缩力，因此临床应根据酸中毒情况用碳酸氢钠及时纠正酸中毒。

5. 治疗器官功能衰竭

休克时如出现器官功能衰竭，则除了采取一般治疗措施外，尚应针对不同的器官衰竭采取不同的治疗措施，如出现心力衰竭时，除停止或减慢补液外，尚应强心、利尿；如出现呼吸衰竭时，则应给氧，改善呼吸功能；如发生急性肾功能衰竭时，则可考虑采用利尿、透析等措施。

思维导图

项目九 休克

- 休克
  - 概念 —— 机体在各种强烈致病因子作用下发生的以微循环障碍为主的急性循环功能不全，表现为有效循环血量急剧减少，微循环血液灌流严重不足，导致各重要组织器官功能代谢发生紊乱和结构损伤的一种全身性危重病理过程
  - 临床表现 —— 血压下降，心跳加快，脉搏频弱，耳、鼻和四肢末端发凉，体温下降，可视黏膜苍白或发绀，尿量减少或无，反应迟钝，精神高度沉郁，甚至昏迷等
- 微循环 —— 微动脉和微静脉之间的血液循环，功能是进行血液和组织细胞之间的物质交换。典型的微循环一般由微动脉、后微动脉、毛细血管前括约肌、真毛细血管、通血毛细血管、动静脉吻合支和微静脉等七个部分组成。微循环的血液可通过三条途径由微动脉流向微静脉，三条途径为直捷通路、营养通路（迂回通路）、动静脉短路。正常情况下大部分血液通过营养通路和组织细胞之间进行物质交换，少部分血液通过直接通路回心维持血压，动静脉短路关闭
- 休克的防治原则
  - 防治病因
  - 改善微循环
  - 保护细胞
  - 纠正酸中毒
  - 治疗器官功能衰竭
- 休克的发生、发展过程及机理
  - 微循环缺血缺氧期（休克代偿期）—— 患畜在此期表现为烦躁不安、可视黏膜苍白、皮肤发凉、心跳加快但有力、脉搏细速、尿量减少、血压稍降或无变化
  - 微循环淤血缺氧期（休克期）—— 由于淤血、缺氧和酸中毒，患畜的主要临床表现是精神沉郁或昏迷、皮温下降、可视黏膜发绀、心跳快而弱、脉搏细而频、血压下降、少尿或无尿
  - 微循环凝血期（微循环衰竭期）—— 发生DIC时患畜的主要临床表现是血压继续下降、脉搏快而弱或不能感觉到脉搏、昏迷、呼吸不规则、全身皮肤有出血点或出血斑、四肢发凉、无尿等，各器官功能严重障碍，严重时导致死亡
- 休克的原因及类型
  - 低血容量性休克 —— 脱水性休克、失血性休克、烧伤性休克
  - 心源性休克 —— 急性心功能衰竭或严重的心律紊乱，心输出量急剧减少，使有效循环血量和微循环灌流量下降所引起的休克，称为心源性休克。如急性心肌炎、大面积心肌梗死等
  - 血管源性休克 —— 感染性休克、过敏性休克、创伤性休克、神经源性休克
- 休克时机体的病理变化
  - 细胞病理变化
    - 细胞物质代谢障碍导致酸中毒
    - 细胞损伤与死亡
  - 各主要器官功能障碍
    - 心功能改变
    - 肾功能改变
    - 肺功能改变
    - 脑功能改变
    - 消化系统功能改变
    - 多系统器官功能不全

思政园地

微循环专家——修瑞娟

修瑞娟曾是留学苏联的大学生，回国后，她被分配到中国医学科学院基础医学研究所工作。多年来的研究和探讨，使她对微循环产生了特殊的兴趣。当时，微循环王国的大门尚未被打开，欧美国家也没有搞清楚这一领域里的奥秘。修瑞娟相信自己的能力，她坚信通过长期的努力能够征服这座险峰。

修瑞娟想了解肺心病患者在生命弥留之际微血管的长度以及管径的变化，从中总结一些规律。有这一想法的人在世界上也许有千百个，但是，能够找出一种科学的方法去发现微血管秘密的人则是凤毛麟角，能够将这种科学的方法付诸实践的，可能修瑞娟是最早的一个。

这种方法做起来太难了。根据一般规律，肺心病患者发病总是在清冷的夜晚。她透过显微镜，仔细观察病人手指的甲襞微循环，然后测出微血管的长度和管径的大小，最后拍下照片，写下记录。每一个病人的手指都要在她的显微镜下经过，每一个病人微循环世界的轻微变化都逃不过修瑞娟的眼睛。修瑞娟就是这样在医院病房里一秒钟一秒钟度过的，从下午到傍晚，从傍晚到子夜，从子夜又到黎明。

肺心病患者在结束生命的一刹那以及死后一个半小时的时间内，是修瑞娟获取数据很重要的时机。她经常随着死者从病房转移到太平间，用显微镜对准死者的手指，细致入微地记录下血液从死者手指的甲襞完全排空时微血管的变化。萧瑟的秋风和凛冽的寒风都会给人带来某些凄凉和恐怖之感，更何况是在深夜，是在周围布满尸体的停尸房内。这一切，修瑞娟已经习惯了，她没有时间考虑周围的人和她有什么本质的不同，更没有时间去体会神话中"鬼魂索命"的意境，她只想着她的微循环，想着她能从微循环的世界中找到使肺心病患者"起死回生"的灵丹妙药。

随着光阴的流逝，修瑞娟的"菩提树"终于结出了硕果，她完成的《肺心病患者甲襞微循环的变化》论文，在国际上引起了强烈的反响。修瑞娟通过无数个翔实的科学数据，真实地再现了肺心病患者在发病时微循环血管的变化规律，根据这一规律，她做出大胆的判断：肺心病患者的休克或死亡，不一定是心脏发生了问题，很可能是由于微循环出现了障碍。

修瑞娟的重大发现，不仅被中国同行们认为是"我国医学科学界的又一硕果"，而且得到了各国专家的认可。1982 年、1983 年召开的第二十八、二十九届微循环学会，她应邀出席，并发表了她的学术研究论文。1983 年 6 月，由 5 位权威学者发起成立了国际微循环研究所，她是发起人之一。她发现和总结的微循环血管变化的规律，被世界同行称为"修氏理论"。

复习思考题

一、名词解释

休克　DIC

二、填空题

1. 休克的原因和类型有__________、__________、__________、__________、__________、__________。

2. 根据休克的发生发展过程，将休克分为__________、__________、__________三期。

三、选择题

1. 休克的本质是(　　)。

A. 心功能不全　　B. 大出血　　C. 微循环障碍

D. 充血　　E. 肾功能不全

2. 休克分期的血流特点为：微循环缺血缺氧期为(　　)、微循环淤血缺氧期为(　　)、微循环凝血期为(　　)。

A. 充血　　B. 灌而少流或灌大于流　　C. 多灌多流

D. 不灌不流　　E. 少灌少流或灌少于流

3. DIC(　　)。

A. 即弥散性血管内凝血

B. 可导致重要器官的功能衰竭，甚至发生多系统衰竭综合征

C. 可引起微循环障碍、血栓、溶血和出血等临床表现

D. 可导致微循环中发生血小板聚集及纤维蛋白沉积，形成广泛的微血栓

E. 以上都正确

4. 属于低血容量性休克的是(　　)。

A. 中毒性休克　　B. 心源性休克　　C. 过敏性休克

D. 感染性休克　　E. 失血性休克

5. 休克早期微循环的特征是(　　)。＜2011＞

A. 灌少于流　　B. 灌多于流　　C. 多灌少流

D. 多灌多流　　E. 不灌不流

6. 在休克发展的微循环淤血缺氧期，微循环的特点是(　　)。＜2014＞

A. 灌少于流　　B. 灌大于流　　C. 灌等于流

D. 不灌不流　　E. 灌流不变

7. 休克早期机体微循环变化的特征是(　　)。＜2015＞

A. 缺血　　B. 淤血　　C. 凝血

D. 出血　　E. 充血

8. 在休克发展的微循环凝血期，其微循环的特点是(　　)。＜2016＞

A. 灌而少流　　B. 灌而不流　　C. 灌大于流

D. 灌少于流　　E. 不灌不流

9. 高动力型休克的特点是(　　)。＜2020＞

A. 高排高灌　　B. 低排高阻　　C. 高排高阻

D. 低排低阻　　E. 高排低阻

四、简答题

1. 什么是微循环？简述正常微循环的特点。

2. 休克时微循环的变化特点有哪些？

项目十 黄 疸

◆ 学习目标

掌握胆红素的正常代谢过程,黄疸的概念、类型、机理及病理变化特征;了解各类型黄疸的发生机理及对机体的影响。

实训技能 动物黄疸相关疾病调查

能力目标

1. 通过调研掌握畜禽常见的导致黄疸的疾病及其发病原因和转归情况。
2. 锻炼人际交往能力、团队协作能力、调查研究能力。
3. 提高口头表达能力及对资料的整理归纳能力。

实训内容

(一)进行调研

(1)组建调研小组。以3～5人为一组,进行实训技能分工,确定联系员、记录员、询问员、总结员等。

(2)选择调研场所。如鸡场、鸭场、猪场、羊场、牛场、动物医院、疾病控制中心、图书馆等。

(3)联系调研对象。如防疫员、兽医、饲养员、专业老师等。

(4)准备调研材料。调研记录表格、记录本、笔等。制定调研内容(可自行制定或参照表10-1制定)。

(5)调研并记录结果。

(6)以小组为单位总结动物黄疸发病原因、发病特点及黄疸类型,提交总结报告。

(二)调研成果展示与评价

1. 展示调研成果

(1)以组为单位展示说明调研成果。

(2)以组为单位形成一份调研报告。

表10-1 动物黄疸相关疾病调查表

单位名称		地址	

被调查人姓名		工作岗位		职务职称技术级别		联系电话	

发病情况记录表

动物种类	疾病名称	黄疸分类			机理			致病因素				临床检查			
		溶血性黄疸	实质性黄疸	阻塞性黄疸	红细胞大量破坏	肝细胞受损	胆道阻塞	细菌	病毒	寄生虫	其他	眼结膜颜色	粪尿颜色	胆红素定性试验	
														直接反应(+/−)	间接反应(+/−)

2. 成绩评定

以小组为单位进行成绩评定,包括教师评价、学生评价两部分,学生评价是以小组为单位进行组间互相评价。评价内容及评价方式可参考表10-2。

表10-2 动物黄疸相关疾病调研成绩评价表 组别:__________

分值标准		学生评价(占总分的50%)	教师评价(占总分的50%)
调研成果展示(70分)	积极主动(20分)		
	语言表达(20分)		
	调研内容(30分)		
调研报告(30分)	字迹工整(10分)		
	内容丰富(20分)		
小计			
实际得分合计			

◆ 相关知识

相关知识 黄 疸

一、黄疸的概念

黄疸又称高胆红素血症，是指由于胆红素代谢障碍，血浆胆红素浓度增高，动物皮肤、巩膜、黏膜、大部分组织和内脏器官及体液出现黄染的病理现象（彩图 10-1 至彩图 10-6）。多种疾病能引起黄疸，尤其在肝胆疾病和溶血性疾病中最多见。

二、胆红素正常代谢过程

1. 胆红素的来源

胆红素主要来源于衰老死亡后的红细胞所释放出的血红蛋白。正常动物的红细胞平均寿命为 120 d，每天约有 1%循环红细胞发生破坏和更新，衰老的红细胞主要在脾、肝和骨髓等富有单核巨噬细胞的组织内被单核巨噬细胞吞噬、破坏并释放出血红蛋白，血红蛋白在一系列酶的作用下进一步分解成胆绿素、铁和珠蛋白。其中铁和珠蛋白被机体再利用，而胆绿素则经还原酶作用还原成胆红素。

动画 10-1 胆红素正常代谢过程

胆红素在体内的存在形式有两种，即非酯型胆红素（间接胆红素）和酯型胆红素（直接胆红素）。

2. 间接胆红素的由来及特点

在单核巨噬细胞内形成的胆红素称为游离胆红素，游离胆红素不溶于水，不能从肾小球滤出，具有脂溶性、易透过生物膜的特点，当其释放入血液后，立即与血浆中的白蛋白结合，由于它在分子结构上没有与葡萄糖醛酸等结合，也称未结合胆红素或非酯型胆红素。临床上进行血胆红素定性试验（凡登白实验）时，非酯型胆红素不能和偶氮试剂直接作用，必须先加入乙醇处理，使胆红素与结合的蛋白解离后，再加偶氮试剂，才能和偶氮试剂作用使反应体系呈紫红色，称间接反应阳性，故血中的非酯型胆红素又称间接胆红素。存在于血液中的间接胆红素，其与血浆蛋白结合牢固，具有不溶于水、不易透过生物膜的特点，不能通过肾小球毛细血管基底膜，故尿中无间接胆红素。

3. 直接胆红素的由来及特点

肝脏是胆红素代谢的重要场所。非酯型胆红素溶解于血清中，随血流运至肝脏进行代谢。随血流进入肝脏的间接胆红素，脱去白蛋白进入肝细胞内并与肝细胞内两种特殊的载体蛋白（Y 蛋白和 Z 蛋白）结合，将胆红素移至滑面内质网内，在此，胆红素在多种酶的作用下，大部分与葡萄糖醛酸结合形成胆红素葡萄糖醛酸酯，小部分与硫酸结合成胆红素硫酸酯。这种酯化的胆红素称为结合型胆红素或酯型胆红素。在实验室做胆红素定性试验时,酯型胆红素能与偶氮试剂直接反应呈紫红色,称间接反应阳性,故酯型胆红素又称直接胆红素。这种胆红素具有水溶性和不易透过生物膜的特性,但能通过肾小球毛细血管基底膜,因此,一旦进入血液,就可经肾小球滤过而随尿排出。

4. 胆红素的肠肝循环与排泄

直接胆红素经肝细胞进入毛细胆管后排入胆囊,与胆汁酸、胆酸盐等共同构成胆汁,经胆管系统排入十二指肠。在肠道细菌作用下生成无色的胆素原。大部分胆素原在大肠下部或体外遇到空气被氧化成棕色的粪胆素,随粪便排出体外,因而粪便有一定的色泽。另一小部分被肠壁再吸收入血,经门静脉运回肝脏。这一部分胆素原又有两个去向:其中一部分重新转化为直接胆红素,再随胆汁排入肠管,这个过程称胆红素的肠肝循环;另一部分进入血液至肾脏,通过肾小球而滤入尿中并被氧化为尿胆素,使尿液呈微黄色。胆红素的正常代谢过程如图 10-1 所示。

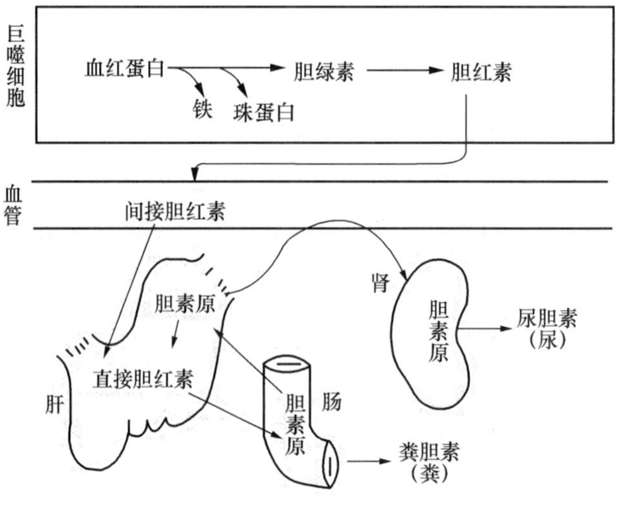

图 10-1　正常胆红素代谢示意图

正常动物体内,胆红素不断生成,同时不断排泄,两者维持着动态平衡,血浆中胆红素的含量因而相对稳定。但在疾病过程中,破坏了胆红素代谢的动态平衡,使血中胆红素的含量增高,当达到一定浓度后,就会出现黄疸。

三、黄疸的类型、机理及特征

按黄疸发生的原因将黄疸分为溶血性黄疸、实质性黄疸和阻塞性黄疸。

动画 10-2　溶血性黄疸

(一)溶血性黄疸

各种致病因素使血液中红细胞被大量破坏,胆红素生成增多所导致的黄疸称为溶血性黄疸,又称肝前性黄疸。此类型黄疸在家畜中较常见。

1. 原因与机理

引起红细胞破坏过多的因素主要包括：免疫因素（如异型输血、药物、免疫性溶血等）、生物因素（如细菌、病毒感染引起的败血症或毒血症，焦虫、锥虫、边虫等血液寄生虫感染，蛇毒中毒）、理化因素（如高温引起的大面积烧伤）等。

红细胞破坏，释放出大量的血红蛋白，致使血浆中间接胆红素含量增多，超过了肝细胞的处理能力，血中有间接胆红素潴留，导致黄疸（图 10-2）。

2. 病理特征

当血中间接胆红素的量增多时，肝脏代偿性地使直接胆红素生成增多，故肠道中生成的胆素原增多，使粪、尿胆素也增多，粪、尿颜色加深；由于血中间接胆红素增多，胆红素定性试验时呈间接反应阳性。

3. 对机体的影响

急剧、严重的溶血，机体会发生溶血性贫血。间接胆红素对神经系统具有毒性作用。间接胆红素为脂溶性，容易透过生物膜，而神经组织中脂类含量丰富，因此当血中间接胆红素增高时，间接胆红素易透过血脑屏障而进入脑组织，与神经核的脂类结合，将神经核染成黄色，妨碍神经细胞的正常功能，可出现抽搐、痉挛、运动失调等神经症状，往往导致死亡。

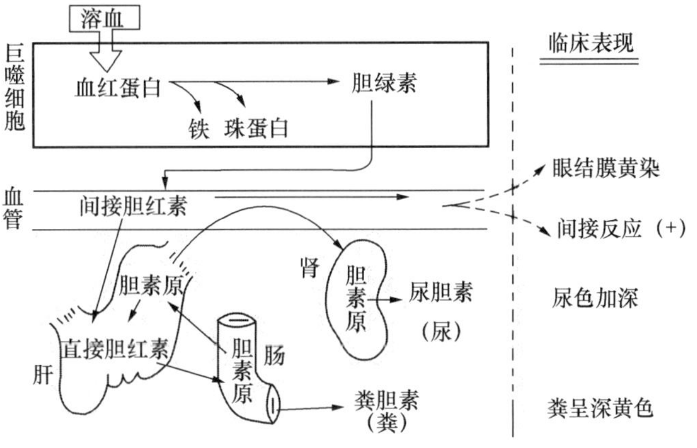

图 10-2 溶血性黄疸机理与临床表现

（二）实质性黄疸

肝细胞损伤使胆红素的代谢发生障碍所引起的黄疸称为实质性黄疸，又称为肝性黄疸。

动画 10-3 实质性黄疸

1. 原因与机理

实质性黄疸多发生于中毒或病毒性肝炎等传染病，或肝癌、肝脓肿、某些败血症和维生素 E 缺乏等引起的肝细胞损坏。

肝细胞受损时，其对胆红素的摄取、酯化和排泄都受到影响。此时，机体胆红素生成量正常，但肝细胞的处理能力下降，不能把间接胆红素全部转化为直接胆红素，使血中有间接胆红素潴留；同时，大量肝细胞坏死崩解和毛细胆管的破坏，既可引起胆汁的排泄障碍，又可将已酯化形成的直接胆红素从损坏的毛细胆管渗漏到血液，使血中直接胆红素增多，导致黄疸（图 10-3）。

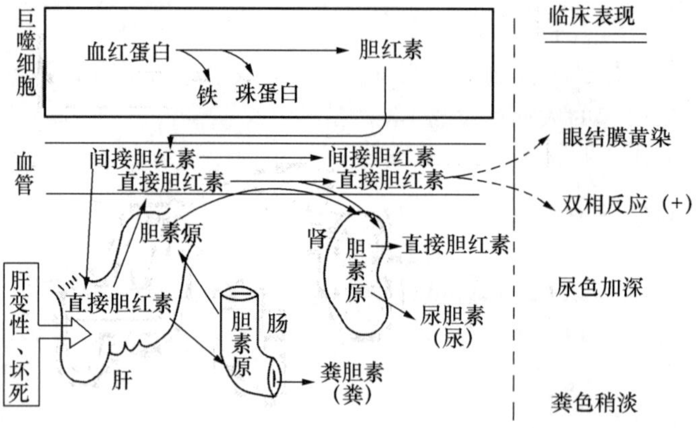

图 10-3 实质性黄疸机理与临床表现

2. 病理特征

血中间接胆红素和直接胆红素的浓度均升高,胆红素定性试验时,呈双相反应阳性。由于生成和排入肠腔的直接胆红素减少,胆素原生成也减少,粪胆素含量下降,粪色淡。但渗漏到血液中的直接胆红素可透过肾小球毛细血管从尿排出,尿胆素增多,尿色加深。

3. 对机体的影响

肝脏代谢功能下降,引起营养物质吸收障碍,造成营养不良。肝脏解毒功能下降,血液中代谢产物蓄积,易导致自体中毒。肝细胞变性坏死及毛细胆管破损,常有部分胆汁流入血液,病畜常表现轻度兴奋,血压稍有下降,消化不良。

(三)阻塞性黄疸

胆管阻塞引起的黄疸称阻塞性黄疸,也称肝后性黄疸。常见于十二指肠炎、胆道炎、胆道结石、炎性渗出物或寄生虫等阻塞胆管。

1. 原因与机理

肝外胆管梗阻,胆红素在肝外排泄障碍,胆汁逆流入血,血中直接胆红素增多,导致黄疸(图 10-4)。

动画 10-4 阻塞性黄疸

2. 病理特征

由于血中直接胆红素增多,胆红素定性试验时呈直接反应阳性。由于胆汁进入肠道减少或缺乏,一方面可使胆素原的生成减少,粪色变淡;另一方面可影响肠内脂肪的消化吸收,造成脂类和脂溶性维生素的吸收障碍,并使肠蠕动减弱,有利于肠内细菌的繁殖,使肠内容物发酵和腐败,故粪便恶臭。

由于排入肠道的胆红素量减少,血中有直接胆红素,可以透过肾脏滤过膜随尿排出,尿色变深。

3. 对机体的影响

胆汁中的胆酸盐沉着于皮肤,可刺激皮肤感觉神经末梢,引起皮肤瘙痒。胆酸盐还可刺激迷走神经,引起血压降低,心跳过缓。此外,大量直接胆红素和胆酸盐经肾排出,可引起肾小管上皮细胞变性、坏死而出现蛋白尿。

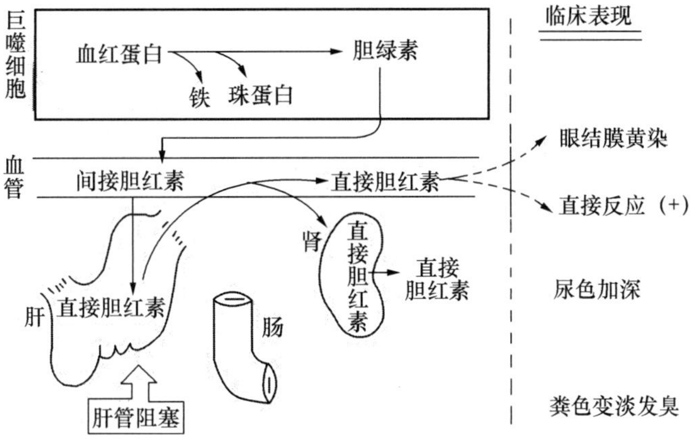

图 10-4 阻塞性黄疸机理与临床表现

由于胆道阻塞，肠中缺乏胆汁，常伴有脂肪的消化和吸收不良，脂溶性维生素吸收不足，长时间维生素 K 吸收障碍时，肝脏不能合成凝血酶原，血液凝固性下降，机体易出血。

（四）三型黄疸之间的关系

黄疸虽然相对地区分为以上三型，但这三型黄疸并非孤立单独地存在，而是相互联系、相互影响的。例如，溶血性黄疸时，由于大量溶血所造成的贫血、缺氧及间接胆红素的毒性作用，使肝细胞发生变性、坏死而伴发实质性黄疸；实质性黄疸时，由于肝细胞肿大，间质中有炎性细胞浸润和水肿等压迫毛细胆管或肝管，使胆汁排出受阻而伴发阻塞性黄疸；长期的阻塞性黄疸，一则因为胆道内压力过高，易使肝细胞受损而引起实质性黄疸，二则胆汁返流入血后，大量的胆酸盐又能引起红细胞脆性增高，导致溶血性黄疸的发生。因此，在临床实践中，对黄疸症状，必须针对具体病例，用变化、发展的观点全面分析，找出促使黄疸发生的主导环节，进行针对性治疗。三种类型黄疸主要特点见表 10-3。

表 10-3 三种类型黄疸主要特点

内容	黄疸类型		
	溶血性黄疸	实质性黄疸	阻塞性黄疸
原因	红细胞被大量破坏，胆红素生成过多	肝细胞受损，胆红素处理障碍	胆管阻塞，胆红素排泄障碍
眼结膜	黄染	黄染	黄染
胆红素定性试验	间接反应阳性	双相反应阳性	直接反应阳性
粪胆素原	增加	减少	无
尿胆素原	增加	减少	无
粪便颜色	粪色加深	粪色稍淡	粪色变淡且发臭
尿液颜色	尿色加深	尿色加深	尿色加深

思维导图

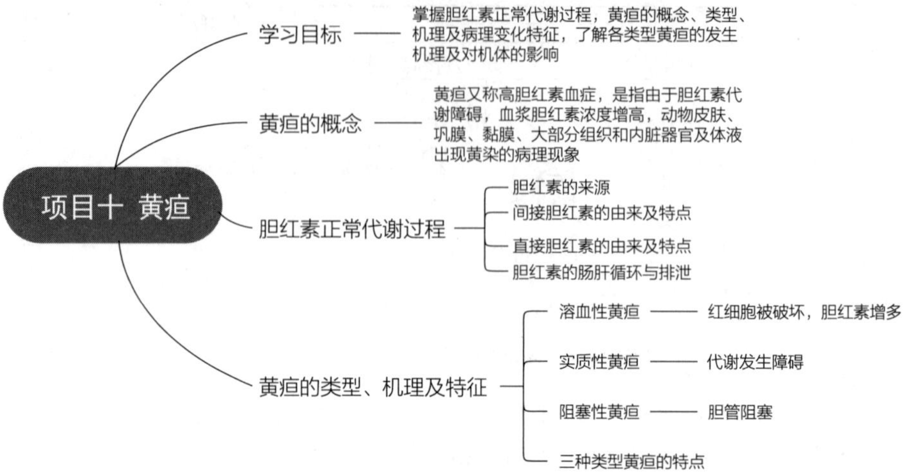

思政园地

古人对黄疸的认识

黄疸，古文献中也称黄瘅，是以目黄、身黄、小便黄为主要特征的一种病症，其中目睛黄染为本病的主要特征。现代教材《中医内科学》将黄疸定义为："因肝失疏泄、胆汁外溢，或血败不华于色，引发以目黄、身黄、小便黄为主要临床表现的病症"。西医学的实质性黄疸、阻塞性黄疸、溶血性黄疸皆可参考本病辨证论治。

在"疸"字出现之前，古用"瘅"字表示"黄病"。在长沙马王堆汉墓出土的医学帛书《阴阳十一脉灸经》和《足臂十一脉灸经》中也有关于瘅的论述。《黄帝内经》首创"疸"字代表"黄病"，取代了"瘅"的"黄病"之义。《灵枢·论疾诊尺篇》曰："身痛而色微黄，齿垢黄，爪甲上黄，黄疸也……"；《素问·平人气象论》曰："溺黄赤安卧者，黄疸……目黄者曰黄疸。"首次明确"黄疸"一词作为病名，准确地提出了目黄、身黄、小便黄的三大症状，并对黄疸的病因机理有了初步的认识。而后张仲景在《伤寒论》和《金匮要略》中都对其进行了比较详细的论述，《金匮要略》中更是出现了系统论述黄疸病症的篇章"黄疸病脉证并治"，确立了黄疸病证辨证论治的体系。古代治疗黄疸的药物及中药方至今仍广泛应用于中医临床以治疗肝胆疾病，并取得了很好的疗效。

复习思考题

一、名词解释

黄疸　溶血性黄疸　实质性黄疸　阻塞性黄疸

二、填空题

1. 胆红素主要来源于__________。
2. 胆红素在体内存在形式有两种，即__________和__________胆红素。
3. 按黄疸发生的原因将黄疸分为__________、__________、__________三种类型。
4. 溶血性黄疸主要是由各种因素引起的__________破坏过多，胆红素生成增多。
5. 肝细胞损伤使胆红素的代谢发生障碍所引起的黄疸称__________黄疸。
6. 由胆管阻塞引起的黄疸称__________黄疸，也称肝后性黄疸。

三、选择题

1. 肝细胞损伤使胆红素的代谢发生障碍所引起的黄疸，称为(　　)。
   A. 实质性黄疸　B. 阻塞性黄疸　C. 溶血性黄疸
   D. 阻塞性黄疸和溶血性黄疸　E. 以上都不是
2. 阻塞性黄疸的特点是(　　)。
   A. 血清中非酯型胆红素增多
   B. 血清中酯型胆红素减少
   C. 胆红素定性试验呈直接反应阳性
   D. 胆红素定性试验呈间接反应阳性
   E. 以上都不是
3. 凡登白试验呈双相反应阳性的是(　　)。
   A. 肝前性黄疸　B. 肝性黄疸　C. 肝后性黄疸
   D. 溶血性黄疸　E. 阻塞性黄疸
4. 黄疸时，造成皮肤和黏膜黄染的色素是(　　)。
   A. 含铁血黄素　B. 黑色素　C. 胆红素
   D. 血红素　E. 脂褐素
5. 比特犬，2 岁，体温 40.3 ℃，精神沉郁，食欲废绝，可视黏膜黄染，尿呈黄褐色；血液涂片检查在病原寄生细胞中见有梨籽形虫体。该病原寄生的细胞是(　　)。
   A. 红细胞　B. 中性粒细胞　C. T 淋巴细胞
   D. B 淋巴细胞　E. 单核细胞
6. 皮肤颜色呈现苍白黄染的现象见于(　　)。
   A. 出血性贫血　B. 再生障碍性贫血　C. 溶血性贫血
   D. 亚硝酸盐中毒　E. 一氧化碳中毒
7. 黄疸时引起全身皮肤黏膜发生黄染的是(　　)。＜2012＞
   A. 胆红素　B. 脂褐素　C. 黑色素
   D. 卟啉色素　E. 含铁血黄素
8. 新生动物的核黄疸是由于胆红素进入脑组织内(　　)。＜2013＞
   A. 与葡萄糖结合　B. 与蛋白质类物质结合　C. 与脂肪类物质结合
   D. 与核酸结合　E. 与盐类结合
9. 黄疸是由于血液含有过多的(　　)。＜2019＞
   A. 胆红素　B. 胆绿素　C. 血红素
   D. 胆色素　E. 胆固醇

10. 因寄生虫堵塞胆管,造成直接胆红素升高,最可能的是(　　)。＜2022＞

A. 肝后性黄疸　　B. 肝前性黄疸　　C. 肝性黄疸

D. 溶血性黄疸　　E. 肝细胞性黄疸

11. 泰迪犬,5岁,被诊断为中毒性肝炎,化验结果显示血液中间接胆红素和直接胆红素均升高,该病犬的黄疸类型属于(　　)。＜2022＞

A. 肝后性黄疸　　B. 肝性黄疸　　C. 溶血性黄疸

D. 阻塞性黄疸　　E. 肝前性黄疸

四、简答题

列表说明三种类型黄疸的主要特点。

项目十一　肿　瘤

◆ 学习目标

掌握肿瘤的概念、常见动物肿瘤的特点、良性和恶性肿瘤的区别、肿瘤对机体的影响、肿瘤组织的镜检特点、肿瘤的一般生物学特性；了解肿瘤与增生的区别、肿瘤的病理学诊断及肿瘤的病因机理；理解肿瘤的命名原则。

实训技能　动物常见肿瘤观察

能力目标

1. 观察动物常见肿瘤的形态特点。
2. 掌握良性、恶性肿瘤的区别。
3. 深刻理解肿瘤对机体的影响。

实训准备

大体标本、幻灯片、挂图、病理切片等。

实训内容

(一)观察动物常见肿瘤

1. 良性肿瘤

(1)乳头状瘤。发生在被覆上皮的一种良性肿瘤，被覆上皮向表面呈突起性生长，结缔组织、血管等随着向上增生呈乳头状或疣状，所以称为乳头状瘤(彩图 11-1)。黏膜上皮的乳头状瘤又称息肉(彩图 11-2)。光镜下，上皮细胞向表层呈乳头状增生，乳头中央为肿瘤间质，乳头表面为增生的分化成熟的被覆上皮(彩图 11-3)。常发生于头、颈、外阴、乳房等皮肤和口腔、食管、膀胱等黏膜。各种动物均可发生，尤以马、牛、羊、兔、犬较为常见。

(2)脂肪瘤。由脂肪组织转化而来的肿瘤。眼观瘤体呈扁圆形，质地柔软，淡黄色，瘤体大小不等，常为单发性或多发性，有完整的包膜，切面有油腻感，与正常脂肪组织相似(彩图 11-4)。

如发生于肠系膜、肠壁等处,则具有较长的蒂,手术切除后不复发。镜检,瘤组织由分化成熟的脂肪细胞和少量纤维组织构成,与正常组织的区别是肿瘤有完整的纤维包膜(彩图11-5)。

(3)腺瘤。由腺上皮转化来的良性肿瘤。多见于皮肤、消化道、肝、肾上腺、甲状腺、乳腺等。

眼观腺瘤常呈圆球状或结节状,外有包膜。皮肤表面的腺瘤以皮脂腺腺瘤最为常见(彩图11-6)。胃肠道腺瘤多突出于黏膜表面呈乳头状或息肉状。囊腺瘤的囊腔内充斥有多量液体,常见于卵巢。犬特有肛周腺结构,老年未去势公犬常发生肛周腺瘤(彩图11-7、彩图11-8)。甲状腺腺瘤镜检可见甲状腺滤泡增生,排列紧密,管腔变窄或失去管腔,滤泡上皮细胞增高,呈低柱状,细胞大小不一致,很少有滤泡腔形成,腔内胶质少见或无(彩图11-9)。

(4)纤维瘤。由纤维组织发生的一种良性肿瘤,由纤维细胞转化来的瘤细胞、胶原纤维、纤维细胞和血管组成。纤维瘤是动物中较常见的一种肿瘤,分为硬纤维瘤和软纤维瘤,前者胶原纤维多、细胞成分少、纤维排列致密而质地坚硬;后者胶原纤维少、细胞成分多、纤维排列疏松而质地柔软(彩图11-10)。

2. 恶性肿瘤

(1)纤维肉瘤。由纤维组织发生的恶性肿瘤。眼观肿瘤呈结节状或不规则肿块状,切面呈灰红色,质地脆,呈鱼肉状。光镜下,分化好的瘤细胞呈长梭形、异型性小,核分裂象少,称高分化纤维肉瘤,恶性程度低。分化差的纤维肉瘤,异型性明显,核分裂象多,称低分化纤维肉瘤。后者恶性程度高,易发生转移。多发生于四肢的皮下组织或深部组织。特别多发于犬、猫、黄牛和水牛(彩图11-11)。

(2)鳞状细胞癌。简称鳞癌,常发于食管、皮肤、口腔、阴道,阴茎等处。眼观多呈不规则的团块状,其四周呈树根样向周围生长,分界不清,切面为灰白色,粗颗粒样,干燥、无光泽、无包膜,可见出血和坏死。鳞癌组织结构的特点是癌细胞呈巢状排列,大小不等的癌细胞呈多边形、短梭形或不规则形,核大,胞质少,染色质丰富,深染,低分化癌细胞核分裂象多(彩图11-12)。高分化癌细胞在癌巢中可出现层状的角化物,称为角化珠或癌珠,是鳞癌的重要特征(彩图11-13)。

(3)腺癌。来源于腺上皮组织的恶性肿瘤。多见于消化道、肝(彩图11-14)、肾上腺、甲状腺、乳腺等。增生的肿瘤组织呈结节状肿块或弥漫性浸润在器官的实质内。结节型病变为在器官表面或实质内形成灰白色的肿瘤结节,切面平滑。弥漫型病变为器官弥漫肿大,器官色泽变淡。

(4)鸡卵巢腺癌。鸡卵巢腺癌是母鸡最常见的一种生殖系统肿瘤。卵巢形成多量乳头状结节。有的卵巢腺癌由于腺腔中含有多量液体,外形上形成大量大小不一的透明卵泡,大的可达鸽蛋大,充满于腹腔内。肿瘤中无腺泡结构的部分主要是结缔组织和肌肉组织。

(5)恶性淋巴瘤(淋巴肉瘤)。发生于淋巴结和淋巴结以外组织的恶性肿瘤。在牛、猪及鸡发病率较高。眼观淋巴结和器官肿大,呈结节状或肿块型。淋巴结呈灰白色,质地柔软或坚实,切面像鱼肉状,有时伴有出血或坏死。鸡淋巴肉瘤又称鸡淋巴白血病,多发生于14周龄以上的鸡,性成熟期的母鸡最常见。最初在法氏囊形成肿瘤,以后瘤细胞通过血液循环转移到肝、肾、脾等其他器官形成新的肿瘤。形成内脏器官的淋巴肉瘤有三种类型:①结节型。结节型为器官内形成大小不一的肿瘤结节,灰白色,与周围正常组织之间分界清楚,切面上可见无结构的、均质的肿瘤组织,外观如淋巴组织。②浸润型。肿瘤组织呈弥漫性浸润在正常组织之间，外观仅见器官显著肿大或增厚，而不见肿瘤结节。③粟粒型。器官肿大，密布灰白色小点，质地变脆。

镜检，原发部位淋巴组织的正常结构破坏消失，被大量分化不成熟、大小不等、染色不均的淋巴细胞样瘤细胞所代替，多见核分裂象。

(6)鸡马立克病。鸡的一种由B群疱疹病毒感染引起的淋巴组织增生性疾病。其特征为外周神经、性腺、内脏器官、虹膜、肌肉以及皮肤发生淋巴样细胞增生浸润而形成肿瘤性病灶。镜检，以血管周围、外周神经、内脏各个器官及皮肤等组织的淋巴细胞、浆细胞、网状细胞及少量巨噬细胞的增生浸润为基本特征。可分为眼型、皮肤型、神经型和内脏型四种类型。①眼型。虹膜发生环状或斑点状褪色，以至呈弥漫性灰白色、混浊不透明。瞳孔先是边缘不整齐，严重病例见瞳孔变成小的针孔状。②皮肤型。主要在皮肤毛囊部分形成肿瘤结节(彩图11-15)。皮肤病灶外观如疥癣状，表面形成结痂，遍布各处皮肤。③神经型。最常见的病变是腹腔神经丛、臂神经丛、坐骨神经丛及内脏大神经等部位，外观神经粗大，比正常增大好几倍，呈灰白色或黄色，水肿。病变的神经多为一侧性。病鸡常呈劈叉姿势(彩图11-16)。④内脏型。最常见的是一种器官或多种器官发生淋巴瘤性病灶[性腺、脾、心、肾、肝(彩图11-17)、肺(彩图11-18)、胰腺、腺胃(彩图11-19)、肠道、肾上腺、骨骼肌等]。增生的淋巴瘤组织呈结节状肿块或弥漫性浸润在器官的实质内。结节型病变为在器官表面或实质内形成灰白色的肿瘤结节，切面平滑。弥漫型病变为器官弥漫肿大，色泽变淡。

(7)恶性黑色素瘤。由产黑色素细胞形成的一种恶性肿瘤。可见于多种动物，多发于马和骡，马的恶性黑色素瘤常经血流与淋巴转移而致全身各器官和组织形成转移瘤，常发生于动物的尾根、肛门周围和会阴部。犬的黑色素瘤多发生于皮肤和口腔，犬口腔黑色素瘤的恶性程度很高。眼观，黑色素瘤为单发或多发，大小及硬度不一，呈深黑色或棕黑色，切面干燥；光镜下，瘤细胞排列致密，间质成分很少。瘤细胞呈圆形、椭圆形、梭形或不规则形。大多数瘤细胞的胞质内充满黑色素颗粒或团块，呈棕黑色。瘤细胞胞质中，黑色素颗粒少时，还可见到细胞核和嗜碱性胞质，黑色素颗粒多时，细胞核和胞质常被掩盖，极似一点墨滴(彩图11-20)。

(二)良性肿瘤和恶性肿瘤的主要区别

区分肿瘤的良性和恶性对正确诊断和治疗具有重要意义。良性肿瘤一般对机体影响较小，治疗后不会复发或转移；恶性肿瘤危害比较大，容易发生转移，治疗措施有限，效果不好。良性肿瘤和恶性肿瘤的主要区别见表11-1。

表11-1　良性肿瘤与恶性肿瘤的主要区别

区别指标	良性肿瘤	恶性肿瘤
生长方式	膨胀性生长，边界清楚，常有包膜，通常可推动	浸润性生长，边界不清，常无包膜，通常不能推动
生长速度	缓慢	较快，常无止境
转移性	不转移	多转移
复发	完整切除一般不复发	手术切除后常复发

续表 11-1

区别指标	良性肿瘤	恶性肿瘤
分化程度与异型性	分化良好，异型性小，与原有组织形态相似	分化不良，异型性明显，与原有组织形态差别大
核分裂象	无或稀少，不见病理核分裂象	多见，可见病理核分裂象
对机体影响	较小，主要为局部的压迫和阻塞作用。如生长在脑、脊髓等重要器官也可引起严重后果	较大，除压迫和阻塞外，还破坏原发处和转移处的组织，引起坏死出血合并感染，甚至造成恶病质导致死亡

(三)恶性肿瘤的组织学观察

肿瘤组织在细胞形态和组织结构上与其起源的正常组织的差异称为异型性。

良性肿瘤细胞的异型性小，一般都与其来源细胞相似。恶性肿瘤在组织中呈浸润性生长，无包膜(彩图 11-21)；异型性明显，表现为瘤细胞的多形性(彩图 11-22)、瘤细胞核的多形性、瘤细胞胞浆染色特性的改变；核分裂象增多，并可出现异常的核分裂象(彩图 11-23、彩图 11-24)。

思考题

1. 良性、恶性肿瘤有哪些主要区别?
2. 肿瘤对机体有哪些危害?
3. 恶性肿瘤的组织学特点有哪些?

实训技能报告单

描述实训中所见到的肿瘤及其特点。

◆ 相关知识

相关知识　肿　　瘤

肿瘤是机体在各种致瘤因素的作用下，局部组织细胞生长失控，发生异常增生所形成的新生物，这种新生物常形成局部肿块，称为肿瘤。

机体在生理状态下及在炎症、损伤修复时的病理状态下也常有组织、细胞的增生。但一般来说，这类增生有的属于正常新陈代谢所需的细胞更新；有的是针对一定刺激或损伤的适应性反应，皆为机体生存所需；所增生的组织分化成熟，并能恢复原来正常组织的结构和功能；而且这一类增生是有限度的，一旦增生的原因消除后就不再继续增生。但肿瘤的增生却不同，肿瘤组织在不同程度上失去了分化成熟的能力；它生长旺盛，并具有相对的自主性，其生长不受机体一般生长规律的控制；即使后来的致瘤因素已不存在，仍能继续生长；肿瘤组织并无正常功能，不仅压迫或破坏临近的正常组织，与机体不协调，而且严重影响整个机体，有害无益。

一、肿瘤的生物学特性

（一）肿瘤的一般形态

1. 肿瘤的眼观形态

肿瘤的形态多种多样，极不一致，常见有息肉状、乳头状、分叶状、菜花状、绒毛状、囊状等。肿瘤形状上的差异一般与发生部位、生长方式、组织来源、周围组织的性质及肿瘤的良恶性有很大关系。一般而言，发生在身体和器官表面的肿瘤，大多形成肿块向表面突起。有的肿瘤组织可发生坏死脱落而形成溃疡。生长在器官组织深部的良性肿瘤一般为边界清楚的球状结节，但是深部的恶性肿瘤的形状很不规则，大多呈树根状浸润生长，与周围组织粘连在一起，界限不清楚。肿瘤的形态与生长方式见图 11-1。

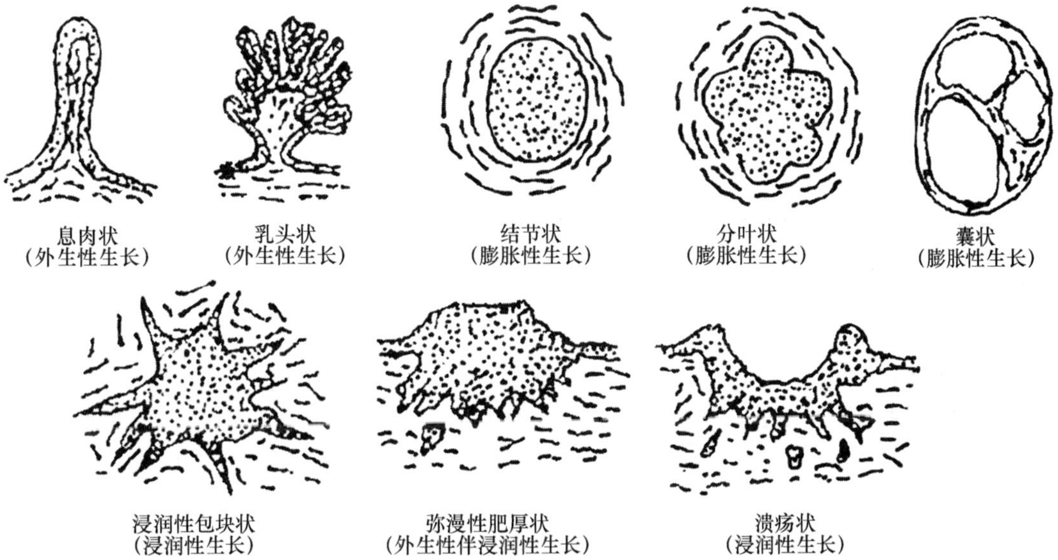

图 11-1　肿瘤的形态与生长方式模式图

2. 肿瘤的数目和大小

肿瘤通常为一个，有时为多个。极小的肿瘤需在显微镜下才能发现。大的肿瘤重达数千克到数十千克。肿瘤的大小与其良恶性、生长时间和发生部位有一定关系。体表或体腔内的肿瘤可以很大，颅腔、椎管等狭小空间内的肿瘤一般很小。良性肿瘤一般生长缓慢，生长时间较长；恶性肿瘤生长迅速，短期内即可带来不良后果。

3. 肿瘤的颜色

肿瘤的颜色同它的组织成分，含血量的多少，有无变性、坏死、出血，以及是否含有色素等有关。一般肿瘤的切面多呈灰白色，脂肪瘤呈黄白色，典型的黑色素瘤呈黑色。

4. 肿瘤的质地

肿瘤的硬度与肿瘤的种类、组织结构及有无变性、坏死等有关。如骨瘤很硬，脂肪瘤质软；

凡是间质成分含量多的肿瘤，质地比较坚硬；实质成分含量多的肿瘤就比较柔软。

(二)肿瘤的组织结构

任何肿瘤在组织结构上均可分为实质和间质两部分。

1. 肿瘤的实质

肿瘤的实质就是肿瘤细胞，不同的肿瘤，其实质细胞成分不同，肿瘤的生物学特性及特殊性都是由实质细胞决定的，是肿瘤的核心成分，决定肿瘤的性质，是确定肿瘤的依据。根据肿瘤的实质形态可以识别各种肿瘤的组织来源，进行肿瘤的分类、命名和病理组织学诊断，并根据其分化程度和异型性大小确定肿瘤的良、恶性。

有些肿瘤细胞的形态和排列(组织结构)与其来源组织极其相似，即分化程度高，称为同型性(homotype)或同类性肿瘤，良性肿瘤均属于此类型。如平滑肌瘤的肿瘤细胞与正常的平滑肌细胞很相似。与此相反，有些肿瘤细胞的形态和排列与其来源组织很不相似，甚至接近幼稚的胚胎组织，即分化程度低，称为异型性肿瘤。

2. 肿瘤的间质

肿瘤的间质对肿瘤的实质起着支持和营养作用，其成分不具特异性，主要由结缔组织和血管构成，有时还有淋巴管。间质中常见有多少不一的淋巴细胞、浆细胞和巨噬细胞浸润，这是机体对肿瘤的免疫反应。通常生长迅速的肿瘤，间质内血管丰富而结缔组织较少；生长缓慢的肿瘤，间质内血管较少。

(三)肿瘤的代谢特点

肿瘤组织与正常组织在代谢上有明显的差别，比正常组织代谢旺盛，恶性肿瘤表现更为明显。

1. 糖代谢

大多数正常组织在有氧时通过有氧分解获得能量，只有在缺氧时才进行无氧酵解。肿瘤组织则不同，即使充分供氧的条件下也主要以无氧酵解获取能量。这可能与瘤细胞线粒体的功能障碍或糖代谢合成酶活性降低而分解酶活性增强有关。糖酵解的许多中间产物被瘤细胞利用合成蛋白质、核酸及脂类，有利于瘤细胞的生长和增生，同时会有大量乳酸生成，可导致酸中毒。

2. 蛋白质代谢

肿瘤细胞增生快，蛋白质合成旺盛。在肿瘤发展的初期，合成蛋白质的原料主要来自食物；但随着肿瘤的发展，其可夺取正常组织蛋白质分解产物用于合成肿瘤本身所需的蛋白质，导致机体处于严重消耗的恶病质状态。肿瘤组织还合成肿瘤蛋白，作为肿瘤特异抗原或肿瘤相关抗原，引起机体免疫反应。有的肿瘤蛋白与胚胎组织有共同抗原性，称为肿瘤胚胎性抗原，例如肝癌细胞能合成甲种胎儿蛋白，结肠癌、直肠癌可产生癌胚抗原，胃癌可产生胎儿硫糖蛋白等。虽然这些抗原并无肿瘤特异性，也不是肿瘤所专有，但检查这些抗原，并结合其他改变可帮助诊断相应的肿瘤和判断治疗后有无复发。

3. 核酸代谢

肿瘤组织合成DNA和RNA聚合酶的活性均较正常组织高，故肿瘤细胞合成DNA和RNA的能力增强，分解过程降低，肿瘤细胞的DNA和RNA含量明显增高。DNA与细胞分裂增殖有关，RNA 与细胞的蛋白质及酶合成有关，即与细胞的生长有关。DNA 和 RNA 的含量，在恶性肿瘤细胞中均有明显增高。

4. 酶系统改变

肿瘤组织酶系统的变化很复杂。恶性肿瘤组织内普遍出现氧化酶减少和蛋白酶增加，与正常组织比较，肿瘤组织主要表现在酶含量和活性的改变，某些特殊功能的酶活性降低或完全消失，导致酶谱的一致性，而不像每一种正常组织有各自的特点，这也反映了肿瘤组织在代谢上的不成熟。肿瘤导致机体酶类的改变依不同肿瘤而异，如前列腺癌组织中酸性磷酸酶明显增加，骨肉瘤组织中碱性磷酸酶增加等。

(四)肿瘤的异型性

肿瘤组织在细胞形态和组织结构上与其起源的正常组织的差异称为异型性。肿瘤异型性的大小反映了肿瘤组织的成熟程度(即分化程度)。肿瘤的分化程度即成熟度是指肿瘤的实质细胞与其来源的正常细胞和组织在形态和功能上的相似程度。异型性小的肿瘤，和正常组织相似，肿瘤组织的成熟度高(即分化程度高)；异型性大的肿瘤，其组织的成熟度低(即分化程度低)。

1. 瘤细胞的异型性

良性肿瘤细胞的异型性小，一般都与其来源细胞相似。恶性肿瘤的异型性明显，分化程度较低，甚至不分化，它的细胞形态和组织结构与其起源的组织很少相似，表现为以下特点：

(1)瘤细胞的多形性。恶性肿瘤细胞一般比正常细胞大，各个瘤细胞的大小和形态又很不一致，有时出现瘤巨细胞。但少数分化很差的肿瘤，其瘤细胞较正常细胞小、圆形，大小也比较一致。

(2)瘤细胞核的多形性。瘤细胞核的体积增大(核肥大)，使细胞核与胞浆的比例增大，正常为 1∶(4～6)，恶性肿瘤细胞则接近 1∶1；核大小、形状和染色不一，并可出现巨核、双核、多核或奇异形的核；核染色加深(由于核内 DNA 增多)，染色质呈粗颗粒状，分布不均匀，常堆积在核膜下，使核膜显得增厚；核仁肥大，数目增多(可达 3～5 个)；核分裂象增多，并可出现异常的核分裂象。

(3)瘤细胞胞浆的改变。由于胞浆内核蛋白体增多而多呈嗜碱性。并可因为瘤细胞产生的异常分泌物或代谢产物(如激素、黏液、糖原、脂质、角蛋白和色素等)而具有不同特点。

上述瘤细胞的形态，特别是胞核的多形性常为恶性肿瘤的重要特征，在区别良恶性肿瘤上有重要意义，而胞浆内的特异性产物常有助于判断肿瘤的来源。

2. 肿瘤组织结构的异型性

肿瘤组织结构的异型性是指肿瘤组织在空间排列方式上(包括极向、排列结构及其与间质的关系等方面)与其来源组织的差异。良性肿瘤的异型性不明显，一般都与其来源组织相似。因此，良性肿瘤的诊断有赖于组织结构的异型性。如子宫平滑肌瘤的细胞和正常子宫平滑肌细胞很相似，只是其排列与正常组织不同，呈编织状。恶性肿瘤的组织结构异型性明显，瘤细胞排列更为紊乱，失去正常的排列结构、层次或极向。如纤维组织发生的恶性肿瘤(纤维肉瘤)，瘤细胞很多，胶原纤维很少，排列很紊乱，与正常纤维组织的结构相差较远；腺上皮发生的恶性肿瘤(腺癌)，其腺体的大小和形状十分不规则，排列也较乱，腺上皮细胞排列失去极性，紧密重叠或呈多层，并有乳头状增生。

二、肿瘤的生长与扩散

(一)肿瘤的生长速度

各种肿瘤的生长速度有很大差异，其主要取决于肿瘤细胞的分化成熟程度。一般来讲，成熟度高、分化良好的良性肿瘤生长缓慢，长达几年甚至几十年。成熟程度低、分化差的恶性肿瘤生长较迅速，短期内即可形成肿块，而且由于血液及营养物质供应相对不足，易发生坏死、出血等继发性病变。如果生长缓慢的良性肿瘤生长速度突然变快，应考虑有恶变的可能。

(二)肿瘤的生长方式

肿瘤的生长方式有以下三种。

1. 膨胀性生长

这是大多数良性肿瘤的生长方式。增生的瘤细胞向周围扩展，体积逐渐增大，向四周挤压正常组织，肿瘤周围常形成结缔组织包膜，呈结节状，与周围组织分界清楚。触摸可以移动，手术容易摘除干净，不易复发。膨胀性生长的肿瘤对局部器官和组织有挤压和阻塞作用，一般不明显破坏器官的结构和功能，如纤维瘤和脂肪瘤等。

2. 浸润性生长

这是大多数恶性肿瘤的生长方式。恶性肿瘤细胞直接侵入组织间隙、淋巴管、血管，向周围正常组织呈浸润性生长，与周围组织没有明显的界限。触摸时肿瘤组织界限不清，位置固定，不易移动，手术不易彻底切除。故手术切除的范围要比肉眼所看到的肿瘤范围要大，但有时术后还会复发。

3. 外生性生长

发生在体表、体腔或消化道、泌尿生殖道表面的肿瘤，常向表面生长，形成乳头状、息肉状、蕈状或菜花状肿物。良性和恶性肿瘤均可呈外生性生长，但恶性肿瘤在外生性生长的同时，还不同程度地向基底部浸润性生长。

(三)肿瘤的扩散

恶性肿瘤不仅可以在原发部位继续生长、蔓延，还可以通过各种途径扩散到机体其他部位继续生长。扩散的方式有以下两种。

1. 直接蔓延

恶性肿瘤细胞由原发部位沿组织间隙、淋巴管、血管或神经束直接蔓延扩散至邻近器官、组织并继续生长，称为直接蔓延。如晚期的子宫颈癌可蔓延到直肠和膀胱；晚期的乳腺癌可通过胸肌和胸膜蔓延到肺。

2. 转移

瘤细胞从原发部位经淋巴管、血管或体腔液转移到其他器官形成同样类型的肿瘤，称为转移，所形成的肿瘤称为转移瘤。原有的肿瘤称为原发瘤。转移是恶性肿瘤的特征之一。转移的途径有以下三种。

(1)淋巴道转移。瘤细胞侵入淋巴管后，随淋巴循环，首先到达局部淋巴结，使淋巴结肿大、变硬，切面常呈灰白色。此后，瘤细胞可继续向其他淋巴结转移或经胸导管进入血液再沿血道转移(彩图 10-18)。

(2)血道转移。瘤细胞侵入血管后,随血液运行到远离的器官继续生长形成转移瘤。

(3)种植性转移。体腔内器官的恶性肿瘤蔓延到器官表面时,瘤细胞脱落并像播种一样,种植在体腔或体腔内各器官的表面,形成多个转移瘤。如胃癌破坏胃壁侵及浆膜后,可种植到大网膜、腹膜、腹腔内器官表面甚至卵巢等处。

三、肿瘤对机体的危害

肿瘤对机体的危害程度主要与肿瘤的性质、生长时间、生长部位和肿瘤的大小等有关。

(一)良性肿瘤对机体的影响

局部压迫和阻塞是良性肿瘤对机体的主要影响。例如,消化道的良性肿瘤(突出于肠腔的平滑肌瘤等)可引起肠梗阻或肠套叠;颅内或椎管内的良性肿瘤压迫神经组织,阻塞脑脊液循环而引起颅内高压、脑积水及相应的神经系统症状,甚至可导致动物死亡。良性肿瘤有时可引起继发性病变,也可对机体造成不同程度的影响,如子宫黏膜下肌瘤常伴有浅表糜烂或溃疡,可引起出血和感染。此外,内分泌腺的良性肿瘤可引起某种激素过度分泌而引起相应的症状,如胰岛细胞瘤时胰岛素分泌过多可引起血糖过低。

(二)恶性肿瘤对机体的影响

恶性肿瘤除引起局部压迫和阻塞外,还可有以下危害:

1. 破坏器官的结构和功能

恶性肿瘤(包括原发与转移)生长到一定程度,都可能破坏器官的结构和功能。例如,肝癌可广泛破坏肝组织,引起肝功能障碍;白血病可破坏骨髓造成严重出血及贫血。

2. 出血与感染

恶性肿瘤常因瘤细胞的侵袭破坏作用或缺血性坏死而发生出血。例如,直肠癌可出现便血、肺癌出现痰中带血等。肿瘤组织坏死、出血可继发感染,常排出恶臭分泌物,如晚期子宫颈癌、阴茎癌等。

3. 疼痛

恶性肿瘤晚期,由于肿瘤的侵袭或压迫神经常引起顽固性疼痛。如肝癌时的肝区疼痛。

4. 发热

肿瘤代谢产物、坏死分解产物或继发感染等毒性产物被吸收都可以引起发热。

5. 恶病质

恶性肿瘤的晚期,动物出现的严重消瘦、无力、贫血和全身衰竭状态,称为恶病质。其发生机制尚未阐明,可能与患畜食欲减退、消化吸收功能障碍、出血、感染、发热,肿瘤组织坏死所产生的毒性代谢产物引起机体代谢紊乱等诸多因素有关。此外,恶性肿瘤生长迅速,消耗机体大量营养物质,以及晚期肿瘤引起疼痛影响进食与睡眠等,也是导致恶病质的重要因素。

四、肿瘤的分类和命名

(一)肿瘤的命名

机体的任何器官、组织都可能发生肿瘤,所以肿瘤的种类繁多,命名也比较复杂。现在通用的对肿瘤命名原则，主要是根据肿瘤的性质、组织起源和发生部位，结合其形态特点进行命名。

1. 良性肿瘤的命名

在其来源组织名称后加“瘤”字。如来源于纤维组织的良性肿瘤称为纤维瘤；来源于腺上皮的良性肿瘤称为腺瘤。有时还结合肿瘤的形态特点命名，如来源于被覆上皮组织呈乳头状生长的良性肿瘤称为乳头状瘤。

2. 恶性肿瘤的命名

恶性肿瘤的命名比较复杂，根据起源组织不同而有不同名称，大体上有以下几种命名。

(1)凡是来源于各种上皮组织的恶性肿瘤都称为“癌”，即在来源组织名称后面加一个“癌”字，如来源于被覆鳞状上皮组织的恶性肿瘤称为鳞状细胞癌；来源于腺上皮组织的恶性肿瘤称为腺癌等。

(2)凡是来源于间叶组织(包括纤维结缔组织、脂肪、软骨、骨、肌肉、脉管及淋巴造血组织等)的恶性肿瘤，都称为“肉瘤”，例如，纤维肉瘤、骨肉瘤、横纹肌肉瘤及淋巴肉瘤等。

(3)以人名或病名命名恶性肿瘤，如马立克病、白血病。

(4)如果一个恶性肿瘤中，既有癌的结构，又有肉瘤的成分则称为癌肉瘤，例如子宫癌肉瘤就是子宫内膜的癌和子宫内膜间质的肉瘤结合在一起所形成的。

(5)有些来源于幼稚组织及神经组织的恶性肿瘤，不按上述原则命名，而称为母细胞瘤或在组织细胞名称前加一个“成”字，如肾母细胞瘤或成肾细胞瘤、神经母细胞瘤或成神经细胞瘤。

(6)有些恶性肿瘤因其成分复杂或组织来源尚不明确，习惯在肿瘤名称前面加“恶性”两字，如恶性黑色素瘤、恶性间皮细胞瘤及恶性畸胎瘤等。

(二)肿瘤的分类

肿瘤是一大类种类繁多和原因极为复杂的病变，常根据组织来源和生物学特性来分类(表11-2)。

五、肿瘤的诊断

肿瘤的诊断方法有很多，主要采用大体检查及实验室检查。

(一)大体检查

大体检查是肿瘤诊断的重要部分，容易发现浅表肿瘤。检查时对真正的肿瘤与其他非肿瘤病变(如炎症、寄生虫、器官肥大等)引起的肿块要注意鉴别。局部检查应注意肿瘤的部位、形态、硬度、活动度及与周围组织关系：根据肿瘤的形态和表面情况可提示肿瘤的性质，如恶性肿瘤形态不规则，呈菜花状或凹凸不平，并可有表面破溃、充血、静脉怒张以及局部温度升高等情况；肿瘤的硬度对估计肿瘤性质有一定意义，如癌较硬，囊肿多为囊性、较软等；活动度对判断肿瘤性质也有价值，如膨胀性生长的肿瘤一般可推动，浸润性生长的肿瘤活动受限或固定不动；与周围组织的关系上，良性肿瘤因压迫或挤压，其界限清楚，恶性肿瘤因浸润性生长而破坏周围组织，其界限多不清。

表 11-2 肿瘤的分类

肿瘤部位	组织来源	良性肿瘤	恶性肿瘤
上皮组织	鳞状上皮	乳头状瘤	鳞状细胞癌
	基底细胞	基底细胞瘤	基底细胞癌
	腺上皮	腺瘤	腺癌
	移行上皮	乳头状瘤	移行上皮癌
间叶组织	纤维结缔组织	纤维瘤	纤维肉瘤
	脂肪组织	脂肪瘤	脂肪肉瘤
	黏液组织	黏液瘤	黏液肉瘤
	软骨组织	软骨瘤	软骨肉瘤
	骨组织	骨瘤	骨肉瘤
	淋巴组织	淋巴瘤	淋巴肉瘤
	造血组织		白血病
	血管	血管瘤	血管肉瘤
	淋巴管	淋巴管瘤	淋巴管肉瘤
	间皮组织	间皮瘤	恶性间皮瘤
	平滑肌	平滑肌瘤	平滑肌肉瘤
	横纹肌	横纹肌瘤	横纹肌肉瘤
神经组织	交感神经节	交感神经节细胞瘤	神经母细胞瘤
	神经胶质细胞	神经胶质瘤	神经胶质母细胞瘤
	神经鞘细胞	神经鞘瘤	恶性神经鞘瘤
	神经纤维	神经纤维瘤	神经纤维肉瘤
其他	三个胚层组织	畸胎瘤	恶性畸胎瘤
	黑色素细胞	黑色素瘤	恶性黑色素瘤
	几种组织	混合瘤	恶性混合瘤、癌肉瘤

(二)实验室检查

1. 酶学检查

肿瘤组织中某些酶活性增高,可能与生长旺盛有关;有些酶活性降低,可能与分化不良有关。实验室酶学检查对肿瘤有重要辅助诊断作用。例如,肝癌病人血中 γ-谷氨酰转肽酶、碱性磷酸酶、乳酸脱氢酶和碱性磷酸酶的同功异构酶含量均可升高。

2. 免疫学检查

由于癌细胞的新陈代谢与化学组成都和正常细胞不同,可以出现新的抗原物质。有些恶性肿瘤组织细胞的抗原组成与胎儿时期相似,如原发性肝癌病人血清中出现的甲胎蛋白(AFP),AFP 的特异性免疫检查测定结果是肝癌最有诊断价值的指标。还有一类免疫学检查是用放射免疫或荧光免疫技术检测激素,如发生绒毛膜上皮癌和恶性葡萄胎时绒毛膜促性腺激素会升高。

3. 内窥镜检查

凡属空腔脏器或位于某些体腔的肿瘤,大多可用相应的内窥镜检查。内窥镜有金属制和纤维光束两类。常用于鼻咽、喉、气管、支气管、食管、胃、十二指肠、胆道、胰、直肠、结肠、膀胱、肾、阴道、宫颈等部位的检查。还可以检查腹腔和纵隔等。通过内窥镜可窥视肿瘤的肉眼改变、采取组织或细胞进行病理形态学检查,可大大提高肿瘤诊断的准确性。

4. 影像学检查

动物肿瘤的影像学检查主要包括X射线检查和超声检查,可为肿瘤提供确切的定位诊断。

(1)X射线检查。可确定肿瘤的位置、形状、大小等,并有助于判断肿瘤性质。使用范围广泛,但在肿瘤体积很小时,其准确率可能降低。

(2)超声检查。利用肿瘤组织与正常组织或其他病变组织对声抗阻和衰减率的不同,以取得不同的超声反射波型来进行诊断,方法简便而无痛苦。常用于肝、肾、脑、子宫和卵巢等器官肿瘤的诊断和定位,对鉴别囊性或实性肿块有价值。

5. 病理检查

(1)细胞学检查。由于肿瘤细胞较正常细胞容易从原位脱落,故可用各种方法取得肿瘤细胞和组织,鉴定其性质。例如,用浓集法收集痰、胸腔积液、腹水或冲洗液中的细胞;用拉网法收集食管和胃的脱落细胞;用印片法取得浅表的瘤体表面细胞;还可用穿刺法取得较深部位的肿瘤细胞,进行细胞学检查(彩图10-19)。但在临床实践中发现有假阳性或阳性率不高的缺点,尚不能完全代替病理组织切片检查。

(2)活体组织检查。通过各种内窥镜活检钳取肿瘤组织,或施行手术切取,或用针穿刺吸取等方法,进行活体组织检查,这是决定肿瘤诊断及病理类型准确性最高的方法,适用于一切用其他方法不能确定性质的肿块;或已怀疑呈恶变的良性肿瘤。该检查有一定的损伤作用,可能致使恶性肿瘤扩散,因此,需要用时宜在术前短期内或手术中施行。

六、肿瘤的病因

(一)外因(环境因素)

动物肿瘤的病因包括生物性因素、化学性因素和物理性因素。

1. 生物性因素

(1)病毒。包括DNA和RNA两类病毒。DNA病毒有疱疹病毒、腺病毒、乳头状瘤病毒等;RNA病毒主要为禽白血病(肉瘤病毒群)的病毒,能引起鸡的多种良性、恶性肿瘤,致瘤RNA病毒也能对牛、猫和其他一些哺乳动物诱发白血病。

(2)寄生虫。牛、羊肝片吸虫与胆管性腺瘤和肝癌的发生有关。华支睾吸虫与胆管上皮癌有一定关系。

2. 化学性因素

现已确知的对动物有致癌作用的化学致癌物约有1 000种,主要的化学致癌物质有以下几类。

(1)亚硝胺类。硝酸盐、亚硝酸盐和二级胺等物质为亚硝胺的前体物,可转变为亚硝胺。亚硝胺类物质致癌谱很广,可在许多实验动物诱发各种不同器官的肿瘤。亚硝酸盐可作为肉、鱼类食品的保存剂与着色剂进入人体;也可由细菌分解硝酸盐产生。在胃内的酸性环境下,亚硝酸盐与来自食物的各种二级胺合成亚硝胺而致癌。

(2)霉菌毒素。以黄曲霉毒素 B_1 的致癌性最强，而且其化学性质很稳定，不易被加热分解，煮熟后食入仍有活性。黄曲霉菌广泛存在于高温潮湿地区的霉变食品中，尤以霉变的花生、玉米及谷类含量最多。这种毒素主要诱发肝癌。

(3)多环芳烃。指由多个苯环缩合而成的化合物及其衍生物，存在于石油、煤焦油中，煤烟、烟草点燃后的烟雾中及烟熏和烧烤等食品中。致癌性特别强的有3,4-苯并芘、1,2,5,6-双苯并蒽、3-甲基胆蒽及9,10-二甲苯蒽等。这些致癌物质在使用小剂量时即能在实验动物中引起恶性肿瘤，如涂抹皮肤可引起皮肤癌，皮下注射可引起纤维肉瘤等。

(4)芳香胺类与氨基偶氮染料。致癌的芳香胺类，如乙萘胺、联苯胺、4-氨基联苯等，主要诱发膀胱癌。氨基偶氮染料，如以前在食品工业中曾使用过的奶油黄和猩红，在动物实验中可引起大鼠的肝癌。

3. 物理性因素

主要有电离辐射(如X射线、γ射线)、紫外线、热辐射、慢性炎性刺激等，可导致肿瘤。

(二)内因

肿瘤的发生除了与外部因素有关外，机体内在因素也起着重要作用。内因主要包括遗传因素、免疫因素、内分泌因素、年龄和性别因素，分述如下。

1. 遗传因素

肿瘤的遗传，绝大多数并不是肿瘤本身的直接遗传，遗传的是对肿瘤的易感性，在此基础上需要外因的作用才能发生肿瘤。

2. 年龄和性别

一般来说，肿瘤的发生概率随年龄的增大而增加，如4岁以上的鸭，肝癌的发生率高，鸡马立克病往往发生于6周龄以上的鸡。母鸡患白血病的概率显著高于公鸡。

3. 内分泌因素

内分泌失调与某些肿瘤的发生有一定的关系，如乳腺癌的发生可能与雌激素分泌过多有关。

4. 机体的免疫力

机体的免疫力与动物肿瘤的发生发展关系密切。免疫机能下降，肿瘤的发生率增加，如应用免疫抑制剂或切除胸腺的实验动物，再应用诱癌剂后，肿瘤的发生率不仅高而且诱发时间短。

七、肿瘤的发病机理

肿瘤的发病机理目前不完全清楚。一般认为是各种致癌因素引起体细胞DNA突变，或使基因表达异常，转变为瘤细胞。肿瘤的形成是瘤细胞单克隆扩增的结果。肿瘤的发生是一个长期的、分阶段的、多种基因突变积累的过程，特别是原癌基因的激活和抑癌基因的失活在细胞恶性转化过程中具有重要作用。机体的免疫监视功能降低，不能及时清除体内突变细胞，与肿瘤的发生也有重要关系。

思维导图

项目十一 肿瘤

- 肿瘤 —— 机体在各种致瘤因素的作用下，局部组织细胞生长失控，发生异常增生所形成的新生物，这种新生物常形成局部肿块，称为肿瘤
- 肿瘤的生物学特性
  - 肿瘤的一般形态
    - 1. 肿瘤的眼观形态
    - 2. 肿瘤的数目和大小
    - 3. 肿瘤的颜色
    - 4. 肿瘤的质地
  - 肿瘤的组织结构
    - 肿瘤的实质
      - 肿瘤的实质就是肿瘤细胞
      - 同型性或同类性肿瘤
      - 异型性肿瘤
    - 肿瘤的间质 —— 肿瘤的间质对肿瘤的实质起着支持和营养作用，其成分不具特异性，主要由结缔组织和血管构成，有时还有淋巴管
  - 肿瘤的代谢特点 —— 糖代谢、蛋白质代谢、核酸代谢、酶系统改变
  - 肿瘤的异型性
    - 肿瘤组织在细胞形态和组织结构上与其起源的正常组织的差异称为异型性
    - 瘤细胞的异型性
      - 瘤细胞的多形性
      - 瘤细胞核的多形性
      - 瘤细胞胞浆的改变
    - 肿瘤组织结构的异型性 —— 肿瘤组织在空间排列方式上（包括极向、排列结构及其与间质的关系等方面）与其来源组织的差异。良性肿瘤瘤细胞的异型性不明显，恶性肿瘤的异型性明显
- 肿瘤的生长与扩散
  - 肿瘤的生长速度
  - 肿瘤的生长方式 —— 可分为膨胀性生长、浸润性生长、外生性生长
  - 肿瘤的扩散
    - 直接蔓延
    - 转移 —— 淋巴道转移、血道转移、种植性转移
- 肿瘤对机体的危害
  - 良性肿瘤对机体的影响 —— 局部压迫和阻塞
  - 恶性肿瘤对机体的影响 —— 破坏器官的结构和功能、出血与感染、疼痛、发热、恶病质
- 肿瘤的分类和命名
  - 肿瘤的命名
    - 良性肿瘤的命名 —— 在其来源组织名称后加“瘤”字
    - 恶性肿瘤的命名
      - 1. 凡是来源于各种上皮组织的恶性肿瘤都称作“癌”，即在来源组织名称后面加一个“癌”字
      - 2. 凡是来源于间叶组织（包括纤维结缔组织、脂肪、软骨、骨、肌肉、脉管及淋巴造血组织等）的恶性肿瘤，都称作“肉瘤”
      - 3. 以人名或病名命名恶性肿瘤，如马立克病、白血病
      - 4. 同一个恶性肿瘤中，既有癌的结构，又有肉瘤的成分则称为癌肉瘤
      - 5. 有些来源于幼稚组织及神经组织的恶性肿瘤，不按上述原则命名，而称为母细胞瘤或在组织细胞名称前加一个“成”字
      - 6. 有些恶性肿瘤因其成分复杂或组织来源尚不明确，习惯在肿瘤名称前面加“恶性”两字
  - 肿瘤的分类
- 肿瘤的诊断
  - 大体检查
  - 实验室检查
    - 酶学检查
    - 免疫学检查
    - 内窥镜检查
    - 影像学检查 —— X线检查、超声检查
    - 病理检查 —— 细胞学检查、活体组织检查
- 肿瘤的病因
  - 外因
    - 生物性因素 —— 病毒、寄生虫
    - 化学性因素 —— 亚硝胺类、霉菌毒素、多环芳烃、芳香胺类与氨基偶氮染料
    - 物理性因素 —— 主要有电离辐射、紫外线、热辐射、慢性炎性刺激
  - 内因 —— 遗传因素、年龄和性别、内分泌因素、机体的免疫力
- 肿瘤的发病机理 —— 尚不完全清楚，一般认为与DNA突变或基因表达异常有关

思政园地

亚硝胺致食管癌研究——病理生理学家陆士新

我国著名病理生理学家、中国科学院院士、国家癌症中心/中国医学科学院肿瘤医院研究员陆士新，是我国分子肿瘤病因学开拓者之一，致力于肿瘤病因学、化学致癌与癌变机理的研究。从1971年开始，陆士新在河南林州食管癌高发现场，从事大量人群研究，一干就是15年，最终他找到了当地食道癌高发的病因，首次在国际上报道并证实亚硝胺能诱发人食管上皮癌，并系统证明了亚硝胺是中国食管癌的主要化学病因。

陆士新的课题组在《干细胞与发育》等国际权威肿瘤杂志上发表了肿瘤干细胞相关论文，并编写了《干细胞与肿瘤》一书。他真正做到了把论文写在大地上，把病人放在心里，为防治食管癌做出了历史性的贡献。

复习思考题

一、名词解释

肿瘤　癌　肉瘤

二、填空题

1. 肿瘤的实质为__________，肿瘤的间质由__________和__________组成。

2. 肿瘤的转移途径有__________、__________、__________。

三、选择题

1. 下列属于良性肿瘤的为（　　），属于恶性肿瘤的为（　　）。
   A. 纤维瘤　B. 骨肉瘤　C. 肾母细胞瘤　D. 黑色素瘤

2. 肿瘤发生的原因包括（　　）。
   A. 生物性因素　B. 物理性因素
   C. 化学性因素　D. 以上都是

3. 以下属于生物性致癌因素的为（　　）。
   A. 病毒、寄生虫、X射线
   B. 病毒、硝酸盐、亚硝酸盐
   C. 病毒、寄生虫、煤烟
   D. 疱疹病毒，腺病毒，乳头状瘤，牛、羊肝片吸虫

4. 以下属于化学性致癌因素的为（　　）。
   A. 烟草点燃后的烟雾中及烟熏和烧烤食品、放射线
   B. 黄曲霉毒素 B_1、奶油黄、联苯胺、亚硝酸盐、烟草燃烧
   C. 硝酸盐、亚硝酸盐、紫外线
   D. 奶油黄、联苯胺、亚硝酸盐、烟草、慢性炎性刺激

5. 以下属于物理性致癌因素的为（　　）。
   A. X射线、放射线、紫外线、热辐射、慢性炎性刺激

B. 病毒、X射线、放射线

C. 病毒、寄生虫、慢性炎性刺激

D. 疱疹病毒、腺病毒、紫外线、热辐射、慢性炎性刺激

6. 肿瘤的发病机理有(　　)。

A. 体细胞DNA突变,转变为瘤细胞　　B. 瘤细胞呈单克隆扩增

C. 机体的免疫监视功能降低　　D. 以上都是

7. 对放射线敏感度高的肿瘤细胞是(　　)。

A. 分化程度高、新陈代谢快的细胞　　B. 分化程度低、新陈代谢慢的细胞

C. 分化程度高、新陈代谢慢的细胞　　D. 分化程度低、新陈代谢快的细胞

E. 分化程度与新陈代谢均正常的细胞

8. 良性肿瘤的特点之一是(　　)。<2009>

A. 易转移　　B. 异型性小　　C. 异型性大

D. 生长速度快　　E. 常见核分裂象

9. 鳞状细胞癌组织中的癌细胞来源于(　　)。<2010>

A. 上皮组织　　B. 神经组织　　C. 脂肪组织

D. 纤维组织　　E. 肌肉组织

10. 来源于间叶组织的恶性肿瘤称为(　　)。<2011>

A. 肉瘤　　B. 肝癌　　C. 腺癌

D. 畸形瘤　　E. 恶性混合瘤

11. 良性肿瘤常见的生长方式是(　　)。<2012>

A. 浸润性生长/外生性生长　　B. 弥漫性生长/内生性生长

C. 膨胀性生长/弥漫性生长　　D. 外生性生长/膨胀性生长

E. 内生性生长/弥漫性生长

12. 复层扁平上皮发生的恶性肿瘤称(　　)。<2013>

A. 纤维肉瘤　　B. 纤维瘤　　C. 乳头状瘤

D. 鳞状细胞癌　　E. 癌肉瘤

13. 恶性肿瘤的特征之一是(　　)。<2014>

A. 异型性大　　B. 生长缓慢　　C. 异型性小

D. 膨胀性生长　　E. 核分裂象少见或无

14. 鳞状细胞癌的癌细胞来源于(　　)。<2015>

A. 上皮组织　　B. 神经组织　　C. 脂肪组织

D. 纤维组织　　E. 肌肉组织

15. 剖检病死羊,将其肿胀增厚的皮肤制成组织切片,经HE染色后镜检,见皮下组织有大量均质红染物,该均质红染物的主要成分为(　　)。<2016>

A. 糖　　B. 脂质　　C. 蛋白质

D. 核酸　　E. 核苷酸

16. 下列最易发生转移的肿瘤是(　　)。<2017>

A. 乳头状瘤　　B. 腺瘤　　C. 平滑肌瘤

D. 纤维肉瘤　　E. 血管瘤

17. 12 岁雄性京巴犬，临诊见右前肢腋下有一核桃大的肿物，质地坚硬，组织病理学检查见细胞梭形，核大而浓染，瘤细胞排列成漩涡状，见大量异型性核分裂象，胶原纤维少。此肿瘤诊断为（　　）。＜2017＞

A. 鳞状上皮细胞癌　　B. 皮脂腺瘤
C. 纤维肉瘤　　D. 脂肪肉瘤
E. 骨骼肌肉瘤

18. 癌原发于（　　）。＜2018＞

A. 神经组织　　B. 脂肪组织
C. 肌肉组织　　D. 上皮组织
E. 结缔组织

19. 兔，2 岁，剖检可见肝脏表面和实质中有绿豆至豌豆大白色或黄白色结节；组织学检查见胆管上皮乳头状增生，上皮细胞由立方上皮变为柱状，上皮细胞浆内可见球虫寄生。该兔肝脏的病变为（　　）。＜2019＞

A. 纤维瘤　　B. 平滑肌瘤　　C. 纤维肉瘤
D. 乳头状瘤　　E. 腺瘤

（20～21 题共用备选答案）＜2020＞

A. 乳头状瘤　　B. 腺瘤　　C. 腺癌
D. 鳞状细胞癌　　E. 纤维肉瘤

20. 病犬口腔黏膜局部增厚；镜检见瘤组织已侵入至黏膜下，但分化程度较高，细胞排列呈团块状，偶见有角化珠。该增厚部位可能是（　　）。

21. 病犬肠道有一分叶状肿块与周围界限清晰，镜检见肿块组织结构与生长部位组织相似，瘤细胞排列成管状，该肿块可能是（　　）。

22. 在间叶组织中，分化程度较低的肿瘤称为（　　）。＜2021＞

A. 成髓细胞瘤　　B. 息肉　　C. 母细胞瘤
D. 癌　　E. 肉瘤

23. 上皮组织发生异型性大的肿瘤称为（　　）。＜2021＞

A. 癌　　B. 息肉　　C. 母细胞瘤
D. 纤维肉瘤　　E. 平滑肌瘤

24. 牛，7 岁，临床检查见颈部有菜花状肿块，镜检见指状突起，但不呈浸润性生长，该瘤是（　　）。＜2021＞

A. 纤维瘤　　B. 乳头状瘤　　C. 鳞状细胞瘤
D. 纤维肉瘤　　E. 平滑肌细胞瘤

25. 腺上皮发生的恶性肿瘤是（　　）。＜2022＞

A. 腺癌　　B. 腺瘤　　C. 鳞癌
D. 肉瘤　　E. 纤维肉瘤

26. 上皮组织发生的恶性肿瘤为（　　）。＜2022＞

A. 肉瘤　　B. 癌　　C. 腺瘤
D. 纤维瘤　　E. 母细胞瘤

四、判断题

1. 肿瘤的增生与病理性增生相似。(　　)
2. 马立克病是鸡的一种恶性肿瘤性疾病。(　　)
3. 异型性大的肿瘤恶性程度高。(　　)
4. 肿瘤的发生主要由外因所致。(　　)
5. 恶性肿瘤生长迅速,故能长得很大。(　　)
6. 良性肿瘤的病理核分裂象多。(　　)

五、简答题

1. 列表说明良性、恶性肿瘤的主要区别。
2. 简述肿瘤对机体的危害。

项目十二　主要器官病理

◆ 学习目标

掌握主要器官的常见病变及病变特点；了解病变的原因、结局及对机体的影响。

任务一　心脏病理

实训技能一　心脏病理变化观察

能力目标

通过对大体标本、图片等的观察，掌握心脏病变的类型及病变特点，通过学习相关知识进一步理解其原因、结局及对机体的影响。

实训准备

大体标本、幻灯片、挂图、多媒体课件等。

实训内容

（一）心包炎病变观察

1. 传染性心包炎

通常开始为浆液性炎，随后发展为浆液-纤维素性心包炎。各种畜禽的心包炎多呈急性经过，常伴发于某些传染病过程中。如畜、禽的大肠杆菌病（彩图 12-1）、巴氏杆菌病（彩图 12-2）等。

眼观，心包膜表面血管充血或有斑点状出血（彩图 12-3）。心包膜因炎性水肿而增厚。心包腔充盈，腔内蓄积多量淡黄色的液体（彩图 12-4）。

若混有较多脱落的炎性细胞则变混浊，随着病情的发展，出现纤维素渗出，形成黄白色絮状或薄膜状物(彩图 12-5)，附着在心包内面、心外膜表面和悬浮于心包腔的渗出液中(彩图 12-6)。

如炎症持续时间较长，覆盖在心外膜表面的纤维素因心脏的跳动而形成绒毛状外观，称为“绒毛心”(彩图 12-7)。慢性经过时(如结核性心包炎)，心外膜被覆数厘米厚的干酪样物，外观似盔甲，俗称“盔甲心”(彩图 12-8)。此时心包和心外膜因结缔组织增生而显著增厚，变得粗糙无光泽。

2. 创伤性心包炎

眼观，心包腔高度充盈。心包膜显著增厚、粗糙无光泽。心包腔内蓄积大量污秽的纤维素性或脓性的渗出物，并有恶臭味。心外膜增厚、粗糙，常与心包膜粘连，在心壁和渗出液中常能找到刺入的异物。

(二)心肌炎病变观察

1. 实质性心肌炎

眼观，心脏扩张，以右心室较明显。心肌灰白色，呈煮肉状，质地松软。局灶性心肌炎时，心肌中出现灰黄色或灰白色斑状条纹，外观似虎皮，称“虎斑心”。

2. 间质性心肌炎

眼观和实质性心肌炎相似，确诊时需依靠组织学检查。

3. 化脓性心肌炎

眼观，在心肌中散在大小不等的化脓灶。新形成的化脓灶，周围显示充血和出血，陈旧的化脓灶周围有包囊形成。化脓灶内脓汁的颜色，因细菌种类的不同而异，可呈灰白色、黄白色或灰绿色。

(三)心内膜炎病变观察

1. 疣状心内膜炎

眼观，初期见心内膜表面有结节状的黄白色血栓附着，以后血栓逐渐增大并发生机化，形成坚实的、灰白色的、大小不等的疣状物。随着炎症的发展，在瓣膜面形成较大的、不易剥离的、花椰菜样的疣状物。

2. 溃疡性或败血性心内膜炎

眼观，初期在瓣膜上形成淡黄色的小斑点，继而融合成干燥的、表面粗糙的坏死灶。坏死灶常发生脓性分解、脱落而形成溃疡，溃疡表面被覆有灰黄色的凝固物，周边常因结缔组织增生而形成小的隆起。严重时可造成瓣膜穿孔。

(四)病理组织切片观察

1. 纤维素性心包炎

镜检可见心包膜增厚，毛细血管充血，大量炎性细胞浸润，大量纤维素渗出染成红色的丝网状物(彩图 12-9)。

2. 心肌出血

间质充满大量红细胞，毛细血管充血(彩图 12-10)。

3. 化脓性心肌炎

镜检可见心肌纤维断裂消失，大量炎性细胞浸润，以中性粒细胞为主（彩图 12-11）。

思考题

1. 描述传染性心包炎的眼观病变有哪些？发生原因是什么？
2. 创伤性心包炎的眼观病变是什么？发生原因有哪些？
3. 化脓性心肌炎的眼观病理变化有哪些？发生原因常是什么？

实训技能报告单

描述在这次实训中所见的病理标本、病理图片的病变名称及病理变化特点。绘图描述所见到的心脏病理组织切片的特点。

◆ 相关知识

相关知识一　心脏病理

一、心包炎

心包炎是指心包壁层和脏层的炎症。若仅是心包脏层的炎症，则称为心外膜炎。心包炎常常伴发于其他疾病，有时也以独立疾病的形式出现，如牛创伤性心包炎。

发生心包炎时心包腔内常蓄积多量的炎性渗出物，根据渗出物的性质不同，可区分为浆液性心包炎、纤维素性心包炎、化脓性心包炎、腐败性心包炎及混合性心包炎等类型。兽医临床上最常见的是浆液性、纤维素性或浆液-纤维素性心包炎。本病常发生于猪、牛、羊和禽类。

（一）原因

1. 传染性因素

常因细菌或病毒经血液直接侵入心包，有时也由邻近器官的炎症直接蔓延引起。如猪丹毒、巴氏杆菌病、传染性胸膜肺炎时出现的浆液性心包炎或浆液-纤维素性心包炎甚至化脓性心包炎，禽大肠杆菌病引起的纤维素性心包炎等。

2. 创伤性因素

由机械性的创伤所致，主要见于牛、偶见于羊。牛采食时未经充分咀嚼而吞咽，因其口腔黏膜有许多角质乳头，对硬性刺激的感觉比较迟钝，容易将一些尖锐的异物（铁钉、铁丝等）咽下。随着胃的蠕动，异物可以向不同的方向穿刺，而网胃的前部仅以薄层的膈肌与心包相邻，当异物从网胃向前方穿刺时，可穿过膈肌进入心包或心肌，此时胃内的微生物也随之而入，引起创伤性心包炎。

(二)结局和对机体的影响

传染性心包炎的结局与原发病有关,病情轻者,炎性渗出物可溶解吸收而痊愈;严重者渗出物不能完全吸收则发生机化,或心包膜与心外膜发生粘连,影响心脏的活动。创伤性心包炎多以死亡为转归。

心包炎对机体的影响,与炎性渗出物的量及其性质有关。大量的心包积液和严重的粘连,可影响心脏的收缩和舒张,导致回心血量减少,引起全身淤血或水肿,甚至引起心功能不全。

二、心肌炎

心肌炎是指心肌的炎症。家畜的心肌炎一般呈急性经过,而且伴有心肌细胞的变性和坏死。

(一)原因

原发性的心肌炎很少见,它通常伴发于某些急性传染病。如细菌性传染病(巴氏杆菌病、猪丹毒、猪链球菌病等)和病毒性传染病(幼畜口蹄疫、牛恶性卡他热、流行性感冒等)可引起心肌炎,一些中毒性疾病(黄曲霉毒素、砷、磷、有机汞中毒等)、寄生虫疾病(急性弓形虫病、肉孢子虫病等)以及变态反应等因素也可诱发心肌炎。

(二)结局和对机体的影响

心肌炎是重剧的病理过程。非化脓性心肌炎可发生机化,最后形成纤维化斑块。化脓性心肌炎病灶,常以包囊形成、脓液干涸和进一步纤维化或钙化而告终。

心肌炎时,心脏功能明显障碍,心脏的自律性、兴奋性、传导性和收缩性都会受到不同程度的影响。临诊上表现为心律失常,严重时因心肌广泛变性、坏死以及传导系统严重障碍而发展为心力衰竭。此外,化脓性心肌炎,心肌内形成的脓肿若向心室内破溃,脓汁进入血液,会引起脓毒败血症。

三、心内膜炎

心内膜炎是指心内膜的炎症。根据炎症发生的部位不同,可分为瓣膜性心内膜炎、心壁性心内膜炎、腱索性心内膜炎和乳头肌性心内膜炎。兽医临床上最常见的是瓣膜性心内膜炎,根据病变特点可分为疣状心内膜炎和溃疡性心内膜炎。

(一)原因

家畜的心内膜炎常伴发于某些疾病,如慢性猪丹毒和化脓性细菌(链球菌、葡萄球菌、化脓棒状杆菌等)的感染过程。

(二)结局和对机体的影响

疣状心内膜炎通常因赘生物和结缔组织增生使瓣膜变形,造成房室孔狭窄和瓣膜闭锁不全,影响心脏功能。同时,心内膜炎的血栓疣状物因血流冲击脱落成为栓子。含有细菌团块的栓子随血液运行到其他器官而形成转移性的化脓灶,从而导致脓毒败血症。

任务二　肺脏病理

实训技能二　肺脏病变观察

能力目标

通过对大体标本、图片等的观察，掌握肺脏病变的类型及特点，通过学习相关知识进一步理解其原因、结局及对机体的影响。

实训准备

大体标本、幻灯片、挂图、多媒体课件、显微镜、组织切片等。

实训内容

(一)支气管肺炎病变观察

常发生于尖叶、心叶和膈叶的前缘部，病变多为一侧或两侧性(彩图 12-12)。

眼观，病变的肺组织肿大呈暗红色、结构坚实、岛屿状散在分布(彩图 12-13)。在病灶部的支气管内，可挤出黏液性或脓性的渗出物(彩图 12-14)。支气管黏膜充血、肿胀，严重时管腔内有炎性渗出物堵塞(彩图 12-15)。有时常见几个病灶融合成一片，成为融合性支气管肺炎。

(二)纤维素性肺炎病变观察

纤维素性肺炎的病变发展有一定的阶段性，一般可分为相互联系的四个时期。在眼观上呈多色性景象，即大理石样(彩图 12-16)，这是肺各炎区发展时期不同造成的。

1. 充血水肿期

特征是肺泡壁毛细血管充血和肺泡内充满大量浆液性水肿液。

眼观，病变的肺叶稍肿大，重量增加，质地稍实，呈暗红色；切面平滑，有带血的液体流出(彩图 12-17)。

镜检，肺泡壁毛细血管扩张充血、肺泡腔内有大量浆液性水肿液，其中有少量红细胞、中性粒细胞和巨噬细胞等(图 12-1，彩图 12-18)。

2. 红色肝病期

特征是肺泡壁毛细血管显著充血，肺泡内有大量的纤维素和红细胞。

眼观,病变肺叶肿大,重量增加,呈暗红色,质地坚实如肝;切面干燥,呈颗粒状;肺间质增宽,呈灰白色条纹状(彩图 12-19)。

镜检,肺泡壁毛细血管充血仍很明显,支气管和肺泡腔内有大量交织成网的纤维素,网眼内有大量的红细胞、少量的白细胞和脱落的上皮细胞(图 12-2,彩图 12-20、彩图 12-21)。

3. 灰色肝变期

特征是肺泡壁充血消退,肺泡腔内有大量的纤维素和中性粒细胞,红细胞多已溶解。

眼观,病变肺叶仍肿大,呈灰红色至灰色,质地坚实如肝;切面干燥,呈颗粒状。常并发纤维素性胸膜炎,与胸膜发生粘连(彩图 12-22)。

镜检,肺泡壁毛细血管充血消退,白细胞和纤维蛋白增多,红细胞溶解消失(图 12-3,彩图 12-23)。

4. 消散期

特征是炎性渗出物崩解自溶和肺泡上皮细胞再生。

眼观,病变肺叶呈灰黄色,质地变软,切面湿润,颗粒状消失,挤压时流出脓性混浊样液体。

镜检,肺泡壁毛细血管重新扩张,肺泡腔内中性粒细胞坏死、崩解,纤维素被溶解为微细颗粒。巨噬细胞增多,可吞噬坏死细胞和崩解产物(图 12-4,彩图 12-24)。

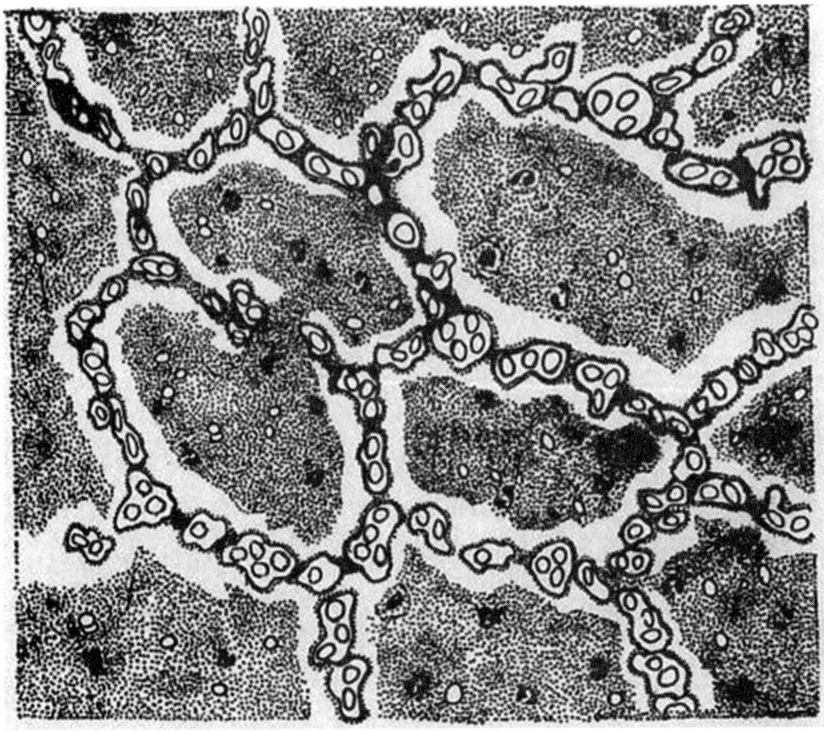

图 12-1　纤维素性肺炎充血水肿期

(肺泡壁毛细血管扩张充血,肺泡内充满了浆液,其中混有少量红细胞、中性粒细胞)

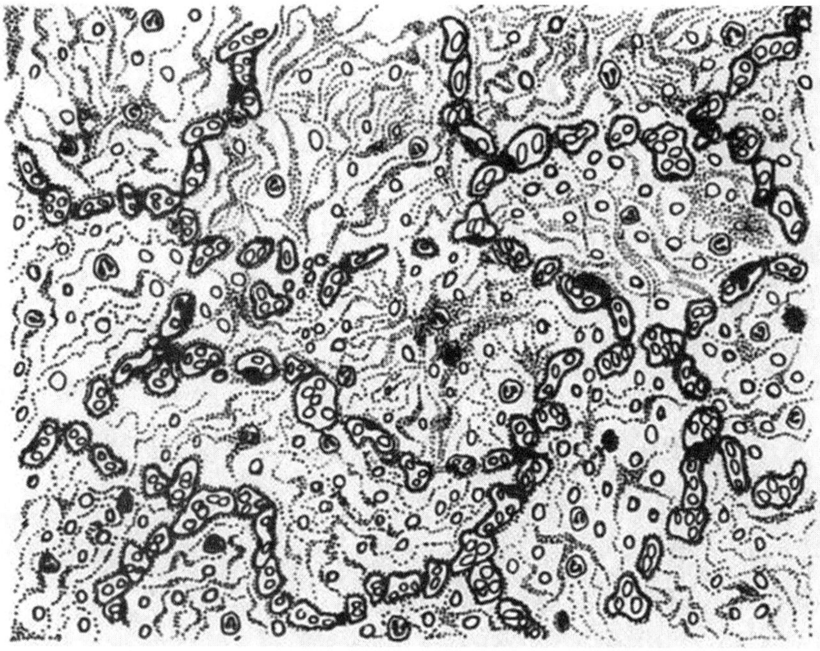

图 12-2　纤维素性肺炎红色肝变期

（肺泡壁毛细血管扩张充血，肺泡内充满以大量纤维素和红细胞为主的炎性渗出物，还有少量中性粒细胞）

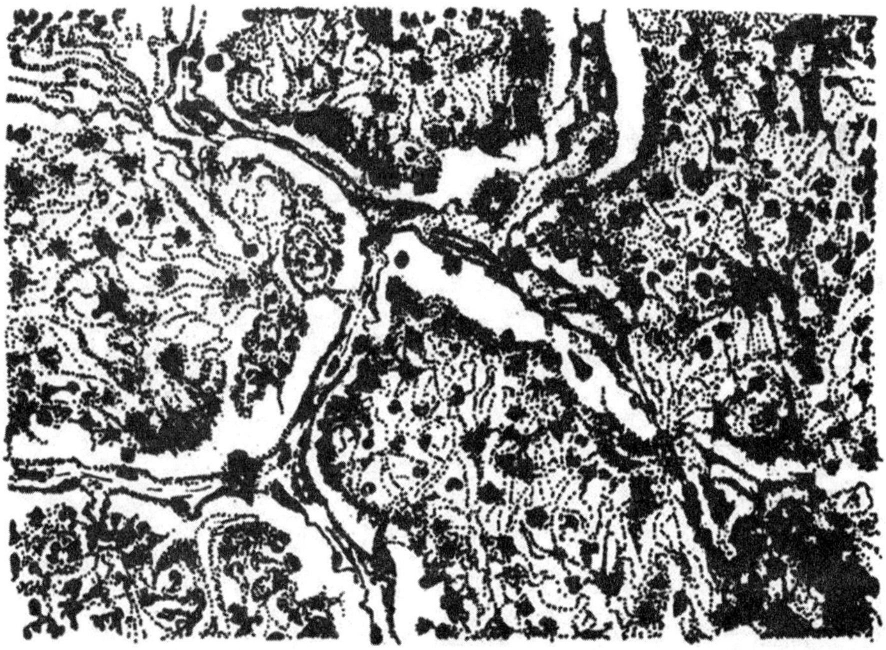

图 12-3　纤维素性肺炎灰色肝变期

（肺泡内充满大量纤维素和中性粒细胞）

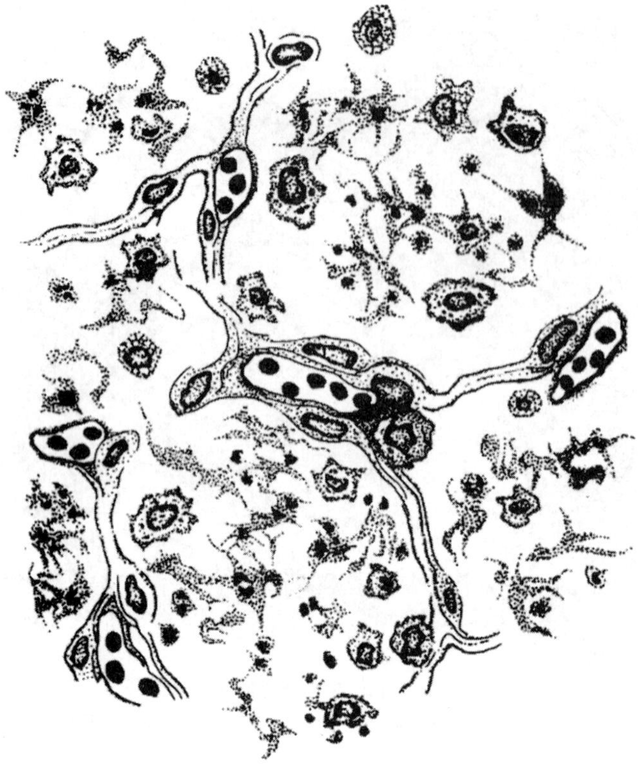

图 12-4 纤维素性肺炎消散期

(肺泡内含有变性、坏死的中性粒细胞,还有巨噬细胞,肺泡毛细血管又出现充血)

(三)间质性肺炎病变观察

眼观,病变部位呈灰白色或灰红色,常呈局灶状分布,质地稍硬,切面平整。炎灶大小不一,小的如针头或粟米,大的为小叶性或小叶融合性,甚至为大叶性。病程较长时,由于结缔组织增生,病区则发生纤维化而变硬,切面可见灰白色的纤维束(彩图12-25至彩图12-27)。禽曲霉菌慢性病例在肺内形成黄白色或灰白色黄豆大小的硬性肉芽肿结节(彩图11-28)。

镜检,间隔结缔组织增生,炎性细胞浸润,小血管充满红细胞(彩图12-29)。

(四)肺气肿病变观察

1. 肺泡性肺气肿

眼观,肺体积显著膨大,打开胸腔后,肺充满胸腔。肺重量减轻,边缘钝圆,由于缺血呈灰白色。肺组织柔软而缺乏弹性,指压后遗留指痕,有时表面有肋骨压痕。在肺胸膜下可见大量较大的囊泡。切面干燥,切面上可见大量较大的囊腔,使切面呈海绵状或蜂窝状。

镜检,可见肺泡扩张,肺泡间隔变窄并断裂,相邻肺泡互相融合形成较大的囊腔。肺泡壁内的毛细血管因受压而贫血,数量显著减少或消失(彩图12-30)。

2. 间质性肺气肿

小叶间隔和肺胸膜下形成多量大小不等的一连串气泡。小气泡可融合成大气泡,肺胸膜破裂可引起气胸，气体也可沿支气管和血管周围组织间隙扩展至肺门、纵隔甚至是颈部、肩部的皮下。

(五)肺萎陷病变观察

眼观，病变肺部体积缩小，表面下陷，胸膜皱缩，肺组织缺乏弹性，似肉样。切面平滑、均匀、致密。压迫性肺萎陷的萎陷区因血管受压迫而呈苍白色，切面干燥，挤压无液体流出。阻塞性肺萎陷的萎陷区因淤血而呈暗红色或紫红色，切面较湿润，有时有液体排出。

镜检，由于肺泡塌陷，故可见肺泡壁呈平行排列，彼此互相靠近、接触，肺泡腔呈裂隙状。阻塞性肺萎陷，细支气管、肺泡内可见炎症反应，肺泡壁毛细血管扩张充血，肺泡腔内常见水肿液和脱落的肺泡上皮；压迫性肺萎陷，细支气管和肺泡腔内无炎症反应(彩图 12-31)。

思考题

1. 描述支气管肺炎的眼观病理变化及发生原因。
2. 纤维素性肺炎的病理变化分为哪几个时期？描述各时期的病理变化特点。
3. 间质性肺炎的眼观病变特点是什么？
4. 肺气肿眼观病变特点是什么？
5. 肺萎陷镜检时的病变特点是什么？

实训技能报告单

描述在这次实训中所见到的病理标本、病理图片的病变名称及病变特点。绘图描述所见到的肺脏病理组织切片的特点。

◆ 相关知识

相关知识二　肺脏病理

一、支气管肺炎

肺炎是肺最常见的疾病，常可导致动物死亡。由于致病因子和机体的反应性不同，肺炎的性质和严重程度也不一样。按病因可分为细菌性肺炎、病毒性肺炎、支原体性肺炎、霉菌性肺炎、寄生虫性肺炎、中毒性肺炎和吸入性肺炎等。根据病变范围可分为支气管肺炎、纤维素性肺炎和间质性肺炎。

(一)概念

支气管肺炎是指以细支气管为中心的单个小叶或一群小叶的炎症，故又称小叶性肺炎。其炎性渗出物以浆液和脱落的上皮细胞为主，所以又称为卡他性肺炎。支气管肺炎在马驹、仔猪、各种年龄的羊及禽类多见，是肺炎的一种最基本形式。

(二)原因

支气管肺炎常发生于幼龄和老龄动物，在冬春季节发病较多。主要原因是细菌(巴氏杆菌、链球菌、沙门菌、葡萄球菌等)、病毒、霉菌感染。

在一些诱发因素(寒冷、过劳、感冒、饥饿、长途运输或B族维生素缺乏等)作用下，机体的抵抗力下降，特别是呼吸道的防御机能减弱时，常驻呼吸道的条件性致病菌大量繁殖，首先引起支气管炎，随着炎症向深部蔓延，引起支气管周围的肺泡发炎。所以，机体抵抗力降低是支气管肺炎发生的关键。此外，当动物发生咽喉炎、破伤风、喉神经麻痹或投药造成误咽时，也常引起支气管肺炎。

(三)结局和对机体的影响

支气管肺炎如得到及时治疗(消除病因和提高机体抵抗力)，炎症渗出物可溶解吸收，损伤的组织可经再生而修复。若病因不能消除而持续发展，常继发化脓或腐败分解，引起肺脓肿或坏疽。病变如转为慢性经过，则损伤的肺组织通过肉芽组织增生来修复，往往导致肺肉变或包囊形成。

支气管肺炎对机体的影响与其病变范围的大小和性质有关。炎症范围越大，对呼吸的影响就越大。当发生坏疽性支气管肺炎时，不仅呼吸面积减小，而且腐败分解的产物被机体吸收后可引起自身中毒。

二、纤维素性肺炎

(一)概念

纤维素性肺炎是以肺泡内渗出大量纤维素为特征的急性炎症。其病变开始于肺泡或呼吸性细支气管，继而波及一个大叶，甚至一侧肺叶或全肺和胸膜，故又称为大叶性肺炎。

(二)原因

1. 病原微生物

主要见于由病原微生物引起的传染病。如牛、羊、猪、鸡的巴氏杆菌病，牛、马的传染性胸膜肺炎等。

2. 应激因素

寒冷、感冒、过劳、营养不良、吸入刺激性气体或长途运输等均可促使本病的发生。

(三)结局和对机体的影响

动物发生纤维素性肺炎时很少能消散而完全恢复，渗出物、坏死组织常被机化，使肺组织致密而坚实，呈肉样，故称“肺肉变”，或引起胸膜炎，与肋胸膜粘连。纤维素性肺炎可导致动物因呼吸和心功能障碍而死亡。

若继发感染，则可形成大小不等的脓肿或腐败分解，继发坏疽性肺炎。严重时形成肺空洞或继发脓毒败血症而危及生命。

三、间质性肺炎

(一)概念

发生于肺间质，以间质炎性细胞浸润和结缔组织增生为特征。

(二)原因

引起间质性肺炎的原因很多，主要见于病原微生物引起的传染病，病毒是最常见的。如病毒(犬瘟热、流行性感冒等)、细菌(布鲁氏菌病、大肠杆菌病等)、寄生虫(猪弓形虫病、猪和牛的蛔虫病等)及猪肺炎霉形体等均能引起间质性肺炎。此外，过敏反应、某些化学因素也会引起本病的发生。上述各种病原可通过呼吸道气源性感染或血源性感染而引起疾病。

(三)结局和对机体的影响

急性间质性肺炎在病因消除后一般能完全消散。慢性经过时则以肺纤维化为结局。因病变的范围和严重程度不同，对机体的影响也不同。如果病灶小、数量少、散在出现时，机体可通过健康肺组织的呼吸机能予以代偿，不出现呼吸机能障碍。但当病灶比较广泛时，由于呼吸面积减少、呼吸膜增厚，而引起呼吸机能障碍。慢性间质性肺炎因肺纤维化，可持久地引起呼吸机能障碍。

四、肺气肿

(一)概念

肺组织空气含量过多导致肺脏体积过度膨胀称为肺气肿。按发生的部位，肺气肿可分为肺泡性肺气肿和间质性肺气肿两种。肺泡性肺气肿是指肺泡内空气过多，引起肺泡过度扩张；间质性肺气肿是指由于细支气管和肺泡发生破裂，空气进入肺间质而使间质含有多量气体。其中以肺泡性肺气肿较多见。

(二)原因

1. 过度使役

长期不合理的剧烈使役或过劳，使机体代谢增强，需氧增多，反射性地引起呼吸加深、加快，使肺泡通气量过多，肺泡过度扩张，同时，肺泡内过多的余气又可压迫肺泡壁毛细血管，使肺泡壁营养障碍，肺泡弹性逐渐减退，这也是肺气肿发生的重要环节。

2. 阻塞性通气障碍

慢性支气管炎时，管腔狭窄，使空气通道发生不完全阻塞，吸气时支气管扩张，空气可以进入肺泡，但呼气时因支气管管腔狭窄，气体呼出受阻，于是肺泡内储气量增多，发生肺气肿。

3. 代偿性肺气肿

当肺脏某一部位因发生肺炎而实变时，为代偿实变部的呼吸机能，病灶周围组织表现过度充气,形成局灶性代偿性肺气肿。

4. 老龄性肺气肿

随着动物年龄的增长,肺泡壁的弹力纤维减少、弹性回缩力减弱,肺泡不能充分回缩,肺残留气体量增多,肺泡膨胀,发生老龄性肺气肿。

(三)结局和对机体的影响

短时间内发生的急性肺泡性肺气肿,在病因消除后肺泡功能逐渐恢复,可痊愈。慢性肺泡性肺气肿病程缓慢,通常不显现临床症状,病因祛除后,也可恢复。严重的肺气肿,肺泡破裂可引起气胸。肺气肿时,因毛细血管受压,使肺血液循环阻力增加,导致肺动脉高压。肺动脉高压使右心负担加重,逐渐引起右心室肥大,最后可引起右心衰竭。

肺气肿时,肺泡壁毛细血管受压,影响肺泡与血液间的气体交换,从而导致血液氧分压降低和二氧化碳潴留,机体呈缺氧状态。

五、肺萎陷

(一)概念

肺萎陷又称肺膨胀不全、肺不张,是指肺泡内空气含量减少甚至消失,以致肺泡呈塌陷关闭的状态。原已充满空气的肺组织因空气丧失,导致肺泡塌陷,是获得性的。按原因不同,肺萎陷可分为压迫性肺萎陷和阻塞性肺萎陷两种类型。

(二)原因

1. 压迫性肺萎陷

由肺内、外压力引起。肺外压力见于胸腔积液、积血,气胸,胸腔肿瘤压迫肺组织,腹水、胃扩张等引起的腹压增高,通过膈肌前移压迫肺组织。肺内压力见于肺内肿瘤、脓肿、寄生虫、炎性渗出物等直接压迫肺组织。

2. 阻塞性肺萎陷

主要由于支气管、细支气管被阻塞,肺泡内残留气体逐渐被吸收,肺泡塌陷。造成支气管、细支气管阻塞的原因有急、慢性支气管炎时的炎性渗出物,寄生虫,吸入的异物,支气管肿瘤等。

(三)结局和对机体的影响

肺萎陷通常是可逆性的,当病因消除,病变部分可再膨胀而恢复。如果病因不能消除,病程持久,萎陷的肺组织间质结缔组织增生,发生纤维化。

萎陷的肺组织抵抗力明显降低,易继发感染,发生肺炎等。小范围的肺萎陷不会严重影响呼吸功能。胸腔大量积液、气胸等压迫肺组织引起的肺萎陷,使呼吸膜面积明显减少,可引起呼吸功能不全。

任务三　肝脏病理

实训技能三　肝脏病变观察

能力目标

通过对大体标本、图片等的观察，掌握肝脏病变的类型及病变特点，通过学习相关知识进一步理解其原因、结局及对机体的影响。

实训准备

大体标本、幻灯片、挂图、多媒体课件等。

实训内容

(一)肝炎病变观察

1. 细菌性肝炎

(1)坏死性肝炎。肝脏体积增大，暗红色、土黄色或橙黄色。肝被膜下见出血斑点及灰白或灰黄色形状不一的坏死灶(彩图 12-32 至彩图 12-34)。

(2)化脓性肝炎。又称肝脓肿。肝脏体积增大，脓肿为单发或多发，有包膜，脓腔内充满黏稠的黄绿色脓液(彩图 12-35)。

(3)肉芽肿性肝炎。肉芽肿性肝炎多因某些慢性传染病的病原体如分枝杆菌、鼻疽杆菌、放线菌等感染，肝内有大小不等的结节，结节中心为黄白色干酪样坏死物，如有钙化则质地较硬，刀切时有沙沙声。

2. 病毒性肝炎

肝不同程度肿大，呈暗红色或红黄相间的斑驳色彩，其间往往有灰白或灰黄色形状不一的坏死灶(彩图 12-36)及出血斑点(彩图 12-37)。

3. 寄生虫性肝炎

(1)“乳斑肝”。某些寄生虫(蛔虫和肾虫)的幼虫在肝内移行，肝组织被破坏后，结缔组织增生，肝表面或切面上形成大量直径 1～2 cm、形态不一的乳白色斑块，白斑质地致密和硬固，有时高出被膜位置，称为“乳斑肝”。

(2)鸡盲肠肝炎。肝脏体积增大，肝表面有圆形或不规则的、稍有凹陷的溃疡病灶，溃疡病灶中间呈淡黄色或淡绿色，边缘稍隆起，大小不一，有时溃疡病灶互相连成一片，形成溃疡区(彩图 12-38)。

(3)兔球虫病。肝脏体积增大,肝表面与实质内有米粒至豌豆大的白色或淡黄色的结节性病灶,取结节压碎镜检,可见到各个发育阶段的球虫。日久的病灶,其内容物变为粉粒样钙化物。

4. 霉菌性肝炎

肝脏体积增大,边缘钝圆,呈土黄色,质脆易碎(彩图12-39)。

5. 肝坏死

低倍镜镜检见肝脏内有大小不一的坏死灶,周围可见炎症反应带(彩图12-40)。高倍镜镜检见坏死灶内肝细胞索状结构消失,肝细胞坏死,炎性细胞浸润(彩图12-41)。

(二)肝硬化的病变观察

肝硬化由于发生原因不同,其形态结构变化也有所不同,但基本变化一致。

眼观,肝体积缩小,质地坚硬,表面凹凸不平或颗粒状,色彩斑驳,常染有胆汁(彩图12-42、彩图12-43)。肝被膜明显增厚,切面有许多圆形或近圆形的岛屿状结节。肝内胆管明显,管壁增厚。

镜检,主要病变为结缔组织增生和肝小叶结构的破坏改变。汇管区结缔组织增生并深入小叶内,将相邻小叶分割包围而形成大小不等的结节状小岛,称为假小叶。假小叶的特点为缺乏中央静脉,或中央静脉偏位于假小叶一侧,肝细胞排列紊乱,胆管数量显著增多(彩图12-44、彩图12-45)。

思考题

1. 肝炎的原因有哪些?
2. 肝硬化的原因有哪些?其结局和对机体的影响是什么?

实训技能报告单

描述在这次实训中所见到的病理标本、病理图片的病变名称及病变特点。绘图描述所见到的肝脏病理组织切片的特点。

◆ 相关知识

相关知识三　肝脏病理

一、肝炎

(一)概念

肝炎是指某些致病因素作用于肝,使肝发生以肝细胞变性、坏死和间质增生为主要特征的一种炎症过程。肝炎是动物常见的一种肝脏病变，其基本病理变化除了炎性细胞浸润之外，肝细胞发生明显变性(常为颗粒变性和脂肪变性，有时为空泡变性)和坏死，以后还可以发生纤维化而愈合。

肝炎按疾病进程分急性肝炎和慢性肝炎，按病理类型分实质性肝炎和间质性肝炎，按疾病原因分传染性肝炎和中毒性肝炎。

(二)原因

根据肝炎发生原因，一般把肝炎分为传染性肝炎和中毒性肝炎。

1. 传染性肝炎

传染性肝炎是指由病原微生物引起的肝炎。

(1)细菌性。沙门菌、结核分枝杆菌、巴氏杆菌、链球菌、葡萄球菌及坏死杆菌等。

(2)病毒性。鸭病毒性肝炎、马传染性贫血、鸡包涵体肝炎、犬传染性肝炎、牛恶性卡他热等。

(3)寄生虫性。畜禽的一些原虫感染也能在肝产生特殊的炎症，如鸡的盲肠肝炎、兔球虫病及猪的弓形虫病等；猪蛔虫幼虫移行时引起肝实质发生机械性破坏，寄生虫的毒素导致炎症反应和结缔组织增生。

2. 中毒性肝炎

中毒性肝炎是指由微生物以外的毒性物质引起的肝炎。常见的原因有：

(1)化学毒物。四氯化碳、三氯甲烷、硫酸亚铁、重金属和棉酚等物质。

(2)代谢产物。机体的物质代谢障碍，造成大量中间物质蓄积而引起自身中毒。

(3)植物中毒。放牧时采食了大量有毒的植物(如野百合和野豌豆等)而引起急性肝炎。

(4)霉菌毒素。动物采食了一些被霉菌(如黄曲霉菌、烟曲霉菌、红青霉菌等)污染的饲料而引起。

二、肝硬化

(一)概念

各种原因引起肝细胞严重变性、坏死，继而肝细胞再生形成结节和间质结缔组织广泛增生，使肝小叶正常结构受到严重破坏，肝变形和变硬，这个过程称为肝硬化。肝硬化是一种较常见的慢性进行性疾病。

(二)原因

肝硬化可由多种原因引起。根据不同病因可分为以下几个类型。

1. 门静脉性肝硬化

见于病毒性肝炎、营养不良(缺乏胆碱或甲硫氨酸)、长期饲喂霉变饲料或酒糟、有毒植物(牛、马吃野百合中毒)以及化学毒物(磷、砷)等，可使肝长期发生脂肪变性、坏死，结缔组织不断增生取代。

眼观，肝表面为颗粒状小结节，呈黄褐色或黄绿色，弥漫于全肝。

2. 坏死后肝硬化

此类型又称为中毒性肝硬化,是在肝实质大量坏死的基础上形成的,常是慢性中毒性肝炎的一种结局。见于黄曲霉毒素中毒、四氯化碳中毒和猪的营养性肝病等。病变发展较快,大量肝细胞坏死,残留部分肝细胞再生,形成大小不等的结节,是典型的结节性肝硬化。与门静脉肝硬化不同之处在于假小叶间的纤维间隔较宽,炎性细胞浸润,小胆管增生显著。

3. 淤血性肝硬化

此类型又称心源性肝硬化,因长期心功能不全,肝长期淤血、缺氧而使肝细胞变性、坏死,坏死区的网状纤维胶原化。其特点是肝体积缩小,表面粗糙呈细颗粒状,呈红褐色,并有红黄相间的斑纹。

4. 寄生虫性肝硬化

这是最常见的一种肝硬化,是由各种寄生虫的幼虫(猪蛔虫、猪肾虫和马圆虫)在肝内移行时破坏肝,或虫卵(牛、羊血吸虫的虫卵)沉着在肝内,或成虫(牛、羊肝片吸虫)寄生在肝内胆管,或由原虫(兔肝球虫)寄生在肝细胞内,引起肝细胞坏死。寄生虫性肝硬化的特点可因寄生虫的种类不同而异。如猪蛔虫引起的肝硬化,肝表面有大小不一的乳白色斑块,质地坚硬,为增生的纤维组织,称为“乳斑肝”。

5. 胆汁性肝硬化

肿瘤、结石、虫体压迫,阻塞胆管,使肝内胆汁长期淤积而引起肝硬化。由于胆汁淤积,肝常被染成绿色或绿褐色,体积增大,表面平滑或呈细颗粒状。

(三)结局和对机体的影响

肝细胞的再生能力和代偿功能都很强,早期可通过机能代偿而在相当长时间内不出现症状。但随着病变的不断发展,当出现代偿失调,就可以出现一系列症状,主要引起门静脉高压和肝功能障碍。

1. 门静脉高压

肝硬化时,门静脉压力升高,引起门静脉所属器官(胃、肠、脾)静脉血液回流受阻,导致所属器官淤血、水肿及机能障碍。临床上患畜表现食欲减退,消化不良,后期出现腹水。

2. 肝功能障碍

(1)肝合成功能障碍。肝硬化时,肝合成蛋白质、糖原、凝血物质及尿素的能力降低,故出现血浆胶体渗透压降低,血糖浓度降低,并呈现明显的出血倾向。

(2)灭活功能降低。肝硬化时,本应由肝灭活的物质得不到灭活,使其继续在体内发挥作用,特别是对醛固酮和抗利尿激素的灭活及破坏作用降低,造成水和钠在体内滞留,引起腹水。

(3)胆色素代谢障碍。由于肝细胞受损和胆汁排出障碍,可引起实质性黄疸,血中直接胆红素和间接胆红素含量均增加。

(4)酶活性改变。肝细胞受损,某些酶如谷丙转氨酶、谷草转氨酶等进入血液,因而肝功能检查时,这些酶活性升高。

(5)肝性脑病。由于肝的屏障和解毒功能降低,血液中有毒的物质增多,造成自身中毒。这是肝硬化最严重的并发症,也是导致病畜迅速死亡的原因。

任务四　胃肠病理

实训技能四　胃肠的病变观察

能力目标

通过对大体标本、图片等的观察，掌握胃肠病变的类型及特点，通过学习相关知识进一步理解其原因、结局及对机体的影响。

实训准备

大体标本、幻灯片、挂图、多媒体课件等。

实训内容

（一）胃炎病变观察

1. 急性胃炎病变观察

（1）急性卡他性胃炎。眼观，胃黏膜特别是胃底部黏膜充血、肿胀，表面被覆多量黏液，并常有少量点状出血（彩图 12-46、彩图 12-47）。

（2）急性出血性胃炎。眼观，胃黏膜肿胀，呈弥漫性或斑点状出血，表面被覆红褐色的黏液，内容物含有游离的血液（彩图 12-48 至彩图 12-50）。

（3）坏死性胃炎。眼观，胃黏膜表面有大小不等的坏死灶，呈圆形或不规则形。病灶的深浅不一，浅的可造成黏膜糜烂，深的可引起溃疡，甚至造成穿孔（彩图 12-51）。溃疡面的坏死组织被消化，呈污秽褐色。

2. 慢性胃炎病变观察

眼观，胃黏膜被覆大量灰白色黏稠的液体，胃壁因结缔组织增生而增厚。由于增生不均匀，胃黏膜表面呈高低不平的颗粒状（彩图 12-52）。如胃炎拖延已久，增生的结缔组织逐渐老化而发生瘢痕收缩，胃壁由厚变薄，形成萎缩性胃炎。

（二）肠炎病变观察

1. 急性肠炎病变观察

（1）急性卡他性肠炎。眼观，变化与急性卡他性胃炎相似。主要发生于小肠段，肠黏膜充血肿胀，常见有点状或线状出血，表面被覆大量的黏液（彩图 12-53）。

（2）出血性肠炎。眼观，肠壁水肿增厚，肠黏膜呈弥漫性或斑点状出血，表面覆盖大量红褐色黏液，常见有暗红色的血凝块。严重时，肠内容物混有血液，肠系膜和肠浆膜均有出血和水肿变化（彩图 12-54）。

(3)化脓性肠炎。眼观,肠黏膜表面被覆多量的脓性渗出物,内容物混有脓汁。肠黏膜表面肿胀,常见大片糜烂和溃疡,并散布有出血斑点。

(4)浮膜性纤维素性肠炎。眼观,肠黏膜充血肿胀、渗出大量的纤维素,形成薄层,呈黄白色或黄褐色的易于剥离的假膜,故称“浮膜性肠炎”。随着病程发展,纤维素假膜逐渐增厚,像撒了一层糠麸,有时在肠腔内形成管状膜。肠内容物稀薄如水,常混有纤维素碎屑。病情好转时纤维素假膜可自行脱落,随着粪便排出体外(彩图 12-55)。

(5)固膜性纤维素性肠炎。眼观,肠黏膜呈现不同程度的凝固性坏死,渗出的纤维素和坏死组织凝结在一起,形成黄白色或黄绿色的、干硬的、不易剥离的假膜,故称“固膜性肠炎”。若将假膜强行剥离,肠黏膜明显充血、出血、水肿和溃疡(彩图 12-56)。发生猪瘟时,在回肠、结肠、盲肠和回盲瓣等部位的黏膜,呈轮层状坏死,称为“扣状肿”或纽扣状溃疡(彩图 12-57、彩图 12-58)。

2. 慢性肠炎病变观察

眼观,肠管膨气,肠黏膜表面被覆大量黏液,结缔组织增生使肠壁变厚。有时因结缔组织增生不均匀,肠黏膜表面凹凸不平呈颗粒状或形成皱褶。病程较长时,增生的结缔组织成熟后收缩,黏膜萎缩,肠壁变薄。

思考题

1. 急性胃炎的病理变化有哪几种?描述其眼观病变特点。
2. 描述慢性胃炎的眼观病理变化特点。
3. 急性肠炎的病理变化有哪几种?描述其眼观病变特点。
4. 描述慢性肠炎的眼观病理变化特点。
5. 引起胃炎和肠炎的原因是什么?

实训技能报告单

描述在这次实训中所见到的病理标本、病理图片、临床病例等病变名称及病变特点。

◆ 相关知识

相关知识四　胃肠病理

一、胃炎

胃壁的炎症,称为胃炎。胃炎按病程可分为急性胃炎和慢性胃炎。

(一)急性胃炎

根据病变特点,又可分为急性卡他性胃炎、急性出血性胃炎和坏死性胃炎。

1. 急性卡他性胃炎

（1）概念。以胃黏膜表面被覆多量黏液为特征的炎症。急性卡他性胃炎病程较轻，是临床上最常见的一种胃炎类型。

（2）原因。常由细菌、病毒、寄生虫和饲喂霉败饲料等因素引起。此外，温热、过食、突然变换饲料、过度使役、长途运输、感冒等诱因也常促使胃炎的发生。

2. 急性出血性胃炎

（1）概念。以胃黏膜弥漫性或斑点状出血为特征。

（2）原因。常由饲喂霉变饲料、化学毒物中毒（砷、磷）、寄生虫病（羊的捻转胃虫病）及某些急性传染病（猪丹毒、猪巴氏杆菌病、犬细小病毒病）等引起。

3. 坏死性胃炎

（1）概念。以胃黏膜坏死和形成溃疡为特征的炎症。

（2）原因。常伴发于由病原微生物引起的传染病（如猪瘟、猪丹毒、猪坏死性肠炎及牛口蹄疫等）。某些寄生虫（如猪颚口线虫、马胃蝇幼虫等）也会引起胃溃疡。

（二）慢性胃炎

（1）概念。慢性胃炎是以胃黏膜固有层和黏膜下层的结缔组织显著增生为特征的炎症。

（2）原因。多由急性胃炎转归，也可由寄生虫（马胃蝇蛆）寄生引发。

（三）结局和对机体的影响

急性胃炎会引起动物消化不良、食欲减退、机体消瘦、呕吐等症状，慢性胃炎可由急性胃炎引起，会导致胃黏膜增生，影响消化功能。

二、肠炎

肠管的炎症，称为肠炎。在畜禽的消化系统疾病中，以肠炎居多，可以发生在某一部分肠管，也可以是全段。如果炎症局限在某一部位，就以相应部位的名称命名，如十二指肠炎、空肠炎、回肠炎、盲肠炎、结肠炎和直肠炎等。

根据病程的长短可将肠炎分为急性肠炎和慢性肠炎。

（一）急性肠炎

根据炎性渗出物的性质和病变特点，可分为以下五种肠炎。

1. 急性卡他性肠炎

（1）概念。以肠黏膜急性充血和分泌大量浆液和黏液为特征。急性卡他性肠炎是临床上最为常见的一种肠炎类型，多为各类型肠炎的早期变化。

（2）原因。细菌、病毒、霉菌和寄生虫等各种生物性致病因素引起，如禽流感、猪瘟、猪传染性胃肠炎、新城疫、仔猪黄痢、鸡白痢等可导致急性卡他性肠炎。此外，过劳和营养缺乏等也会诱发此型肠炎。

2. 出血性肠炎

（1）概念。以肠黏膜明显出血为特征的炎症。

（2）原因。常由饲喂霉变饲料、化学毒物中毒（四氯化碳、磷）引起。此外，也常伴发于由细菌、病毒及寄生虫引起的传染病。如禽霍乱、鸡新城疫、猪痢疾、鸡球虫病等。

3. 化脓性肠炎

(1)概念。以肠黏膜脓性坏死为特征的炎症。

(2)原因。由感染化脓菌(葡萄球菌、链球菌、化脓棒状杆菌)引起。

4. 纤维素性肠炎

(1)概念。以肠黏膜表面被覆纤维素性渗出物为特征的炎症。

(2)原因。多由饲喂霉败饲料、有毒物质中毒、细菌及病毒性的传染病引起。如仔猪副伤寒、猪瘟、小鹅瘟、鸡新城疫等传染病。

(二)慢性肠炎

1. 概念

以肠黏膜和黏膜下层结缔组织增生及炎性细胞浸润为特征的炎症。

2. 原因

多由急性炎症发展而来,也可因长期饲喂不当、肠内有大量寄生虫或一些慢性疾病(如慢性心脏病、肝病导致肠道慢性淤血)引起。

(三)结局和对机体的影响

急性肠炎在病因消除后可恢复正常,若病因持续存在,则可转为慢性,并以结缔组织增生先使肠壁变厚、后期变薄为结局。

肠炎对机体有以下影响:引起机体腹泻和消化不良,强烈的腹泻会导致机体脱水和酸中毒,严重的还会导致自身中毒,最后死亡。

任务五　肾脏病理

实训技能五　肾脏病变观察

能力目标

通过对大体标本、图片等的观察,掌握肾脏病变的类型及特点,通过学习相关知识进一步理解其原因、结局及对机体的影响。

实训准备

大体标本、幻灯片、挂图、多媒体课件等。

实训内容

(一)肾炎

1. 肾小球性肾炎

(1)急性肾小球性肾炎。眼观，肾稍肿大，充血，质地柔软，被膜紧张易剥离，表面光滑，肾表面和切面呈棕红色，俗称“大红肾”。若肾小球毛细血管破裂出血，常在表面和切面可见出血点，形如蚤咬，称“蚤咬肾”(彩图 12-59)。肾切面可见皮质由于炎性水肿而变宽，纹理模糊，与髓质分界清楚。

镜检，肾小球内细胞增生，肾小球毛细血管扩张充血，内皮细胞和系膜细胞肿胀增生，毛细血管通透性增加，血浆蛋白滤入肾球囊内，肾小球内有少量白细胞浸润。随后肾小球内系膜细胞严重增生，增生细胞的压迫毛细血管，使毛细血管管腔狭窄或阻塞，肾小球呈缺血状。从肾小球内滤过的蛋白、红细胞、白细胞以及脱落的上皮细胞，这些物质可在肾小管管腔内凝集成各种管型，如蛋白管型、细胞管型(彩图 12-60、彩图 12-61)。

(2)亚急性肾小球性肾炎。眼观，由急性肾小球肾炎转化而来或致病因素较弱导致。肾肿大明显，被膜紧张，质地柔软，呈灰黄色或灰白色，有“大白肾”之称(彩图 12-62)。切面隆起，皮质增宽呈灰白色混浊，与髓质界限清晰。切面在皮质部能看到一些小的淤点，表明它是由急性肾小球肾炎转化而来的。

镜检，典型的特点是在肾球囊内有新月体的形成。肾球囊上皮细胞增生，扁平的上皮细胞肿大成梭形或立方形，单核细胞渗出，增生和渗出的细胞堆积在肾球囊内毛细血管丛周围，形态似月牙或环状，故称为新月体。随着病程的进展，新月体的成分不一样，最早期形成的新月体主要由上皮细胞和渗出的单核细胞构成，称为细胞性新月体。随着病程的发展，出现成纤维细胞增生，增生的成纤维细胞取代了增生的上皮细胞和渗出的单核细胞，故称为纤维性新月体。新月体的形成压迫肾小球毛细血管，使肾球囊腔闭塞，破坏肾小球结构和功能，影响肾小球的滤过功能。最终肾小球毛细血管萎缩、纤维化，整个肾小球呈现纤维化的玻璃样变，镜检见肾小球形态消失，呈均质红染状，肾小球周围可见大量的淋巴细胞浸润，周围肾小管上皮细胞呈现脱落、变性、坏死等病变。

(3)慢性肾小球性肾炎。眼观，可由急性或亚急性肾小球肾炎转化而来，也可以一开始呈慢性经过，起病缓慢，病程长，常反复发作，是各型肾小球肾炎发展到晚期的一种综合性病理类型。由于肾组织纤维化，瘢痕收缩和残存肾单位的代偿性肥大，可见肾体积缩小，呈灰白色，质地变硬，表面凹凸不平呈颗粒状，肾皮质与肾被膜粘连，故称为“皱缩肾”或“颗粒性固缩肾”。切面皮质变薄，纹理模糊不清，皮质与髓质分界不明显。

镜检，大量肾小球纤维化，玻璃样变，所属的肾小管也萎缩消失、纤维化。有些纤维化的肾小球消失于周围增生的结缔组织中。残存的肾单位发生代偿性肥大，表现为肾小球体积增大，肾小管扩张。扩张的肾小管管腔内常有各种管型。间质纤维组织明显增生，并有大量淋巴细胞和浆细胞浸润。

2. 间质性肾炎

眼观，急性时，肾明显肿大，被膜紧张易剥离，在表面和切面可见到灰白色的斑点或斑块，称“白斑肾”(彩图 12-63 至彩图 12-65)切面间质明显增厚，灰白色，皮质纹理不清，髓质淤血暗红。慢性时,肾体积缩小,质地变硬,呈灰白色,表面凹凸不平呈颗粒状,不易剥离;肾切面皮质部变薄,皮质与髓质分界不清,称为"皱缩肾"。

镜检,急性间质性肾炎时小血管扩张、充血,结缔组织水肿。肾间质有大量白细胞浸润,浸润的白细胞为单核细胞、淋巴细胞和浆细胞(彩图12-66、彩图12-67)。慢性间质性肾炎时间质纤维组织增生,随着纤维组织逐渐成熟,炎性细胞数量逐渐减少,许多肾小管颗粒变性、萎缩、消失,并被纤维组织代替。残留的肾小管则发生扩张和肥大,肾小囊发生纤维性肥厚或囊腔扩张,最后肾小球变性或萎缩。

3. 化脓性肾炎

眼观,肾肿大,被膜易剥离,表面及切面有大小不等的灰白色或黄白色的稍隆起的化脓灶或脓肿(彩图12-68),病灶周围有充血、出血,与周围健康组织分界清楚(周边常围有红晕,为炎性反应带)。肾切面肾盂高度肿胀,黏膜充血水肿,肾盂内充满脓液。

镜检,初期,肾盂黏膜血管扩张、充血、水肿和细胞浸润。浸润的细胞以中性粒细胞为主,黏膜上皮细胞变性、坏死、脱落,形成溃疡。自肾乳头伸向皮质的肾小管内充满中性粒细胞。细菌染色可见大量病原菌,肾小管上皮细胞坏死脱落,间质内常有中性粒细胞浸润(彩图12-69)。

(二)肾病

1. 坏死性肾病(急性肾病)

眼观,肾脏轻度或中度肿大,质地柔软,颜色苍白,切面混浊稍隆起。皮质部略有增厚,呈苍白色,髓质淤血呈暗红色。皮质与髓质界限不清。

镜检,肾小管上皮细胞变性、坏死、脱落。管腔内出现颗粒管型和透明管型(彩图12-70、彩图12-71)。早期由于肾小管上皮肿胀,肾小管管腔变窄。晚期肾小管管腔中度扩张,肾小管基底膜由新生的扁平上皮细胞覆盖,以后肾小管完全修复,不留痕迹。但动物多在大量肾小管上皮细胞变性坏死时发生肾功能衰竭死亡。

2. 淀粉样肾病(慢性肾病)

眼观,肾肿大,质地变硬,被膜易剥离,呈灰白色。切面灰黄色、半透明蜡样或油脂状。

镜检,肾小球毛细血管入球微动脉和小叶间动脉及肾小管的基底膜上有大量淀粉样物质沉着。PAS染色法(periodic acid-Schiff staining)可使淀粉样物质呈淡红色(彩图12-72、彩图12-73)。所属肾小管上皮细胞发生颗粒变性、透明变性、脂肪变性、水泡变性和坏死。病程久者,间质结缔组织广泛增生(彩图12-74至彩图12-77)。

思考题

1. 肾小球性肾炎分为几种类型?各类型的病理变化特点是什么?
2. 描述间质性肾炎的病理变化特点。
3. 描述化脓性肾炎的病理变化特点。

实训技能报告单

描述在这次实训中所见到的病理标本、病理图片的病变名称及病变特点。

◆ 相关知识

相关知识五　肾脏病理

一、肾炎

肾炎是指肾实质和间质的炎症。肾炎常见的类型有肾小球性肾炎、间质性肾炎和化脓性肾炎。

(一)肾小球性肾炎

1. 概念

肾小球性肾炎是以肾小球炎性损害为主的炎症，常见两侧肾同时发生。

2. 原因

常见于某些传染病。如猪丹毒、猪瘟、猪链球菌病、沙门菌病、马传染性贫血和马鼻疽等。目前认为，肾小球性肾炎不是由病原微生物直接引起的，而是这些微生物感染后产生的变态反应所致，是一种抗原抗体反应引起的免疫性疾病。

(二)间质性肾炎

1. 概念

间质性肾炎是以间质中有大量的淋巴细胞、单核细胞浸润和结缔组织增生为特征的非化脓性炎，是家畜较为常见的一种肾病，可表现为急性、慢性或局灶性、弥漫性。

2. 原因

间质性肾炎常与感染和中毒有关。如某些细菌(大肠杆菌、布鲁氏菌)、病毒(犬瘟热)及寄生虫(泰勒焦虫病)等感染引起。此外，青霉素类、磺胺类药物过敏等也会引起间质性肾炎。间质性肾炎常双侧发生，致病因素经血源性途径进入肾，引起间质中浆液渗出，炎性细胞增生。

(三)化脓性肾炎

1. 概念

肾实质和肾盂感染化脓菌而发生的化脓性炎症。

2. 原因

主要由感染了化脓菌引起。如链球菌、化脓棒状杆菌等。化脓菌可通过两种感染路径引起：一种是血源(下行)性的，如化脓性子宫内膜炎、化脓性脐带炎、化脓性肺炎等，化脓菌经血液转移至肾。另一种是尿源(上行)性的，如尿道炎、膀胱炎等，化脓菌由尿道、膀胱经输尿管进入肾盂，在该处形成化脓灶。

二、肾病

1. 概念

肾病是指以肾小管上皮细胞变性、坏死为主而无炎症变化的疾病。肾病综合征是一种临诊概念,以全身水肿、生成大量蛋白尿、血浆蛋白浓度降低和胆固醇浓度增高为特征。

2. 原因

(1)外源性中毒性肾病。急性传染病和中毒。饲喂霉变饲料、植物中毒(栎树叶和栎树籽实)、磺胺类药物中毒、金属化合物(铅、砷等)中毒等。

(2)内源性中毒性肾病。一般伴发于慢性传染病、慢性消耗性疾病、大面积烧伤、蜂窝织炎等。

3. 结局和对机体的影响

毒性物质随血液入肾,可直接损害肾小管上皮细胞,使其发生变性、坏死。

任务六　免疫器官常见病理

实训技能六　免疫器官常见病变观察

能力目标

通过对大体标本、图片等的观察,掌握脾及淋巴结病变的类型及病变特点,通过学习相关知识进一步理解其原因、结局及对机体的影响。

实训准备

大体标本、幻灯片、挂图、多媒体课件等。

实训内容

(一)脾的病变观察

1. 急性炎性脾肿大(急性脾炎、败血脾)

眼观,脾肿大(死于炭疽时脾可肿大2～10倍),边缘钝圆,质地柔软。切面呈黑紫色,结构模糊不清,脾髓极易用刀刮落,特别严重者,脾髓呈粥状或煤焦油样,易从切面流失(彩图12-78)。镜检,脾髓内充满大量血液,脾淋巴细胞和网状细胞因弥漫性坏死而明显减少(彩图12-79)。

2. 坏死性脾炎

眼观,脾不肿大或肿大不明显,外观与正常脾差异不大。有时只在被膜下散在大小不等的灰白色坏死点(彩图12-80)。发生急性猪瘟时,常在脾边缘出现紫黑色、突出于器官表面、大小不一、数量不等的出血性梗死病灶(彩图12-81)。发生鸡结核病时常见脾出现干酪样坏死。

3. 化脓性脾炎

眼观,脾表面或切面有大小不等的化脓灶。

4. 慢性脾炎

眼观，脾稍肿或不肿，质地坚实，被膜紧张，切面隆起，呈淡红褐色，有灰白色颗粒。发生结核病和鼻疽病时，脾还可见到大小不等、中心呈干酪样的结核结节。

(二)淋巴结病变观察

1. 急性淋巴结炎

(1)浆液性淋巴结炎。眼观，淋巴结肿大，质地柔软，切面隆突，湿润多汁，呈淡红色。

(2)出血性淋巴结炎。眼观，淋巴结肿大，呈暗红色或黑红色，切面隆突，在淡粉红色背景上有出血斑点或呈弥漫性出血。如发生猪瘟时淋巴结沿被膜和小梁出现紫红色条纹，呈大理石样花纹，又称为淋巴结周边出血(彩图 12-82、彩图 12-83)。严重时整个淋巴结切面呈暗紫色，含有多量血液。镜检，淋巴组织可见充血，充满红细胞，淋巴窦扩张，出现大量红细胞，临近组织受红细胞挤压、取代而残缺不全(彩图 12-84、彩图 12-85)。

(3)化脓性淋巴结炎。眼观，淋巴结肿大，透过被膜或切面都可见到黄白色的化脓灶，挤压时有脓汁流出。临床上见于马腺疫、鼻疽、猪链球菌病感染等。

(4)坏死性淋巴结炎。眼观，淋巴结肿大，其周围组织水肿或呈黄色胶胨样浸润，切面湿润，有大小不等的黄白色或灰白色的坏死灶和暗红色的出血灶。常见于猪弓形虫病、坏死杆菌病、仔猪副伤寒等。

2. 慢性淋巴结炎

不同原因引起的慢性淋巴结炎，有不同的病变特点。

(1)细胞增生性淋巴结炎。眼观，淋巴结肿大，质地变硬，切面呈灰白色，因淋巴小结增生而呈颗粒状隆起。

(2)纤维素性淋巴结炎。眼观，淋巴结不肿大而常小于正常，质地变硬，切面可见到增生的结缔组织呈灰白色条索状不规则交错，淋巴结固有的结构消失。

(三)法氏囊病变观察

眼观，法氏囊内黏液增多，法氏囊水肿和出血，体积增大，重量增加，比正常值重 2 倍，5 d 左右法氏囊开始萎缩，切开后黏膜皱褶多混浊不清，黏膜表面有点状出血或弥漫性出血(彩图 12-86)。严重者法氏囊内有干酪样渗出物。

思考题

1. 脾的病理变化有哪些？描述各病变的特点。
2. 淋巴结的病理变化有哪些？描述各病变的特点。
3. 描述法氏囊炎病变特点。

实训技能报告单

描述在这次实训中所见到的病理标本、病理图片的病变名称及病变特点。

◆ 相关知识

相关知识六 免疫器官常见病理

一、脾炎

1. 概念

脾脏的炎症称为脾炎。

2. 原因

多见于急性败血性传染病。如牛羊炭疽、急性猪丹毒、急性副伤寒、猪瘟、弓形虫病等疾病。

3. 结局和对机体的影响

当急性传染病走向恢复时,脾充血现象逐渐消失,变性的细胞有的恢复正常,有的发生崩解,随同炎性渗出物被溶解吸收,脾逐渐恢复正常形态和机能。此时脾体积缩小,以后可以完全恢复正常的形态,但也可能发生萎缩。

对于慢性经过的疾病,由于结缔组织增生以及炎症过程中增生的细胞转变为成纤维细胞,脾的结缔组织增多,被膜增厚,小梁增粗,脾体积缩小,质地网状纤维胶原化,导致脾硬化。

二、淋巴结炎

1. 概念

淋巴结炎指淋巴结的炎症,是机体和进入淋巴结的致病因素相互斗争的表现。

2. 原因

多见于急性传染病。如猪瘟、猪丹毒、炭疽、巴氏杆菌病等,当机体的个别器官或局部组织发炎时,相应的或附近的淋巴结也可发生同样的变化。

慢性淋巴结炎多由急性淋巴结炎转变而来,也可由致病因素持续作用引起。临床上见于某些慢性传染病。如结核病、布鲁氏菌病、鼻疽、猪霉形体肺炎和马传染性贫血等。

三、法氏囊炎

1. 概念

鸡的一种免疫性疾病,是法氏囊的炎症。

2. 原因

主要由细菌、病毒引起,临床上最常见的是鸡传染性法氏囊病毒、鸡白血病病毒引起的法氏囊炎。

3. 结局和对机体的影响

引起鸡免疫功能下降,机体抵抗力下降,严重的导致鸡只死亡。

任务七　皮肤常见病理

实训技能七　皮肤常见病变观察

能力目标

通过对大体标本、图片等的观察，掌握皮肤常见病变的类型和特点，通过学习相关知识进一步理解病因和对机体的影响与结局。

实训准备

大体标本、病理照片、幻灯片、多媒体课件、显微镜、组织切片等。

实训内容

(一)皮肤细菌感染

1. 脓皮病

眼观，根据感染程度的不同，可以分为浅表性脓皮症和深层脓皮症。浅表性脓皮症的典型症状包括红斑或肿块等，而深层脓皮症则可能表现为皮肤表面脱毛、发红、有小脓包，有的破溃出血，并被脓性分泌物覆盖。

镜检，可见表皮、真皮和皮下脂肪。浅层表皮局部可见脓疱，大量炎性细胞浸润，并累及毛囊。表皮细胞由浅层至全层不同程度坏死，可见大量细胞核碎片和局灶性出血。局部角质增厚和脱落，基底层细胞轻度代偿性增生(彩图 12-87)。

2. 细菌性毛囊炎和疖病

(1)毛囊炎。眼观毛囊炎表现为丘疹、结痂、脓疱、表皮红疹和脱毛。镜检可见毛囊扩张，以中性粒细胞为主的炎性细胞浸润其中。

(2)疖病。眼观皮肤圆形红斑、脱毛、结痂。镜检可见毛囊壁破裂，毛囊内容物释放至真皮层中，毛囊腔内可见大量细菌和中性粒细胞浸润(彩图 12-88)。

(二)皮肤真菌感染

眼观，可见患病动物皮毛上出现圆形或不规则形状的脱毛，且脱毛皮肤表面有鱼鳞状痂皮斑块。这些脱毛部位会融合并影响身体的大部分区域。在病变中间的炎症区域内，病菌会被机体杀灭，但病灶周边会有病原菌存活，并引发病灶周边产生红圈(如钱癣)。病变区域会出现脱毛，其原因是毛干断裂和由于毛囊发炎导致的毛干脱落。有时还可能出现毛囊的丘疹和脓疱。

镜检,可见病变包括包囊周边炎症、毛囊腔炎症和疖病,以及由于角质层内溃疡导致的表皮畸形。在一些病变中还可以发现有隔膜菌丝和孢子出现在毛干以及表皮角质层和毛囊的角质层中。

马拉色菌感染时,镜下可见耳道皮肤角质层表面有大量嗜碱性花生样酵母菌附着,并聚集于炎性细胞灶内(彩图 12-89)。

(三)皮肤肿瘤

1. 皮肤鳞状细胞癌

鳞状细胞癌特征性病变为大小不等的癌巢,癌巢中心角化。镜检观察可见有溃疡,出血坏死明显,大量炎性细胞浸润。真皮层内可见多个大小不等的肿瘤团巢,边缘为基底样至鳞状上皮样细胞,中高分化,可见细胞间桥,向中心逐渐角化,可见颗粒层,中心可见强嗜酸性染色的角化珠结构。鳞状上皮样细胞胞浆丰富,核卵圆形,核仁 1～2 个,清晰,可见中性粒细胞浸润,核分裂象指数高(彩图 12-90)。

2. 毛囊囊肿

毛囊囊肿为毛囊非肿瘤性病变,可见真皮层内囊肿样结构,囊壁为数层鳞状上皮细胞,可见明显颗粒细胞层,向内层状角化,囊内容物为薄片状角蛋白和毛发碎屑(彩图 12-91)。

3. 皮脂腺肿瘤

(1)皮脂腺瘤。皮脂腺腺瘤是良性肿瘤,在分化较好的情况下,仍保持原有组织的形态特征,如皮脂腺小叶结构、泡沫状胞浆等。镜检见皮脂腺细胞成熟,细胞核小、致密、居中;胞质丰富、细泡沫状。周围为少量至中量储备细胞,核质比较高,偶见核分裂象。肿瘤内部及周围组织有大量炎性细胞浸润,包括中性粒细胞、淋巴细胞、浆细胞和巨噬细胞。周围皮肤血管增生,充血、出血,有轻度炎性反应(彩图 12-92)。

(2)皮脂腺癌。皮脂腺癌是起源于皮脂腺的恶性肿瘤,和良性皮脂腺腺瘤相比其分化程度可能更低,失去原有的小叶结构,比如储备细胞显著增多,核分裂象增多等。可见肿物无包膜,瘤细胞呈小叶样分布,小叶内储备细胞结构紊乱,瘤细胞中分化,核分裂象多见。部分高分化的瘤细胞胞浆内可见泡沫状物质。间质中可见出血坏死灶(彩图 12-93)。

4. 纤维瘤

纤维瘤是起源于皮肤纤维细胞的良性肿瘤,是皮肤常见的肿瘤,其组织学特征性病变是分化较好的纤维细胞增多,胶原增粗,但排列紊乱。肿瘤由较成熟的纤维细胞构成,细胞排列呈束状、漩涡状、纵横交错,嗜酸性强。高倍镜下,细胞边界不清;细胞核呈纺锤形,无明显核仁,未见核分裂象(彩图 12-94)。

5. 脂肪瘤

脂肪瘤是起源于脂肪细胞的良性肿瘤,其特征是外观为柔软的结节,镜检可见无包膜脂肪样组织,间质中含有少量胶原纤维,小血管内充血,脂肪样细胞高分化,未见核分裂象(彩图 12-95)。

6. 肥大细胞瘤

肥大细胞瘤是犬皮肤肿瘤的常见种类,因其浸润性生长特点,往往恶性程度较高。犬肥大细胞瘤镜检特征是圆形瘤细胞浸润性生长于表皮下至真皮层甚至皮下组织,无包膜,圆形瘤细胞呈片状或条索状排列,胶原纤维断裂、肿胀或溶解,数量不等的嗜酸性粒细胞浸润是肥大细胞瘤特征性的标志。良性肥大细胞瘤圆形瘤细胞分化良好，仅出现在真皮层内，无核分裂象。随着恶性程度的增加，圆形瘤细胞分化不良，异型性增加，核分裂象增多，浸润范围更广，甚至深入皮下组织间隙中。

镜检可见样本为有毛皮肤和皮下组织，真皮层可见毛囊和附属腺，皮下脂肪组织呈小叶状。表皮局部不规则突起，大量圆形细胞弥漫性浸润，无包膜，与周围组织无明显界限。细胞排列成队列状或片状，位于附属腺之间及结缔组织间。高倍镜下，细胞形态均一，细胞核呈圆形或椭圆形，居于中央，染色质粗糙，核仁不明显，核分裂象罕见；细胞质丰富，呈灰蓝色、细颗粒状。局部可见嗜酸性粒细胞浸润。肿瘤细胞局限在真皮层，未侵入皮下脂肪。样本边缘无肿瘤细胞(彩图 12-96)。

7. 恶性黑色素瘤

恶性黑色素瘤是起源于皮肤色素细胞的恶性肿瘤，往往侵袭性强，转移多见。因分化程度表现有所不同，高分化肿瘤细胞胞浆中可见明显的色素颗粒，因而使肿瘤呈现灰褐色或灰黑色，分化较低或者无色素颗粒的肿瘤细胞可能呈透明细胞样。镜检见肿物细胞浸润性生长，细胞呈现多形性，核质比高，表现为梭形，或呈片状分布。细胞核呈圆形或椭圆形，有明显的核仁，染色质呈囊泡状，核分裂象较常见。细胞质内可见程度不一的黑色素颗粒。间质血管丰富、炎性细胞浸润，以淋巴细胞和浆细胞为主(彩图 12-97)。

思考题

1. 皮肤细菌感染时的特征性病变有哪些?
2. 良性皮脂腺腺瘤和恶性皮脂腺癌在组织学上有什么区别?

实训技能报告单

描述在这次实训中见到的病理标本、病理图片的病变名称及病变特点。

相关知识七　皮肤常见病理

一、皮肤细菌感染

(一)概念

细菌感染皮肤的途径包括皮肤毛孔(毛囊开口)、血源性感染或通过皮肤的受损处直接感染。皮肤的细菌性感染由于其感染部位(例如，表皮、真皮、皮下组织、器官附件或者全身)、所引起的病变特点(例如，化脓性肉芽肿、坏死性病变)、波及范围(例如，单一病灶、多病灶、局部感染、皮肤黏膜感染、带毛发皮肤感染或趾间感染)和严重程度(例如，从轻度无症状的感染到伴发全身性症状的严重感染)的不同而有不同的表现形式。不同的病原特性、不同的诱发或共存因素以及不同的宿主免疫反应是造成以上感染表现形式不同的主要原因。

(二)分类

1. 脓皮病

皮肤浅表和深部的感染经常会引起化脓,因此也被称作是脓皮病。而以大量巨噬细胞浸润为特点的细菌性肉芽肿多是一些低毒力的腐生菌经创伤感染而引起的。能产生毒素的细菌无论引起全身性感染还是局部性感染都会造成较为严重的病变,这主要是因为血管受损,体内内毒素或外毒素的存在带来的全身性损伤。

细菌性皮炎更容易发生在犬类,其原因是犬类动物皮肤角质层较薄、毛囊开口缺少脂类的保护,并且犬类动物皮肤的 pH 相对较高。到目前为止,中间葡萄球菌被认为是造成犬脓皮病的主要原因。

2. 细菌性毛囊炎和疖病

由细菌感染毛囊的浅层或深层导致。浅层的感染可以发生在毛囊的漏斗部,并且扩散到毛囊的深部,严重的毛囊炎症可以向毛囊的深部扩展,最终导致毛囊膨胀破裂从而发生疖病,使毛囊的内容物,包括毛发、毛囊角质层,以及细菌进入真皮层或者皮下组织,进一步引发蜂窝织炎等。

3. 蜂窝织炎

真皮和皮下组织的蜂窝织炎多由周围软组织感染扩散而来。眼观,受影响的皮肤常常表现出肿胀、红斑、发热,最终失去活性并出现蜕皮。某些细菌比如梭状芽孢杆菌会产生难闻的气味,并在皮下组织形成皮下气肿。蜂窝织炎可能会引起发烧和淋巴结肿大。组织病变包含边界不十分清晰的化脓性或肉芽肿性炎症,其中还包含有出血、坏死和血栓的形成,在组织中可见细菌。

(三)结局和对机体的影响

急性皮炎往往由于各种机械性损伤导致,慢性皮炎通常由持续性感染导致,通常与迟发性变态反应和肉芽肿形成(如分枝杆菌)、异物持续存在以及自身抗原引起的自身免疫反应(如红斑狼疮)有关。

(1)痊愈。在病因持续时间短且组织损伤范围小的情况下,皮肤可完全修复。

(2)形成脓肿。在发生化脓性细菌感染时,皮肤炎症发展形成脓肿。

(3)瘢痕形成。发生于较严重的组织损伤,实质性组织破坏且无法再生,由结缔组织增生取代原有真皮层组织结构,形成瘢痕。

(4)急性皮炎转变为慢性皮炎。

二、皮肤真菌感染

(一)概念

皮肤真菌病是由真菌感染动物皮肤、毛发和爪引起的病变,与皮肤真菌感染有关的真菌病原主要包括表皮癣菌属、小孢子菌属和毛癣菌属。

(二)原因

皮肤真菌病(包括一些表层真菌病)主要发生在角化组织,包括毛发、爪和表皮。病变通常发生在角质层，很少在皮肤和皮下出现，但是会引起大面积的组织破坏和宿主的反应。

（三）结局和对机体的影响

皮肤真菌病比其他真菌病更具感染性，在潮湿高温的环境中高发，并且年幼动物比成年动物易感。动物处在拥挤、干燥或潮湿的环境中且营养状况不良时更易感染本病。真菌产物和受损角质细胞释放细胞因子导致表皮畸形（角化过度、角化不全和棘皮症）和表皮炎症。炎症细胞会通过浅表的血管到达病变位置（浅表血管周围炎症），随后通过表皮层（炎症细胞渗出）进入被感染的角化层，形成了角质层内溃疡。炎症细胞渗入毛囊壁和毛囊腔会导致毛囊炎症，如果毛囊壁破裂就会发生疖病。细菌感染会加剧毛囊炎症和疖病。不同患病动物之间眼观和镜检病变均差异巨大，有时可见无症状的感染，有时可以出现大量结节状团块（脓癣），或者是深层的肉芽肿结节性皮炎以及包含大量扭曲菌丝的团块（假足分枝菌病），另外还会出现脚爪脱色、畸形、变脆、折断甚至脱落（甲癣）。

三、皮肤肿瘤

（一）概念

皮肤肿瘤是动物肿瘤中最常见的发病类型。大多数皮肤肿瘤是原发性的，起源于外胚层、中胚层和黑色素层。皮肤良性肿瘤不会转移或侵袭周围临近组织，往往是局限性膨胀性生长、分化良好的肿物，与原有正常组织结构相似。恶性肿瘤则具有侵袭性并常常发生转移，通常可见高度核分裂象或分化程度较低，与原有组织结构和形态差异大。

（二）分类

1. 上皮来源的肿瘤

上皮来源的肿瘤中恶性肿瘤常见于大汗腺肿瘤和表皮鳞状细胞起源，其余上皮来源肿瘤以良性多见。以下是临床常见的三种上皮来源的肿瘤。

（1）鳞状细胞癌。鳞状细胞癌是来源于皮肤表层细胞的恶性肿瘤，常见于多种动物的皮肤和皮肤型黏膜，如口腔、食管等处。鳞状细胞癌恶性程度高，往往生长迅速，破坏范围广，常见沿淋巴组织向周围淋巴结甚至全身转移。眼观肿瘤呈菜花状，最初为皮肤红疹、水肿、结痂和表皮增厚，然后发展为溃疡，溃疡可深达肌肉和骨骼，质地坚硬、无游离性。镜检鳞状细胞癌特征性病变为角化、角化珠形成和细胞间桥等。肿瘤细胞侵入真皮深层，形成数量较多的椭圆形鳞状细胞团巢（癌巢），癌巢中心形成透明的强嗜酸性染色的角化珠结构，核分裂象多见，核仁清晰，在溃疡时可见中性粒细胞浸润。

（2）毛囊囊肿。毛囊囊肿是起源于毛囊结构的囊性非肿瘤性肿物，是皮肤非常常见的赘生物之一。肉眼观察毛囊囊肿通常是单一的、实性结节状肿物，直径 0.2～2 cm，切面呈囊状，囊内容物灰白色或黄色，干酪样。镜检可见毛囊囊肿囊壁为多层鳞状上皮细胞，内容物为薄片状角蛋白、毛发碎片或上皮骤然角化形成的“影细胞”。完整的毛囊囊肿手术切除后预后良好，当发生囊壁破溃时往往引起显著的炎症反应。

(3)皮脂腺肿瘤。指起源于毛囊皮脂腺的肿瘤,绝大多数为良性的皮脂腺腺瘤,由大量增殖的皮脂腺小叶构成。该肿瘤最常见于犬的皮肤,其他种类的动物中少见。常见于头部和背部皮肤。眼观皮脂腺肿瘤多为外生性结节,皮肤脱毛,有的可见色素沉着。镜检可见由表皮与真皮交界处至真皮层或皮下组织内形成多个肿瘤小叶,小叶周围是基底细胞样储备细胞,偶见核分裂象,储备细胞单层至多层,中心逐渐分化成熟呈泡沫状皮脂腺样细胞。良性的皮脂腺腺瘤往往分化良好、有包膜、没有侵袭性,但手术切除不完整容易复发。

恶性皮脂腺癌发病率较低,眼观与皮脂腺腺瘤相似;镜检可见储备细胞增多,分化程度较低、核分裂象多见、有侵袭性生长等特点。

2. 间叶来源的肿瘤

间叶来源的肿瘤是起源于中胚层的肿物,种类较多,形态变化也比较大,以下四种是临床较为常见的间叶来源肿瘤。

(1)纤维瘤。纤维瘤是一种成纤维细胞来源的良性肿瘤,在各种动物中都很常见,尤其是老年动物中,常发生于真皮和皮下组织中。皮肤纤维瘤质地坚实、边界清楚,有游离性,呈圆形或卵圆形隆起的结节。切面呈灰白色,一般为单发。

镜下纤维瘤由成纤维细胞和丰富的胶原纤维组成,与正常的胶原纤维相比,纤维瘤内的胶原纤维排列紊乱,常常呈螺旋状、束状或席纹状排列,成纤维细胞呈纺锤形或梭形,胞浆少,核分裂象少见,生长缓慢,完全切除预后良好。

(2)脂肪瘤。起源于脂肪细胞的良性肿瘤为脂肪瘤。大多数家畜都可发生,全身任何部位的脂肪均可发生,很少发生恶变,常见于肩部、背部和臀部的皮下组织。外观呈扁圆形或分叶状,质地柔软的肿物结节,切面淡黄色,有油腻感。镜下观察,脂肪瘤有包膜,由大量高分化的脂肪细胞组成,中间可见结缔组织束分隔呈分叶状,结缔组织中可能有较多的血管。

(3)肥大细胞瘤。肥大细胞瘤是犬最常见的皮肤肿瘤之一,发病率占所有皮肤肿瘤的16%~21%。生长速度因恶性程度不同而有所区别,恶性的肥大细胞瘤生长迅速,常发生淋巴道转移,大范围切除是治疗肥大细胞瘤的主要治疗方案。犬肥大细胞瘤眼观表现为脱毛、红肿的皮肤结节状肿物。肿瘤质地柔软,切面呈灰白色或灰褐色。肥大细胞瘤可转移到局部淋巴结、肝脏、脾脏或骨髓,最终引起多器官衰竭。有时肿瘤细胞脱颗粒引起组胺或肝素释放而引发显著的皮肤荨麻疹样症状。

(4)恶性黑色素瘤。指起源于黑色素细胞的恶性肿瘤,是犬中较为常见的皮肤恶性肿瘤。恶性黑色素瘤主要发生部位有口腔、唇部、甲床等。眼观,恶性黑色素瘤通常有较深的着色,有时也有无色素性肿瘤。肿瘤通常无游离性,在较大的肿瘤中常见溃疡。镜下观察恶性黑色素瘤肿瘤细胞呈现小的团巢状或片状浸润性生长于表皮下,分化较好的瘤细胞呈梭形、胞浆内可见大量色素颗粒,核分裂象多见,分化程度低的瘤细胞异型性显著,往往色素缺乏。恶性黑色素瘤侵袭性强,可侵入皮下组织和筋膜层,常可经血管转移到肺脏、脑部等。

(三)结局和对机体的影响

皮肤肿瘤性疾病根据其恶性程度不同,对机体的影响也不同。

皮肤良性肿瘤因其分化较成熟,生长缓慢,停留于局部,不浸润不转移,故一般对机体的影响相对较小,主要表现为局部压迫和阻塞症状。良性肿瘤对机体的影响主要与其发生部位和继发变化有关。皮肤良性肿瘤除少数可引起局部症状外，一般对机体无重要影响。

皮肤恶性肿瘤由于分化不成熟，生长较迅速，浸润破坏器官的结构和功能，并可发生转移，因而对机体的影响严重。恶性肿瘤除可引起与上述良性肿瘤相似的局部压迫和阻塞症状外，更易并发溃疡、出血。有时肿瘤产物或合并感染可引起发热。肿瘤压迫、浸润局部神经还可引起顽固性疼痛等症状。恶性肿瘤的晚期，往往发生恶病质而导致死亡。此外，恶性肿瘤的迅速生长，消耗机体大量的营养物质，以及晚期癌瘤引起的疼痛，影响患病动物的进食及睡眠等，也是导致恶病质的重要因素。

◆ 拓展知识

拓展知识一 生殖系统病理

一、子宫内膜炎

1. 病因

动物分娩或产后容易出现感染，全身性感染或局部炎症时（如腹膜炎）经血行、淋巴或蔓延时感染，冲洗子宫时药物刺激和机械损伤可致感染。

2. 类型与病理变化

根据病程和炎症渗出物的性质可将子宫内膜炎分为以下三种类型。

(1)急性卡他性子宫内膜炎。急性卡他性子宫内膜炎是最常见的一种子宫内膜炎，多由产后病原菌经阴道上行感染引起，常以卡他性炎为特点。可从子宫内排出多量混浊的或含有絮状物的黏液。切开子宫时，可见子宫腔内积有数量不等、混浊、黏稠，呈灰白色或因混有血液而呈褐红色的渗出物。子宫内膜出血、水肿，呈弥漫性或局灶性潮红肿胀，其中有散在性出血点和出血斑。

镜检，子宫黏膜固有层毛细血管、小静脉扩张、充血，甚至有小灶出血，有浆液和细胞浸润，表层尤其明显。浸润的细胞主要是中性粒细胞；黏膜上皮变性、坏死，部分剥脱。腺上皮增生，分泌亢进。黏膜面覆盖物由浆液、黏液、中性粒细胞、剥脱的上皮细胞等组成，有时可见少量红细胞。

(2)化脓性子宫内膜炎。化脓性子宫内膜炎是由化脓性细菌感染引起的病变，剖检时可见由于子宫腔内蓄积大量脓液而使子宫腔扩张，子宫体积增大，触摸有波动感。子宫腔内脓液的颜色依感染的化脓性细菌种类不同而有所不同，可呈黄色、黄绿色或红褐色。脓液有时稀薄如水，有时混浊浓稠或呈干酪样。子宫内膜表面粗糙、污秽、无光泽，多被覆一层坏死组织碎屑，并可见到糜烂或溃疡灶。子宫壁的厚度往往与脓液蓄积量有关，大量脓液充满子宫时，子宫扩张，壁变薄；仅有少量脓液时，通常子宫壁厚度正常或稍见肥厚。

镜检，子宫黏膜固有层和黏膜表面有大量中性粒细胞，子宫腺和黏膜上皮细胞变性、坏死、脱落，与坏死崩解的中性粒细胞形成脓液，有时也可见细菌团块。肌层和外膜下充血、水肿，以及中性粒细胞、巨噬细胞和淋巴细胞浸润。

(3)慢性子宫内膜炎。慢性子宫内膜炎多数是由急性子宫内膜炎演变而来的。病变特点是子宫内膜结缔组织增生,浆细胞浸润,腺腔堵塞而致囊肿形成,息肉样增生,内膜上皮脱落和上皮化生为鳞状上皮等。部分病例随着病变的不断发展,子宫内膜结缔组织弥漫性增生,子宫腺体萎缩或消失、增生的结缔组织老化、收缩,子宫内膜变薄,称为慢性萎缩性子宫内膜炎。牛患慢性子宫内膜炎时,子宫内膜坏死处常有钙盐沉着,形成灰白色且硬固的钙化灶。

二、卵巢囊肿

卵巢囊肿是指卵巢的卵泡或黄体内出现液性分泌物积聚,或由其他组织(如子宫内膜)异位性增生而在卵泡中形成的囊泡。卵巢囊肿多发生于牛、猪、马和鸡。

1. 卵泡囊肿

卵泡囊肿是成熟卵泡不破裂或闭锁卵泡持续生长,使卵泡腔内液体蓄积形成的。囊肿呈单发或多发,可见于一侧或两侧卵巢,囊肿大小不等。囊肿壁薄而致密,内含透明液体,其中含有少量白蛋白。卵泡囊肿的组织学变化因囊肿的大小不同而有差异,小囊肿可见退变的粒层细胞和卵泡膜细胞,大囊肿因积液膨胀而囊壁变薄,细胞变为扁平甚至消失,只残留一层纤维组织膜。

2. 黄体囊肿

正常黄体为囊状结构,若囊状黄体持续存在或生长,或黄体含血量较多,血液被吸收后,均可导致黄体囊肿。黄体囊肿多为单侧性,呈黄色,核桃大至拳头大,囊内容物为透明液体。镜检可见黄体囊肿的囊壁是由15～20层来自颗粒层的黄体细胞构成的。黄体细胞大,呈圆形或多角形,内含大量脂质和黄色素,这些细胞构成一条宽的细胞带,外围主要是结缔组织。当黄体囊肿为两侧性时,常表现为多发性小囊肿。

三、卵泡及输卵管病变

卵泡及输卵管病变是鸡,特别是产蛋鸡的一种常见病,临床上以卵巢、输卵管、腹膜发炎为特征,严重时卵泡变形、充血、出血,呈红褐色或灰褐色,甚至破裂,破裂后腹腔中的蛋黄液味恶臭,有时卵泡皱缩,形状不整齐,呈金黄色或褐色,无光泽;病程稍长时,肠道粘连,输卵管有黄白色干酪样物。

1. 病因

致病因素较多,如鸡舍环境恶劣、潮湿、舍内通风不良、氨气、二氧化碳、二氧化硫等有害气体浓度过高、密度过大;常见的病毒性传染病,如新城疫、病毒性感冒、肾型传染性支气管炎和传染性喉气管炎;细菌性传染病如成年产蛋鸡的大肠杆菌、沙门菌病等,均可引起鸡卵泡及输卵管病变。

2. 主要病理变化

产蛋鸡产蛋出现异常,有明显的产蛋率下降,产出薄壳蛋、软壳蛋、沙皮蛋、畸形蛋、白皮蛋、小型蛋等的比例升高,鸡的繁殖机能明显下降。病理剖检变化主要是卵泡变性、变形、充血、出血、坏死破裂或萎缩;输卵管水肿、变粗,内有大量分泌物,腹膜发炎、充血、混浊,严重的卵泡掉入腹腔,形成卵黄性腹膜炎,肠道与腹膜发生粘连或腹腔肠道、脏器发生粘连;腹腔积有混浊液体,恶臭或有黄白色干酪样物质。当表现卵黄性腹膜炎时,输卵管壁会变薄,内有异形的蛋样物，表面不光滑，切面呈轮层状。

四、乳腺炎

（一）原因

大多数乳腺炎是由病原微生物感染所致的。引起乳腺炎的主要病原菌是链球菌，其次为葡萄球菌、化脓棒状杆菌、大肠杆菌、坏死杆菌等，结核分枝杆菌、放线菌、布鲁氏菌及口蹄疫病毒等也可引起乳腺炎。病原体可通过3个途径进入乳腺而引起乳腺炎：①通过乳头输乳管孔进入乳腺，这是主要的感染途径。②通过损伤的乳房皮肤由淋巴道侵入乳腺。③经血液循环侵入乳腺。另外，多种诱因可促进乳腺炎的发生，如乳腺受到机械性损伤可为病原菌的入侵创造条件。乳汁在乳腺内停滞时间过长可使微生物在乳汁内大量繁殖，饲养场地环境卫生差、饲养管理不当等，均可促进乳腺炎的发生。

（二）类型

1. 急性弥漫性乳腺炎

发炎的乳腺肿大、坚硬。用刀易于切开；乳房的切面因炎性渗出物的性质不同而呈现不同的病理变化，浆液性乳腺炎时乳腺切面湿润，有光泽，颜色稍苍白，乳腺小叶呈灰黄色。镜检，乳腺腔内有少量白细胞和剥脱的腺上皮，小叶及腺泡间结缔组织呈现明显的水肿。卡他性乳腺炎时乳腺的切面稍干燥，因乳腺小叶肿大，切面呈淡黄色颗粒状，压之则流出混浊的液体，镜检见腺泡内有多量白细胞和剥脱的腺上皮细胞，间质具有明显的水肿，并有白细胞及巨噬细胞浸润。出血性乳腺炎病理变化表现为乳腺切面光滑，呈暗红色。有的乳管内有白色或黄白色的栓子，乳池的黏膜充血、肿胀、出血，黏膜上皮损伤，并有纤维蛋白及脓汁渗出。乳腺淋巴结（腹股沟浅淋巴结）肿大，切面呈灰白色髓样肿胀。

2. 慢性弥漫性乳腺炎

慢性弥漫性乳腺炎除由急性炎症转化而来外，多由无乳链球菌和乳腺炎链球菌引起。眼观，病变常侵害一个乳叶，且常发生于后侧乳叶。初期病变以卡他性或化脓性炎症为特征，可见病变乳叶肿大、硬实，容易切开，切面呈白色或灰白色。乳池和输乳管扩张，其内充满黄褐色或黄绿色的脓样液体。乳池和输乳管黏膜充血，呈颗粒状结构。随后，病变由初期的卡他性化脓性炎症逐渐发展为慢性增生性炎症，间质内结缔组织显著增生，乳腺组织逐渐减少。继而因结缔组织纤维化收缩，病变部乳腺萎缩和硬化，乳腺淋巴结显著肿胀。镜检，乳腺腺泡缩小，腺泡腔内的炎性渗出物中混有多量中性粒细胞和脱落的上皮细胞。输乳管周围淋巴细胞和浆细胞浸润，结缔组织增生，乳腺组织萎缩。

五、睾丸炎

（一）原因

细菌或病毒经血源扩散引起感染或由外伤导致。尿道、生殖道有病原体感染时，可发生逆行感染，此时往往先引起附睾炎，然后波及睾丸。

(二)类型

1. 急性睾丸炎

急性睾丸炎往往引起睾丸充血,使睾丸变红肿胀,白膜紧张变硬。切面湿润隆突,常见有大小不等的坏死病灶。当炎症波及白膜时,可继发急性鞘膜炎,引起阴囊积液。急性睾丸炎的病原常是化脓菌。因此睾丸切面常分散有大小不等的灰黄色化脓灶。

2. 慢性睾丸炎

慢性睾丸炎多由急性炎症转化而来。慢性睾丸炎病程长,常表现为间质结缔组织增生和纤维化,睾丸体积变小,质地变硬,被膜增厚,切面干燥。伴有鞘膜炎时,因机化使鞘膜脏层和壁层粘连,以致睾丸被固定,不能移动。

3. 特异性睾丸炎

特异性睾丸炎是由特定病原菌(如结核分枝杆菌、布鲁氏菌、鼻疽杆菌)引起的睾丸炎,病原多来自血源散播,病程多为慢性经过。

六、隐睾

(一)原因

大多数哺乳动物在出生时睾丸下降到阴囊中,由于睾丸下降不完全,单侧或双侧睾丸未下降到阴囊称为隐睾。

附睾发育异常、睾丸发育异常或睾丸在从腹股沟管至阴囊迁移的过程中出现异常,均可导致隐睾发生。

(二)病理变化

眼观,隐睾发生时可见阴囊内睾丸缺失,由于隐睾在腹腔内温度高于最适温度,睾丸通常发生萎缩、体积小、质地硬。

镜检,间质胶原纤维沉积,管腔膜透明增厚,睾丸生精上皮细胞变性坏死,睾丸纤维化。可见睾丸被膜完整,整体结构正常,可见由纤细的结缔组织分隔的大量生精小管。曲细精管内间质可见单层细胞围绕,细胞变性萎缩,未见精原细胞和精子生成。可见成熟的间质细胞团,局部出血(彩图12-98)。

七、睾丸肿瘤

(一)原因

睾丸肿瘤是指起源于睾丸组织的肿瘤。睾丸肿瘤常发生于隐睾患畜,临床常见种类包括睾丸支持细胞瘤、睾丸间质细胞瘤和精原细胞瘤。

(二)类型

1. 睾丸支持细胞瘤

睾丸支持细胞瘤是指来源于生精小管支持细胞的肿瘤。常见于患隐睾的犬、马、羊、猫。

老年动物相对高发。患睾丸支持细胞瘤的动物有20%～30%表现出雌性化特征，如乳腺发育、对侧睾丸萎缩。此外，可见前列腺鳞状化生、身体两侧对称性脱毛和骨髓抑制引起的贫血、白细胞减少、血小板减少现象。肿物坚实，肿瘤体积增大，使睾丸组织扭曲变形。

被膜下部分曲细精管内，可见精原细胞增生和凋亡，管腔内未见精子生成过程和成熟的精子细胞。睾丸大部分为结缔组织包裹，管腔结构较小，偶见极少量的精原细胞，大部分为高柱状或拉长的支持细胞。细胞核呈椭圆形，细胞界限不清，栅栏样排列于导管内。周围纤维结缔组织丰富、嗜酸性强（彩图12-99）。

2. 睾丸间质细胞瘤

睾丸间质细胞瘤多发生于中年至老年犬，也可见于牛、马和猫。正常睾丸和隐睾均可发生，但更高发于隐睾中。通常没有明显的临床症状，肿瘤直径1～2 cm，与周围正常睾丸组织界限明显，一般呈囊状瘤，囊内可见无色液体。镜下观察，瘤细胞成巢状、片状或索状排列，圆形至多角形，胞浆丰富，嗜酸性染色，富含颗粒或空泡。可见曲细精管结构消失，内部为由结缔组织分隔的小叶状肿物。细胞量大，排列呈巢状，大量血管形成窦状腔隙。高倍镜下，细胞呈圆形至多边形，细胞质丰富、嗜酸性、细颗粒状或泡沫状（彩图12-100）。

3. 精原细胞瘤

精原细胞瘤是犬最常见的睾丸恶性肿瘤之一，老年犬易发，隐睾是高发原因。具有向血管和周围组织浸润的特征时是恶性的标志。可能向局部淋巴结和其他器官转移。

眼观精原细胞瘤通常表现为睾丸肿大、实性、切面淡黄色。镜检可根据组织学将其分为管内型和弥散型。管内型，表现为曲细精管内充满瘤细胞，占据替代原有各级精原细胞和支持细胞。瘤细胞体积大，核分裂象多见。弥散型，瘤细胞不局限于曲细精管内，呈片状、索状分布（彩图12-101）。曲细精管不可见。大量弥散性圆形细胞占据睾丸原有结构，精原细胞呈圆形或多边形，边界较清晰。细胞核呈圆形或椭圆形，有明显的核仁，核分裂象多见。细胞质嗜酸性、较丰富。

拓展知识二　脑炎及脑软化

一、脑炎

（一）基本概念

1. 卫星现象和噬神经细胞现象

在神经细胞变性时，增生的小胶质细胞围绕在变性的神经细胞周围，围绕的小胶质细胞一般有3～5个，这种现象称为卫星现象。这是小胶质细胞企图处理变性的或正在死亡的神经细胞残体的一种表现。神经细胞坏死后，小胶质细胞进入细胞内，吞噬神经细胞残体，这种现象称为噬神经细胞现象。

2. 血管周围管套（血管套）

在脑组织受到损伤时，血管周围间隙中出现围管性细胞浸润（炎性反应细胞），环绕血管如“袖套”，称为管套形成。血管套的细胞成分与病因有一定关系。链球菌感染时，以中性粒细胞为主;李斯特菌感染时,以单核细胞为主;病毒性感染时,以淋巴细胞和浆细胞为主;食盐中毒时,以嗜酸性粒细胞为主。血管套的厚薄与浸润细胞的数量有关,有的只有一层细胞,有的可达几层或几十层细胞。血管套形成通常是机体在某种病原作用下出现的一种抗损伤反应。

(二)脑炎类型

1. 化脓性脑炎

化脓性脑炎是指脑组织由于化脓菌(如葡萄球菌、链球菌、棒状杆菌、李斯特菌、巴氏杆菌、大肠杆菌等)感染所引起的以大量中性粒细胞渗出,同时伴有局部组织液化性坏死和脓汁形成为特征的炎症过程。

眼观,化脓性脑炎在脑组织中形成大小不等的脓肿,单发或多发,但很少出现大范围的化脓性浸润。

镜检,脑组织内形成微小的局灶性化脓灶,其中浸润大量中性粒细胞和脓球。毛细血管周围可由单核细胞和中性粒细胞形成血管套(彩图12-102、彩图12-103)。陈旧的脓肿灶周围由神经胶质细胞及结缔组织增生形成包囊。

2. 非化脓性脑炎

非化脓性脑炎是动物脑炎中常见的一种,炎症过程中无大量中性粒细胞浸润,即使有少量中性粒细胞也不会引起脑组织的脓性溶解,而是以脑组织神经细胞变性、坏死,脑血管周围间隙有数量不等的炎性细胞(淋巴细胞、浆细胞或嗜酸性粒细胞)浸润,构成"袖套"的现象为特征。根据发生原因和病理变化特点的不同分为以下两种:

(1)病毒性脑炎。为典型的非化脓性脑炎,病变主要在脑脊髓实质,脑脊髓膜变化轻微。常见于动物的乙型脑炎、狂犬病、伪狂犬病、猪瘟、犬瘟热、鸡新城疫、禽脑脊髓炎等。

眼观,软脑膜及脑实质充血、水肿,脑回变短、变宽,脑沟变浅,切面充血、水肿,严重者可见点状出血及粟粒至米粒大小的软化灶,软化灶可以散在或聚集成群。

镜检,脑血管扩张充血,血管内皮细胞肿胀,血管周围有淋巴细胞、单核细胞等构成"袖套";神经细胞变性、坏死。小胶质细胞增生,出现卫星现象和噬神经细胞现象。变性、坏死的神经元被吞噬后,常为增生的胶质细胞所取代,形成胶质细胞结节;如狂犬病时脑神经细胞细胞质内见有呈圆形或椭圆形包涵体,这是诊断狂犬病的重要依据。

(2)嗜酸性粒细胞性脑炎。由食盐中毒引起的以嗜酸性粒细胞渗出为主的脑炎。本型脑炎多发于鸡、猪,主要由摄入盐过多而饮水受到限制引起。

眼观,软脑膜充血,脑回变平,脑实质有小出血点,其他病变不明显。

镜检,可见大脑软脑膜充血、水肿,有时出血。脑膜及灰质内血管周围有嗜酸性粒细胞构成的血管套,多者可达十几层。

二、脑软化

脑软化是指脑组织坏死后分解液化的过程。因为脑组织富含类脂质和水分,而类脂质对凝固酶有抑制作用,因此脑组织坏死后不易凝固,很快发生液化,变成乳糜状,即形成脑软化。引起脑软化的病因很多,如细菌、病毒等病原微生物感染,维生素缺乏,缺氧等。由于病因不同,脑软化形成的部位、大小及数量具有某些特异性。

(一)雏鸡脑软化

雏鸡脑软化又称疯狂病，由维生素 E 或微量元素硒缺乏引起。维生素 E 缺乏还可引起雏鸡的渗出性素质和肌肉萎缩。雏鸡脑软化通常发生于 15～30 日龄，特征为病鸡运动失调、角弓反张，头后仰或向下收缩，有的头颈扭转或向前冲，运动吃力，少数鸡腿发生痉挛性抽搐，最终导致完全衰竭而死亡。

眼观，在发病初期，病鸡小脑脑膜水肿充血，甚至有出血点。脑实质肿胀柔软，脑回平坦。病程稍长的病例，在小脑可见绿黄色混浊的软化灶，与周围脑组织有明显的界限。纹状体的坏死灶呈苍白色，界限明显。

镜检，脑膜血管充血，脑膜疏松水肿，出现小灶状出血，毛细血管内形成血栓。小脑白质和脊髓神经束出现局灶性或弥漫性脱髓鞘现象，神经细胞变性，核皱缩成三角形，浦肯野细胞和大运动核的神经元病变更显著。

(二)牛海绵状脑病

牛海绵状脑病，又称疯牛病，是由朊病毒引起的一种具有传染性的人兽共患病。

眼观，该病病理变化主要发生在中枢神经系统，眼观无明显变化。

镜检，见脑干灰质两侧对称性变性。在脑干的某些神经核的神经元和神经纤维网中散在分布有中等大小呈卵圆形或圆形的空泡，在其神经细胞核周围和轴突内含有大空泡，大空泡一个或多个，有时明显扩大致使细胞体呈气球样，使局部呈海绵状结构。神经元变性及丧失使神经元数目减少，神经胶质增生、胶质细胞肥大。

拓展知识三　肌肉、骨、关节病理

一、白肌病

(一)原因和发生机理

饲料中维生素 E 和硒的长期缺乏或减少是白肌病的病因。本病主要发生于幼年动物，肌肉病变可见于刚出生的犊牛和羔羊，20 日龄左右的仔猪。由于我国很多地区为缺硒区，本病在我国的一些地区呈地方流行性，并造成了一定的经济损失。

维生素 E 是一种重要的脂溶性维生素，在青草等嫩绿食物和糟粕、麦子、麸皮等中含量较多，但它在空气和光照条件下易被氧化破坏。植物性饲料中硒含量与土壤、水中水溶性硒含量关系密切，用酸性的低硒土壤生产的饲料喂家畜、家禽，容易引起硒缺乏。维生素 E 及微量元素硒都是动物体内的抗氧化剂，在保护细胞膜不受损害上有重要的作用。缺乏维生素 E 及硒时，细胞或亚细胞结构的脂质膜被破坏，机体在代谢中产生的内源性过氧化物引起细胞变性、坏死，从而发生白肌样病变，色泽变淡似煮肉样。

(二)病理变化

眼观，白肌病病变常发生于股二头肌、背最长肌、臂三头肌及心肌等。轻症者，病变肌肉出现灰白色条纹或斑块;严重者,整个肌肉呈灰红或灰白色,失去光泽,干燥。病变部分常发生钙化,呈白垩斑块。当心脏受到严重损害时,可见肺水肿及胸腔积液。

镜检,肌纤维肿胀、断裂、溶解,横纹不清或消失,细胞核浓缩、碎裂或溶解。肌间质增宽、水肿,有炎性细胞如中性粒细胞、巨噬细胞、淋巴细胞浸润,结缔组织明显增生。

二、佝偻病和骨软化症

(一)原因和发生机理

佝偻病和骨软化症是钙、磷代谢障碍或维生素 D 缺乏造成的,是以骨基质钙化不良为特征的代谢性骨病。幼龄动物骨基质钙化不良时引起长骨软化变形、弯曲,骨端膨大等称为佝偻病,成年动物由于钙、磷代谢障碍,使已沉积在骨中的钙盐动员出来,以致钙盐被吸收,骨质变软,称为骨软化症。佝偻病、骨软化症本质是骨组织内钙盐(碳酸钙、磷酸钙)的含量减少。

发病原因有饲料中钙、磷不足或比例不当,维生素 D 缺乏或不足,肝、肾病变,消化机能紊乱以及光照不足等。

维生素 D 属脂溶性维生素,维生素 D 可促进小肠对钙、磷的吸收及肾小管对钙、磷的重吸收,调节血液中钙、磷的比例,有利于钙盐(主要是磷酸钙)在骨基质中沉着。当维生素 D 缺乏时,特别是饲料中钙、磷比例不平衡的情况下,会导致钙、磷代谢紊乱,使骨基质不能完全钙化而发生佝偻病或骨软化症。

(二)病理变化

眼观,四肢长管状骨因负重弯曲变形,骨端膨大,关节相应膨大,骨骼硬度降低,容易切割。在肋骨和肋软骨结合部呈结节状隆起,形成串珠状结构,称为“佝偻珠”。胸廓狭小,脊柱弯曲,患畜出牙不规则,磨损迅速,牙齿排列紊乱。

镜检,骨骺软骨细胞肥大,并在局部大量堆积,使软骨带加宽,且软骨细胞突向骨干侧,呈岛屿状或舌状生长,因此,骨骺线变宽且不齐。其他部位骨内膜和骨外膜也见有大量未钙化的骨样组织,软骨细胞增多。发生骨软化症时,已形成的骨组织脱钙而形成大小不等、形态各异的陷窝,使骨组织失去正常的结构。

三、关节炎

(一)原因和发生机理

关节炎是指关节的炎症过程。引起关节炎的原因主要是创伤和感染,其次是变态反应、自身免疫性疾病和机械性刺激等。

(二)病理变化

关节病变肿胀,关节囊紧张,关节腔内积聚有浆液性、纤维素或化脓性渗出物。滑膜充血,增厚。患关节炎的畜禽临床表现为患部关节肿胀、发热、疼痛和跛行。

思维导图

项目十二　主要器官病理
拓展知识
生殖系统病理
子宫内膜炎
卵巢囊肿
卵泡囊肿
黄体囊肿
卵泡及输卵管病变
乳腺炎
睾丸炎
隐睾
睾丸肿瘤
脑炎及脑软化
脑炎
脑软化
肌肉、骨、关节病理
白肌病
佝偻病和骨软化症
关节炎
皮肤常见病理
皮肤常见病变观察
皮肤常见病理
皮肤细菌感染
脓皮病
细菌性毛囊炎和疖病
蜂窝织炎
皮肤真菌感染
皮肤肿瘤
免疫器官常见病理
免疫器官常见病变观察
脾的病变观察
淋巴结病变观察
法氏囊病变观察
免疫器官常见病理
脾炎
淋巴结炎
法氏囊炎
肾脏病理
肾脏病变观察
肾炎
肾小球性肾炎
间质性肾炎
化脓性肾炎
肾病
坏死性肾病（急性肾病）
淀粉样肾病（慢性肾病）
肾脏病理
肾炎
肾小球性肾炎
间质性肾炎
化脓性肾炎
肾病
以肾小管上皮细胞变性、坏死为主而无炎症变化的疾病
心脏病理
心脏病理变化观察
心包炎
心肌炎
心内膜炎
病理组织切片
心脏病理
心包炎
原因
结局和对机体的影响
心肌炎
原因
结局和对机体的影响
心内膜炎
原因
结局和对机体的影响
肺脏病理
肺脏病变观察
支气管肺炎
纤维素性肺炎
间质性肺炎
肺气肿
肺萎陷
肺脏病理
支气管肺炎
纤维素性肺炎
间质性肺炎
肺气肿
肺萎陷
肝脏病理
肝脏病变观察
肝炎病变观察
细菌性肝炎
病毒性肝炎
寄生虫性肝炎
霉菌性肝炎
肝硬化的病变观察
肝脏病理
肝炎
概念
某些致病因素作用于肝，使肝发生以肝细胞变性、坏死和间质增生为主要特征的一种炎症过程
原因
传染性肝炎
中毒性肝炎
肝硬化
概念
各种原因引起肝细胞严重变性、坏死，继而肝细胞再生形成结节和间质结缔组织广泛增生，使肝小叶正常结构受到严重破坏，肝变形和变硬
原因
门静脉性肝硬化
坏死后肝硬化
淤血性肝硬化
寄生虫性肝硬化
胆汁性肝硬化
结局和对机体的影响
门静脉高压
肝功能障碍
胃肠病理
胃肠的病变观察
胃炎病变观察
肠炎病变观察
胃肠病理
胃炎
概念
胃壁的炎症，按病程可分为急性胃炎和慢性胃炎
急性胃炎
急性卡他性胃炎
急性出血性胃炎
坏死性胃炎
慢性胃炎
结局和对机体的影响
急性胃炎会引起动物消化不良、食欲减退、机体消瘦、呕吐等症状，慢性胃炎会引起胃黏膜增生，影响消化功能
肠炎
概念
肠管的炎症称为肠炎
急性肠炎
急性卡他性肠炎
出血性肠炎
化脓性肠炎
纤维素性肠炎
慢性肠炎
结局和对机体的影响
急性肠炎在病因消除后可恢复正常，若病因持续存在，则可转为慢性，并以结缔组织增生肠壁变厚、后期变薄为结局。引起机体腹泻和消化不良，强烈的腹泻还会导致机体脱水和酸中毒，严重的还会导致自身中毒最后死亡

思政园地

兽医经典——《元亨疗马集》

兽医经典《元亨疗马集》是祖国兽医学宝库中内容最丰富、流传最广的一部兽医经典著作。清代俗称“牛马经”,原系明代喻本元、喻本亨兄弟所著,距今已有400多年。作者两人都是当时的名兽医,精通业务,文化水平较高。此书问世后,成为当时一部总结性的兽医经典,明、清两代不断翻刊,并流传到日本、朝鲜、越南以及欧美各国,对中国和世界兽医学的发展均有较大的影响。

其编撰体例是各种病症大都有“论”说明病因,有“因”表示症状,有“方”说明针灸法、外治法、内服药方等治疗方法。然后将主要内容编成歌诀便于群众记诵。该书问世后,成为兽医经典,其他同类著作在很大程度上被取代了,多年来一直被作为民间兽医传习的范本。

复习思考题

一、名词解释

心包炎　绒毛心　支气管肺炎　纤维素性肺炎　肺肝变　肺肉变　间质性肺炎　肝炎　肝硬化　卡他性胃肠炎　坏死性胃炎　化脓性肾炎　间质性肾炎　肾病　肺肉变　卫星现象　噬神经细胞现象　血管套

二、填空题

1. 根据病理变化,心脏的主要病变类型有__________、__________、__________。
2. 根据病理变化,肺的主要病变类型有__________、__________、__________。
3. 根据病理变化,肝的主要病变类型有__________、__________、__________。
4. 根据病理变化,急性胃炎的主要病变类型有__________、__________、__________。
5. 根据病理变化,急性肠炎的主要病变类型有__________、__________、__________、__________、__________。
6. 根据病理变化,肾炎的主要病变类型有__________、__________、__________。
7. 根据病理变化,脾的主要病变类型有__________、__________、__________、__________。
8. 根据病理变化,急性淋巴结的主要病变类型有__________、__________、__________、__________。

三、选择题

1.“绒毛心”的病理本质是(　　)。

A. 心脏上长了绒毛　B. 浆液性炎　C. 纤维素性炎　D. 心肌发炎

2. 牛采食铁钉、铁丝后可发生(　　)。

A. 创伤性心包炎　B. 胃肠炎　C. 淋巴结炎　D. 肾炎

3.“虎斑心”的病理本质是心肌的(　　)。

A. 化脓性炎　B. 变质性炎　C. 纤维素性炎　D. 间质性炎

4. 肝硬化的眼观病变为(　　)。
A. 肝脏体积增大　　B. 槟榔肝
C. 纤维素性炎　　D. 肝表面不平整,有颗粒样结节
5.“大红肾”的病理本质是(　　)。
A. 间质性肾炎　　B. 化脓性肾炎
C. 急性肾小球性肾炎　　D. 肾病
6. 急性卡他性肠炎的主要病变表现为(　　)。
A. 肠道出血　　B. 肠道化脓
C. 肠黏膜纤维素性渗出　　D. 肠黏膜有大量黏液
7. 大叶性肺炎最常见的炎症类型是(　　)。
A. 纤维素性炎　　B. 出血性炎　　C. 增生性炎　　D. 卡他性炎
8. 肺肝变是指肺发生(　　)。
A. 化脓性炎　　B. 间质性肺炎　　C. 纤维素性炎　　D. 出血性炎
9. 肺肉变是指肺发生(　　)。
A. 机化　　B. 分化　　C. 萎缩　　D. 气肿
10.“皱缩肾”或“固缩肾”是(　　)的特点。
A. 出血性肾小球肾炎　　B. 肾盂肾炎
C. 慢性硬化性肾小球肾炎　　D. 化脓性肾炎
11.“白斑肾”是指肾发生(　　)。
A. 出血性肾小球肾炎　　B. 间质性肾炎
C. 增生性肾小球肾炎　　D. 化脓性肾炎
12. 肝硬化的后期组织学病变特点是(　　)。<2009>
A. 肝水肿　　B. 肝窦扩张、淤血
C. 肝细胞大量坏死　　D. 假小叶生成和纤维化
E. 胆管上皮呈乳头状增生
13. 发生急性猪丹毒时,脾脏的病变是(　　)。<2009>
A. 急性脾炎　　B. 慢性脾炎　　C. 化脓性脾炎
D. 坏死性脾炎　　E. 出血性梗死

(14～15 题共用备选答案)<2009>
A. 链球菌　　B. 猪瘟病毒　　C. 食盐中毒
D. 维生素 D 缺乏　　E. 维生素 E-硒缺乏
14. 引起鸡小脑软化的病因是(　　)。
15. 引起猪化脓性脑炎的病因是(　　)。
16. 支气管肺炎的始发病灶位于(　　)。<2010>
A. 肺大叶　　B. 肺泡壁　　C. 肺小叶间质
D. 支气管周围　　E. 细支气管或肺小叶
17. 肝硬化时,肝脏变硬的主要原因是(　　)。<2011>
A. 大量假小叶形成　　B. 肝脏出血、水肿
C. 大量炎性细胞浸润　　D. 肝细胞大量坏死消亡

E. 间质结缔组织大量增生

18. 急性肾功能不全时,钾钠代谢的特点是(　　)。＜2011＞

A. 高钾低钠血症　　B. 高钾高钠血症　　C. 低钾低钠血症

D. 低钾高钠血症　　E. 血液钾钠正常

(19～20 题共用备选答案)＜2011＞

A. 大白肾　　B. 大红肾　　C. 皱缩肾

D. 白斑肾　　E. 蚤咬肾

19. 膜性肾小球肾炎初期的眼观病变呈(　　)。

20. 间质性肾炎后期的眼观病变呈(　　)。

(21～23 题共用题干)＜2011＞

一群雏鸡发病,表现为贫血,运动障碍,姿势异常,腹下浮肿呈紫色,有的雏鸡突然死亡,对饲料分析发现其中维生素 E 含量过低。

21. 病理剖检,该病鸡脑部病变主要发生的部位是(　　)。

A. 大脑　　B. 小脑　　C. 延髓

D. 中脑　　E. 间脑

22. 病鸡脑组织病理学检查,其病灶的主要病变为(　　)。

A. 神经元变性　　B. 化脓性脑炎　　C. 凝固性坏死

D. 液化性坏死　　E. 非化脓性脑炎

23. 引发病鸡脑组织损伤的主要机制是致病因子降低了雏鸡的(　　)。

A. 免疫功能　　B. 抗应激能力　　C. 抗氧化能力

D. 脑组织的再生能力 E. 单核巨噬细胞的吞噬功能

(13～14 题共用备选答案) ＜2012＞

A. 淋巴细胞　　B. 中性粒细胞　　C. 嗜酸性粒细胞

D. 嗜碱性粒细胞　　E. 单核细胞

24. 鸡感染了新城疫病毒,临床见有观星姿势,组织病理学观察见有非化脓性脑炎,脑血管周围有大量炎性细胞浸润。该病灶中渗出的主要炎性细胞种类为(　　)。

25. 犊牛感染了化脓棒状杆菌,剖检见肾脏有明显的化脓灶,组织病理学观察见病灶局部有大量的炎性细胞浸润。该病灶中渗出的主要炎性细胞种类为(　　)。

(26～28 题共用题干)＜2012＞

某牛场成年牛突然发病,症见高热,呼吸困难,听诊有明显的啰音,叩诊有大面积浊音区,X 射线检查可见肺部呈现大面积的渗出性阴影。死后剖检可见肺肿大,暗红色,质地坚实如肝脏,病变肺组织切块可沉入水底。

26. 该牛肺的病变为(　　)。

A. 过敏性肺炎　　B. 小叶性肺炎　　C. 大叶性肺炎

D. 真菌性肺炎　　E. 间质性肺炎

27. 该肺炎的病变处于(　　)。

A. 充血期　　B. 红色肝变期　　C. 灰色肝变期

D. 水肿期　　E. 消散期

28. 如果病情进一步发展，该肺的病变会呈现(　　)。

A. 充血明显，肺泡内充满大量网状物　B. 充血消失，肺泡内见少量网状物

C. 充血消失，肺泡内充满大量网状物　D. 水肿明显，肺泡内见少量均质红染物

E. 出血明显，肺泡内充满大量网状物

29. 引起小叶性肺炎的常见原因是(　　)。<2013>

A. 细菌　B. 病毒　C. 毒物

D. 缺氧　E. 营养缺乏

30. 铁钉等尖锐物被牛误吞入胃内易引起(　　)。<2013>

A. 瘤胃炎　B. 瓣胃炎　C. 肠炎

D. 皱胃炎　E. 网胃炎

31."白斑肾"见于(　　)。<2013>

A. 急性肾小球肾炎　B. 膜性肾小球肾炎

C. 化脓性肾炎　D. 亚急性肾小球肾炎

E. 间质性肾炎

(32～33 题共用备选答案)<2013>

A. 化脓性心肌炎　B. 间质性心肌炎

C. 实质性心肌炎　D. 中毒性心肌炎

E. 免疫反应性心肌炎

32. 仔猪发生口蹄疫时，心脏常常呈现"虎斑心"外观，镜下见心肌细胞脂肪变性，肌纤维断裂崩解，间质中见淋巴细胞，巨噬细胞等浸润。此病变为(　　)。

33. 牛创伤性网胃心包炎时，引起心肌发炎，眼观心脏表面有大小不一的化脓灶，心肌上有坏死、液化和大量中性粒细胞碎片，病灶周围血管扩张、充血、大量反应带。此病变为(　　)。

(34～36 题共用题干)<2013>

某鸡场发生大量雏鸡死亡，剖检病死雏鸡见小脑肿胀，质地变软，软脑膜充血，镜下出现大小不一的坏死灶。

34. 发生的疾病最可能是(　　)。

A. 维生素 A 缺乏症　B. 维生素 B_{12} 缺乏症

C. 维生素 C 缺乏症　D. 维生素 D 缺乏症

E. 维生素 E-硒缺乏症

35. 病鸡脑组织病变的机制是(　　)。

A. 缺血性坏死　B. 干酪样坏死　C. 蜡样坏死

D. 液化性坏死　E. 湿性坏死

36. 引起雏鸡脑病变的机制是(　　)。

A. 氧化磷酸化过程障碍　B. 抗氧化功能障碍

C. 突触传递障碍　D. 神经递质生成障碍

E. 离子通道障碍

(37～39 题共用题干)<2014>

某鸡场，雏鸡发病，头颈震颤，共济失调，镜下见脑神经变性坏死，有噬神经元和血管套形成，胶质细胞增多。

37. 病雏脑部病变是(　　)。
A. 脑软化　B. 化脓性脑炎　C. 化脓性脑膜炎
D. 化脓性脑膜脑炎　E. 非化脓性脑炎
38. 脑部形成血管套细胞是(　　)。
A. 中性粒细胞　B. 淋巴细胞　C. 嗜酸性粒细胞
D. 嗜碱性粒细胞　E. 巨噬细胞
39. 脑部增生的胶质细胞是(　　)。
A. 星形胶质细胞　B. 室管膜细胞　C. 少突胶质细胞
D. 小胶质细胞　E. 施万细胞
40. 原发性肾小球肾炎的发病机制是(　　)。<2015>
A. 内源性毒物质损伤　B. 外源性毒物质损伤
C. 应激反应　D. 缺血损伤
E. 变态反应
(41～43 题共用题干)<2015>
家兔,出现神经症状,血液学检查见单核细胞数量明显增多。剖检见肝脏表面有坏死灶,脑内有细小化脓灶。脑组织切片检查见血管套现象。
41. 该病原可能是(　　)。
A. 巴氏杆菌　B. 李斯特菌　C. 布鲁氏菌
D. 大肠杆菌　E. 链球菌
42. 为确诊,需进一步检查的项目是(　　)。
A. 血常规检查　B. 尿常规检查　C. 抗体检查
D. 细胞培养　E. 病原分离鉴定
43. 病兔的脑炎病灶中,形成血管套的主要炎性细胞是(　　)。
A. 嗜酸性粒细胞　B. 中性粒细胞　C. 单核细胞
D. 淋巴细胞　E. 浆细胞
(44～46 题共用备选答案)<2016>
A. 浆液性淋巴结炎　B. 出血性淋巴结炎
C. 化脓性淋巴结炎　D. 坏死性淋巴结炎
E. 增生性淋巴结炎
44. 牛放线菌病下颌淋巴结的病变是(　　)。
45. 急性猪瘟患病猪淋巴结的主要病变是(　　)。
46. 副结核病患牛淋巴结的主要病变为(　　)。
(47～49 题共用题干) <2016>
剖检病死猪,见心脏三尖瓣上附着有淡黄色、干燥、坚实、表面粗糙的灰白色菜花状赘生物。
47. 引起此病变的主要病原是(　　)。
A. 毒力较弱的病毒　B. 毒力较强的病毒
C. 毒力较弱的细菌　D. 毒力较强的细菌
E. 寄生虫

48. 组织切片检查，渗出的主要炎性细胞是（ ）。<2016>

A. 淋巴细胞 B. 中性粒细胞 C. 嗜酸性粒细胞

D. 嗜碱性粒细胞 E. 上皮样细胞

49. 该赘生物脱落形成栓子，最可能栓塞的器官是（ ）。<2016>

A. 肝 B. 脾 C. 肺

D. 脑 E. 肾

（50～52 题共用备选答案）<2017>

A. 浆液性淋巴结炎 B. 出血性淋巴结炎 C. 坏死性淋巴结炎

D. 化脓性淋巴结炎 E. 增生性淋巴结炎

50. 剖检猪瘟病死猪，见淋巴结肿大，周边呈暗红色或黑红色，切面隆突，湿润，呈“大理石”样外观，此病变为（ ）。

51. 剖检一副结核病死牛，见淋巴结肿大，呈灰白色髓样外观，质地稍硬实。此病变为（ ）。

52. 马腺疫病马颌下淋巴结肿胀，有波动，局部皮肤变薄，后自行破溃，流出大量黄白色黏稠液体。此病变为（ ）。

（53～55 题共用备选答案）<2017>

A. 淋巴细胞 B. 中性粒细胞 C. 嗜酸性粒细胞

D. 单核细胞 E. 多核巨细胞

53. 鸡患新城疫时，脑组织中形成血管套的炎性细胞是（ ）。

54. 李斯特菌引起的脑膜脑炎中渗出的主要炎性细胞是（ ）。

55. 猪食盐中毒时，脑组织中形成血管套的炎性细胞是（ ）。

56. 一病死仔猪，剖检见颌下淋巴结和腹股沟淋巴结明显肿胀，呈灰白色，质地柔软，肺、肝和肾等表面均见有大小不一的灰白色隆起，切开病灶见灰黄色混浊的凝乳状物流出。确诊该病需进一步检查的项目是（ ）。<2017>

A. 细菌分离鉴定 B. 病毒分离鉴定 C. 寄生虫观察鉴定

D. 饲料毒物分析 E. 肿瘤鉴定

（57～59 题共用备选答案）<2018>

A. 心脏肥大 B. 心肌缺血 C. 实质性心肌炎

D. 化脓性心肌炎 E. 间质性心肌炎

57. 猪链球菌可引起（ ）。

58. 猪肉孢子虫可引起（ ）。

59. 犬细小病毒可引起（ ）。

60. 犬细小病毒导致的心肌出血病变称为（ ）。<2019>

A. 心肌炎 B. 心内膜炎 C. 心包炎

D. 绒毛心 E. 虎斑心

61. 维生素 E 或硒缺乏可引起鸡小脑发生（ ）。<2019>

A. 非化脓性脑炎 B. 化脓性脑炎 C. 脑软化

D. 脑脊髓炎 E. 脑膜脑炎

(62～63题共用备选答案)＜2019＞

A. 急性卡他性胃炎　　B. 出血性胃炎

C. 纤维性胃炎　　D. 化脓性胃炎

E. 坏死性胃炎

62. 胃黏膜肿胀,表面有大量黏稠液体。镜检见黏膜上皮较完整,轻度变性,黏膜表面见多量脱落的上皮细胞碎片,固有层水肿,散在中性粒细胞。该胃病变是(　　)。

63. 胃黏膜表面被覆一层灰黄色假膜。镜检见黏膜上皮严重变性、坏死和脱落,表面附有粉色纤维蛋白样渗出物,其中混杂有多量炎性细胞。该胃病变是(　　)。

64. 以非典型性间质性肺炎病变为特征的肺腺瘤病为(　　)。＜2020＞

A. 猪弓形虫性肺炎　　B. 马气喘病肺炎

C. 猪支原体性肺炎　　D. 牛进行性肺炎

E. 绵羊慢性进行性肺炎

65. 一病犬,临床检测肝功能指标升高,尸体剖检见肝表面散在灰白色小斑点;镜检可见肝实质中散在大小不一的坏死灶,肝管区有大量淋巴细胞浸润。该犬的肝脏病变为(　　)。＜2020＞

A. 变质性肝炎　　B. 化脓性肝炎　　C. 寄生虫肝炎

D. 出血性肝炎　　E. 中毒性肝炎

66. 3月龄病死猪,剖检见肠黏膜潮红、肿胀,被覆有多量的黏液。镜检见黏膜上皮细胞变性、坏死、脱落,杯状细胞数量增多且黏液分泌亢进,固有层充血,炎性细胞浸润。此病变为(　　)。＜2020＞

A. 出血性肠炎　　B. 急性卡他性肠炎

C. 纤维素性坏死性肠炎　　D. 慢性增生性肠炎

E. 纤维素性肠炎

(67～68题共用备选答案)＜2020＞

A. 牛　　B. 猪　　C. 兔

D. 马　　E. 鸡

67. 浆膜丝虫引起的心包炎见于(　　)。

68. 创伤性网胃-心包炎见于(　　)。

69. 造成犬肾病的常见原因是(　　)。＜2021＞

A. 细菌　　B. 毒物　　C. 寄生虫

D. 真菌　　E. 病毒

70. 化脓性肝炎常见于(　　)。＜2021＞

A. 细菌性　　B. 营养性　　C. 病毒性

D. 真菌性　　E. 寄生虫性

71. 心肌的局部性或弥漫性炎症称为(　　)。＜2022＞

A. 心外膜炎　　B. 心内膜炎　　C. 心包类

D. 心肌炎　　E. 心肌病

72. 肠黏膜急性卡他肠炎的镜检变化是(　　)。＜2022＞

A. 黏膜组织增生　　B. 黏膜组织萎缩

C. 肠腺上皮细胞增生　　D. 黏膜上皮细胞变性坏死脱落
E. 固有层出血

73. 从支气管开始，继而引起肺小叶炎症的肺炎是（　　）。<2022>
A. 大叶性肺炎　　B. 小叶性肺炎
C. 胸膜肺炎　　D. 间质性肺炎
E. 坏疽性肺炎

（74～75 共用选项）<2022>
A. 西米脾　　B. 火腿脾
C. 出血脾（紫葡萄样）　　D. 大理石样花纹
E. 扣状肿

74. 急性猪瘟的体表淋巴结病变切面特点是（　　）。
75. 淀粉样物质弥散性沉着于脾脏红髓的病理变化俗称（　　）。
76. 心瓣膜轻微损伤，形成菜花样赘生物属于（　　）。<2022>
A. 疣性心内膜炎　　B. 溃疡性心内膜炎
C. 实质性心肌炎　　D. 化脓性心肌炎
E. 间质性心肌炎

四、判断题

1. 浆液性淋巴结炎时可见淋巴结肿大呈弥漫性出血。（　　）
2. 猪瘟时常见脾边缘有出血性梗死，脾肿大。（　　）
3. 间质性肾炎时可表现为“白斑肾”。（　　）
4. 纤维性肠炎常伴发于葡萄球菌、链球菌等细菌感染。（　　）
5. 支气管肺炎常发生于整个肺。（　　）
6. 慢性猪丹毒可引起疣性心内膜炎。（　　）
7. 纤维素性肺炎时表现为肺间质浆液和纤维素渗出。（　　）
8. 发生化脓性肾炎时常在肾表面和切面见有红色隆起的针尖大小的出血点。（　　）

五、简答题

1. 简述心脏的病变类型及其病变特点。
2. 简述肺的病变类型及其病变特点。
3. 简述肝的病变类型及其病变特点。
4. 简述胃的病变类型及其病变特点。
5. 简述肠的病变类型及其病变特点。
6. 简述肾的病变类型及其病变特点。
7. 简述主要免疫器官的病变类型及其病变特点。

项目十三　动物尸体剖检技术

◆ 学习目标

掌握鸡、猪、兔的尸体剖检技术，动物尸体剖检常识，包括动物死后尸体变化、尸体剖检的准备及注意事项、尸体常规剖检一般遵循的顺序和检查方法、尸体剖检记录和尸体剖检报告、病料的采集和送检方法，并通过剖检建立初步诊断；了解尸体剖检的概念和尸体剖检的意义，并能建立安全防护意识。

实训技能一　鸡的尸体剖检技术

能力目标

通过对病、死鸡的尸体剖检，掌握鸡的尸体剖检方法，包括剖检前的准备工作，剖检术式，各器官及其病理变化的检查方法，病理材料的采集、保存和送检方法；学会写尸体剖检记录和尸体剖检报告，培养综合分析病理变化的能力，为临床应用打好基础。

视频 13-1　鸡的病理剖检

实训准备

1. 动物：病、死鸡。

2. 器械：外科直尖剪刀、镊子、搪瓷盘、脸盆、灭菌平皿、注射器、棉棒和广口瓶等。

3. 药品：3%～5%来苏儿、0.1%新洁尔灭、70%～75%乙醇、3%～5%碘酊、10%福尔马林或95%乙醇等。

4. 其他：工作服、口罩、帽子、手套、胶鞋、肥皂、毛巾、棉花和纱布等。

实训安排

可以先由教师示教，边讲边操作，然后由学生分组进行操作。

实训内容

(一)临床情况

1. 问诊

详细了解鸡群的饲养管理状况、品种、年龄、发病经过、死亡数、免疫及用药情况等,考虑一切有可能性的诊断。

2. 临床检查

如果是病鸡,应注意检查鸡群的精神状况、站立姿势、呼吸动作等。

(二)外部检查

剖开体腔前先检查尸体的外部变化。

1. 营养状态

重点检查尸体的营养状况,可根据肌肉发育情况来判断。

2. 皮肤

注意被毛的光泽度、皮肤的厚度、硬度及弹性,看有无脱毛;鸡冠、肉髯的色泽,有无肿胀、坏死或痘疹;眼睑是否肿胀,眼结膜有无贫血、充血;胸、腹部是否有水肿液或化脓,皮肤有无肿瘤结节,关节及脚趾有无出血、肿胀等。

3. 天然孔(口、鼻、眼、泄殖腔等)

检查各天然孔的开闭情况、有无分泌物及其性状、数量、颜色、气味等;特别是泄殖腔周围的羽毛是否有粪便污染及其性状等;检查两眼虹膜的颜色,瞳孔的大小,口鼻有无分泌物及其性状等;压挤鼻孔和鼻窝下窦,观察有无液体流出,口腔内有无黏液。

(三)鸡的致死

活鸡用脱颈法或颈部放血法致死,没有神经症状的也可用枕骨大孔致死法。

(四)内部检查

先用消毒液打湿羽毛再进行剖检,以防剖检时有绒毛和尘埃飞扬,并同时多剖检几只,进行对比和统计分析。

1. 体腔打开

将鸡仰卧(背位)在搪瓷盘上,切开大腿与腹部之间的皮肤,将大腿向外侧扭掰至髋关节脱臼,同时剥离腿部的皮肤,注意观察皮下、腿部肌肉的色泽。接着从后腹部(在龙骨末端)横切一切口,剥离腹部、胸部皮肤,观察皮下有无渗出液,肌肉有无出血、变性、坏死,观察龙骨有无变形弯曲等。然后在切口两侧分别向前剪断肋软骨,手握龙骨向前上方掰拉揭开胸骨,暴露胸、腹腔,注意观察有无积水、渗出物或血液,气囊壁是否有渗出物或结节等。在不触及情况下,先原位检查内脏器官,观察各器官位置有无异常,有条件的进行无菌操作采集病料培养或送检。

2. 器官检查

(1)在腺胃前沿剪断食管,切断肠系膜,将整个胃肠道往后翻拉,横切直肠取下胃肠道。

(2)剥离心、肝、脾检查,注意其色泽、大小、硬度、有无肿瘤、出血、坏死灶等,胆囊位于肝背面,注意其大小和色泽。

(3)剪开腺胃,注意胃黏膜的颜色、性状、分泌物的数量及性状,有无肿瘤,腺胃乳头、乳头周围、腺胃和肌胃交界处有无出血、溃疡。接着剪开肌胃,剥离角质层(鸡内金),观察角质层下有无出血、溃疡。

(4)注意观察胰腺有无出血、坏死。检查十二指肠、小肠、盲肠和直肠,观察各段肠管有无胀气和扩张,浆膜血管是否明显,浆膜面有无出血、结节或肿瘤。然后在肠道上先横切一切口,再沿切口伸入肠腔剪开肠管,检查肠黏膜的状态及内容物的性状,观察有无出血、溃疡、寄生虫等,肠壁是否增厚、有无肿瘤结节,盲肠中有无出血或土黄色干酪样栓塞物及栓塞物断面情况,注意检查盲肠、扁桃体有无出血和坏死等。

(5)法氏囊位于泄殖腔背侧。可将直肠后拉,即可见法氏囊,可原位切开检查,注意其大小,颜色,有无出血、坏死,渗出物及渗出物的性状等。

(6)卵巢可在原位检查,注意其大小、形状、颜色(注意和同日龄鸡比较),卵黄发育状况或病变。输卵管位于左侧,右侧已退化,可在原位检查。睾丸检查也可在原位进行,注意其大小、颜色以及两个睾丸是否一致。

(7)肾和输尿管一般做原位检查。观察肾的体积、颜色,有无出血、花斑状花纹或肿瘤结节,肾和输尿管是否有尿酸盐沉积等。

(8)从肋骨间掏出肺,检查肺的性状,有无出血、水肿、炎症、坏死、肿瘤结节或霉菌结节等。

3. 头颈部检查

(1)沿一侧口角剪开口腔、食管、嗉囊。注意观察口腔黏膜有无分泌物堵塞、有无伪膜,嗉囊内容物的数量、气味、性状及内膜的变化等。

(2)剪开喉、气管、支气管,注意观察有无渗出物、渗出物的性状、黏膜的颜色,有无充血、出血、伪膜等。

(3)剥离头部的皮肤,用外科直尖剪刀在头顶骨中线做十字剪开,除去顶骨,分离脑与周围联系,取出大脑和小脑检查,注意脑膜与脑实质病变,是否有充血、出血和积水等。

4. 外周神经的检查(重点是坐骨神经)

在两侧大腿剥离内收肌,对比观察坐骨神经(白色线状神经丛)的粗细、横纹及色彩、光滑度。鸡患马立克病(神经型)时,常常单侧神经丛肿大。

5. 骨和骨髓的检查

剥离股骨周围的肌肉组织等,检查股骨强度。用骨钳剪断股骨,观察骨髓的颜色和性状。

(五)剖检后的处理工作

剖检后要对尸体进行无害化处理,可焚烧、深埋或放在规定的化粪池内发酵。剖检完后要对所用过的器械、用具等用消毒液浸泡消毒。解剖台、解剖室地面等都要进行消毒处理。解剖人员剖检完后应换衣消毒,同时要注意鞋底的消毒。

(六)填写尸体剖检报告

完成尸体剖检工作后填写尸体剖检报告。

思考题

简述鸡的尸体剖检方法。

实训技能报告单

要求每位学生将剖检所见填写于畜禽尸体剖检报告(表13-1)内。

表13-1　畜禽尸体剖检报告

<table>
<tr><td>剖检号</td><td colspan="9"></td></tr>
<tr><td>畜主</td><td></td><td>畜种</td><td></td><td>性别</td><td></td><td>年龄</td><td></td><td>毛色</td><td></td></tr>
<tr><td>特征</td><td></td><td>用途</td><td></td><td colspan="2">死亡时间</td><td colspan="4">年　月　日　时</td></tr>
<tr><td>剖检地点</td><td colspan="3"></td><td colspan="2">剖检时间</td><td colspan="4">年　月　日　时</td></tr>
<tr><td>临床摘要</td><td colspan="9"></td></tr>
<tr><td>病理解剖学诊断</td><td colspan="9">一、外部检查
二、内部检查</td></tr>
<tr><td>其他诊断</td><td colspan="9"></td></tr>
<tr><td>结论</td><td colspan="9">剖检兽医(签名)：
年　月　日</td></tr>
</table>

实训技能二　猪的尸体剖检技术

能力目标

通过对病、死猪的尸体剖检，掌握猪的尸体剖检方法，培养综合分析病理变化的能力，为临床应用打好基础。

实训准备

视频 13-2　猪的病理剖检

1. 动物：病、死猪。

2. 器械：解剖刀、剥皮刀、外科剪、镊子、骨锯、斧头、磨刀棒或磨刀石、搪瓷盘、桶、量杯、广口瓶或青霉素瓶、灭菌平皿等。

3. 药品：3%～5%来苏儿、0.1%新洁尔灭或 0.1%百毒杀、70%～75%乙醇、3%～5%碘酊、10%福尔马林或 95%乙醇等。

4. 其他：工作服、口罩、帽子、手套、胶鞋、毛巾、脸盘、肥皂、棉花和纱布等。

实训安排

先由教师示教，可边讲边操作，然后由学生分组进行操作。

实训内容

(一)问诊

在进行尸体剖检前，应先了解病、死猪流行病学情况、临床表现及防治经过等。通过了解这些情况，将缩小对所患病的怀疑范围，对剖检有一定的导向性，并能确定剖检的侧重点，缩短剖检时间。

(二)外部检查

检查基本顺序：从头部开始，依次检查头颈部、前肢、胸腹部、后肢、肛门、外生殖器、背、尾等。主要检查眼、鼻、口腔、皮肤、肛门等处有无充血、出血、贫血、黄染、坏死、肿胀、分泌物及分泌物的性状等。

(三)内部检查

1. 剥皮及皮下检查

使猪仰卧(背卧位)在带有塑料薄膜的地上，用刀切断四肢内侧的所有肌肉和髋关节的韧带，使四肢平摊在地上。然后从颈、胸、腹的正中线切开皮肤，接着从腹侧开始剥皮。在剥皮过程中注意检查皮下是否有充血、出血、淤血、水肿(多呈胶冻样)、炎症等病变，接着观察体表淋巴结的形态、色泽，有无充血、出血、水肿、坏死、化脓等病变。断奶前小猪检查肋骨和肋软骨交界处有无串珠样肿大。

2. 腹腔的打开

从剑状软骨后方沿白线由前向后切开腹壁至耻骨前缘，再沿肋骨弓将腹壁两侧切开，使腹腔器官全部暴露。注意观察腹腔内有无腹水，腹水的量、颜色及其性状，腹膜是否光滑，肠壁与腹腔器官有无粘连等。

3. 腹腔脏器的采出

腹腔器官的取出，有以下两种方法。

(1)将胃肠整个取出。先将小肠移向左侧，以暴露直肠，在骨盆腔中单结扎。切断直肠，左手握住直肠断端，右手持刀，从腰背部进行分离，并割断肠系膜根部等各种联系到膈肌的组织，在胃前单结扎剪断食管，取出整个胃肠道。

(2)胃肠道分别取出。

①将结肠盘向右侧牵引，盲肠拉向左侧，显露回盲韧带与回肠。在离盲肠约 15 cm 处，将回肠二重结扎并切断。左手握住回肠断端，右手持刀，逐渐切割肠系膜至十二指肠空肠曲，在空肠起始部二重结扎并切断，取出空肠和回肠。边分离肠系膜边检查肠浆膜有无出血，肠系膜有无出血、水肿，肠系膜淋巴结的大小、色泽、有无肿胀、出血、坏死等。

②先仔细分离十二指肠、胰与结肠的交叉联系，再从前向后分离割断肠系膜根部和其他联系，最后分离并单结扎剪断直肠，取出盲肠、结肠和直肠。取出十二指肠、胃和胰。

4. 胸腔的打开及胸腔脏器的采出

用刀先分离胸壁两侧表面的脂肪和肌肉，检查胸腔的压力，然后用刀切断两侧肋骨与肋软骨结合部，再切断其他软组织，除去整个胸壁，即可敞开胸腔。检查胸腔、心包腔有无渗出液及渗出液的数量、性状，胸膜有无出血、是否光滑，肺与胸膜是否发生粘连，心包膜是否增厚、有无纤维素状物附着等。然后将胸腔内的心脏、肺一并采出，分别检查。

5. 口腔和颈部器官采出

剥去颈部和下颌部皮肤后，用刀切断两下颌支内侧和舌连接的肌肉，左手指伸入下颌间隙，将舌牵出，剪断舌骨，将舌、咽喉、气管一并采出。观察喉头、气管有无黏液及黏液的性状、有无充血、出血等，扁桃体有无肿大、出血等。

6. 颅腔剖开

可在脏器检查完后进行。清除头部的皮肤和肌肉，在两眼眶之间横劈额骨，然后再将两侧颞骨(与颧骨平行)及枕骨髁劈开，即可掀掉颅顶骨，暴露颅腔。检查脑膜有无充血、出血，脑室有无积水等，必要时，取材送检。

7. 剖检小猪

可自下颌沿颈部、腹部正中线至肛门切开，暴露胸、腹腔，切开耻骨联合露出骨盆腔。然后将口腔、颈部、胸腔、腹腔和骨盆腔的器官一起取出。

8. 采出脏器的检查

参照本项目“主要组织器官检查要点”中介绍的内脏器官、组织的检查方法，按顺序逐一检查各个器官、组织的病理变化，并详细、完整、客观地做好记录。

(四)剖检后的处理工作

剖检完毕,对病尸进行焚烧、深埋或用发酵方法进行处理。对所用过的器械、用具进行彻底消毒,解剖室地面用消毒液冲洗,剖检人员应换衣消毒,要特别注意鞋底的消毒。

(五)填写尸体剖检报告

将剖检所见填于尸体剖检报告中。

思考题

简述猪的尸体剖检方法。

实训技能报告单

要求每位学生将剖检所见填写于畜禽尸体剖检报告(表 13-1)内。

实训技能三　兔的尸体剖检技术

能力目标

通过对病、死兔的尸体剖检,掌握兔的尸体剖检方法,培养综合分析病理变化的能力,为临床应用打好基础。

视频 13-3　兔的病理剖检

实训准备

1. 动物:病、死兔。

2. 器械:骨钳、解剖刀、手术刀、剪刀、镊子、线绳、搪瓷盘、骨锯、废料缸、废液缸等。

3. 药品:3%～5%来苏儿、0.1%新洁尔灭或 0.1%百毒杀、70%～75%乙醇、3%～5%碘酊、10%福尔马林或 95%乙醇等。

4. 其他:工作服、口罩、帽子、手套、胶鞋、毛巾、脸盘、肥皂、棉花和纱布等。

实训安排

先由教师示教,可边讲边操作,然后由学生分组进行操作。也可由学生先观看视频,然后在老师的指导下进行操作。

实训内容

(一)询问病史

在进行尸体剖检前,应先了解病、死兔流行病学情况、临床表现及防治经过等。通过了解这些情况，将缩小对所患病的怀疑范围，对剖检有一定的导向性，并能确定剖检的侧重点，缩短剖检时间。

(二)外部检查

1. 一般检查

检查病兔的精神状况、站立姿势、呼吸动作、营养状态等。

2. 检查天然孔

检查眼结膜，有无充血、出血、贫血、黄染等。检查鼻腔，看黏膜的颜色，有无分泌物及分泌物的性状等。检查口腔，看黏膜的颜色，有无糜烂、溃疡等。检查耳道，有无分泌物及分泌物的性状，有无寄生虫寄生等。检查肛门，有无拉稀、脱肛等。检查外生殖器，有无分泌物及分泌物的性状等。

3. 检查皮肤、被毛

有无充血、出血、贫血、黄染、坏死、肿胀、寄生虫寄生。被毛有无脱落及生长情况。

(三)处死病兔后消毒

耳缘静脉注射 5～10 mL 空气致死。用消毒液将尸体浸湿，去掉多余水分。腹部朝上，置于搪瓷盘内。

(四)剥皮

有腹侧剥皮和全剥皮 2 种方法。

1. 腹侧剥皮

用镊子提起下颌正中皮肤，剪一小口，从下颌角开始，沿颌间中线经过颈部沿胸腹壁正中线做一纵切口至肛门。生殖器部位做环切。在四肢内侧垂直于纵切口切开皮肤。用镊子提起皮肤，用剪刀或手术刀剥离腹侧皮肤。

视频 13-4　兔的病理剖检(全剥皮)

2. 全剥皮

在口角稍后部，做一环形切开与纵口会合。前肢在桡骨中部，后肢在跗关节处做环形切口，将尸体皮肤全部剥掉。

在剥皮过程中要注意检查皮下病变，如创伤、化脓、炎症、淤血、水肿、黄疸等。检查、采取体表淋巴结(颌下、腋下、腹股沟淋巴结)，并注意检查肌肉的异常变化。

(五)腹腔的剖开、腹腔脏器的采出及检查

1. 仰卧固定

已剥皮背侧卧位的尸体，将两前肢与腹壁附着处少许切割，使两前肢充分向两侧伸展，对两后肢往下施加压力，使耻骨联合稍有断裂，骨盆腔充分暴露。

2. 开腹观察

在腹壁正中松弛部位，用镊子提起腹壁，剪一小口，将镊子伸入腹壁将切口撑开，用剪刀沿镊子撑开部位剪开腹壁，这样做不会剪到腹壁下的组织器官。切口前方止于胸骨的剑

状软骨,后方止于肛门。在胸骨剑状软骨处,垂直于第一切口,紧靠着最后肋骨后缘,剪开左右侧腹壁到腰肌为止,使整个腹腔充分暴露出来。观察腹腔渗出液的有无、多少及性状,并可直接涂片检查或培养,然后仔细检查腹膜有无炎症、增厚及粘连,腹腔器官的位置有无异常。

兔的腹腔大部被盲肠所占据,几乎充满右腹部,回肠进入盲肠处膨大,称圆小囊;盲肠末端为壁厚细长的蚓突,两者为淋巴组织。

3. 摘除腹腔器官

腹腔器官摘除有两种方法:一种是连同摘除,另一种是逐一摘除。

连同摘除是用棉线结扎胃贲门部前方食管,用镊子提起胃贲门部,食管结扎前方剪断食管,向后一边牵拉一边分离,将肝脾胃肠从腹腔内一起取出。

摘除肾上腺和泌尿系统:两肾脏前方各有一个黄色米粒大小的圆形器官为肾上腺,摘除肾上腺。摘除肾脏输尿管和膀胱(可在原位检查)。

摘除睾丸,摘除卵巢、输卵管、子宫(可在原位检查)。

取下的器官按一定顺序摆放在盘中,为防止干燥,可盖上浸有生理盐水的纱布。

4. 腹腔脏器的检查

(1)检查脾脏。脾脏位于胃大弯左侧,为一狭长暗红色器官。剪断脾胃韧带,摘除脾脏。检查大小、形状、颜色、被膜状态,观察是否有出血、淤血、坏死等病理变化,切开观察。

(2)检查肝脏。用镊子夹住静脉根部,小心将肝取出。肝脏颜色为棕红色。检查肝脏的大小、形状、颜色、被膜状态,观察是否有渗出、出血、淤血、坏死、肿瘤等病理变化,切开观察。

(3)检查胃肠道。按照胃、十二指肠、胰腺、空肠、回肠、盲肠、结肠和直肠顺序展开后进行检查。在回肠与盲肠的交界处膨大,形成一厚壁的圆囊,称圆小囊,是兔特有的免疫器官。盲肠末端壁厚细长、颜色较浅,称为蚓突。两者为淋巴组织。肠道外表面有一些散在的白色凸起,称为派尔集合淋巴结,又称为PP结,是肠道上弥散性的淋巴组织。

检查胃:沿胃大弯剪开胃。检查黏膜和浆膜有没有肿胀溃疡、胃黏膜结构是否完整、黏膜有无脱落。

检查肠道:剪开肠道,注意不要用剪刀、镊子去刮抹黏膜面。如果需要清洗应该用生理盐水进行冲洗。检查黏膜有无出血。

检查圆小囊:摘除圆小囊,剪开圆小囊检查黏膜有没有溃疡、出血、肿胀等。

检查盲肠:剪开盲肠检查黏膜有没有出血、肿胀等。

检查泌尿生殖系统:检查肾上腺有无异常。剥离肾脏上的被膜,检查肾脏的颜色。切开肾脏,检查皮质、髓质和肾盂的结构,皮质和髓质分界是否清晰,肾盂是否正常。剪开膀胱,检查黏膜及内容物的性状。检查生殖系统,可剪开子宫检查黏膜及内容物性状。

(六)胸腔的剖开及胸腔脏器的采出和检查

剪开横隔。沿肋软骨与肋骨交界处剪开。摘掉胸骨暴露胸腔。胸腔暴露后,要注意检查胸腔和心包腔的液体数量及性状;胸膜和心包膜有无炎症、增厚及粘连。

胸腔脏器的摘除:先摘除胸腺,然后将心脏、肺、气管及喉头一同摘除。

将颈部肌肉剪开暴露气管食管。从喉头处剪开,将喉头气管和肺一起摘除。

检查心包膜未见明显病变。将心脏沿纵沟剪开，检查心房、心室瓣膜有没有出血点，有无血凝块。

依次剪开喉头、气管、支气管、肺，检查有无出血、黏液。轻轻挤压肺脏，检查肺脏有无渗出液及其性状。

(七)颅腔的剖开

去除头部皮肤。前面用骨钳从两眼内眼角横断开；后面从枕骨后缘钳开，两边沿眶上缘钳开，使整个切口呈长方形。用骨钳将头盖骨掀开去除，检查硬脑膜有无出血。剪开脑膜，用镊子提起脑膜，用剪刀剪开，检查颅腔液体的数量、颜色、质地，表面有无出血等情况。使头部朝下，将神经剪断，取出脑组织。沿脑中线切开脑组织，检查脑室内有无积液、肿胀。

◆ 相关知识

相关知识　尸体剖检

一、尸体剖检的意义

动物尸体剖检是应用兽医病理学的知识，通过检查动物尸体的病理变化，来诊断和研究疾病的一种方法。

尸体剖检是最常用的畜禽疾病诊断方法之一，在兽医临床上具有很重要的意义，特别是对中小动物(如猪、禽类、兔等)应用更为广泛。尸体剖检的具体意义有以下几点：

(一)提高兽医临床诊疗质量

在实践工作中，常出现急性死亡的病例，有些病例临床症状不明显或不典型，而进行实验室诊断又需要一定的条件和设备，给诊断工作带来困难，特别是对一些群发性或流行性的疾病，急需尽快诊断时，对病死畜禽进行尸体剖检显得十分必要。通过尸体剖检，可以检验临床诊断和治疗的准确性，及时总结经验，提高诊疗质量。

(二)尸体剖检是最为客观、快速的诊断方法之一

尸体剖检具有快速、可行、直接、客观等特点，况且有些疾病通过尸体剖检，便可一目了然地做出诊断。对一些群发性的疾病，如传染病、中毒病、寄生虫病等，通过尸体剖检，能及早做出诊断，采取有效的防治措施，减少经济损失。

(三)促进病理教学和病理研究

尸体剖检是动物病理不可分割的、重要的实践操作技术，通过尸体剖检资料的积累，能为各种疾病的综合研究提供重要的数据，促进病理教学和病理研究。

剖检时,必须对尸体的病理变化做到全面观察、客观描述、详细记录,并进行科学分析和推理判断,从中做出符合客观实际的病理学诊断。

二、常见的死后变化

动物死亡后,因尸体内酶和细菌的作用以及外界环境的影响,会发生一系列的变化,正确辨认尸体变化,可以避免把某些死后变化误认为是生前的病理变化。动物死后尸体的变化主要包括尸冷、尸僵、尸斑、血液凝固、尸体自溶和尸体腐败。

(一)尸冷

动物死亡后,尸体温度逐渐降至与外界环境温度相等的现象,称为尸冷。尸冷的发生是因机体死亡后,产热过程停止,而散热过程仍在继续。最初的几小时,尸体温度下降的速度较快,以后逐渐变慢。在室温条件下,常以 1 ℃/h 的速度下降。尸体温度下降的速度受外界环境温度的影响,冷天比热天尸冷快,通风良好的环境下尸冷快。肥胖动物因散热较难,尸冷速度比瘦弱动物慢。死于破伤风的动物,因死后肌肉痉挛性收缩,使体温出现一时性升高(可达 42 ℃)。尸冷的检查有助于确定动物的死亡时间。

(二)尸僵

动物死亡后,肌体由于肌肉收缩变硬,四肢各关节不能屈伸,尸体固定于一定的形状,称为尸僵。尸僵一般在死后 1～6 h 开始发生,经 10～24 h 发展完全,死后 24～48 h 开始缓解。尸僵的发生和缓解一般按头部、颈部、前肢、体躯和后肢的顺序进行。根据尸僵存在状态,大致可判定死亡时间。

尸僵出现的早晚以及持续时间的长短,与外界因素和自身状态有关。外界气温高,尸僵出现早,解僵也快,寒冷时则出现晚,解僵也慢;肌肉发达的动物尸僵要比消瘦的动物明显;死于破伤风的动物,死前肌肉运动较剧烈,尸僵发生快而明显;死于败血症的动物,尸僵不显著或不出现。

(三)尸斑

动物死后血液循环停止,心血管内的血液因重力的作用坠积于尸体低下部位,使倒地侧皮肤和内脏器官发生沉积性淤血而出现暗红色或青紫色的色斑,称为尸斑。尸体低下部位因重力使血管充盈血液,导致该部组织呈暗红色(死后 1～1.5 h 出现),指压红色消退,并可随尸体的位置变更而改变。后期,由于发生溶血,该部组织染成污红色(一般在死后 24 h 左右),此时指压或改变尸体的位置也不会褪色。

家畜的尸斑见于倒卧侧皮肤,成对的器官如肾、肺,可见其卧下的一侧表现明显的淤血。检查尸斑,对于死亡时间及死后尸体位置的判定有一定的意义。

临床上应注意将尸斑与生前的充血、淤血相区别。充血可出现在身体的任何部位,局部充血还伴有肿胀或其他损伤。淤血发生的部位和范围,一般不受重力作用的影响。如肺淤血时,两侧的表现是一致的,还伴有水肿变化。而尸斑仅出现于尸体的低下部,除重力因素外没有其他原因,也不伴发其他变化。

(四)血液凝固

血液凝固是指动物死后，血流停止，存在于心脏和大血管的血液发生凝固，又称为死后凝血。动物发生急性死亡时，血凝块呈暗紫色。动物死亡较慢时，则血凝块往往分为两层，上层为黄色鸡脂样血浆层，下层为暗红色红细胞层。血液凝固的快慢与死亡原因有关。死于败血症、一氧化碳中毒和窒息死亡的动物，血液凝固不良或不凝固。

剖检时要与生前血栓相区别。血凝块表面光滑有光泽，质地柔软，富有弹性，并易与血管内膜分离。而血栓的表面粗糙，质脆而无弹性，并与血管壁有粘连，不易剥离，硬性剥离可损伤血管内膜。

(五)尸体自溶与尸体腐败

尸体自溶是指动物体内组织受酶的作用而引起自体消化的过程。自溶过程中组织细胞发生溶解，表现最为明显的是胃和胰腺，胃黏膜自溶时表现为黏膜肿胀、变软、透明，极易剥离或自行脱落和露出黏膜下层，严重时自溶可波及肌层和浆膜层，甚至可出现死后穿孔。

尸体腐败是指尸体组织蛋白由于细菌作用而发生腐败分解的现象。尸体腐败的变化可表现为以下几个方面。

1. 死后臌气

这种现象在胃肠道表现明显，是胃肠内细菌繁殖，胃肠内容物腐败发酵、产生大量气体的结果。

2. 肝肾脾等内脏器官的腐败

肝脏的腐败往往发生较早，变化也较明显，表现肝脏体积增大，质地变软，污灰色，肝包膜下可见到小气泡，切面呈海绵状，从切面可挤出混有泡沫的血水，这种变化称为泡沫肝。肾脏和脾脏发生腐败时也可见到类似肝脏腐败的变化。

3. 尸绿

动物死后尸体变为绿色，称为尸绿。由于组织分解产生的硫化氢与红细胞分解产生的血红蛋白和铁相结合，形成硫化血红蛋白和硫化铁，致使腐败组织呈污绿色，这种变化在肠道表现最为明显。临床上见到动物的腹部呈现绿色，禽类可见到腹底部的皮肤为绿色。

4. 尸臭

尸体腐败过程中产生大量恶臭的气体，如硫化氢、甲硫醇、氨等，致使腐败的尸体具有特殊的恶臭气味。

通过尸体的自溶和腐败，使死亡的动物逐步分解、消失。尸体腐败的快慢与周围环境的气温、湿度及疾病的性质有关。温热、潮湿地带尸体容易腐败，而死于败血症和大面积化脓的动物则更容易腐败。尸体腐败可破坏生前的病理变化，给剖检工作带来困难。因此，动物死后应尽早进行剖检。在寒冷干燥的环境下，或死于非传染性疾病的动物，尸体腐败缓慢且微弱。

病畜死后应尽早进行尸体剖检，以免死后变化与生前的病变发生混淆。

三、剖检前的准备工作

(一)准备好剖检器械及药品

经常使用的剖检器械有:解剖刀、剥皮刀、外科刀、脑刀、肠剪、骨钳、镊子、骨锯、量尺、量杯、注射器、磨刀石或磨刀棒等。同时准备装检验样品的灭菌平皿、试管、注射器、广口瓶、搪瓷盘等。如没有专用解剖器材,也可用一般的刀、剪代替。

剖检常用的消毒液有:3%～5%来苏儿、0.1%新洁尔灭、0.2%高锰酸钾及2%～3%草酸溶液等。固定组织可用10%福尔马林或95%乙醇。此外,为了预防剖检人员的自身感染,还需准备70%～75%乙醇、3%～5%碘酊、2%硼酸水、凡士林、肥皂、棉花和纱布等。

(二)选择好尸体剖检时间及剖检场所

1. 剖检时间的选择

病畜禽死亡后剖检越早越好,一般不超过24 h。死后如放置时间过长,尸体腐败分解,不利于原有病变的观察和诊断,就失去了剖检意义。此外,病理剖检除特殊情况外,最好在白天进行,因为在灯光下,一些病变的颜色(如黄疸、变性等)不易辨认(彩图12-5、彩图12-6)。

2. 剖检场所的选择

为了方便消毒和防止病原扩散,剖检一般选择在病理剖检实验室进行。如因条件不允许而在室外进行时,应选择一个较偏僻,远离居民区、畜舍、水源、交通要道的地点进行。剖检前挖好深2 m的坑,坑边铺好垫草、塑料布等垫物,用于放置尸体。剖检后将尸体、内脏、污染的土层和污物一同投入坑内,撒上生石灰或喷洒10%的石灰水、3%～5%的来苏儿或其他消毒药,然后用土掩埋。

(三)做好剖检人员的自身防护

剖检人员应注意自身防护,特别是剖检人兽共患病的动物尸体时更应严格防护。如穿好工作服和胶鞋,外扎胶皮或塑料围裙,戴胶手套或线手套、工作帽,必要时还要戴上口罩和眼镜。如条件不具备,可在手上涂抹凡士林或其他油类保护皮肤,以防感染。

在剖检中不慎切破皮肤时应立即消毒和包扎。如有血液或渗出物等溅入眼或口内,应用2%硼酸溶液冲洗。在整个剖检过程中,要始终保持清洁和注意消毒。术者应经常用清水或消毒液洗去手上和刀剪等器械上的血液、脓液和渗出物。

剖检后,尸体处理完毕,先除去手套后脱去全身防护衣物,投入消毒液中浸泡。双手先用肥皂洗涤,再用消毒液冲洗。为了消除粪便和尸腐臭味,可先用0.2%高锰酸钾溶液浸洗,再用2%～3%草酸溶液洗涤,褪去棕褐色后,再用清水冲洗。也可用84消毒液或百毒杀浸泡,既消毒又除臭。

四、尸体剖检顺序及检查方法

为了全面系统地检查尸体所呈现的病理变化,避免遗漏,尸体剖检应按照一定的顺序和方法进行。尸体剖检一般应遵循的顺序为先进行外部检查,再进行内部检查。考虑到不同畜禽解剖结构特点、疾病的性质以及术式的简便和效果的不同,剖检的目的和要求也各有差异,各种动物之间既有共性又有个性,因此尸体剖检的顺序和方法不是一成不变的,而是具有一定的灵活性。常规剖检一般遵循以下顺序和方法进行。

(一)剖检时动物尸体卧位

不同动物尸体剖检时卧位不同,鸡、猪、兔采用仰卧位(背卧位),牛、羊采用左侧卧位,马采用右侧卧位。

(二)剖检顺序

外部检查→内部检查→剥皮和皮下检查→剖开腹腔先做一般观察→剖开胸腔先做一般观察→腹腔脏器的摘除和检查→胸腔脏器的摘除和检查→口腔和颈部器官的摘除和检查→骨盆腔脏器的摘除和检查→剖开颅腔,摘除脑检查→剖开鼻腔检查→剖开脊椎管,摘除脊髓检查→肌肉、关节和淋巴结的检查→骨和骨髓的检查。

(三)主要组织器官检查要点

1. 皮下

在剥皮过程中进行。注意检查皮下有无出血、水肿、炎症及脓肿等病变,并观察皮下脂肪组织的厚薄、颜色等。

2. 淋巴结

重点检查颌下淋巴结、颈浅淋巴结、腹股沟淋巴结、肠系膜淋巴结、纵隔淋巴结、肺门淋巴结及其他内脏器官附属淋巴结。检查其大小、色泽、硬度、与其周围组织的关系及横切面的变化。

3. 胸、腹腔

注意观察有无胸腔积液、腹水及其数量、性状,胸膜、腹膜是否光滑,有无粘连、出血、脓肿、肿瘤、炎症,内脏器官位置是否正常,肠浆膜及肠系膜有无粘连、充血、出血、炎症,膈肌的紧张度及有无破裂,大网膜有无出血等病变。

4. 心脏

先观察心包腔有无积液及其数量、性状,心脏纵沟、冠状沟脂肪含量及有无出血。然后检查心脏的形态、大小及心外膜的性状。接着切开心脏,注意心腔内含血量、心内膜的色泽、有无出血,各瓣膜、腱索是否增厚,有无血栓或增生物附着,心肌各部位的厚薄、色泽、有无出血、肿瘤、变性、坏死等。

5. 肺

注意观察肺的大小、色泽、重量、弹性、有无病灶及表面附着物等。然后用手触摸各肺叶检查有无结节、气肿等。剪开气管、支气管,注意检查气管黏膜的性状、是否有出血、有无渗出物及其数量、性状。最后将左右肺叶纵切,观察切面有无病变,切面流出物的数量、色泽变化及肺间质的变化等。

6. 肝

先检查肝的形态、大小、色泽、包膜性状、有无出血、结节、坏死、肿瘤等。然后切开肝组织,观察切面的色泽、含血量等情况。注意切面是否隆突,肝小叶结构是否清晰,有无脓肿、寄生虫性结节、坏死和肿瘤等。

7. 脾

脾摘除后,注意其形态、大小、硬度、边缘有无出血性梗死等。然后纵行切开,注意观察切面有无坏死灶和脓肿,检查脾小梁、脾髓的颜色,红、白髓的比例,脾髓是否容易刮落。

8. 肾

先检查肾的形态、大小、色泽、有无出血、脓肿等病变。然后由肾的外侧面向肾门部将肾纵切,检查被膜是否容易剥离,肾表面是否光滑,皮质和髓质的颜色、比例、结构及肾盂内有无结石、化脓等。

9. 膀胱

检查其大小、色泽、蓄尿量,浆膜有无出血斑点,黏膜有无出血、结石、炎症等。

10. 胃

检查胃的大小,浆膜的色泽,有无粘连、胃壁有无破裂和穿孔等。然后由贲门沿胃大弯部剪至幽门。检查胃内容物的性状、洗去内容物后检查胃黏膜是否肿胀、充血、出血、溃疡、发炎等。

11. 肠管

从十二指肠、空肠、回肠、盲肠、结肠、直肠分段进行检查。检查时,先检查肠管浆膜面有无充血、出血、粘连、肿瘤、结节等。然后沿肠系膜附着处剪开肠腔,检查肠内容物的数量、性状、气味、有无血液、异物、寄生虫等,肠黏膜有无肿胀、炎症、充血、出血、溃疡及其他病变。

12. 生殖器官

公畜检查睾丸和附睾的外形、大小、质地及色泽。母畜检查卵巢的形态、大小,子宫及输卵管的浆膜、黏膜,注意观察有无充血、出血和坏死等病变。

13. 口腔

检查口腔黏膜的色泽、有无外伤、充血、出血、坏死及溃疡,舌黏膜有无出血和外伤。

14. 咽喉

检查黏膜的色泽、有无充血、出血、喉头有无伪膜等。

15. 鼻腔

鼻黏膜的色泽,有无充血、出血、水肿、溃疡等病变。

16. 脑

注意检查硬膜、脑软膜有无出血、淤血。纵向切开大脑,观察脑室有无积水。然后横切脑组织,观察有无充血、出血及液化性坏死等。

17. 肌肉

注意观察肌肉有无出血、变性、坏死及脓肿等病变。

五、病料的采取和送检

进行尸体剖检时,有些病变只凭肉眼观察难以做出诊断结论,为了能够做出确切诊断,需要采取病料送实验室做进一步检查。因此,在进行剖检前应做好病料的采取和送检准备工作。

(一)微生物检验材料的采取和送检

1. 病料应新鲜

动物死后立即进行采集,最好不超过 6 h。剖开腹腔后应先取材料,后做检查,防止肠道和空气中的微生物污染病料。

2. 采集病料应无菌操作

所用器械、容器和其他物品均要严格消毒,采集时应无菌操作。

3. 采集病料应有目的

即怀疑是什么病就采集什么病料,且要采集病变最明显的部位。如果不能确定是什么病,则尽可能地全面采集。病料采集方法如下:

(1)实质器官(肝、脾、肾、心脏及淋巴结)。先用烧红的铁片烧烙表面,或用酒精灯火焰消毒后,在烧烙的深部取一块(约 2 cm^3)组织放在灭菌容器内。如有细菌分离培养条件,可在烧烙部位用接种环插入深部,取少量组织或液体制作涂片或接种到适宜的培养基内。

(2)液体材料的采集。脓汁、渗出液、胆汁等液体材料,可用灭菌棉棒、吸管或注射器吸取。血液可从静脉或心脏采集,然后加抗凝剂(每 1 mL 血液加 0.1 mL 3.8%的柠檬酸钠溶液)。若需分离血清,则采血后(不加抗凝剂)放在灭菌的试管中,摆成斜面或留在注射器内静止,等血液凝固析出血清后再吸取。

(3)肠道及内容物的采集。肠道应选病变最明显的部分,去掉内容物,用灭菌水轻轻冲洗后放入平皿内。如采集肠内粪便则应采带有絮状物、黏液、血液或脓液的成分,也可剪一段肠管将两端扎好,直接送检。

(4)皮肤、皮毛及结痂的采集。采集有病变且带有一部分正常皮肤的部位,采皮毛时要带毛根。主要用于真菌、疥螨等检查。

(5)胎儿的检查。取下整个胎儿或吸取胎儿胃内容物送检。

(6)小动物可整个尸体包在不漏水的塑料袋中送检。

4. 病料的保存、包装和运送

(1)若怀疑是细菌性疾病的病料,采集后放入灭菌的容器中,置入带有冰块的保温瓶内,并尽快送检。如怀疑是病毒性疾病的病料则应放入 50%甘油生理盐水溶液中,低温保存送检。

(2)涂片自然干燥后,用火柴梗隔开叠好,最后一张涂片涂面朝下、扎好,用厚纸包好送检。

(3)装在瓶子、试管内的病料,应盖好后用胶布粘好,再用蜡封固,贴好标签,正立放入保温箱。

(4)送微生物学检验的材料要有编号、检验说明书和送检报告单,最好派专人在冷藏的条件下送检。

(二)病理组织材料的采取和送检

(1)采取组织的刀要锋利,应注意不要使组织受到挤压和损伤,切面要平整。

(2)取样要全面而且具有代表性,同时要保持主要组织结构的完整性,包括病变组织和周围正常组织,并且要多取几块。如肾应包括皮质、髓质和肾盂;胃肠应包括从黏膜到浆膜的完整组织等。

(3)病料一般面积为 1.5～3 cm^2,厚度为 0.5 cm 左右。

(4)病料要及时固定,易变形的组织应平放在纸片上,一同放入固定液中(常用的固定液为 10%福尔马林或 75%乙醇溶液),固定液量为组织体积的 5～10 倍。

(5)送检材料要有编号、组织块名称、送检单等。

(三)毒物检查材料的采取与送检

(1)病料不能接触任何消毒剂,所有的容器应清洁、干净,不能有化学物质。

(2)病料一般采集肝、肾、胃或肠内容物及怀疑中毒的饲料样品,甚至采集血液或膀胱内容物。

(3)每一种病料放一个容器,不能混合。密封后在冷藏的条件下附送检单送出。

(四)寄生虫检查材料的采取和送检

(1)血液寄生虫(如血孢子虫),需送检血片及全血。

(2)采集线虫时,主要是挑取虫体,大多数虫体在胃肠道、肺、肾等(要注明采集部位),并保存在10%福尔马林或75%乙醇溶液中。

六、尸体的运送和处理

搬运动物尸体时,为了防止病原扩散,应用消毒液喷洒体表,天然孔用消毒棉花堵塞,也可用不透水的容器或塑料袋搬运。剖检场地、运送车辆及用具等均要严格消毒。

对于国家规定危及人畜公共卫生和安全的动物尸体(如炭疽、破伤风、马传染性贫血等),除在特定条件下按规范程序进行外,原则上不允许剖检。如怀疑是上述疾病,应在肢体末端采血做涂片检查确诊,如没有条件确诊,也应禁止剖检。

为了不使尸体和解剖时的污染物成为疫源,剖检后应对尸体进行无害化处理。原则上采用焚烧、掩埋和发酵三种处理方法。焚烧法是尸体处理最彻底的方法,但需要一定的条件或设备,耗费大,不常应用;掩埋法虽不够可靠,但简便易行,在实际工作中经常使用;发酵法也不够可靠,但也简便易行,适用于中、小畜禽的尸体处理,以及物品、粪便、垫草等处理,但不适用于炭疽、气肿疽等芽孢细菌引起的传染病。特殊情况如患人兽共患病或烈性传染病的尸体,要先用消毒药处理后再焚烧。

七、尸体剖检记录与尸体剖检报告

(一)尸体剖检记录

尸体剖检记录是动物死亡报告的主要依据,也是进行综合分析的原始材料。记录内容应全面、客观、详细,包括病变组织的形态、大小、重量、位置、色彩、硬度、性质、切面结构变化等,并尽可能避免采用诊断术语或名词来代替描述病变。有的病变用文字难以表达时,可绘图补充说明,有的可以拍照或将整个器官保存下来。

记录应与剖检同时进行,如条件不具备,可在剖检后及时补记。一般由术者口述,专人记录,记录的顺序应与剖检的顺序一致。

(二)尸体剖检报告

尸体剖检报告是根据尸体剖检记录和病料检验结果进行综合分析,对死亡动物做出病理学诊断报告。畜禽尸体剖检报告见表13-1。

思维导图

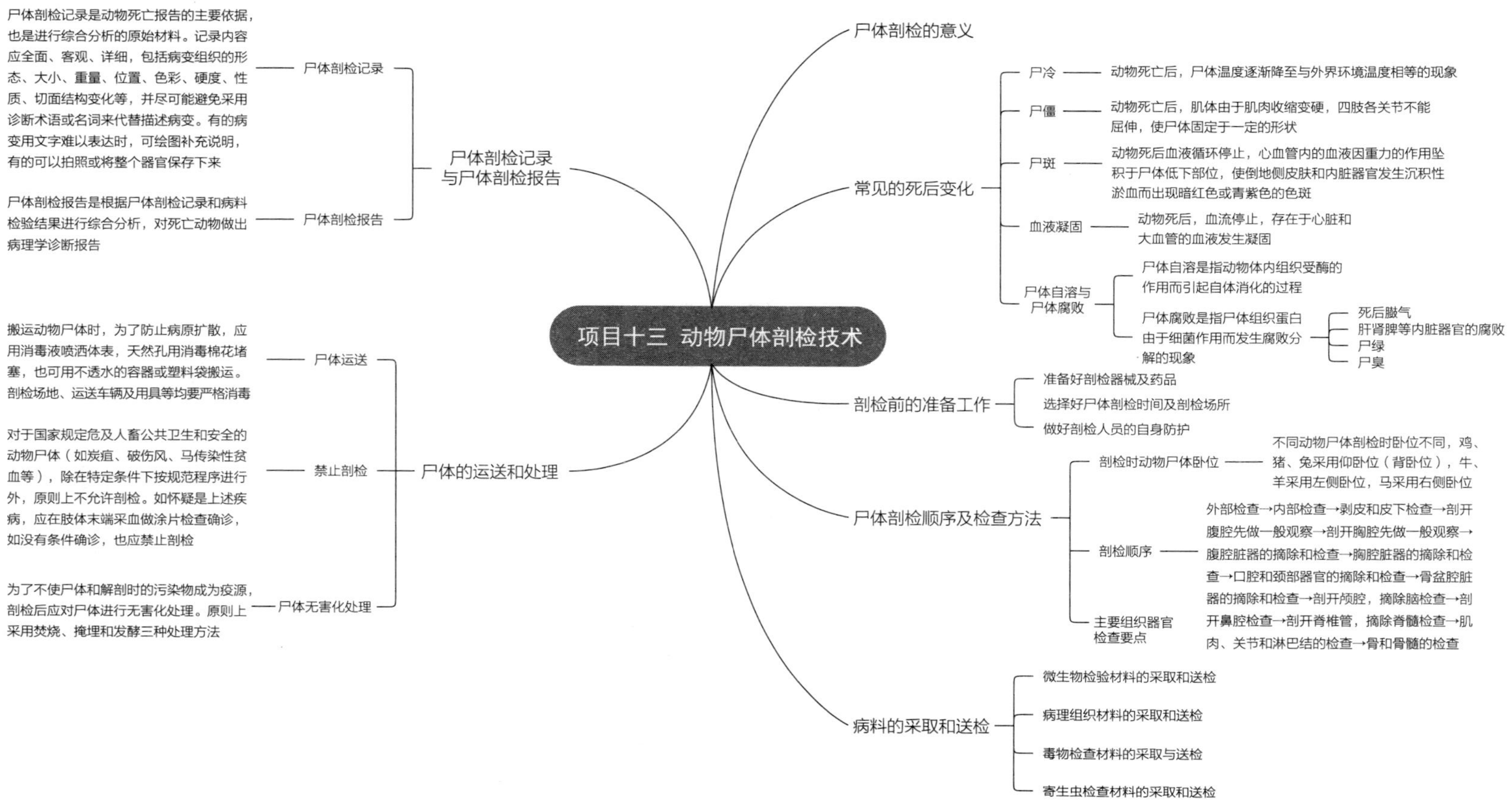
项目十三　动物尸体剖检技术
尸体剖检的意义
常见的死后变化
尸冷
动物死亡后，尸体温度逐渐降至与外界环境温度相等的现象
尸僵
动物死亡后，肌体由于肌肉收缩变硬，四肢各关节不能屈伸，使尸体固定于一定的形状
尸斑
动物死后血液循环停止，心血管内的血液因重力的作用坠积于尸体低下部位，使倒地侧皮肤和内脏器官发生沉积性淤血而出现暗红色或青紫色的色斑
血液凝固
动物死后，血流停止，存在于心脏和大血管的血液发生凝固
尸体自溶与尸体腐败
尸体自溶是指动物体内组织受酶的作用而引起自体消化的过程
尸体腐败是指尸体组织蛋白由于细菌作用而发生腐败分解的现象
死后臌气
肝肾脾等内脏器官的腐败
尸绿
尸臭
剖检前的准备工作
准备好剖检器械及药品
选择好尸体剖检时间及剖检场所
做好剖检人员的自身防护
尸体剖检顺序及检查方法
剖检时动物尸体卧位
不同动物尸体剖检时卧位不同，鸡、猪、兔采用仰卧位（背卧位），牛、羊采用左侧卧位，马采用右侧卧位
剖检顺序
主要组织器官检查要点
外部检查→内部检查→剥皮和皮下检查→剖开腹腔先做一般观察→剖开胸腔先做一般观察→腹腔脏器的摘除和检查→胸腔脏器的摘除和检查→口腔和颈部器官的摘除和检查→骨盆腔脏器的摘除和检查→剖开颅腔，摘除脑检查→剖开鼻腔检查→剖开脊椎管，摘除脊髓检查→肌肉、关节和淋巴结的检查→骨和骨髓的检查
病料的采取和送检
微生物检验材料的采取和送检
病理组织材料的采取和送检
毒物检查材料的采取与送检
寄生虫检查材料的采取和送检
尸体剖检记录与尸体剖检报告
尸体剖检记录
尸体剖检记录是动物死亡报告的主要依据，也是进行综合分析的原始材料。记录内容应全面、客观、详细，包括病变组织的形态、大小、重量、位置、色彩、硬度、性质、切面结构变化等，并尽可能避免采用诊断术语或名词来代替描述病变。有的病变用文字难以表达时，可绘图补充说明，有的可以拍照或将整个器官保存下来
尸体剖检报告
尸体剖检报告是根据尸体剖检记录和病料检验结果进行综合分析，对死亡动物做出病理学诊断报告
尸体的运送和处理
尸体运送
搬运动物尸体时，为了防止病原扩散，应用消毒液喷洒体表，天然孔用消毒棉花堵塞，也可用不透水的容器或塑料袋搬运。剖检场地、运送车辆及用具等均要严格消毒
禁止剖检
对于国家规定危及人畜公共卫生和安全的动物尸体（如炭疽、破伤风、马传染性贫血等），除在特定条件下按规范程序进行外，原则上不允许剖检。如怀疑是上述疾病，应在肢体末端采血做涂片检查确诊，如没有条件确诊，也应禁止剖检
尸体无害化处理
为了不使尸体和解剖时的污染物成为疫源，剖检后应对尸体进行无害化处理。原则上采用焚烧、掩埋和发酵三种处理方法

思政园地

世界首部司法检验专著——《洗冤集录》

《洗冤集录》由南宋著名法医学家宋慈于公元1247年编著完成，它比国外最早由意大利人菲德利斯写的法医著作要早350多年，是我国第一部系统的法医学专著，也是世界上现存第一部系统的法医学专著，开创了法医鉴定学。书中涉及病理、解剖、外科、骨科等方面的专业知识，成为古人刑侦办案的好助手。后世法医著作多以本书为蓝本，其曾先后译成荷、英、法、德等国文字，对世界法医学的发展有过巨大贡献，在世界法医学史上占有十分重要的地位。

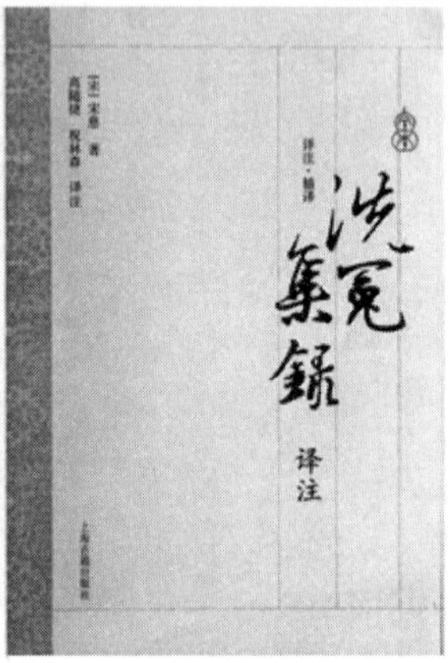

《洗冤集录》准确论述了尸斑发生的原因与分布特点，“凡死后，脑后、背上、两肋后、腰腿内、两臂上、两腿后有微赤色，系本人一向仰卧停泊，血脉坠下所致，不是别故身死”。此处所提到的“血脉坠下”即是“尸斑”。尸僵是死后身体部分肌肉僵直的表现，破伤风致死“呈肌肉收缩状、口眼角稍斜、拳手缩脚”等。

复习思考题

一、名词解释

尸冷　尸僵　尸斑　尸体腐败　尸体自溶

二、填空题

1. 动物死亡后，受体内存在的酶和细菌的作用，以及外界环境的影响，逐渐发生一系列死后变化，主要包括：________、________、________、________和尸体腐败。

2. 死于破伤风的动物，死前肌肉运动较剧烈，尸僵发生________；而死于________的动物，尸僵不显著或不出现。

3. 尸体腐败会破坏生前的病理变化，给剖检工作带来困难，因此，动物死后剖检应________。

4. 对死于败血症、一氧化碳中毒和窒息的动物，血液凝固________。

5. 畜禽死后一般超过________ h，因尸体腐败分解而不利于原有病变的观察和诊断，就失去了剖检意义。

6. 为了不使尸体和解剖时的污染物成为疫源，剖检后应对尸体进行无害化处理，原则上采用的处理方法是________、________和________。

7. 对死于________、________和马传染性贫血等危害人畜公共卫生和安全的畜禽尸体，除在特定条件下按规定程序进行外，应严禁剖检。

8. 微生物检验材料的采集，一般采________、________、________、________及淋巴结等实质器官送检。

9. 采集微生物检验材料要求__________操作，所用器械、容器和其他物品均要严格消毒。

10. 对怀疑死于中毒的动物，采集病料时最好采集肝、肾、__________及__________，甚至采集血液或膀胱内容物。

11. 疑似病毒性疾病的病料，应放入__________溶液中保存。

12. 尸体剖检一般应遵循的顺序为先__________检查，接着再__________检查。

三、选择题

1. 做病变组织切片检查常用的固定液是(　　)。
   A. 10%福尔马林溶液　　B. 3%来苏儿溶液
   C. 3%碘酊　　D. 0.1%新洁尔灭溶液
   E. 1%来苏儿溶液

2. 对于制备病理切片的剖检病料，以下处理方法错误的是(　　)。
   A. 病料的大小以 1.5 cm×1.5 cm×0.5 cm 为宜
   B. 病料放入冷冻冰箱
   C. 病料放入福尔马林固定液
   D. 采取病变略带正常组织的病料

3. 病理剖检时如有动物的渗出物溅入眼内，可用下列哪种溶液进行冲洗？(　　)
   A. 70%乙醇溶液　　B. 0.1%新洁尔灭溶液
   C. 0.05%氯己定溶液　　D. 2%硼酸溶液
   E. 1%福尔马林溶液

4. 动物死后的尸体变化不包括以下哪项？(　　)
   A. 尸冷　　B. 尸僵　　C. 尸斑　　D. 尸体凝固性坏死

5. 尸僵最先发生在哪个组织器官？(　　)
   A. 头部肌肉　　B. 胸肌　　C. 腹部肌肉　　D. 腿肌

6. 尸斑出现的位置在(　　)。
   A. 肝、脾等含血丰富的器官　　B. 尸体倒卧侧
   C. 胸腹部　　D. 背部

7. 尸体腐败过程中，尸体的腐败分解与(　　)有关。
   A. 胰脂酶外漏　　B. 细菌的作用
   C. 组织 pH 升高　　D. 自溶酶的作用

8. 尸体腐败后，局部呈污绿色的原因是(　　)。
   A. 组织蛋白分解　　B. 血液凝固
   C. 硫化铁和硫化血红蛋白形成　　D. 还原性血红蛋白增多

9. 剖检顺序正确的一项是(　　)。
   A. 外表检查→剖腹腔、胸腔、盆腔→剖颅腔
   B. 外表检查→剖颅腔→剖腹腔、胸腔、盆腔
   C. 剖颅腔→外表检查→剖腹腔、胸腔、盆腔
   D. 剖颅腔→剖腹腔、胸腔、盆腔→外表检查

10. 对病变描述的正确方法不包括哪项？(　　)
   A. 要客观、通俗易懂　　B. 尽量多使用出血、坏死等专业术语

C. 如有条件,配合画图或照相,效果更好　　D. 要使用法定计量标准

11. 病理组织材料的采取原则不包括(　　)。

A. 取病健交界部位

B. 取材范围应尽量大,最好取完整的脏器

C. 及时取材、及时固定

D. 取材过程中切勿挤压和冲洗

12. 剖检牛的尸体应取(　　)。

A. 左侧卧位　　B. 右侧卧位　　C. 背卧位　　D. 腹卧位

13. 单胃动物的病理剖检顺序是(　　)。<2011>

A. 尸体背卧位→腹腔剖开→胸腔剖开→颅腔剖开

B. 尸体背卧位→胸腔剖开→腹腔剖开→颅腔剖开

C. 尸体背卧位→腹腔剖开→颅腔剖开→胸腔剖开

D. 尸体背卧位→颅腔剖开→胸腔剖开→腹腔剖开

E. 尸体背卧位→颅腔剖开→胸腔剖开→腹腔剖开

(14～15题共用备选答案)<2012>

A. 尸冷　　B. 尸体自溶　　C. 尸僵

D. 尸斑　　E. 尸体腐败

14. 动物死亡后,尸体组织在自身酶(如溶酶体酶)的作用下被消化,其中以胃、肠、胰腺出现的变化最为明显。该动物尸体变化类型属于(　　)。

15. 动物死亡后,可见尸体倒卧侧的皮肤出现青紫色淤血区,后期由于发生溶血,可使该部分染成红色。该动物尸体变化的类型属于(　　)。

16. 鸡病理剖检时,通常将尸体(　　)。<2014>

A. 右侧卧位　　B. 俯卧位　　C. 左侧卧位

D. 仰卧位　　E. 悬挂位

17. 进行牛的尸体剖检时通常采用(　　)。<2015>

A. 左侧卧位　　B. 背卧位　　C. 右侧卧位

D. 腹卧位　　E. 吊挂式

18. 10%的福尔马林组织固定液中的甲醛含量是(　　)。<2018>

A. 36%　　B. 10%　　C. 7%

D. 4%　　E. 1%

19. 猪的尸体剖检,摘除空肠和回肠时应先(　　)。<2018>

A. 在贲门部做双重结扎　　B. 在十二指肠起始部做双重结扎

C. 在空肠的末端做双重结扎　　D. 在盲肠起始部做双重结扎

E. 在空肠起始部和回肠末端分别做双重结扎

(20～21题共用备选答案)<2019>

A. 10%福尔马林溶液　　B. 20%乙醇溶液

C. 50%乙醇溶液　　D. 4%福尔马林溶液

E. 80%乙醇溶液

20. 最常用的组织固定液是(　　)。

21. 在养殖场剖检取材时，如果无甲醛，可选用的固定液是（　　）。

(22～24 题共用备选答案)<2021>

A. 全部病变部位　　B. 一半病变部位　　C. 全部健康组织

D. 病变部位和健康部位交界处　　E. 病变中心部位

22. 胃镜检查发现肿瘤应采取样品的（　　）。

23. 病死动物尸体剖检应采取样品的（　　）。

24. 正常皮肤穿刺活体检查，应采集样品的（　　）。

25. 对仔猪进行病理剖检应该用什么姿势？（　　）<2023>

A. 右侧卧　　B. 腹侧卧　　C. 吊挂式

D. 背侧卧　　E. 左侧卧

四、判断题

1. 尸体剖检是兽医临床上诊断畜禽疾病最为常用的方法之一。（　　）

2. 对尸体进行无害化处理最彻底的方法就是焚烧，此方法在临床上运用最为广泛。（　　）

3. 动物死后，常见倒卧侧皮肤、成对的器官出现暗红色或青紫色的色斑，此现象称为尸斑。（　　）

4. 血栓就是死后凝血，两者都是血管内有血凝块。（　　）

5. 动物死后进行剖检时，常在畜禽舍内剖检，这方法快速而且简便。（　　）

6. 为了防止剖检人员自身感染，在剖检全过程中应注意做好消毒工作。（　　）

7. 剖检记录最好与剖检工作同时进行。（　　）

8. 剖检顺序与方法不是一成不变的，应灵活应用。（　　）

9. 采集的病料都要放入 10%福尔马林或 95%乙醇溶液中保存。（　　）

10. 剖检记录内容应完整、详细、客观地描述，尽可能避免采用诊断术语或名词来代替描述病变。（　　）

11. 当采集血清作检验材料时，一般选择静脉或心脏等部位，而且要加入抗凝剂。（　　）

12. 微生物病料的采集应有目的地进行，即怀疑是什么病就采集什么病料，且要采集病变最明显的部位。（　　）

五、简答题

1. 病理剖检前应做好哪些准备工作？

2. 进行尸体剖检时如何做好自身防护？

3. 怎样进行病理材料的采集和送检？

4. 简述常规尸体剖检应遵循的顺序。

项目十四　病理组织切片的制作

◆ 学习目标

了解病理组织切片制作的意义；掌握石蜡切片制作的流程和方法。

实训技能　石蜡切片制作

能力目标

掌握石蜡切片制作的流程和方法。

实训准备

病变组织、10%甲醛固定液和环保无醛固定液、标本缸、自动组织脱水机、包埋机、固体石蜡、包埋盒、不同型号的模具、不同型号不同类型的镊子、冷冻台、外科刀片、切片机、切片刀、毛笔、恒温水浴锅、载玻片、盖玻片、烤片机、不同浓度的乙醇、环保透明剂或二甲苯、苏木精染色液、伊红染色液、1%氯化氢乙醇溶液、晾片板、滴管、中性树胶、切片盒、切片扫描仪或光学显微镜、定时器、记号笔、手持吸尘器、蜡铲等。

实训安排

学生观看录像后，在老师指导下分组完成操作。

实训内容

病理组织切片的制作是将部分有病变的组织，经过各种化学品和埋藏法的处理，使之固定硬化，在切片机上切成薄片，黏附在玻片上，染以各种颜色后在显微镜下检查，以观察病理变化，做出病理诊断，为临床诊断和治疗提供帮助。

石蜡切片的制作流程主要包括取材、固定，修块、冲洗，脱水、透明、浸蜡，包埋，切片，展片、(捞片)贴片、烤片，染色和封固(片)几个部分。

(一)取材、固定

1. 取材

病变组织越新鲜越好,切取组织块的刀剪要锋利,不可挤压、拉扯病变组织,以免造成人为的损伤,取材时必须选择正常部分与病灶交界处的组织,由表及里、由浅入深地切取,组织块较理想的体积为 2.0(1.5)cm×2.0(1.5)cm×0.3 cm,以使固定液能迅速而均匀地渗入组织内部。组织块上如有血液、污物、黏液、食物、粪便等,可用水冲洗干净后再放入固定液中。将组织块投入固定液之后,应及时摇动,使组织充分接触固定液。特殊病料应根据器官的结构特点取材。管状、囊状和皮肤组织应注意横切和纵切的区分。切取好的组织放入事先准备好的装有固定液的广口瓶中,并做好标记。

视频 14-1　病理组织切片的制作(一)

2. 固定

固定是将组织浸泡在固定液内使其固有的形态和结构得以保存。如果新鲜的组织不能及时固定,会因为组织的自溶或细菌繁殖导致腐败而破坏原有的组织结构。

常用的固定液为 10%福尔马林溶液或环保固定液。

新鲜的组织材料应立即投入 10%福尔马林溶液或环保固定液中迅速固定,以保证原有的形态学结构。固定液的体积应为组织的 10 倍左右。将组织块投入固定液之后,应及时摇动,使组织充分接触固定液。

一般将组织浸入固定液后过夜,于第二天更换固定液一次,以便取得更好的固定效果。固定时间为 24 h 以上。

(二)修块、冲洗

1. 修块

取出固定好的组织块进行修整,组织块规格一般为长 1.5 cm×宽 1.5 cm×厚 0.3 cm,修好的组织块应包括病变部位和正常部位的组织,将组织块修平整后装入包埋盒中,做好标记。

2. 冲洗

固定后的组织块,应将固定液洗去以停止固定的作用,防止固定过度,以利于制片染色。

冲洗方法为将装有组织的包埋盒在自来水下流水冲洗 8～12 h,为了节约水资源,也可以先用流水冲洗 5 min,再浸泡于 10 倍体积的蒸馏水或者自来水中 8～12 h,其间换 3～4 次水即可。

(三)脱水、透明、浸蜡

标本经过固定和冲洗后,组织中含有较多的水分,必须将组织块内的水分置换出来,这一过程称为脱水。因含水组织与石蜡等包埋材料不相容,常用的脱水剂为一系列不同浓度的乙醇。此过程可在自动组织脱水机一体机中自动完成,也可手动完成。

视频 14-2　病理组织切片的制作(二)

1.使用自动组织脱水机

将装有组织的包埋盒装入不锈钢盒中,打开自动组织脱水机,将不锈钢盒装好。组织在自动组织脱水机中脱水、透明、浸蜡的步骤如下:

(1)脱水。

70%乙醇	1 h
80%乙醇	1 h
85%乙醇	1.5 h
95%乙醇 1	1.5 h
95%乙醇 2	1 h
100%乙醇 1	1 h
100%乙醇 2	1 h

(2)透明。

无水乙醇、二甲苯等量混合液	1 h
二甲苯	30 min(或至透明为止)

(3)浸蜡。

石蜡Ⅰ	2 h
石蜡Ⅱ	2 h
石蜡Ⅲ	2 h

2.手动操作

(1)脱水。

福尔马林	30 min
70%乙醇	1 h
80%乙醇	1.5 h
95%乙醇 1	1.5 h
95%乙醇 2	1 h
100%乙醇 1	1 h
100%乙醇 2	1 h

脱水完毕后取出。

脱水的时间要适度,时间短,脱水不净;时间过长,则会促使组织收缩变硬,如中途因故不能进行下去,则可将组织退回80%乙醇中保存。

(2)透明。因乙醇不溶于石蜡,还要经过一个能溶于石蜡的溶剂替代过程,称为透明。常用的透明剂有二甲苯或环保透明剂。

无水乙醇、二甲苯等量混合液	1 h
二甲苯	30 min(或至透明为止)

由于乙醇与石蜡不互溶,而二甲苯既能溶于乙醇又能溶于石蜡,脱水后还要经过二甲苯以过渡。在透明过程,应不断观察组织内的乙醇和二甲苯的交换情况,切勿透明过度。当组织中全部被二甲苯占有时,光线可以透过,组织呈现出不同程度的透明状态。

(3)浸蜡。使石蜡浸入组织中，取代组织中含有的透明剂；使石蜡渗透到组织内部达到饱和程度以便包埋。

石蜡Ⅰ	2 h
石蜡Ⅱ	2 h
石蜡Ⅲ	2 h

(四)包埋

将浸蜡后的组织置于熔化的石蜡中，石蜡凝固后，组织即被包在其中，称为蜡块，此过程称为包埋。用包埋机进行包埋。

1. 浸蜡

从自动脱水机中取出浸蜡完成的包埋盒，将其放在包埋机的熔化的石蜡中。

视频 14-3　病理组织切片的制作(三)

2. 取模具加蜡

从包埋机中挑选出与组织块的大小相适应的模具。向包埋模具内注入少量的熔化的石蜡垫底。

3. 包埋

从包埋盒中取出组织放入包埋模具底部，用镊子轻轻压平将组织固定，使包埋面按平贴紧；弃去包埋盒盖，将写有实验编号的包埋盒底放在包有石蜡的组织上，再补加适量熔化的石蜡。

4. 冷却取蜡块

将包埋好的模具连同组织一起轻轻移放于冷冻台上；待蜡冷却凝固后从包埋模具中取出包好的样本蜡块即可。

(五)切片

1. 修整蜡块

石蜡完全凝固后，用蜡铲修去包埋盒周边的石蜡，放置在冷冻台上，即可进行切片。

2. 切片

(1)固定蜡块。将包埋好的蜡块固定于切片机的包埋框中。

(2)粗修蜡块。安装粗修刀片。将蜡块与刀片之间调至合适距离，固定刀片后，将切片厚度调至 30 μm，右手转动切片机手柄开始粗切蜡块，用吸尘器吸掉蜡屑。粗修后使蜡块中的组织完全暴露出来；粗修后的蜡块放置于冷台上。将粗修后的蜡块放置于冷冻台上 10 min 左右，待蜡块温度降低后开始细修。

(3)细修与切片。将初修后的蜡块固定于切片机的包埋框中。更换细修刀片：先将切片厚度调至 12 μm，安装蜡块，蜡块与刀片之间调至合适距离，右手开始转动切片机手柄，当刀片接触蜡块表面时，将切片厚度调至 3 μm，匀速摇动手柄进行切片，切出彼此相连的蜡带。

(六)展片、贴片、烤片

1. 展片

一手用毛笔轻轻托起蜡带，另一手用眼科镊轻轻夹起蜡带，放入展片机的恒温水浴箱中，展片的水温为40～45 ℃，借水的张力和水的温度，将略皱的蜡带自然展平分开。

2. 贴片(分片和捞片)

待切片完全展平后即可进行分片和捞片。用镊子将蜡带分开，手持载玻片入水贴靠蜡片，与蜡带呈45°，将蜡片捞到载玻片的中段处，倾去载玻片上的多余的水分，写上编号，放置在沥水架中略干燥后即可烤片。

3. 烤片(烘片)

将贴片装入染色架并放在烤片机中，于60～65 ℃烤片1 h，脱去熔化于组织间隙的石蜡。也可在60～65 ℃恒温箱内进行。

(七)染色

石蜡切片常用的染色方法是苏木精-伊红染色法，简称HE染色法。这种方法对任何固定液固定的组织和应用各种包埋法的切片均可使用。苏木精是一种碱性染料，可使组织中的嗜碱性物质如细胞核染成蓝色；伊红是一种酸性染料，可使组织中的嗜酸性物质如细胞质染成红色。HE染色程序包括脱蜡、脱苯、复水、染色、脱水、透明。

视频14-4　病理组织切片的制作(四)

视频14-5　病理组织切片的制作(五)

石蜡切片HE染色手工操作流程如下。

1. 脱蜡、脱苯、复水

(1)环保透明剂或二甲苯Ⅰ(分析纯)　5 min

(2)环保透明剂或二甲苯Ⅱ(分析纯)　5 min

(3) 100%乙醇Ⅰ(分析纯，无水乙醇)　1 min

(4) 95%乙醇(工业乙醇或医用乙醇)　1 min

(5) 80%乙醇(工业乙醇或医用乙醇)　1 min

(6)自来水浸洗　1 min

以上(1)～(2)称为脱蜡过程，(3)～(6)称为脱苯、复水过程。

2. 染色

(1)苏木精染色　3～5 min

(2)水洗(自来水洗 3 次)	1 min
(3)1%氯化氢乙醇溶液分化	15～20 s
1% HCl 溶液溶于 70%的乙醇	
(4)水洗	1 min
(5)返蓝(2 种方式)	
自来水浸泡返蓝	5 min
分化返蓝后细胞核变得很清晰	
(6)0.5%伊红乙醇溶液浸染	20 s
(7)水洗	1 min

3. 脱水、透明

(使玻片变得更清晰,同时为封片做好准备)

(1)95%乙醇Ⅰ	10 s
(2)95%乙醇Ⅱ	10 s
(3)100%乙醇Ⅰ	2 min
(4)100%乙醇Ⅱ	2 min
(5)环保透明剂或二甲苯Ⅰ透明	2 min
(6)环保透明剂或二甲苯Ⅱ透明	2 min

(八)封固(片)

从透明剂中拿出染色片,在染色部位滴上适量中性树胶,徐徐盖上盖玻片,轻轻按压盖玻片使中性树胶分布均匀,封片时树胶要将组织全部覆盖并均匀充满盖玻片下缝隙而又不外溢,也不可有气泡,放置在晾片板上晾干,装盒,封固后的病理组织切片可以长期保存。

视频 14-6　病理组织切片的制作(六)

(九)镜检

将封固后的病理组织切片在切片扫描仪或光学显微镜下观察,可见细胞核被苏木精染成蓝色、细胞质被伊红染成红色。

一个质量较好的常规石蜡切片应符合以下标准:切片完整,厚度为3(4)～6 μm,厚薄均匀,无褶皱,无刀痕;染色核浆分明,红蓝适度,透明洁净,封裱美观。

思维导图

项目十四 病理组织切片的制作

- 取材固定
  - 取材——病变组织越新鲜越好，切取组织块的刀剪要锋利，不可挤压、拉扯病变组织，以免造成人为的损伤，取材时必须选择正常部分与病灶交界处的组织，由表及里，由浅入深地切取，组织块较理想的体积为2.0（1.5）cm×2.0（1.5）cm×0.3cm，以使固定液能迅速而均匀地渗入组织内部
  - 固定——新鲜的组织材料应立即投入10%福尔马林溶液或环保固定液中迅速固定，以保证原有的形态学结构。固定液的体积应为组织的10倍左右。将组织块投入固定液之后，应及时摇动，使组织充分接触固定液
- 修块、冲洗
  - 修块——取出固定好的组织块进行修整，组织块规格一般为长1.5cm×宽1.5cm×厚0.3cm，修取的组织块应包括病变部位和正常部位的组织，将组织修平整后装入包埋盒中，作好标记
  - 冲洗——固定后的组织块，应将固定液洗去以停止固定的作用，防止固定过度，有利于制片染色。冲洗方法为将装有组织的包埋盒在自来水下流水冲洗8～12h，为了节约水资源，也可以先用流水冲洗5min后，再浸泡于10倍的蒸馏水或者自来水中8～12h，其间换3～4水即可
- 脱水、透明、浸蜡
  - 脱水——标本经过固定和冲洗后，组织中含有较多的水分，必须将组织块内的水分置换出来，这一过程称为脱水。因含水组织与石蜡等包埋材料不相容，常用的脱水剂为一系列不同浓度的乙醇。
  - 透明——因乙醇不溶于石蜡，还要经过一个能溶于石蜡的溶剂替代过程，称为透明。常用的透明剂有二甲苯或环保透明剂
  - 浸蜡——使石蜡浸入组织中，取代组织中含有的透明剂；使石蜡渗透到组织内部达到饱和程度以便包埋
- 包埋——浸蜡后的组织包埋成蜡块——将浸蜡后的组织置于熔化的固体石蜡中，石蜡凝固后，组织即被包在其中，此过程称为包埋，用包埋机进行包埋
- 切片
  - 修整蜡块——石蜡完全凝固后，用蜡铲修去包埋盒周边的石蜡，放置在冷冻台上，即可进行切片
  - 切片——固定蜡块、粗修蜡块、细修与切片
- 展片、贴片、烤片
  - 展片——一手用毛笔轻轻托起蜡带，另一手用眼科镊夹起蜡带，轻轻平铺在40～45℃的水面上，借水的张力和水的温度，将略皱的蜡带自然展平分开
  - 贴片——待蜡带在恒温水面上充分展平后，将蜡片捞到载玻片的中段处，倾去载玻片上的多余的水分，写上编号，在空气中略干燥后即可烤片
  - 烤片（烘片）——将贴片装入染色架并放在烤片机中，于60～65℃烤片1h，脱去熔化在组织间隙的石蜡；也可放入60～65℃恒温箱内进行
- 染色——石蜡切片常用的染色方法是苏木精-伊红染色法，简称HE染色法。这种方法对任何固定液固定的组织和应用各种包埋法的切片均可使用。苏木精是一种碱性染料，可使组织中的嗜碱性物质如细胞核染成蓝色；伊红是一种酸性染料，可使组织中的嗜酸性物质如细胞质染成红色。HE染色程序如下：脱蜡、脱苯、复水、染色、脱水、透明
- 封固（片）——从透明剂中拿出染色片，在染色部位滴上适量中性树胶，徐徐盖上盖玻片，轻轻按压盖玻片使中性树胶分布均匀，封片时树胶要将组织全部覆盖并均匀充满盖玻片下缝隙而又不外溢，也不可有气泡，放置在晾片板上晾干，装盒，封固后的病理组织切片可以长期保存
- 镜检——将封固后的病理组织切片放在切片扫描仪或光学显微镜下观察，可见细胞核被苏木精染成蓝色、细胞质被伊红染成红色

思政园地

肿瘤诊断的金标准——病理组织学诊断

肿瘤诊断的“金标准”是病理组织学诊断。将肿瘤组织从体内取出，经固定、脱水、浸蜡包埋、切片、染色后，在显微镜下观察。在病理医生的显微镜下，所有细胞无处遁形，不会冤枉一个“好”细胞，也不会放过一个“坏”细胞。作为诊断的“金标准”，病理组织学检查不仅能够判定疾病的性质，也能解读疾病的发生发展的过程，给临床医生提供更好的证据，为患病动物或患者制订更合理的治疗方案。所以，对机体上切取或者掉下来的组织进行病理检查是必要的，这对于疾病诊断和指导治疗都是非常关键的一步。良好的病理组织切片是病理医生诊断疾病的基础，病理组织切片制作程序较复杂，步骤多，不仅要求制作者有熟练的技能，更需要有高度的责任心和耐心细致的工作精神。

参考答案

项目一　疾病概论

三、选择题

1. A　2. C　3. C　4. E　5. C　6. D　7. C　8. A　9. C　10. C　11. A　12. B　13. D　14. C　15. D　16. D　17. D　18. B　19. B　20. D　21. A

四、判断题

1. √　2. ×　3. ×

项目二　血液循环障碍

三、选择题

1. E　2. D,C,B,A　3. A　4. B　5. B　6. A　7. E　8. A　9. A　10. D　11. B　12. E　13. A　14. B　15. E　16. D　17. A　18. B　19. B　20. D　21. D　22. B　23. D　24. E　25. C　26. C　27. B　28. C

四、判断题

1. √　2. ×　3. ×　4. ×　5. √　6. √　7. ×　8. ×　9. ×　10. √　11. ×

项目三　水肿

三、选择题

1. B　2. C　3. A　4. E　5. C　6. E　7. C

四、判断题

1. √　2. √　3. √　4. ×

项目四　脱水及酸碱平衡紊乱

三、选择题

1. B,C,A　2. D　3. B　4. C　5. B　6. A　7. B　8. E　9. C　10. C　11. E　12. B　13. C　14. C　15. C　16. C　17. C　18. C

四、判断题

1. √　2. ×　3. ×　4. ×　5. √　6. ×　7. ×　8. √

项目五　缺氧

三、选择题

1. D　2. B　3. B　4. B　5. A　6. E　7. B　8. D　9. B　10. B　11. E　12. B　13. C　14. E　15. D　16. A　17. A　18. B　19. A

四、判断题

1. √　2. √　3. √

项目六　细胞和组织的适应、损伤与修复

三、选择题

1. A　2. AC　3. B　4. A,B,C,D　5. A　6. E　7. C　8. B　9. B　10. A　11. C　12. A　13. E　14. A　15. E　16. B　17. B　18. B　19. E　20. B　21. E　22. B　23. E　24. D　25. B　26. D　27. E　28. C　29. E　30. D　31. C　32. C　33. B　34. D　35. E　36. B　37. A　38. A　39. A　40. A　41. E　42. C　43. D　44. C　45. A　46. B　47. C　48. B　49. A　50. C　51. C　52. E　53. C　54. A　55. E　56. C　57. B　58. D　59. A　60. C　61. B　62. A　63. C　64. D　65. D　66. B　67. C　68. E　69. A　70. D　71. C　72. C　73. E　74. B　75. D　76. B　77. A　78. B

四、判断题

1. √　2. √　3. ×　4. ×　5. ×　6. ×　7. √　8. ×　9. ×　10. ×　11. ×　12. ×　13. ×　14. ×

项目七　炎症

三、选择

1. C　2. A　3. C　4. D　5. A　6. B　7. C　8. C　9. A　10. B　11. E　12. C　13. A　14. C　15. B　16. A　17. C　18. B　19. E　20. C　21. D　22. A　23. C　24. B　25. C　26. C　27. A　28. D　29. C　30. D　31. A　32. B　33. C　34. A　35. C　36. D　37. D　38. B　39. C　40. C　41. E　42. D　43. C　44. D　45. B　46. C　47. B　48. E　49. D　50. B　51. D　52. E　53. B　54. C　55. C　56. B　57. A　58. B　59. C　60. A　61. A　62. C　63. D　64. C　65. A　66. A　67. B　68. E　69. E　70. C　71. A　72. E　73. A　74. E　75. B

四、判断

1. √　2. √　3. ×　4. √　5. ×　6. ×　7. ×　8. √　9. ×　10. ×　11. ×

项目八　发热

三、判断题

1. ×　2. ×　3. √　4. ×　5. ×　6. √　7. ×

四、选择题

1. D　2. C　3. B　4. B　5. A　6. C　7. A　8. C　9. D　10. C　11. B　12. E　13. B

14. D　15. D　16. A　17. A

项目九　休克

三、选择题

1. C　2. E、B、D　3. E　4. E　5. A　6. B　7. A　8. E　9. E

项目十　黄疸

三、选择题

1. A　2. C　3. B　4. C　5. A　6. C　7. A　8. C　9. A　10. A　11. B

项目十一　肿瘤

三、选择题

1. AD、BC　2. D　3. D　4. B　5. A　6. D　7. D　8. B　9. A　10. A　11. D　12. D　13. A　14. A　15. C　16. D　17. C　18. D　19. E　20. D　21. B　22. E　23. A　24. B　25. A　26. B

四、判断题

1. ×　2. √　3. √　4. ×　5. ×　6. ×

项目十二　主要器官病理

三、选择题

1. C　2. A　3. B　4. D　5. C　6. D　7. A　8. C　9. A　10. C　11. B　12. D　13. A　14. E　15. A　16. E　17. E　18. A　19. A　20. C　21. B　22. D　23. C　24. A　25. B　26. C　27. B　28. C　29. A　30. E　31. E　32. C　33. A　34. E　35. D　36. B　37. E　38. B　39. D　40. E　41. B　42. E　43. C　44. C　45. B　46. E　47. C　48. A　49. C　50. B　51. E　52. D　53. A　54. D　55. C　56. A　57. D　58. E　59. C　60. A　61. C　62. A　63. E　64. E　65. A　66. B　67. B　68. A　69. B　70. A　71. D　72. E　73. B　74. D　75. B　76. A

四、判断题

1. ×　2. ×　3. √　4. ×　5. ×　6. √　7. ×　8. ×

项目十三　动物尸体剖检技术

三、选择题

1. A　2. B　3. D　4. D　5. A　6. B　7. B　8. C　9. A　10. B　11. B　12. A　13. A　14. B　15. D　16. D　17. A　18. D　19. E　20. A　21. E　22. D　23. D　24. D　25. D

四、判断题

1. √　2. ×　3. √　4. ×　5. ×　6. √　7. √　8. √　9. ×　10. √　11. ×　12. √

参考文献

[1]於敏,周铁忠．动物病理[M].4 版．北京:中国农业出版社,2020.
[2]王子轼,周铁忠．动物病理[M].3 版．北京:中国农业出版社,2010.
[3]任玲,谢拥军．兽医基础[M].北京:化学工业出版社,2010.
[4]周珍辉．动物病理[M].3 版．北京:中国农业出版社,2019.
[5]周铁忠,陆桂平．动物病理[M].2 版．北京:中国农业出版社,2006.
[6]赵得明．兽医病理学[M].2 版．北京:中国农业大学出版社,2005.
[7]陆桂平．动物病理[M].北京:中国农业出版社,2001.
[8]姜八一．动物病理[M].北京:中国农业出版社,2014.
[9]辽宁省锦州畜牧兽医学校．家畜病理学[M].2 版．北京:中国农业出版社,2003.
[10]李普霖．动物病理学[M].2 版．长春:吉林科学技术出版社,1994.
[11]陈可毅．兽医病理解剖学实验指导[M].北京:农业出版社,1990.
[12]武忠弼．病理学[M].4 版．北京:人民卫生出版社,2000.
[13]张艺文．病理学[M].北京:科学出版社,2003.
[14]王水琴,梁宏德,金成汉．家畜病理生理学[M].长春:吉林科学技术出版社,1999.
[15]金惠明,王建枝．病理生理学[M].6 版．北京:人民卫生出版社,2006.
[16]贵州省畜牧兽医学校．家畜传染病学[M].2 版．北京:中国农业出版社,2002.
[17]刘同美,刘凤．病理生理学随堂练[M].北京:科学出版社,2007.
[18]杨保全．畜禽病理学[M].郑州:河南科学技术出版社,2007.
[19]陈万芳．家畜病理生理[M].2 版．北京:中国农业出版社,2000.
[20]赵得明．兽医病理学[M].北京:中国农业大学出版社,1998.
[21]陈怀涛．兽医病理解剖学[M].3 版．北京:中国农业出版社,2006.
[22]武忠弼．病理学[M].3 版．北京:人民卫生出版社,1992.
[23]林曦．家畜病理学[M].3 版．北京:中国农业出版社,1999.
[24]李玉冰．兽医基础[M].北京:中国农业出版社,2001.
[25]李生涛．禽病防治[M].北京:中国农业出版社,2001.
[26]秦四海．猪病防治[M].北京:中国农业出版社,2001.
[27]朱玉良．家畜病理学[M].北京:农业出版社,1978.
[28]罗贻逊．家畜病理学[M].北京:农业出版社,1990.

附录　动物病理彩色图谱

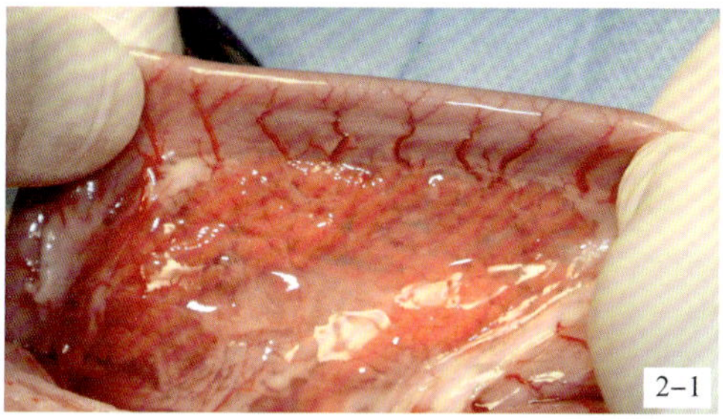
2-1

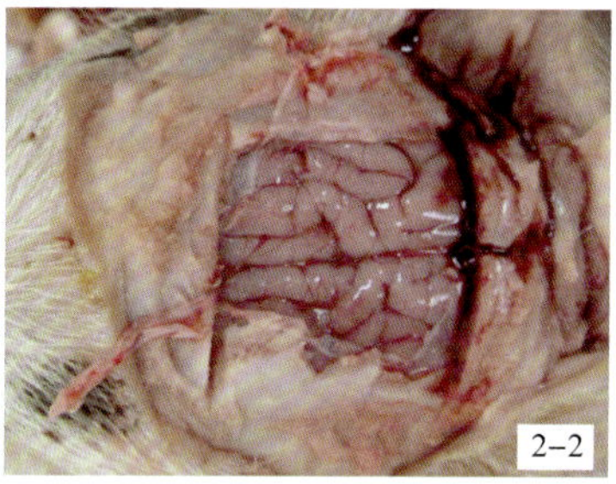
2-2

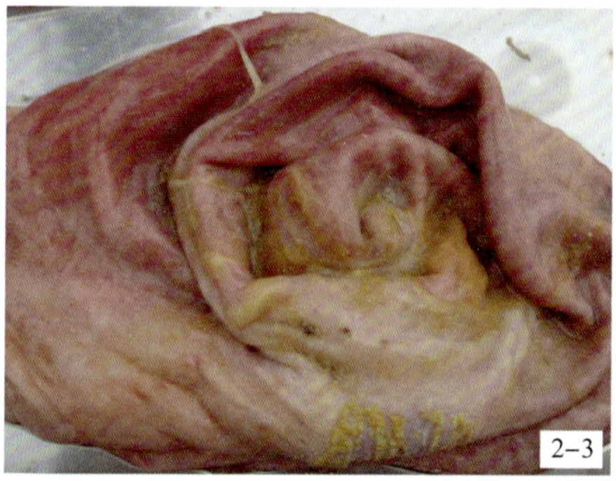
2-3

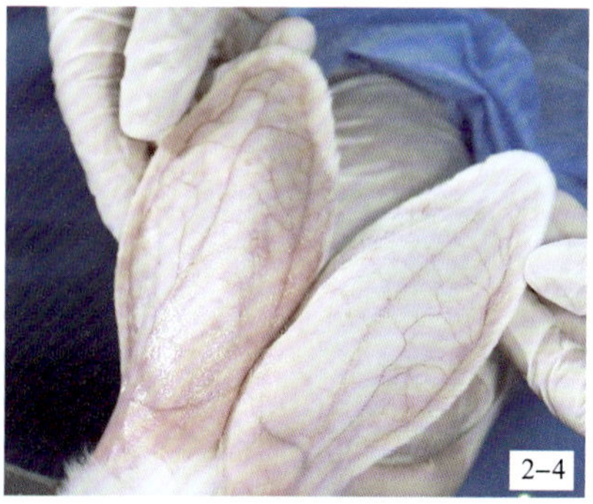
2-4

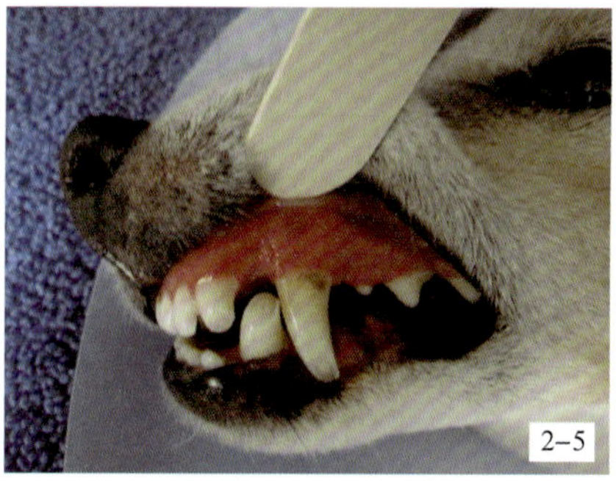
2-5

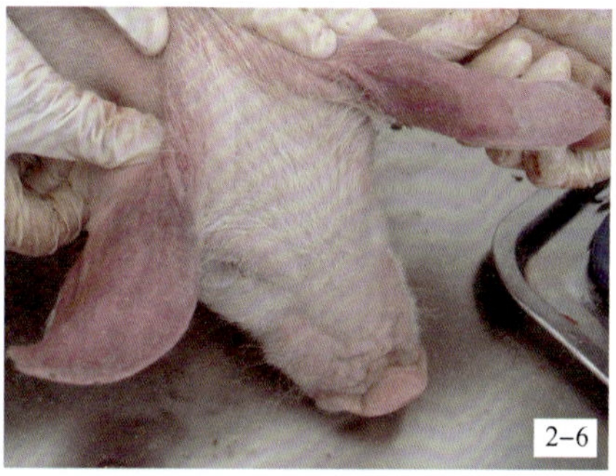
2-6

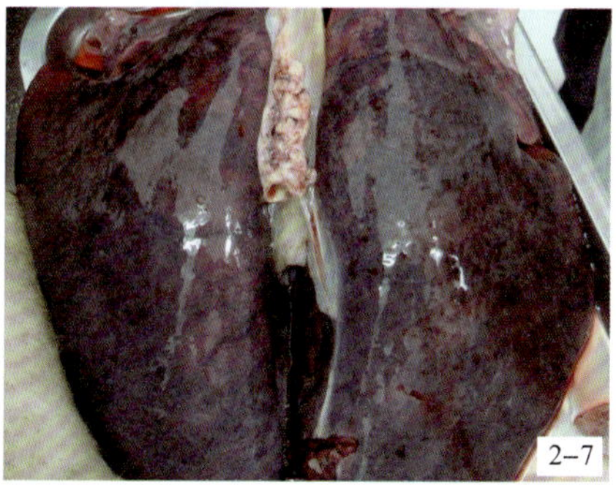
2-7

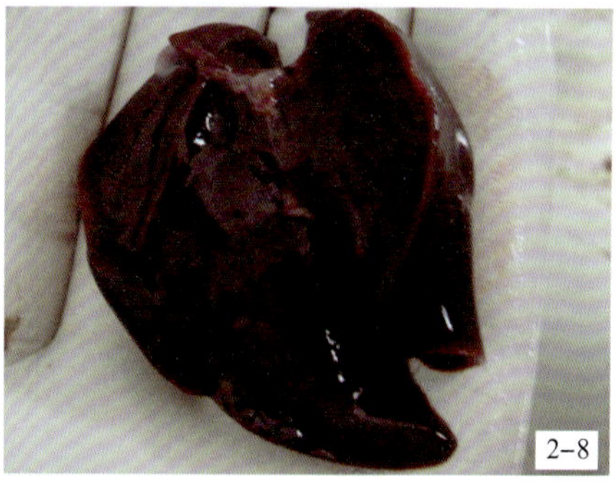
2-8

项目二　血液循环障碍

彩图 2-1 猫胰腺炎胰腺充血；彩图 2-2 脑膜充血；彩图 2-3 胃黏膜充血；彩图 2-4 兔右耳充血；彩图 2-5 犬齿龈充血；彩图 2-6 猪耳充血；彩图 2-7 肺淤血；彩图 2-8 肝淤血

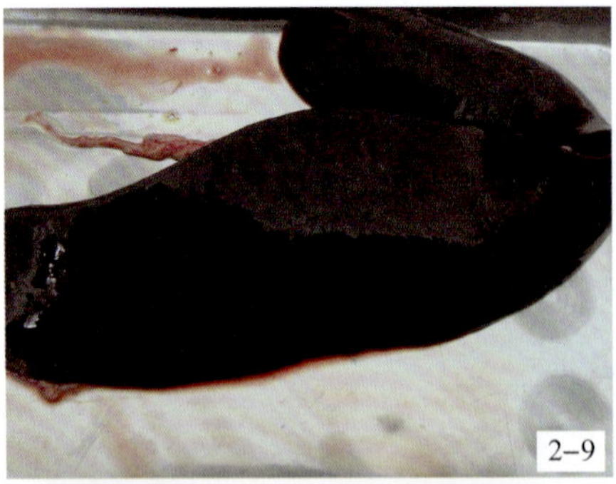
2-9

2-10

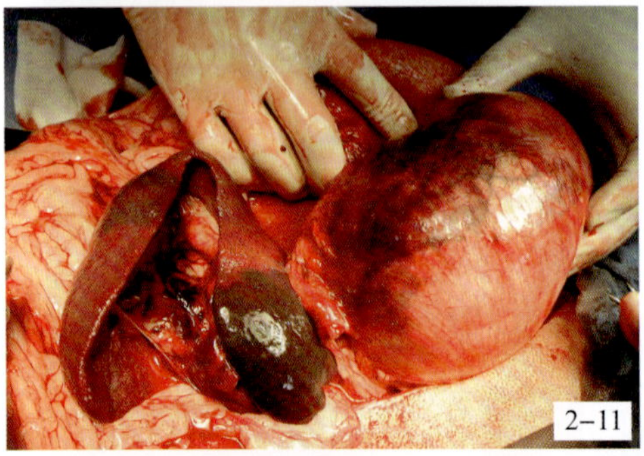
2-11

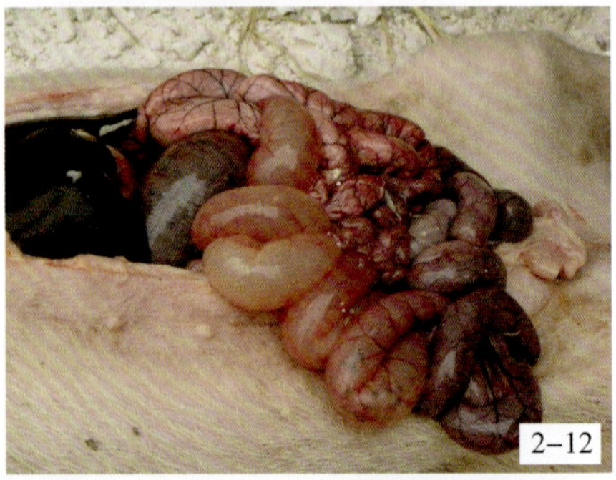
2-12

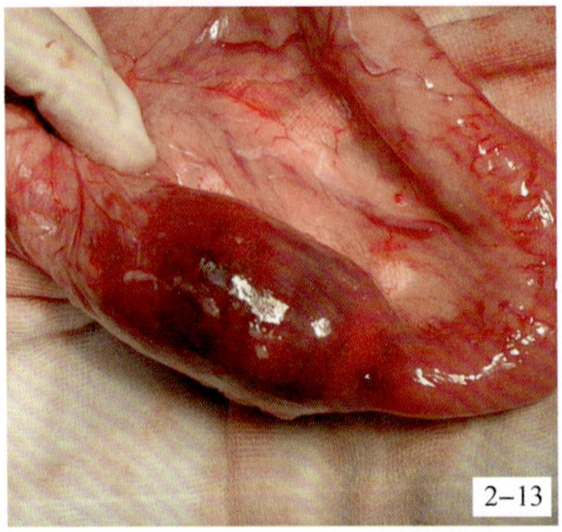
2-13

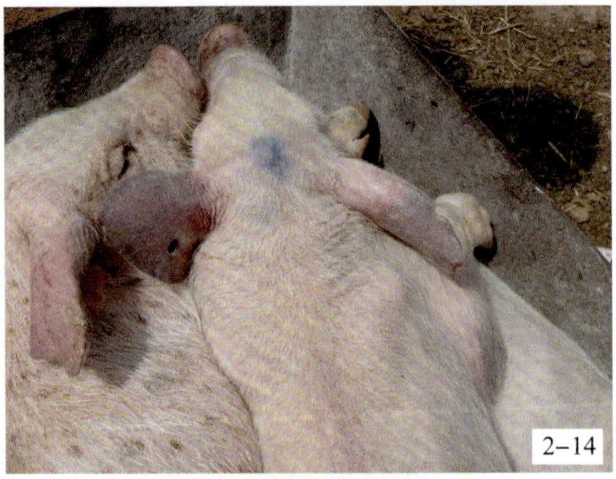
2-14

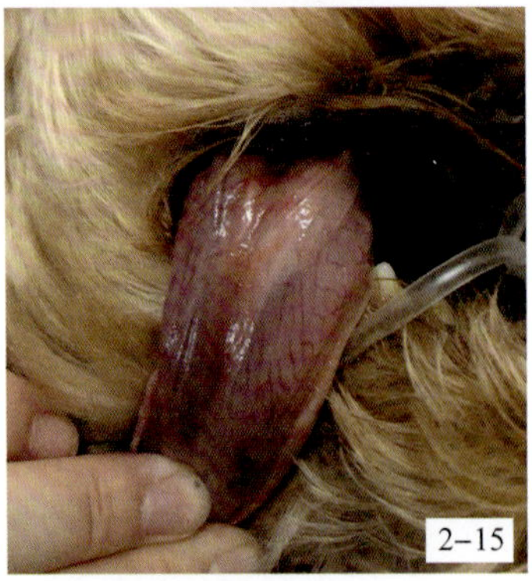
2-15

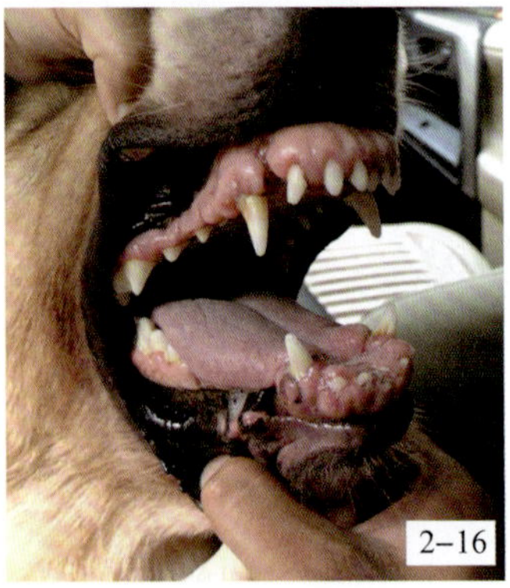
2-16

项目二　血液循环障碍

彩图 2-9 脾淤血肿大；彩图 2-10 德牧胃、脾扭转，可见脾肿大淤血，颜色呈黑色；彩图 2-11 犬胃扭转导致脾淤血，胃壁淤血、坏死；彩图 2-12 肠淤血；彩图 2-13 犬肠道异物导致空肠淤血、水肿、充血、肠管扩张；彩图 2-14 猪耳淤血发绀呈蓝紫色；彩图 2-15 犬舌淤血发绀呈蓝紫色；彩图 2-16 犬舌淤血发绀呈蓝紫色

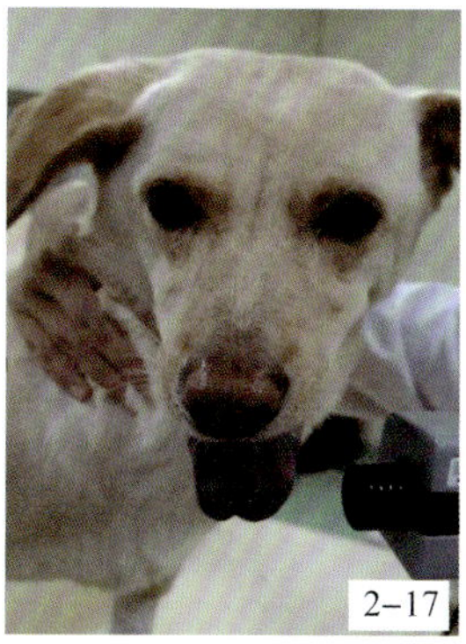
2-17

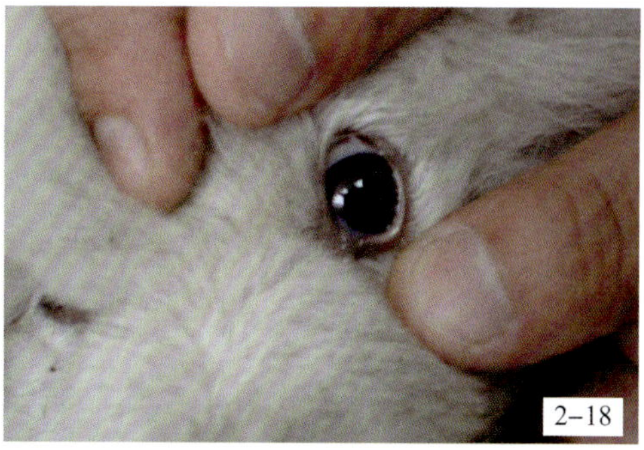
2-18

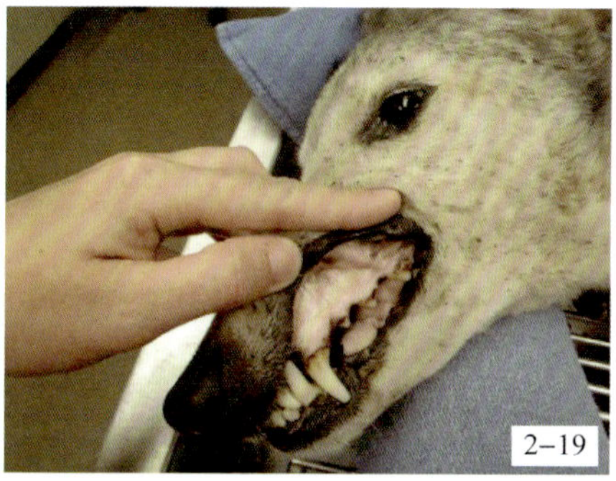
2-19

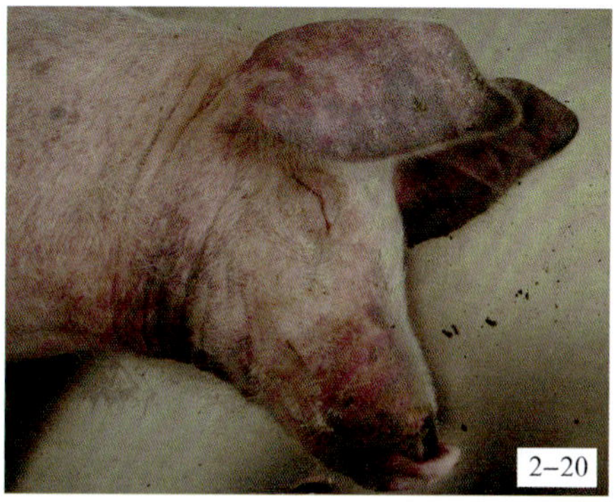
2-20

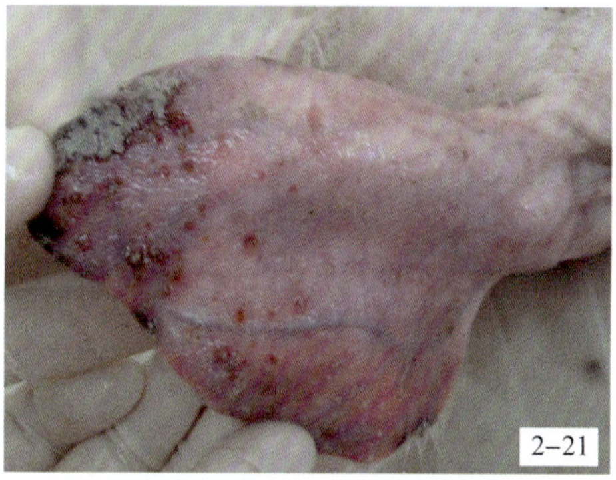
2-21

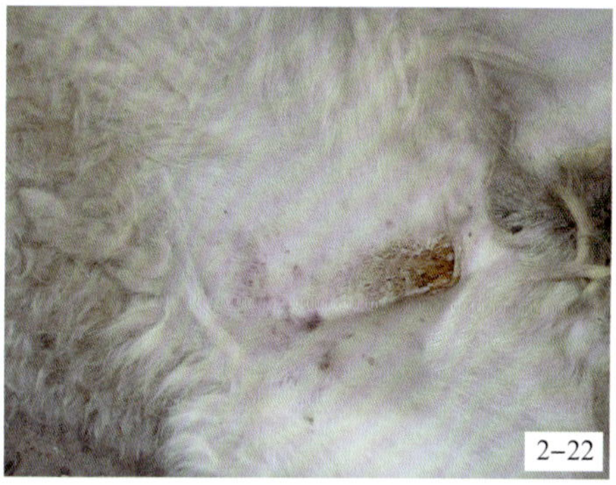
2-22

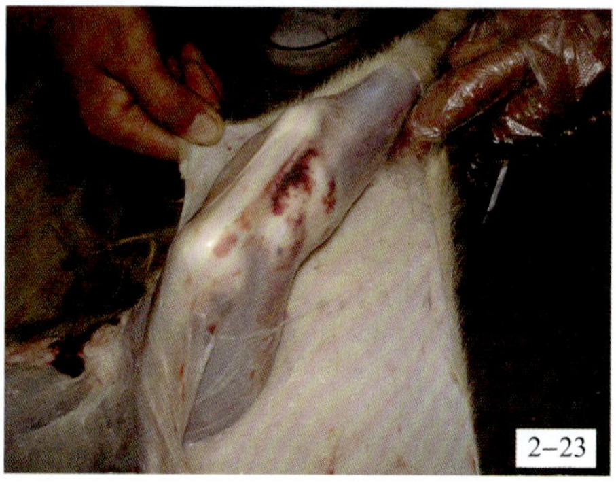
2-23

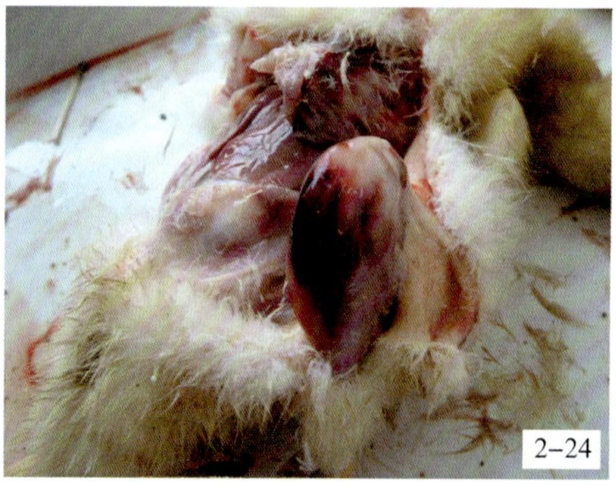
2-24

项目二　血液循环障碍

彩图 2-17 犬舌淤血发绀呈蓝紫色；彩图 2-18 羊眼结膜贫血苍白；彩图 2-19 犬口腔黏膜贫血苍白；彩图 2-20 猪皮肤出血；彩图 2-21 猪耳出血溃烂；彩图 2-22 羊皮肤出血；彩图 2-23 羊皮下出血；彩图 2-24 鸭腿肌出血

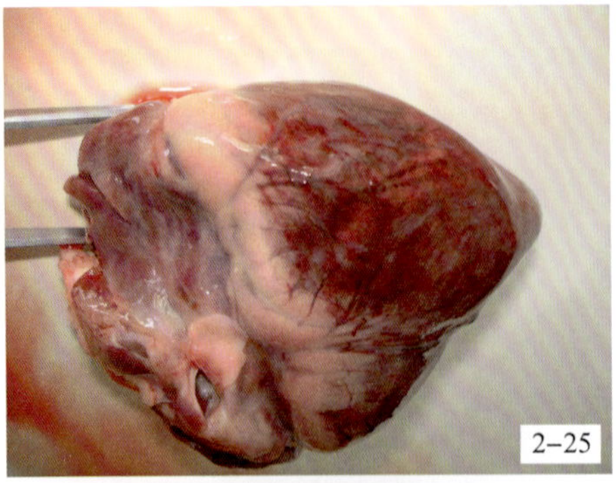
2–25

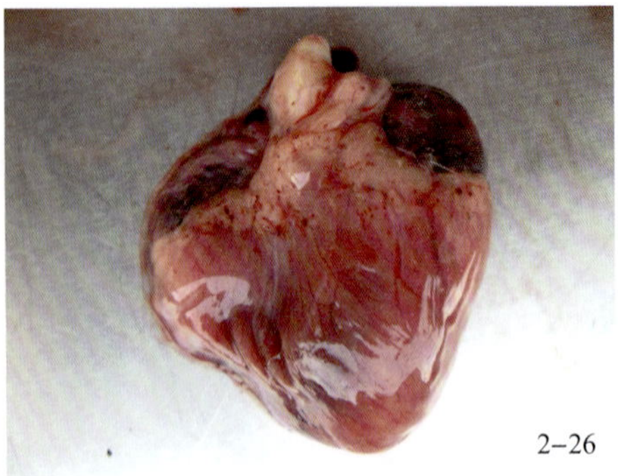
2–26

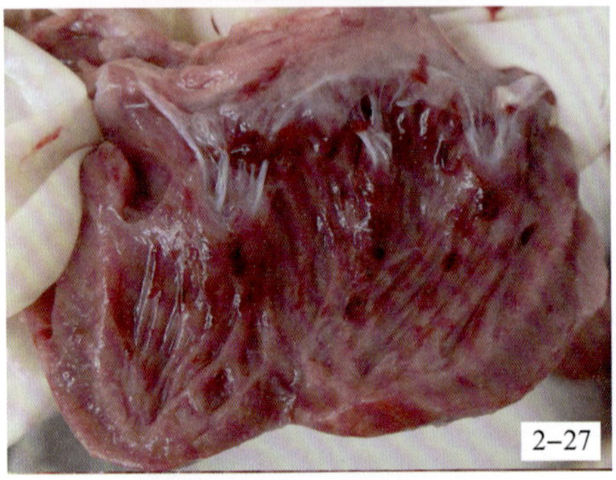
2–27

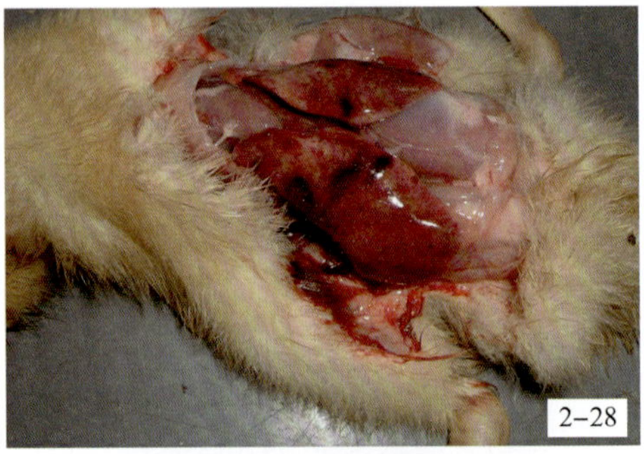
2–28

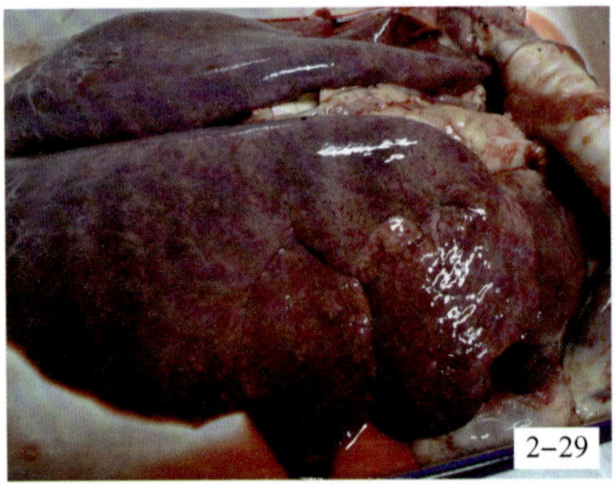
2–29

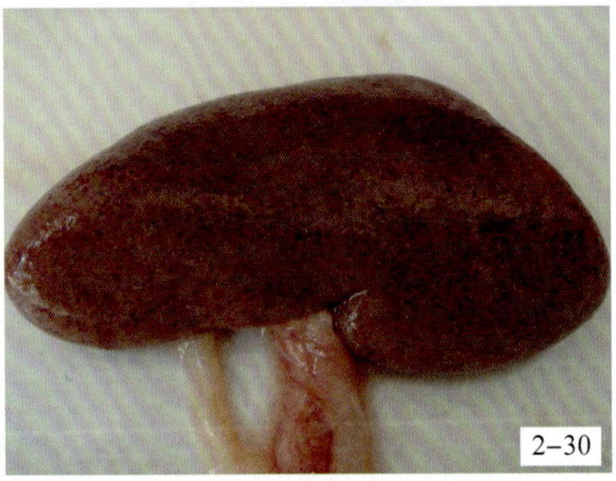
2–30

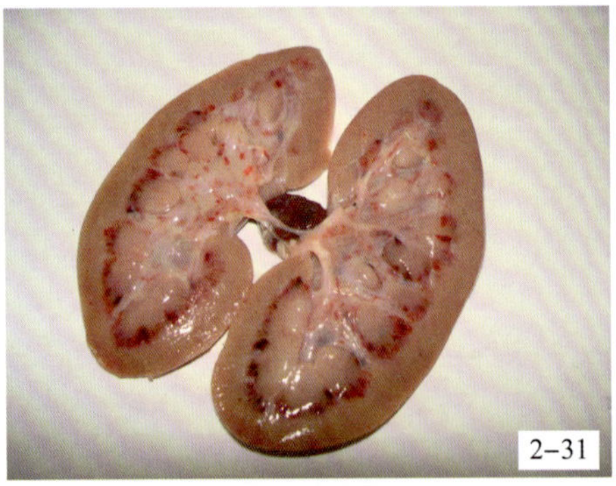
2–31

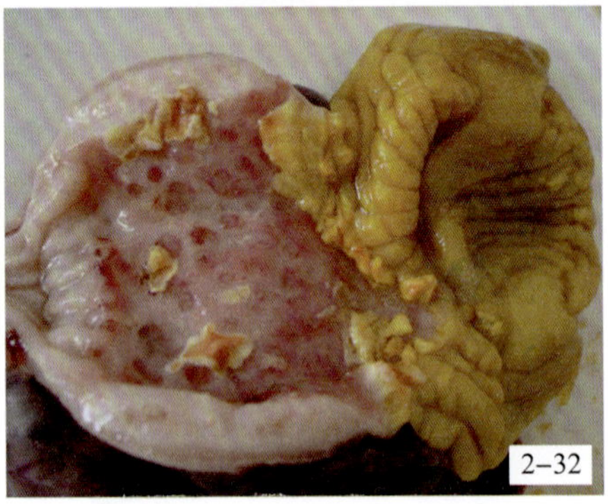
2–32

项目二　血液循环障碍

彩图 2-25 心外膜出血；彩图 2-26 心冠脂肪出血；彩图 2-27 心内膜出血；彩图 2-28 肝出血；彩图 2-29 肺淤血出血；彩图 2-30 肾点状出血；彩图 2-31 肾皮质髓质出血；彩图 2-32 鸡腺胃乳头出血溃疡

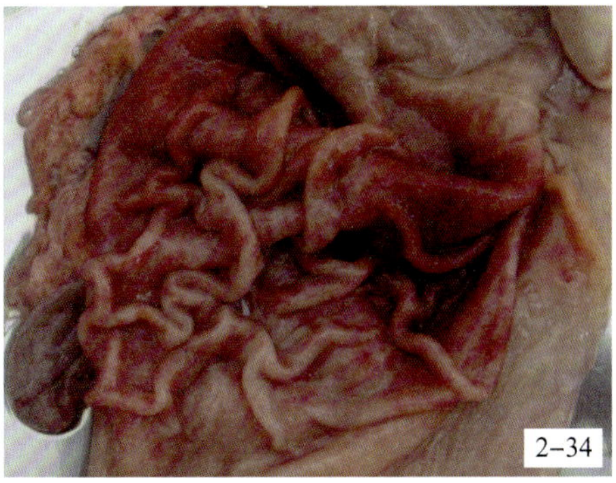

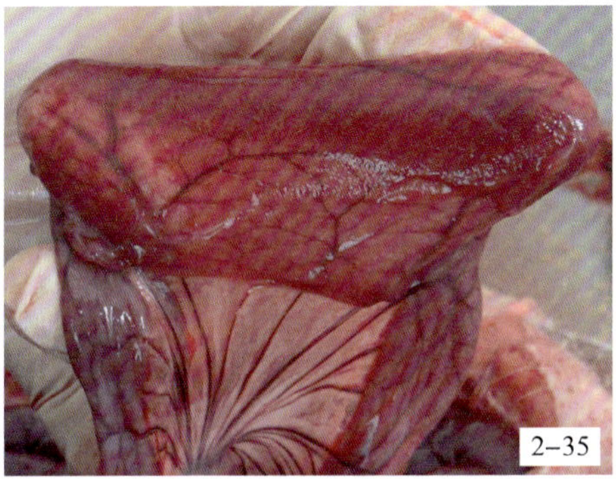

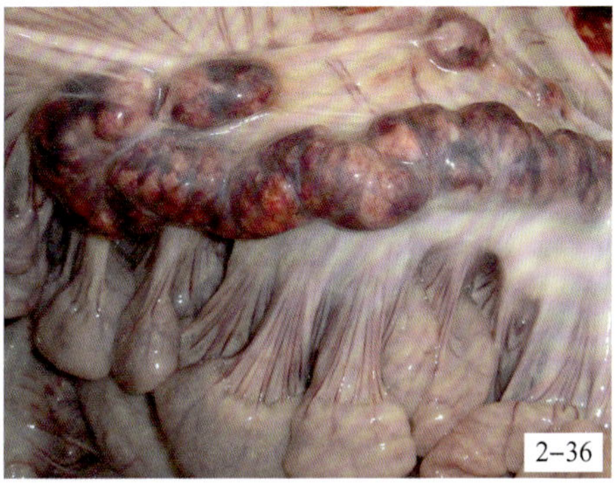

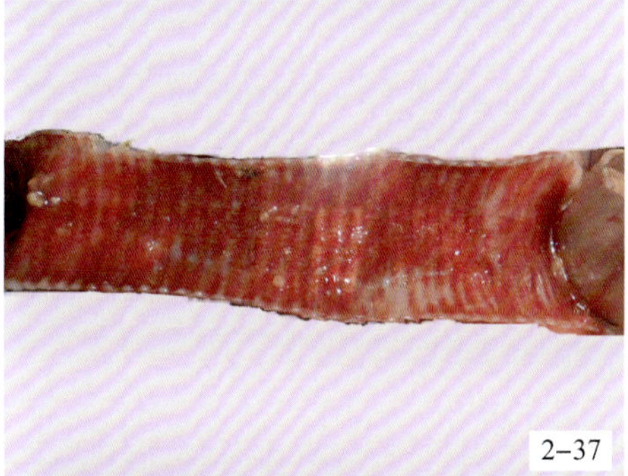

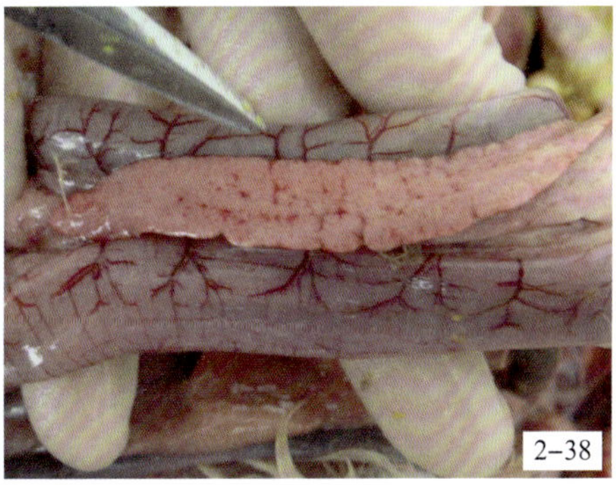

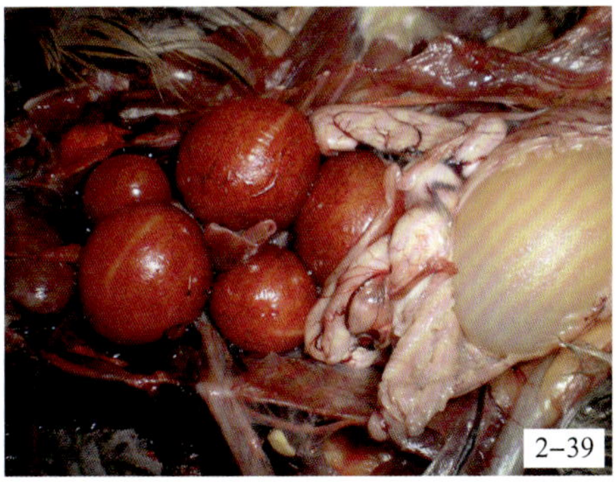

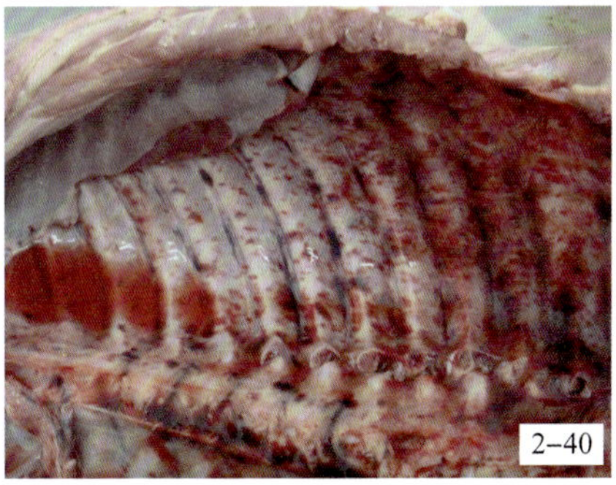

项目二　血液循环障碍

彩图 2-33 鸭腺胃乳头出血；彩图 2-34 胃黏膜出血；彩图 2-35 肠黏膜出血；彩图 2-36 肠系膜淋巴结出血；彩图 2-37 气管出血；彩图 2-38 胰腺出血；彩图 2-39 卵泡出血；彩图 2-40 猪肋胸膜出血

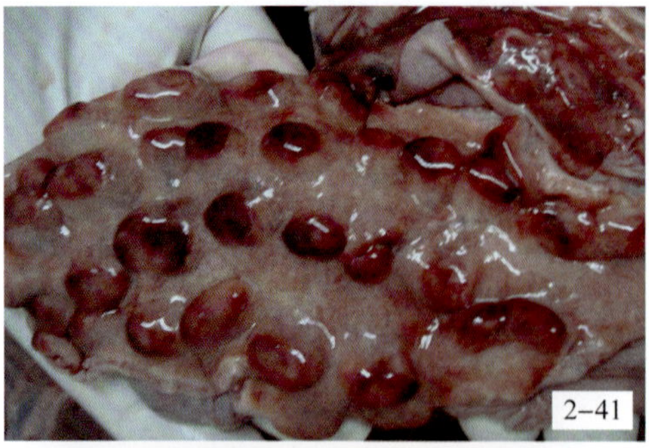
2-41

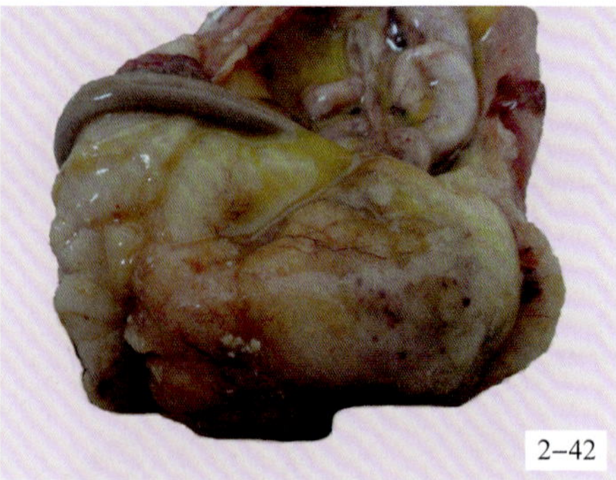
2-42

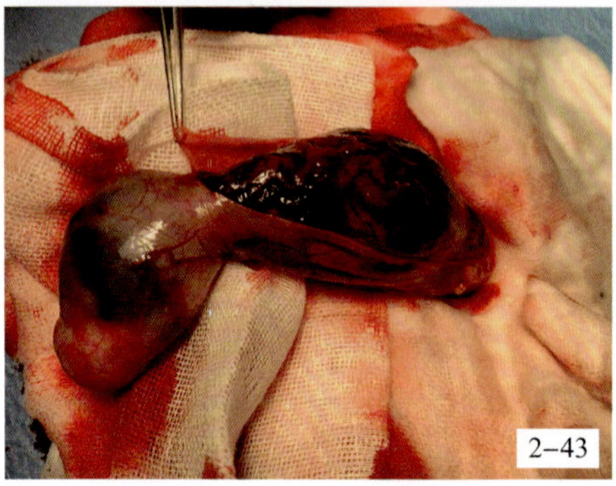
2-43

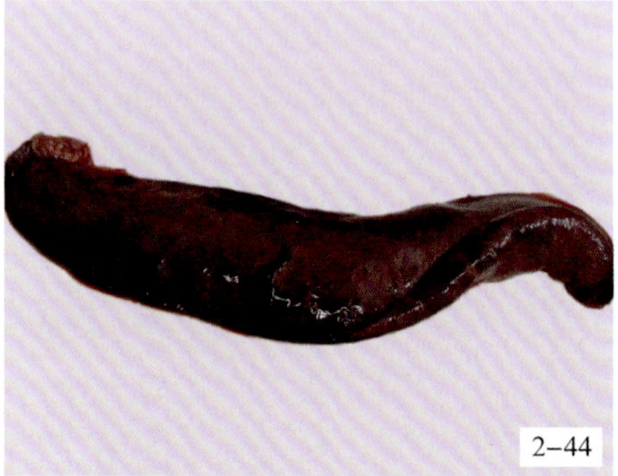
2-44

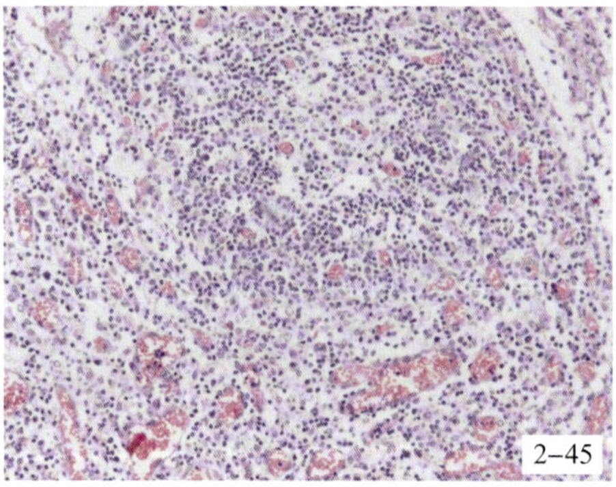
2-45

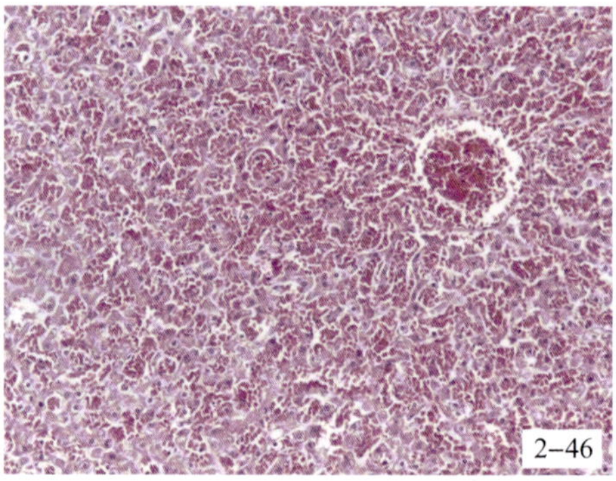
2-46

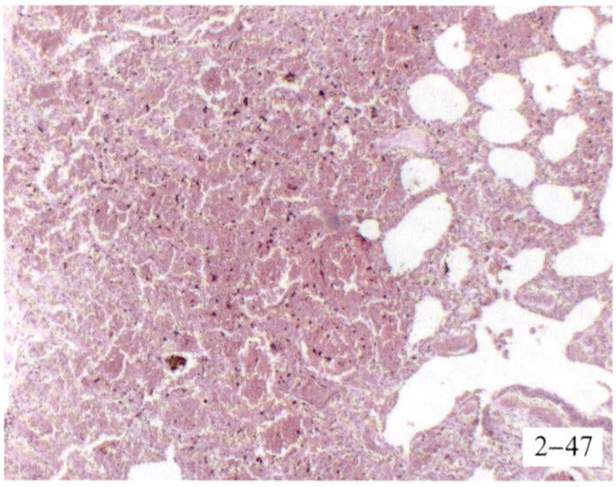
2-47

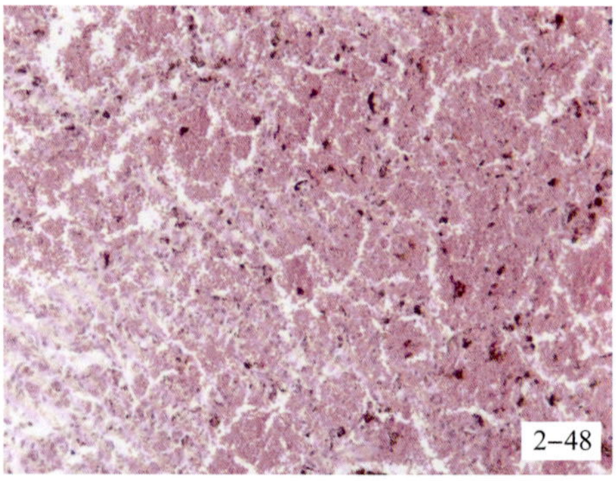
2-48

项目二　血液循环障碍

彩图 2-41 牛子宫阜出血;彩图 2-42 腹部脂肪出血;彩图 2-43 犬嵌闭性腹股沟疝,可见疝囊内组织广泛淤血、出血;彩图 2-44 脾脏出血性梗死;彩图 2-45 淋巴结充血:淋巴结毛细血管扩张充血,HE×100;彩图 2-46 急性肝淤血:肝小叶中央静脉充满红细胞,肝血窦扩张充满红细胞,肝索排列紊乱,HE×100;彩图 2-47 肺出血:肺泡内充满红细胞,HE×40;彩图 2-48 肺出血:肺内有含铁血黄素沉积,HE×100

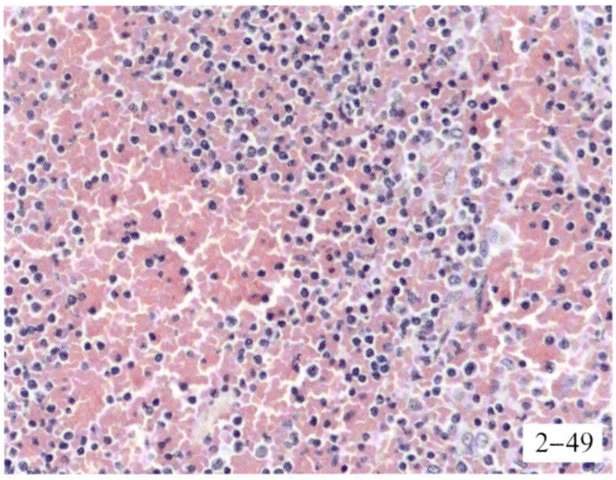
2-49

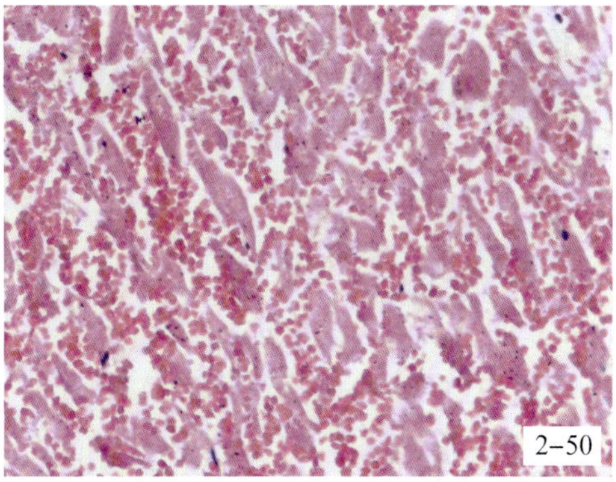
2-50

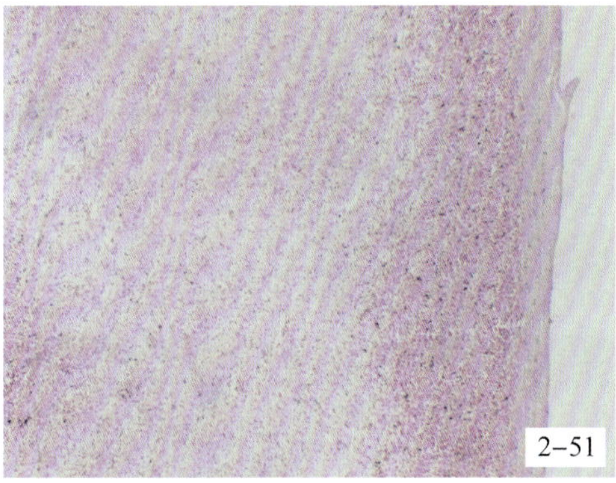
2-51

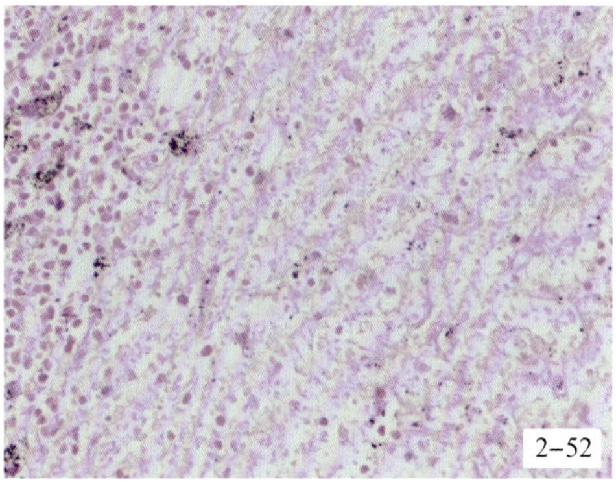
2-52

项目二　血液循环障碍

彩图 2-49 淋巴结出血：淋巴窦扩张，出现大量红细胞，HE×200；彩图 2-50 心肌出血：心肌纤维间充满大量红细胞，HE×200；彩图 2-51 脾贫血性梗死：脾髓内可见坏死灶，失去原有组织结构，HE×40；彩图 2-52 脾贫血性梗死：坏死灶内脾实质细胞坏死、溶解而淡染，HE×200

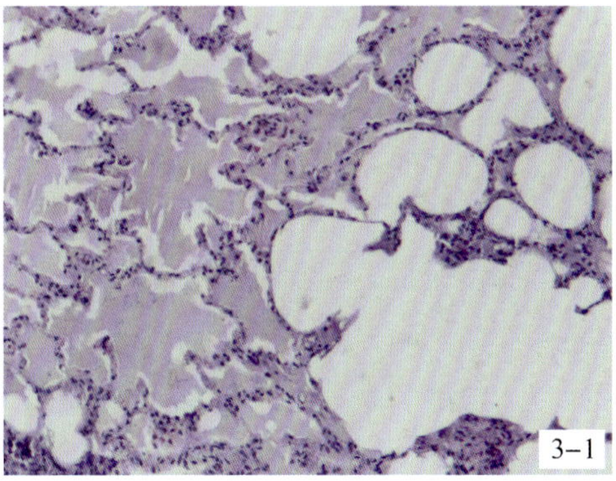
3-1

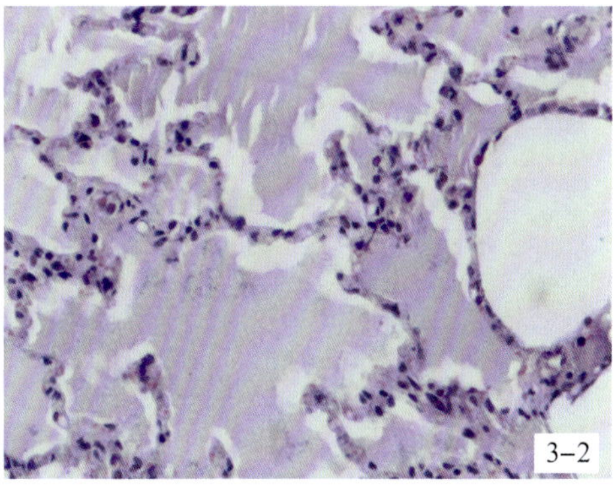
3-2

项目三　水肿

彩图 3-1 肺水肿：肺泡腔内充满略嗜碱性染色的液体，HE×100；彩图 3-2 肺水肿：肺泡腔内充满略嗜碱性染色的液体，HE×200

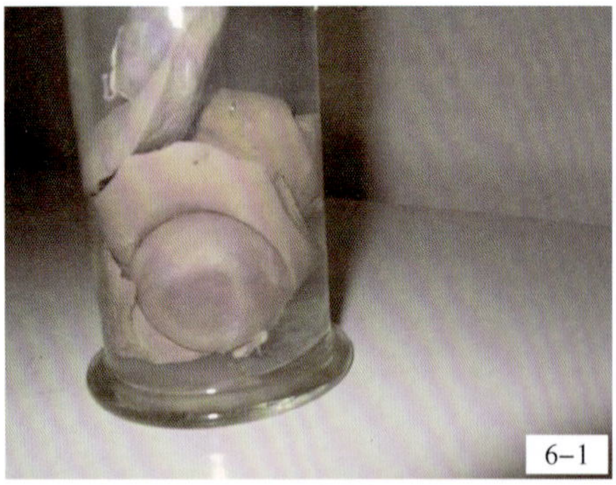
6-1

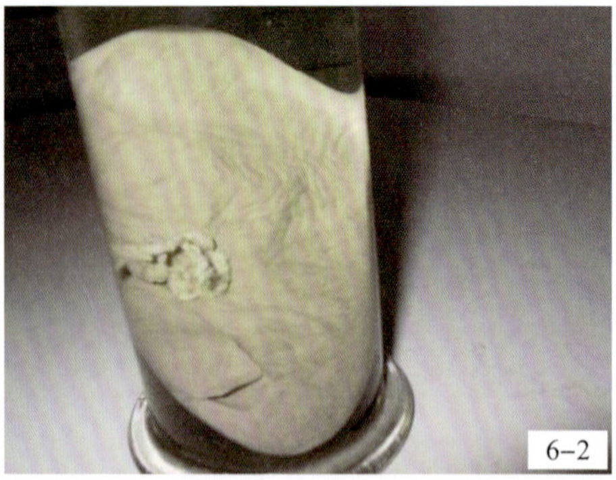
6-2

6-3

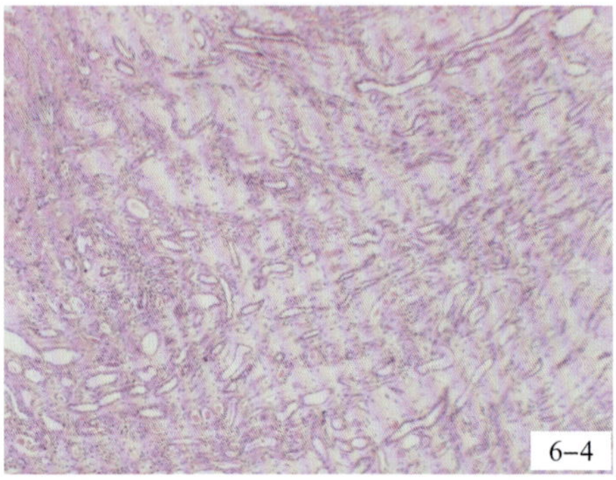
6-4

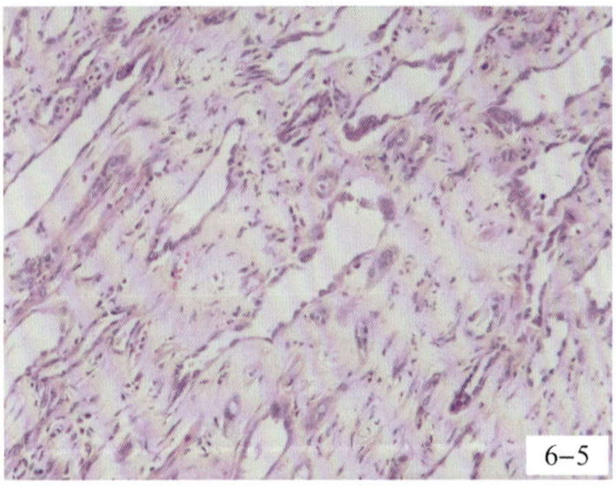
6-5

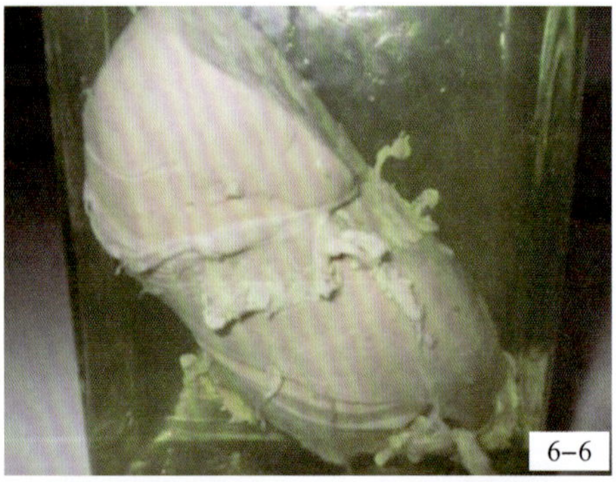
6-6

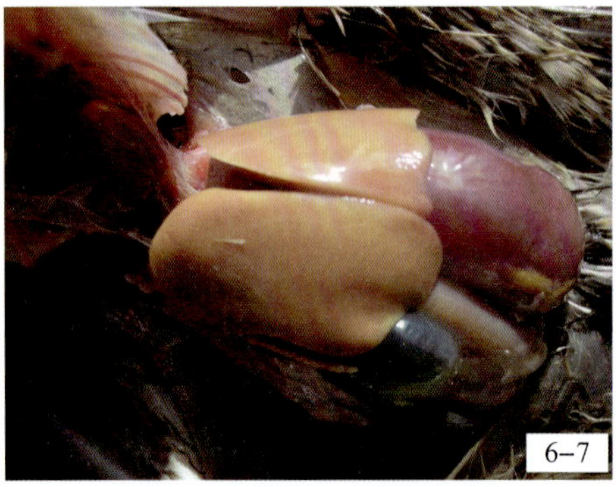
6-7

6-8

项目六　细胞和组织的适应、损伤与修复

彩图 6-1 肝萎缩(大体标本):细颈囊尾蚴寄生引起的压迫性萎缩;彩图 6-2 肾萎缩(大体标本);彩图 6-3 脾萎缩(大体标本);彩图 6-4 肾萎缩:肾小管上皮细胞变小变薄,肾小管管壁变薄,管腔扩大,间质增生,HE×40;彩图 6-5 肾萎缩:肾小管上皮细胞变小变薄,肾小管管壁变薄、管腔扩大,间质增生,HE×100;彩图 6-6 肾颗粒变性(大体标本);彩图 6-7 肝脂肪变性;彩图 6-8 槟榔肝(大体标本)

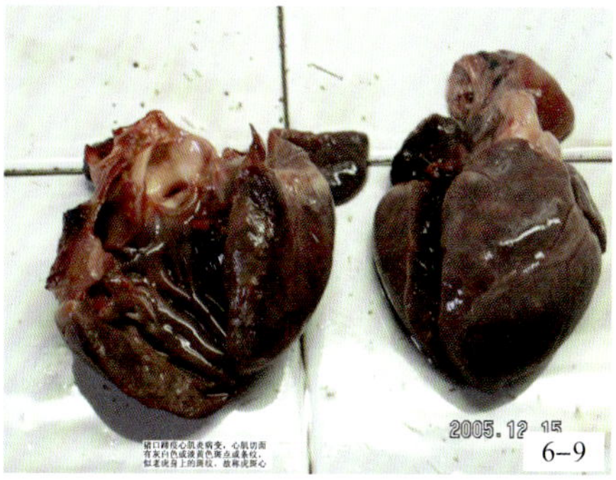

6-9

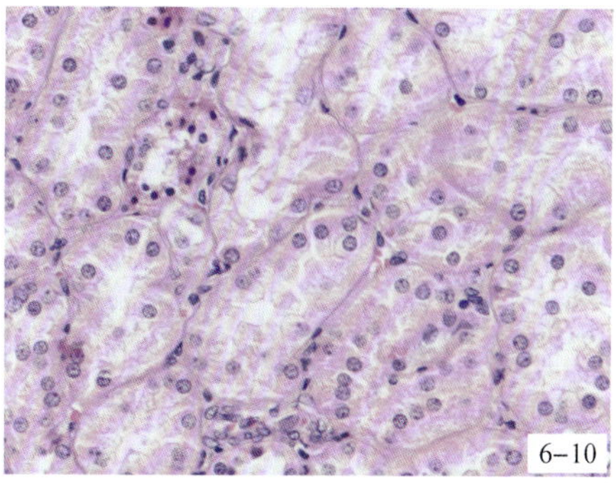
6-10

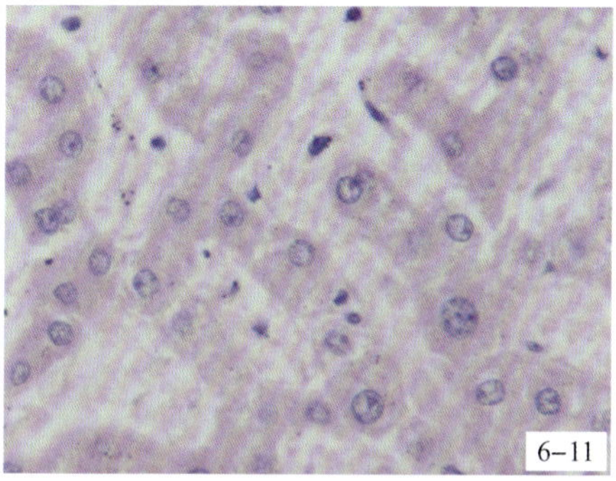
6-11

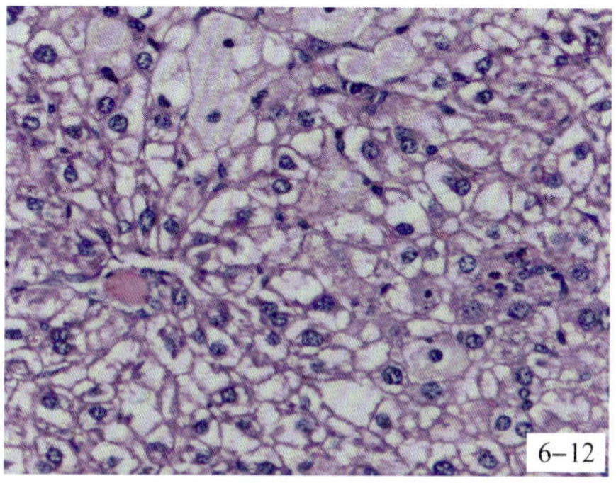
6-12

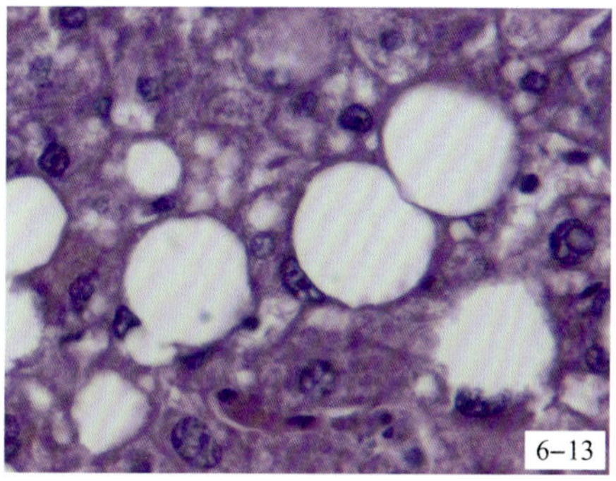
6-13

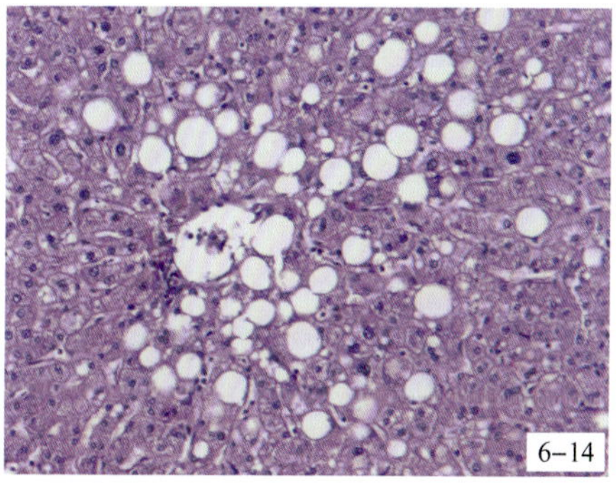
6-14

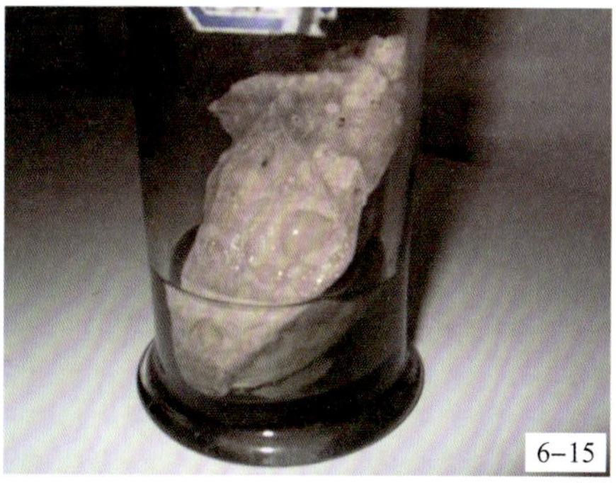
6-15

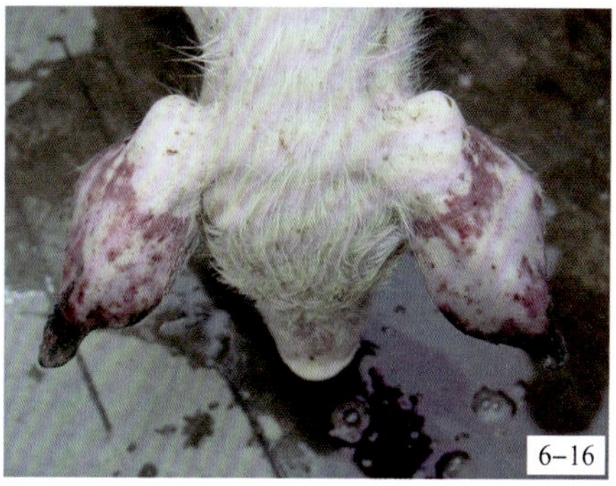
6-16

项目六　细胞和组织的适应、损伤与修复

彩图 6-9 虎斑心；彩图 6-10 肾小管上皮颗粒变性：肾小管上皮细胞肿胀凸入管腔，管腔狭窄，呈透光的星芒状，胞浆混浊，充满细小的粉红色颗粒，HE×200；彩图 6-11 肝颗粒变性：肝细胞肿胀，胞浆内有细小的蛋白质颗粒，HE×400；彩图 6-12 肝空泡变性：肝细胞肿胀，胞浆内有多量大小不等的空泡，呈蜂窝状或网状，细胞核悬于其中，HE×200；彩图 6-13 肝脂肪变性：肝细胞内大量脂质空泡将肝细胞核挤向一边，形成“戒指”细胞，HE×400；彩图 6-14 肝脂肪变性：中央静脉周围可见大小不一的空泡，HE×100；彩图 6-15 肺结核（大体标本）；彩图 6-16 猪耳尖干性坏疽

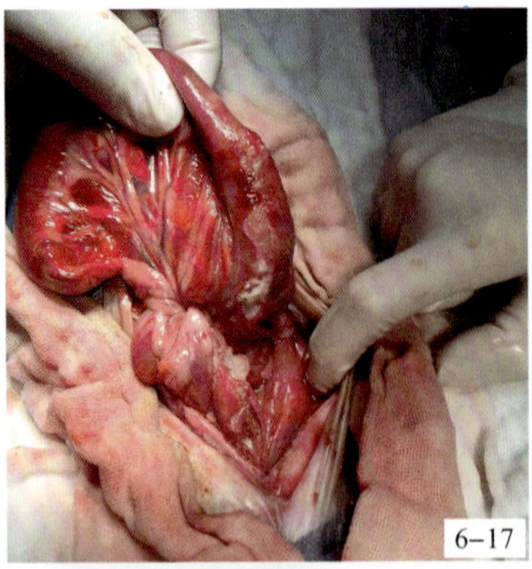
6-17

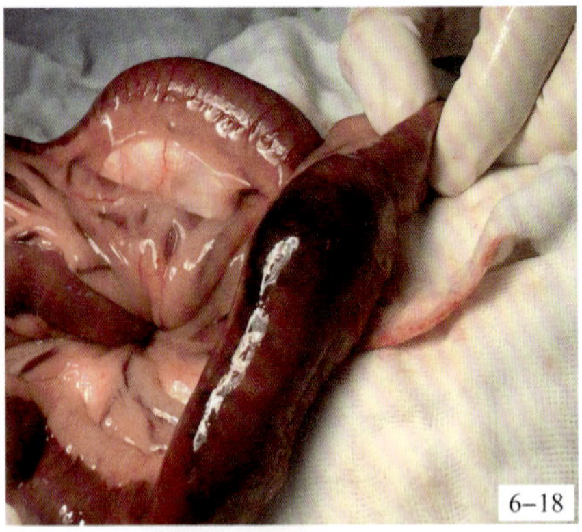
6-18

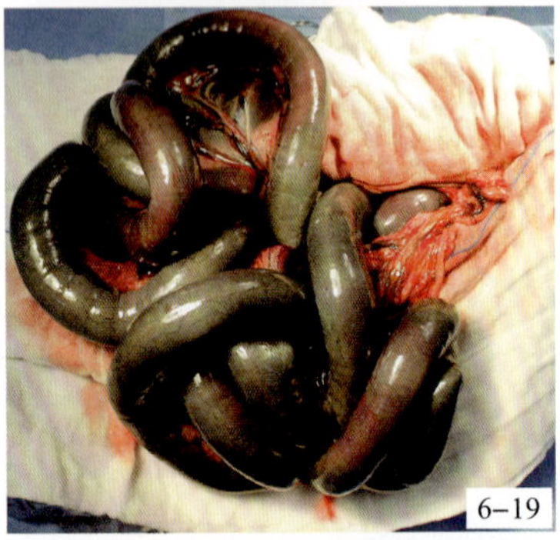
6-19

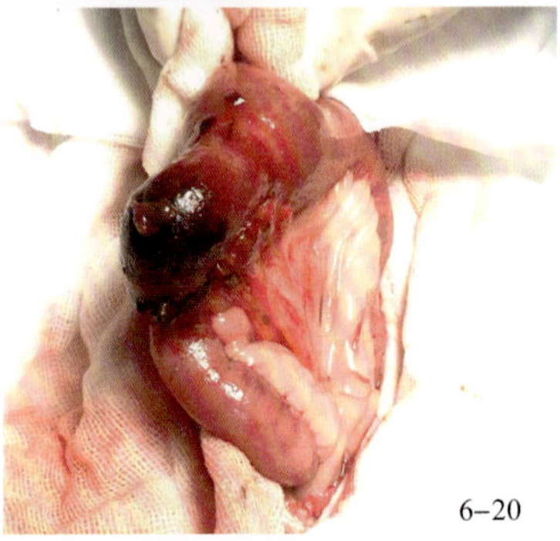
6-20

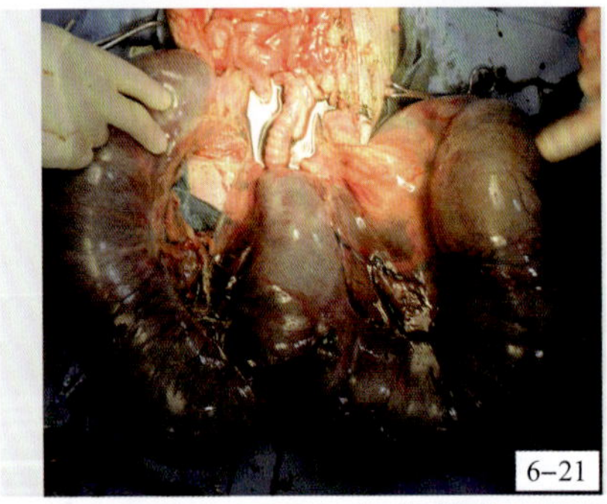
6-21

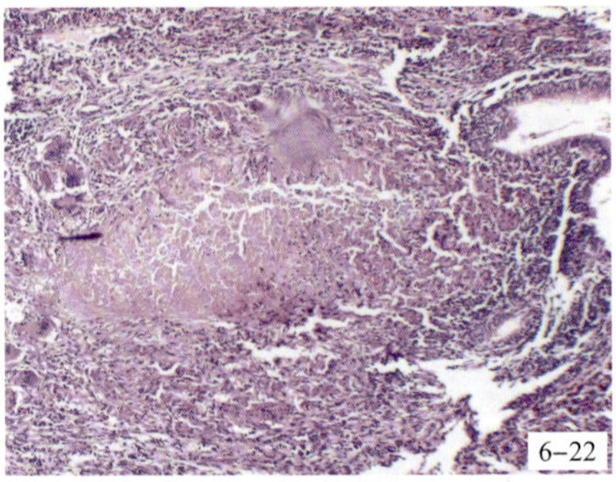
6-22

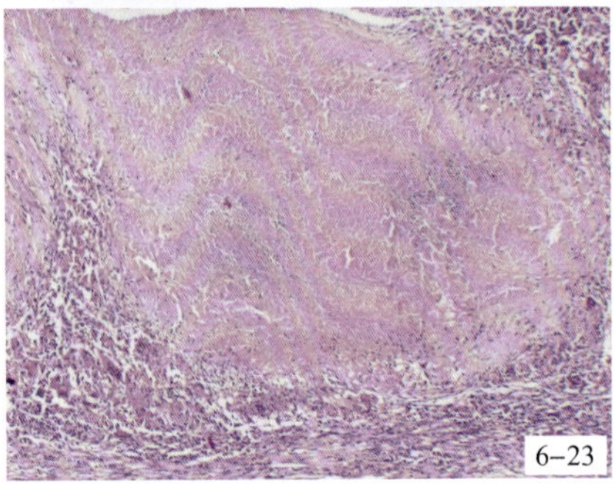
6-23

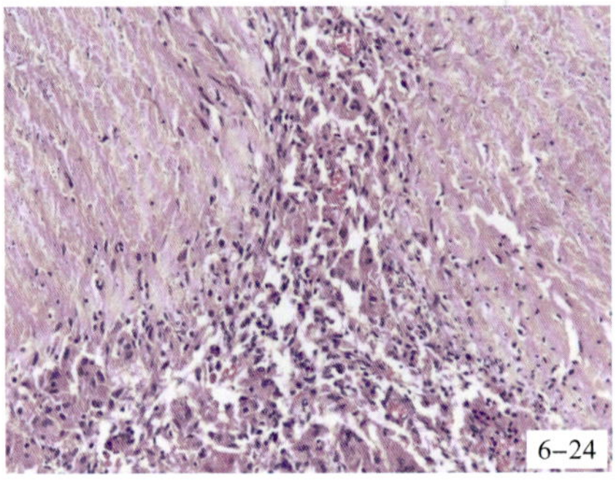
6-24

项目六　细胞和组织的适应、损伤与修复

彩图 6-17 肠道异物患犬，肠道组织坏死(灰白色)，肠道浆膜层破裂；腹膜炎，可见肠系膜充血、出血；彩图 6-18 犬肠道异物导致的肠管淤血坏死，可见肠管颜色变为黑色；彩图 6-19 犬肠扭转，可见大范围肠管坏死，表现为肠道颜色变黑；彩图 6-20 犬嵌闭性腹股沟疝导致的肠管扩张、淤血、坏死；彩图 6-21 博美犬妊娠的子宫(死胎)：子宫淤血、颜色变黑，左侧子宫角子宫破裂，流出绿色的胎粪；彩图 6-22 肺结核：肺内结核灶，坏死灶周围可见炎症反应带，HE×40；彩图 6-23 肺结核：肺内结核灶，坏死灶周围可见炎症反应带，HE×100；彩图 6-24 肺结核：坏死灶周围上皮样细胞增生和炎性细胞浸润，HE×100

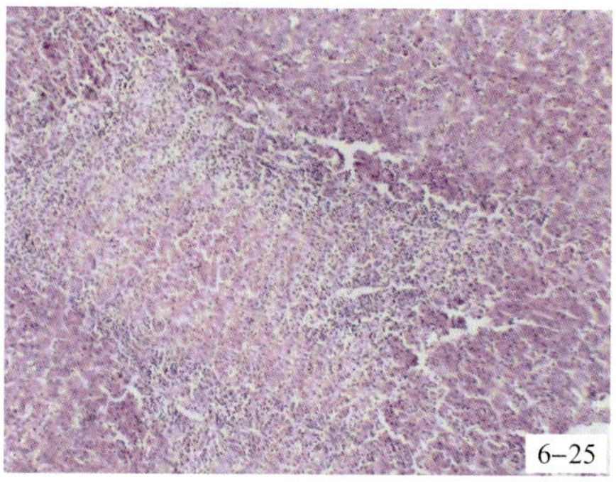
6-25

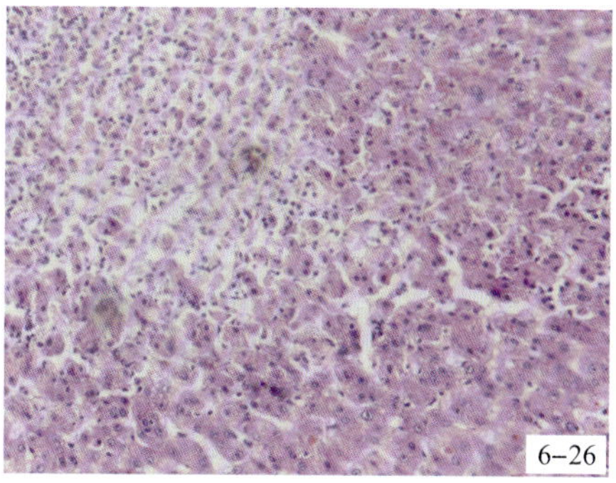
6-26

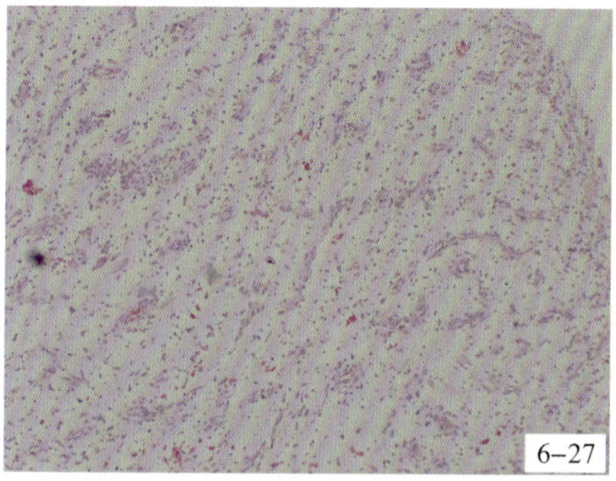
6-27

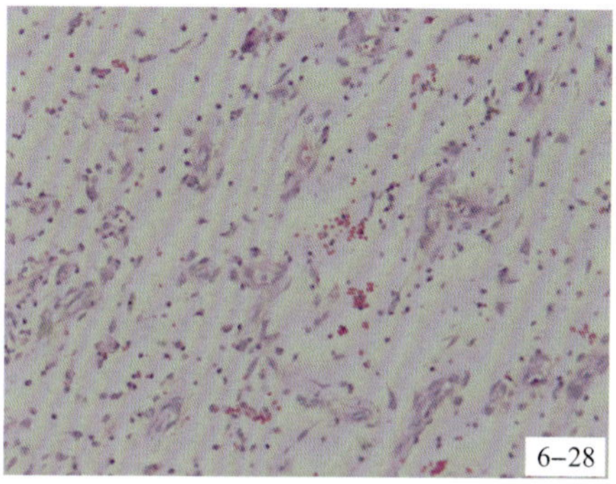
6-28

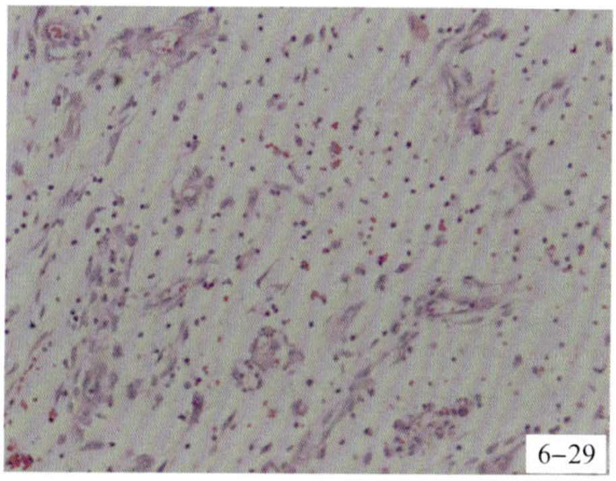
6-29

6-30

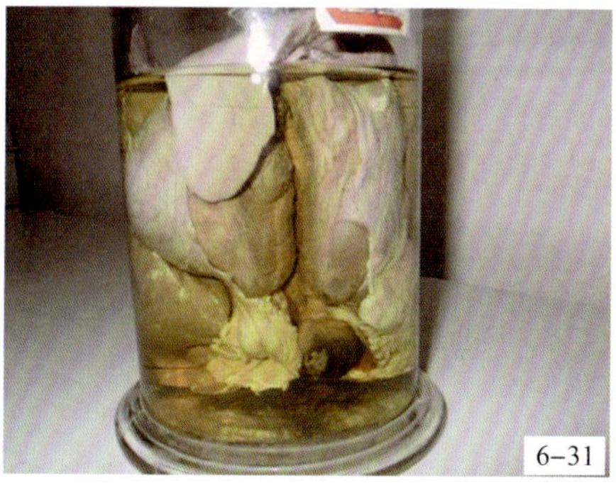
6-31

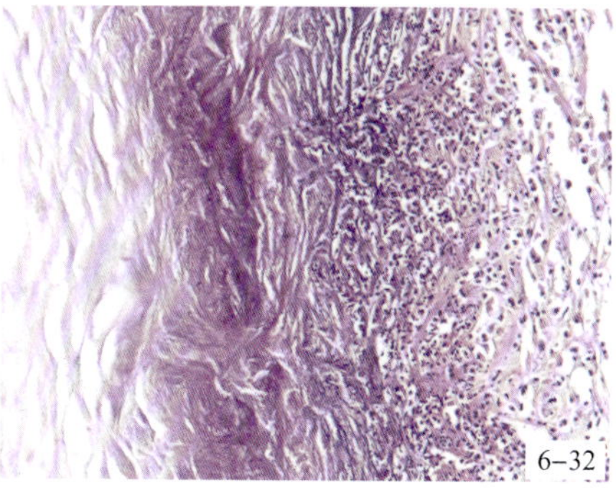
6-32

项目六　细胞和组织的适应、损伤与修复

彩图 6-25 肝坏死：肝脏内坏死灶，周围可见炎症反应带，HE×40；彩图 6-26 肝坏死：坏死灶内肝细胞索状结构消失，肝细胞坏死，炎性细胞浸润，HE×40；彩图 6-27 肉芽组织：含有丰富的毛细血管、炎性细胞、成纤维细胞，HE×40；彩图 6-28 肉芽组织：含有丰富的毛细血管、炎性细胞、成纤维细胞，HE×100；彩图 6-29 肉芽组织：含有丰富的毛细血管、炎性细胞、成纤维细胞，HE×200；彩图 6-30 肝包囊（大体标本）；彩图 6-31 肝包囊（大体标本）；彩图 6-32 肝包囊形成：坏死的肝组织周围形成炎症反应带，最外层形成纤维包膜，HE×100

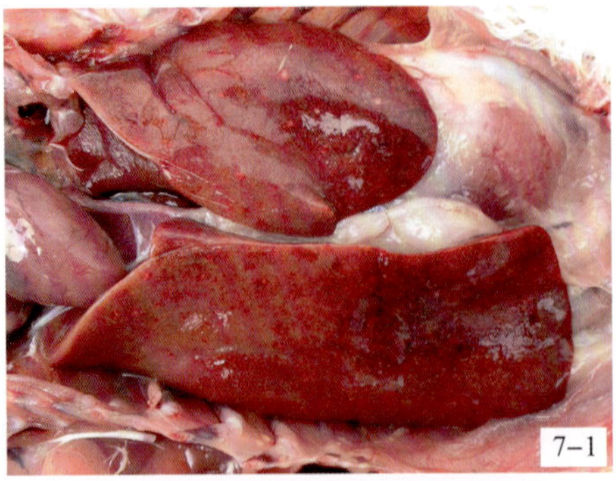
7-1

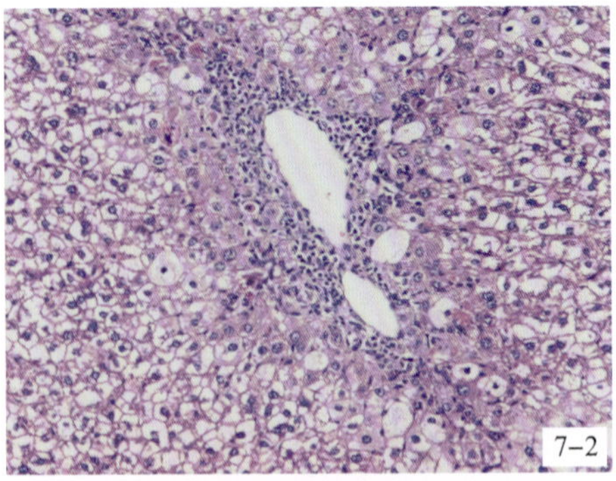
7-2

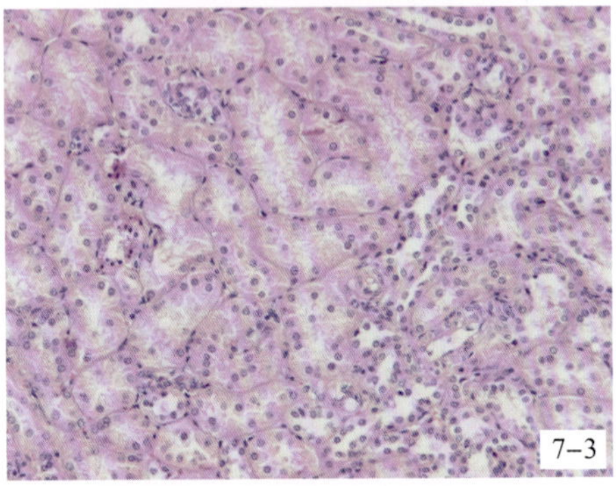
7-3

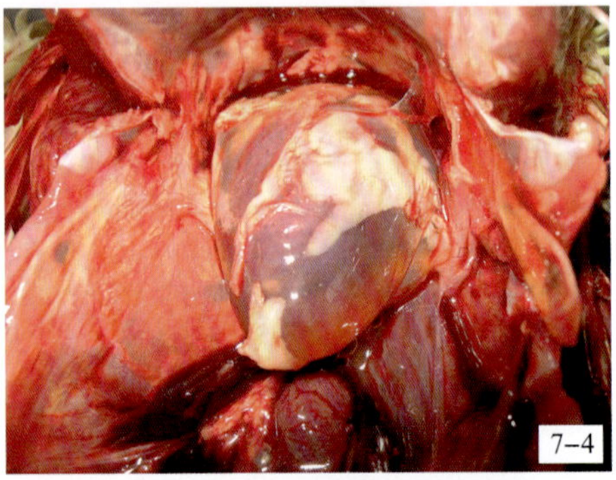
7-4

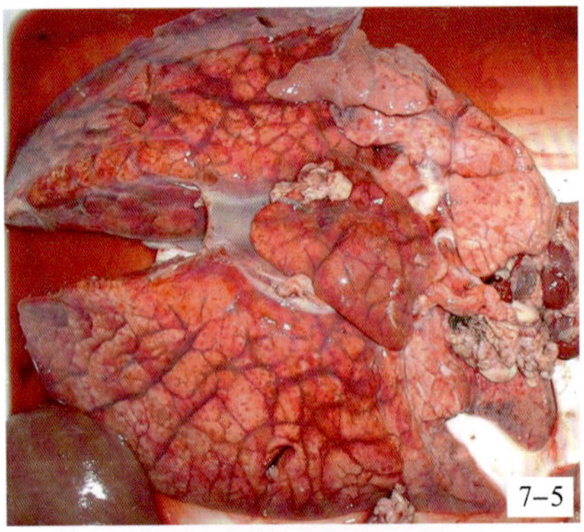
7-5

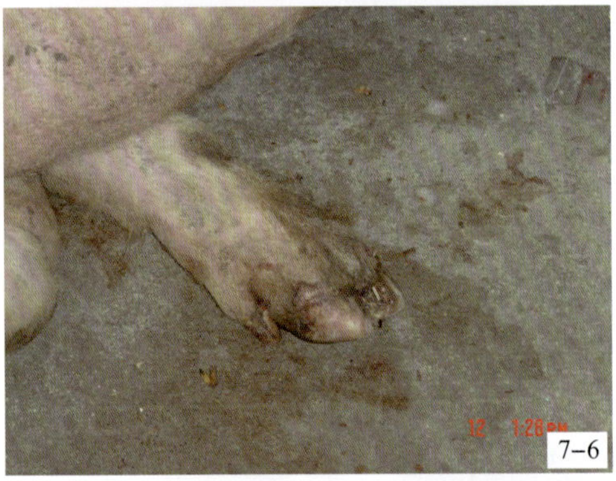
7-6

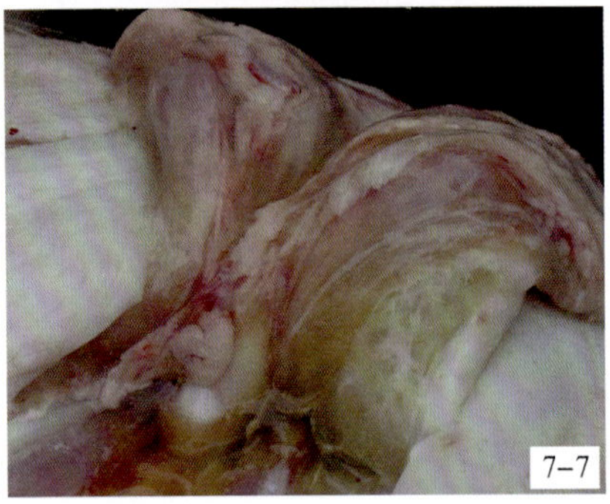
7-7

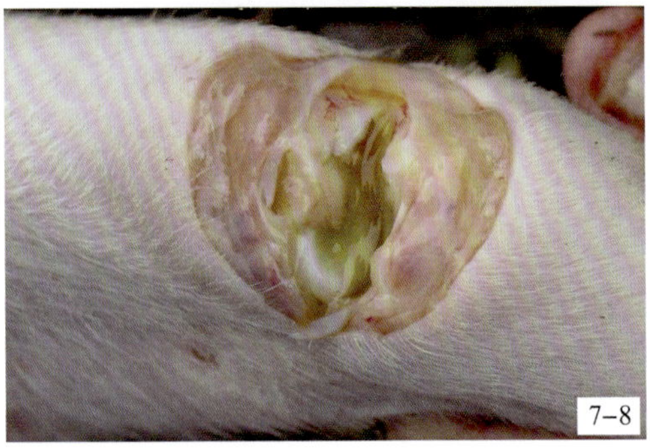
7-8

项目七　炎症

彩图 7-1 变质性肝炎；彩图 7-2 肝水泡变性：肝细胞肿胀，胞浆内有多量大小不等的空泡，呈蜂窝状或网状，细胞核悬于其中，HE×100；彩图 7-3 肾小管上皮颗粒变性：肾小管上皮细胞肿胀凸入管腔，管腔狭窄呈透光的星芒状，胞浆混浊，充满细小的粉红色颗粒，HE×100；彩图 7-4 浆液性心包炎；彩图 7-5 浆液性肺炎；彩图 7-6 口蹄疫蹄部水疱；彩图 7-7 皮下组织呈胶冻样；彩图 7-8 浆液性关节炎

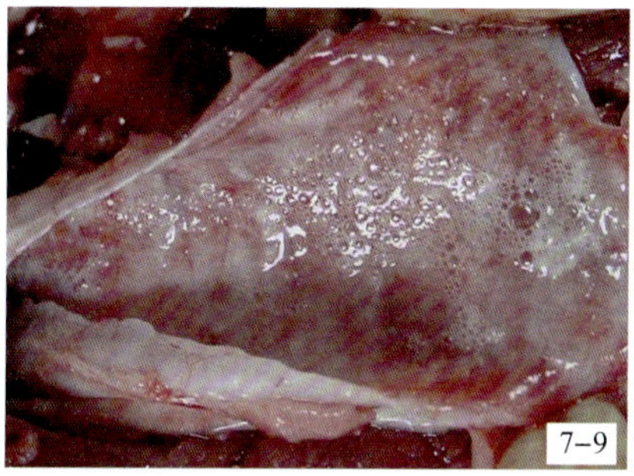
7-9

7-10

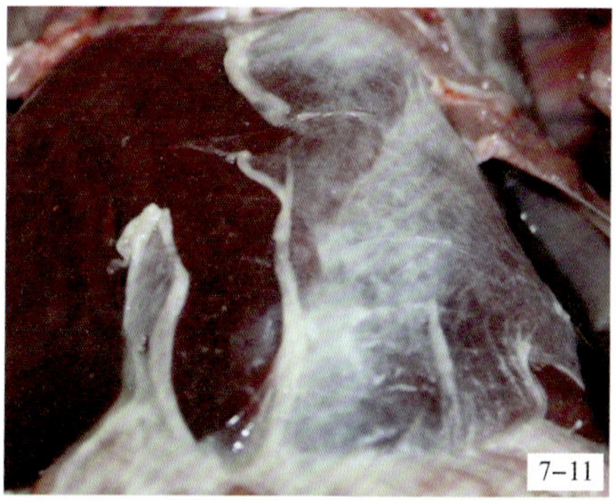
7-11

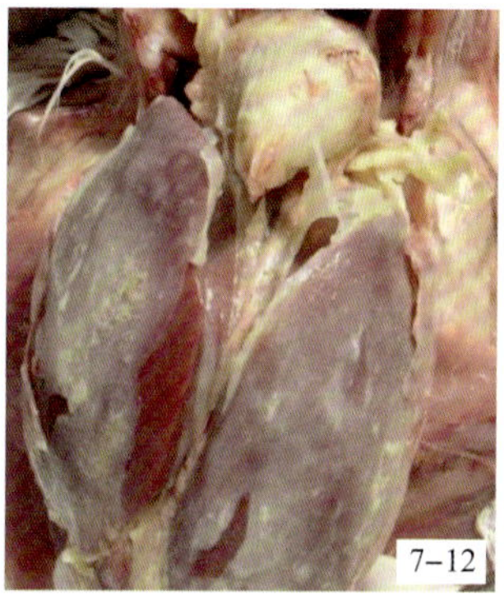
7-12

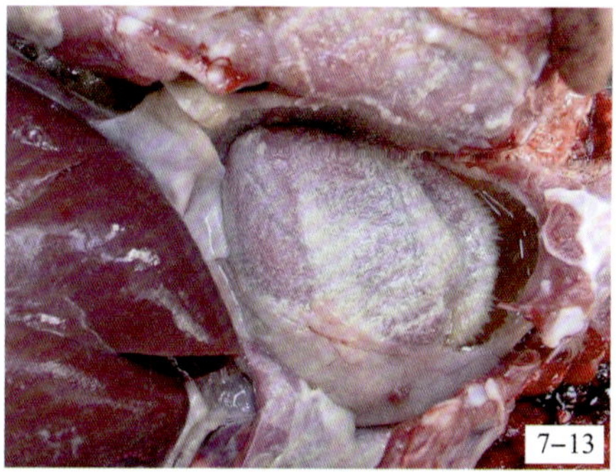
7-13

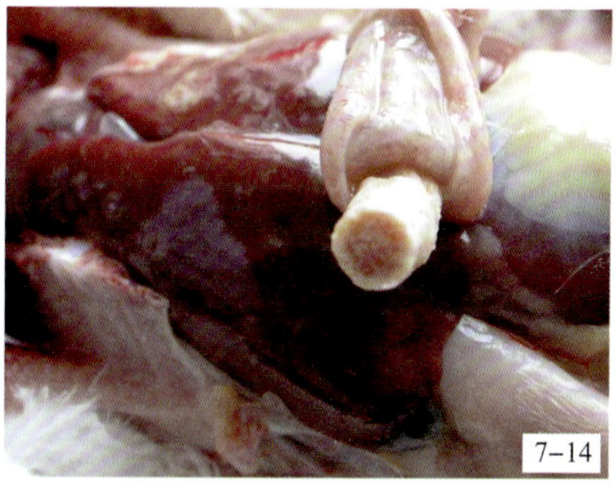
7-14

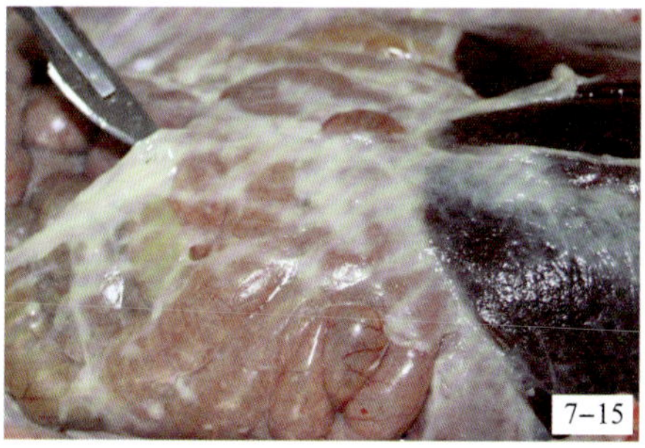
7-15

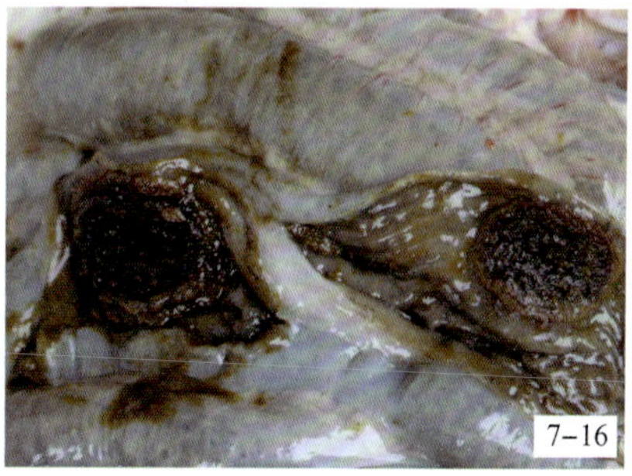
7-16

项目七　炎症

彩图 7-9 卡他性气管炎；彩图 7-10 纤维素性肺炎（大体标本）；彩图 7-11 肝浮膜性炎；彩图 7-12 心脏、肝浮膜性炎；彩图 7-13 绒毛心；彩图 7-14 纤维素性肠炎；彩图 7-15 腹腔浮膜性炎；彩图 7-16 猪瘟大肠黏膜“扣状肿”

7-17

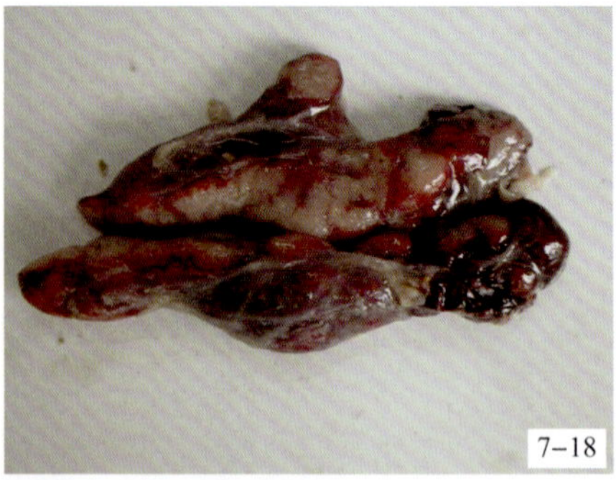
7-18

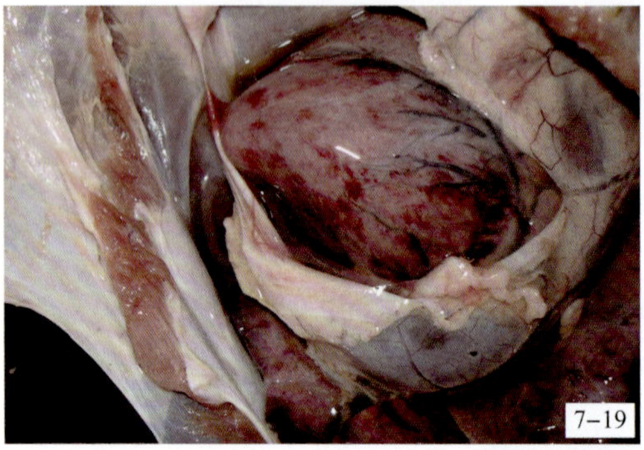
7-19

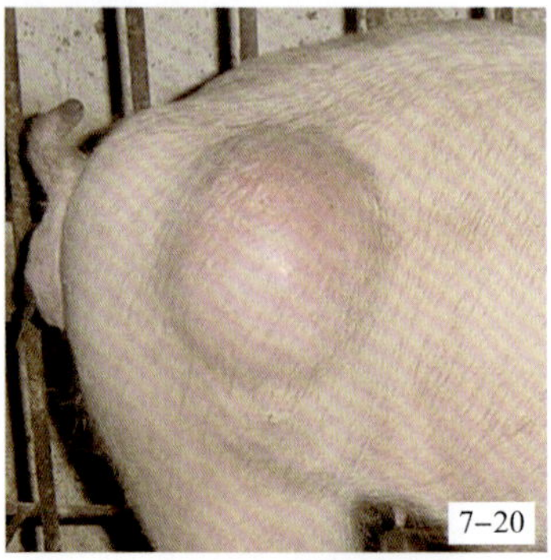
7-20

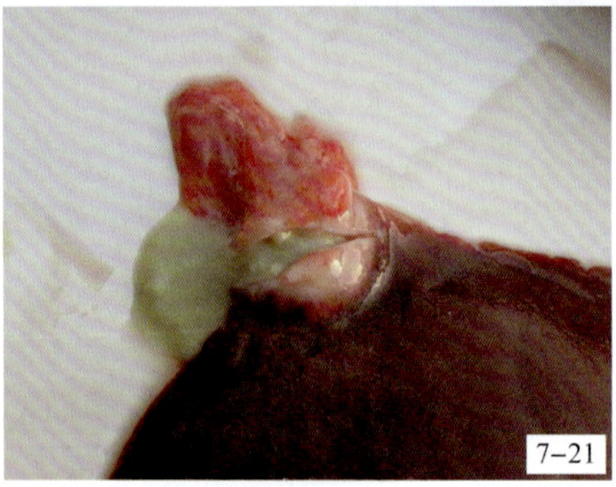
7-21

7-22

7-23

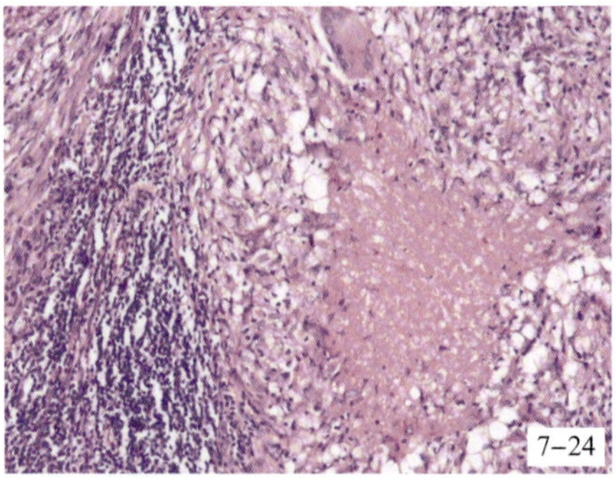
7-24

项目七　炎症

彩图 7-17 纤维素性坏死性肠炎；彩图 7-18 出血性淋巴结炎；彩图 7-19 出血性心肌炎；彩图 7-20 猪臀部皮下脓肿；彩图 7-21 肝脓肿；彩图 7-22 化脓性肾盂肾炎（大体标本）；彩图 7-23 肺结核（大体标本）；彩图 7-24 淋巴结结核：中央无结构的粉红色区域为无结构的坏死组织，外层为上皮样细胞和多核巨细胞包绕，最外层可见大量淋巴细胞浸润，HE×100

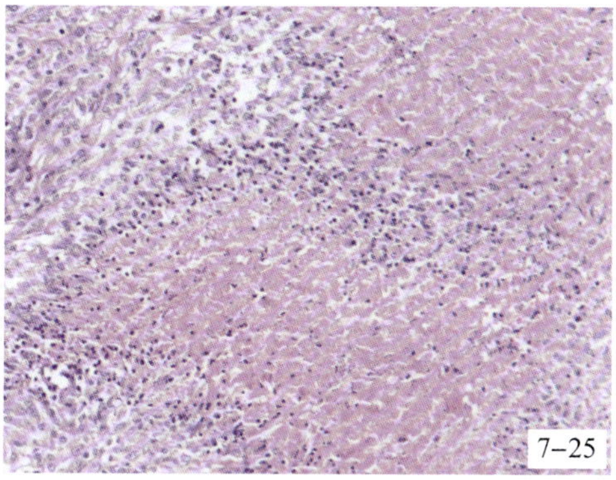
7-25

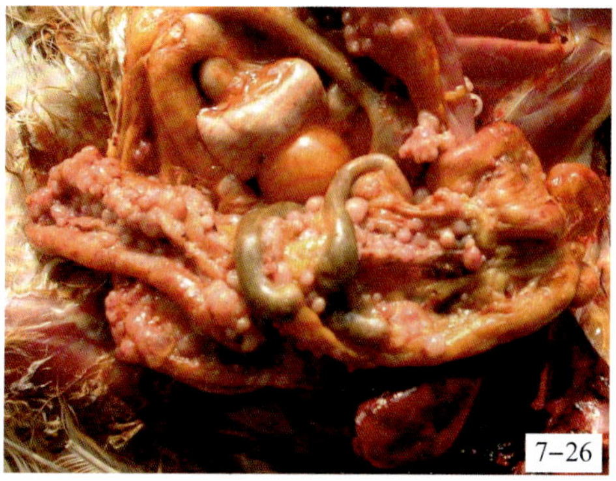
7-26

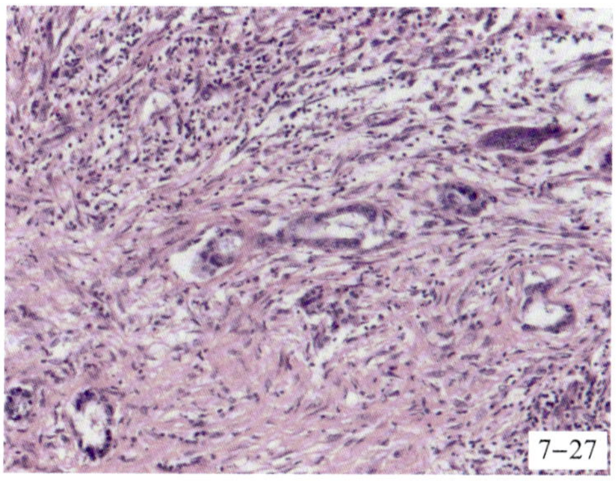
7-27

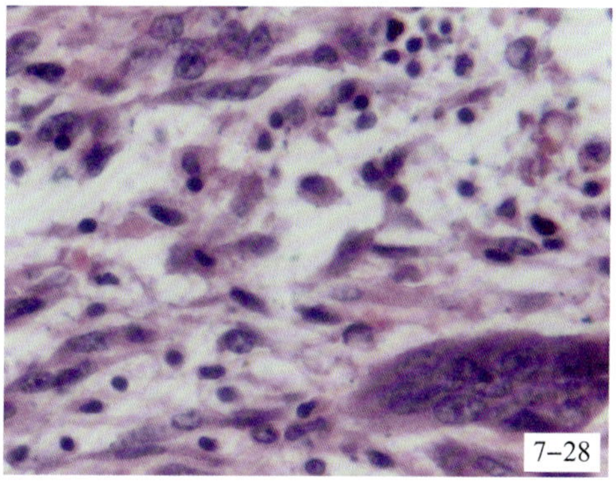
7-28

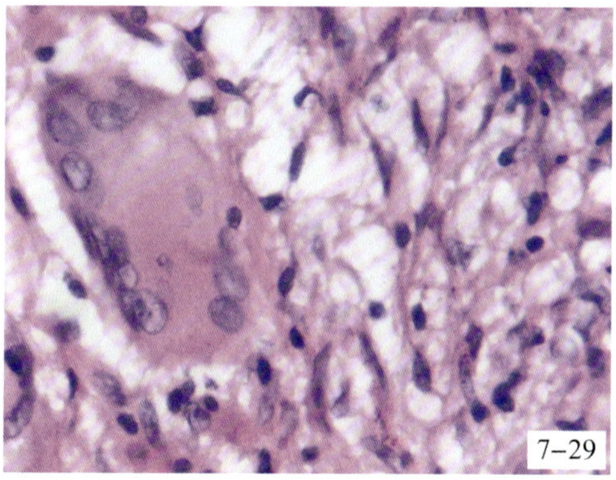
7-29

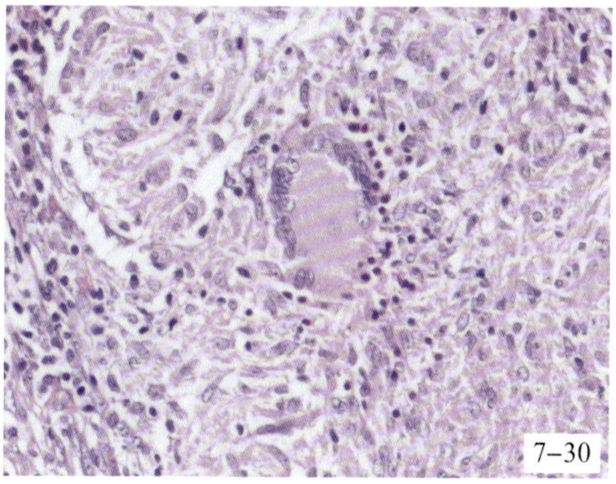
7-30

项目七　炎症

彩图 7-25 淋巴结结核：坏死灶中心为颗粒状无结构的嗜酸性红染坏死物。周围可见炎性细胞浸润和上皮样细胞包绕，HE×100；彩图 7-26 肉芽肿性炎；彩图 7-27 慢性肉芽肿性炎：肉芽肿内可见多核巨细胞形成及成纤维细胞增生，HE×100；彩图 7-28 慢性肉芽肿性炎：成纤维细胞增生，形成多核巨细胞，HE×400；彩图 7-29 多核巨细胞(淋巴结结核)：细胞体积大，含多个细胞核，细胞核排列在细胞周边，HE×400；彩图 7-30 多核巨细胞(淋巴结结核)：细胞体积大，含多个细胞核，细胞核排列在细胞周边呈马蹄形，HE×200

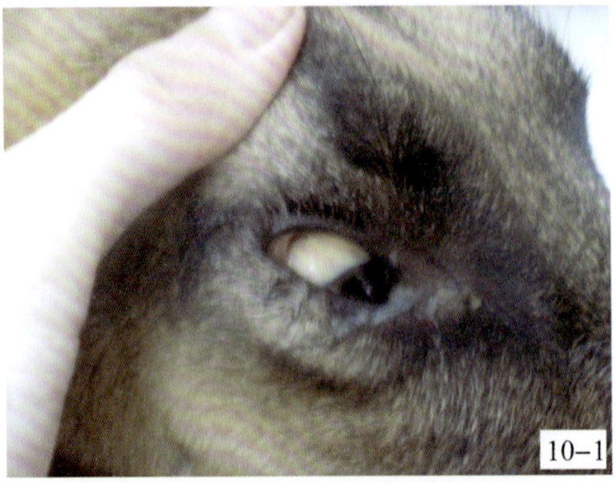

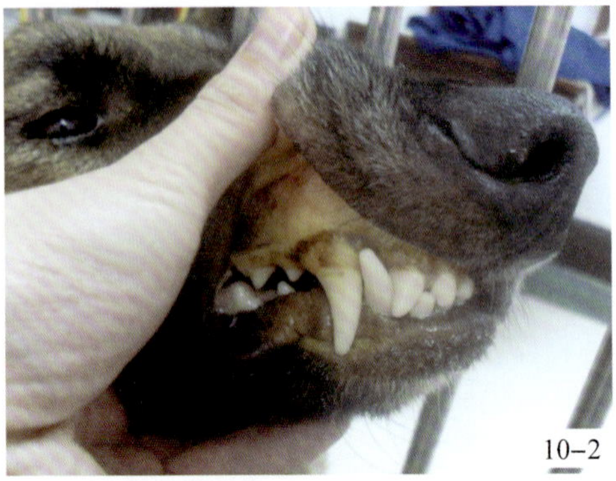

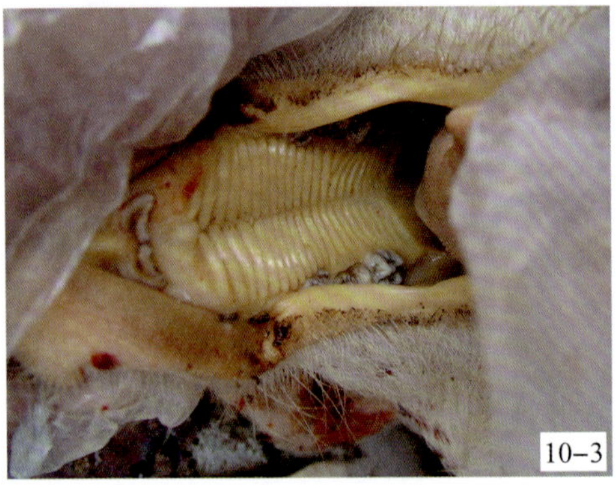

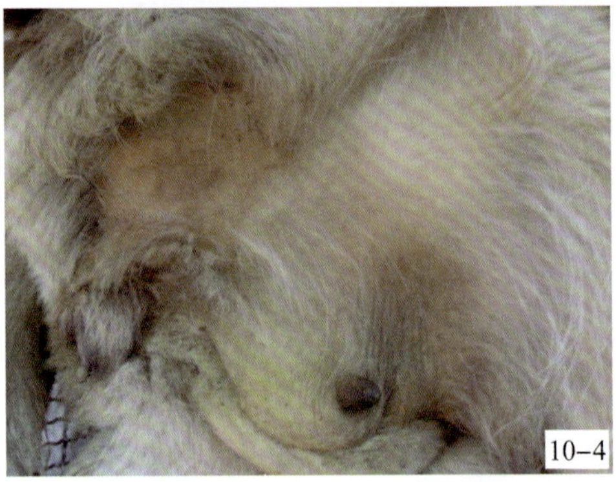

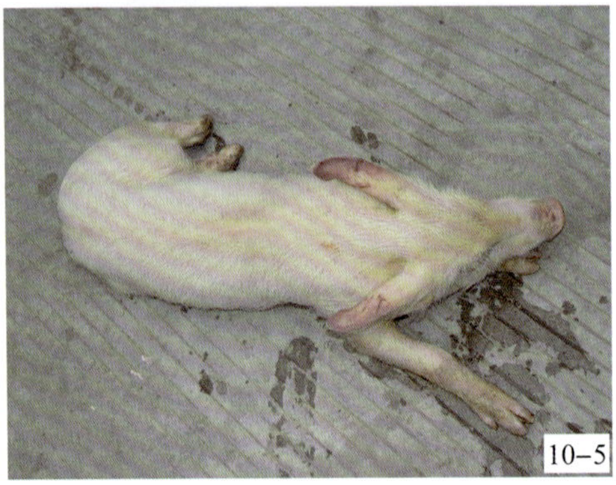

项目十　黄疸

彩图 10-1 犬眼结膜黄染;彩图 10-2 犬牙龈黄染;彩图 10-3 口腔黏膜黄染;彩图 10-4 犬皮肤黄染;彩图 10-5 猪附红细胞体病:全身皮肤黄染;彩图 10-6 肝黄染

11-1

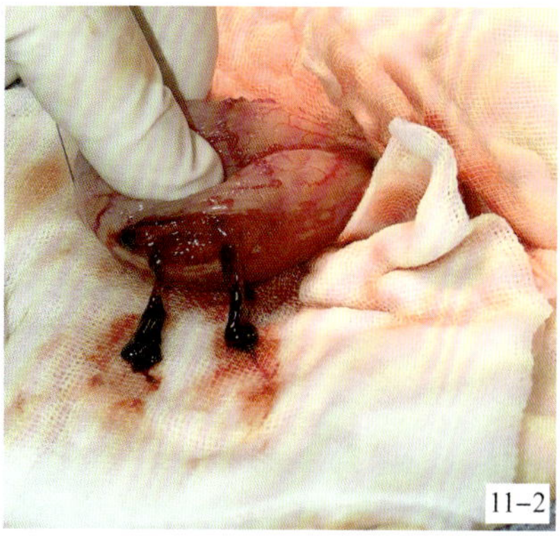
11-2

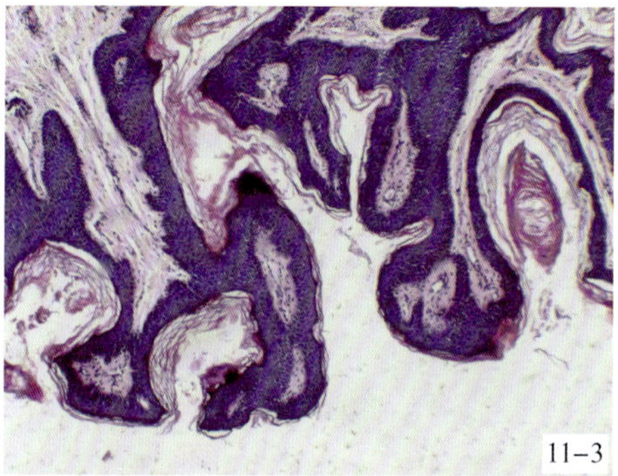
11-3

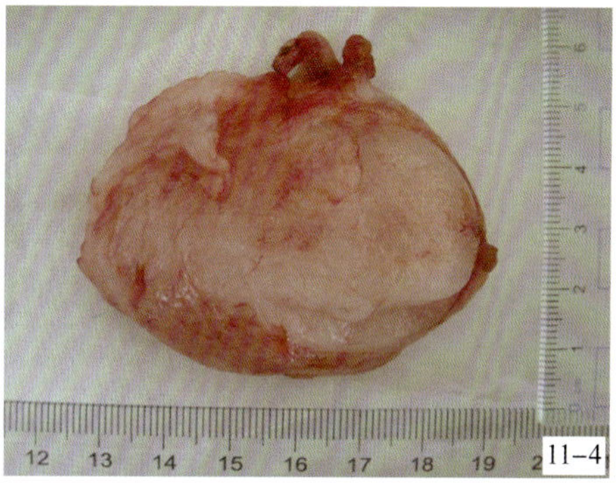
11-4

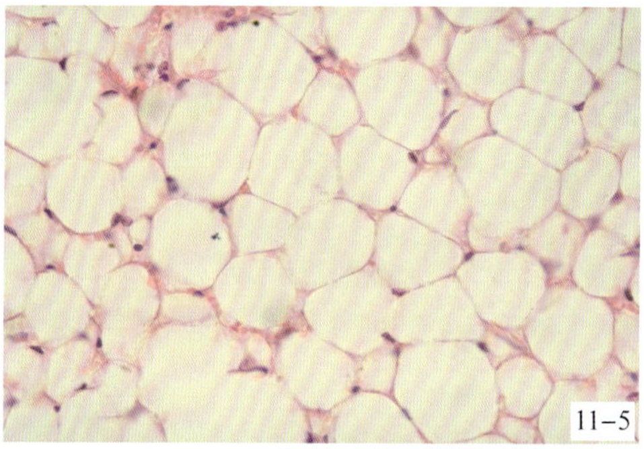
11-5

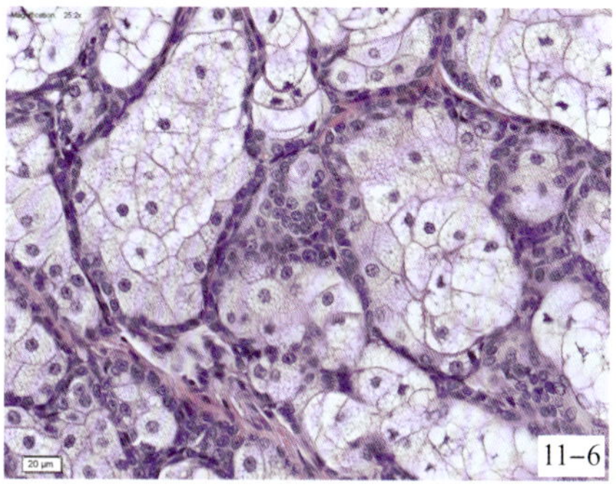
11-6

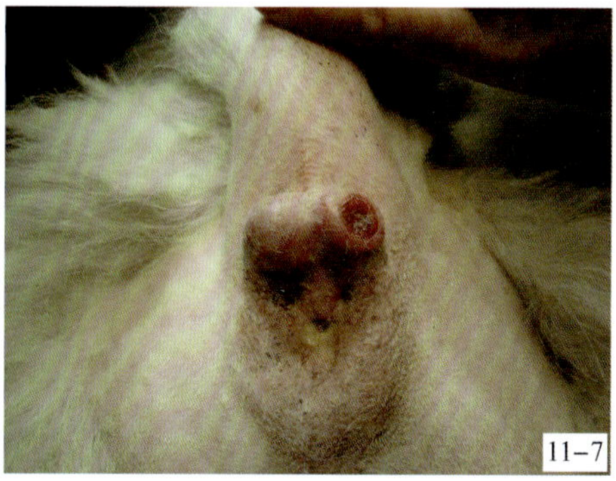
11-7

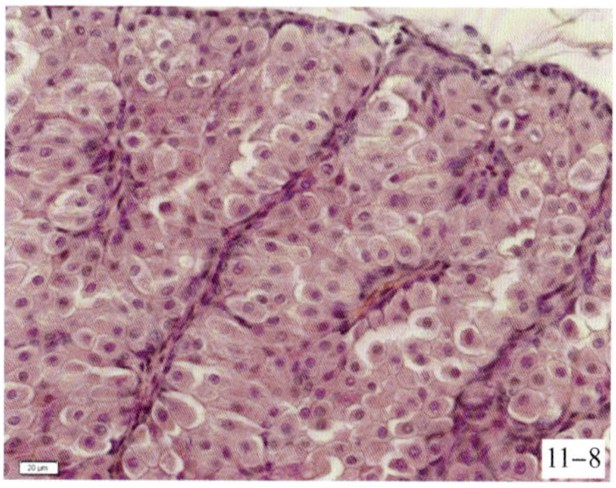
11-8

项目十一　肿瘤

彩图 11-1 牛皮肤乳头状瘤；彩图 11-2 犬膀胱息肉，可见切口处两个条索状软组织增生，颜色暗红，膀胱壁增厚，膀胱浆膜层未见异常；彩图 11-3 皮肤乳头状瘤：皮肤表层上皮细胞乳头状增生，上皮过度角化，HE×40；彩图 11-4 犬皮肤脂肪瘤；彩图 11-5 犬脂肪瘤组织切片，HE×200；彩图 11-6 犬皮肤皮脂腺瘤组织切片，HE×200；彩图 11-7 犬肛周腺瘤；彩图 11-8 犬肛周腺瘤组织切片，HE×200

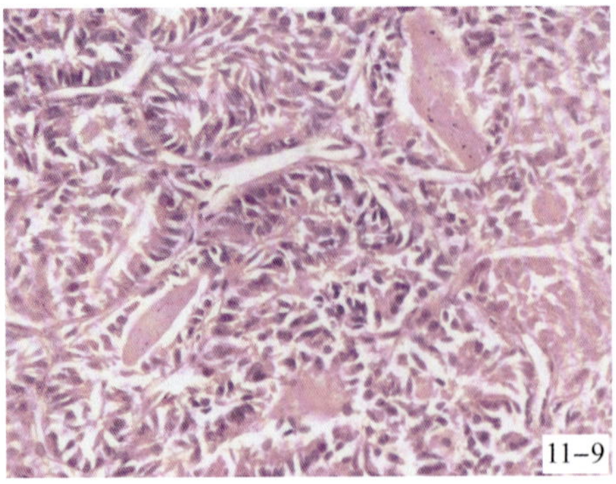

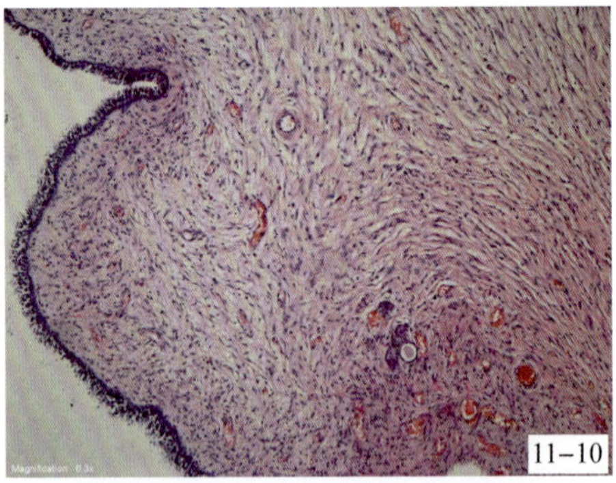

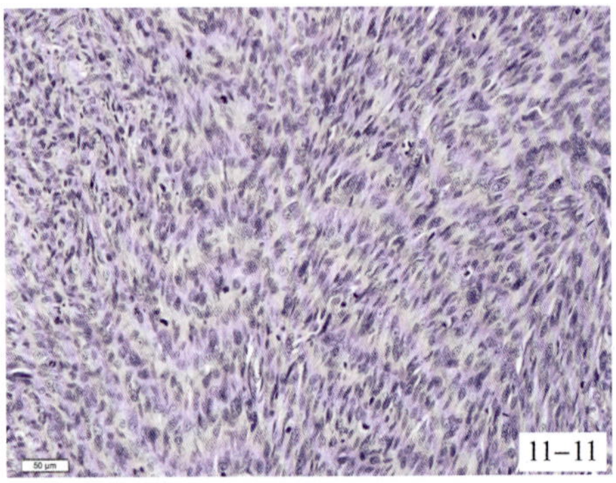

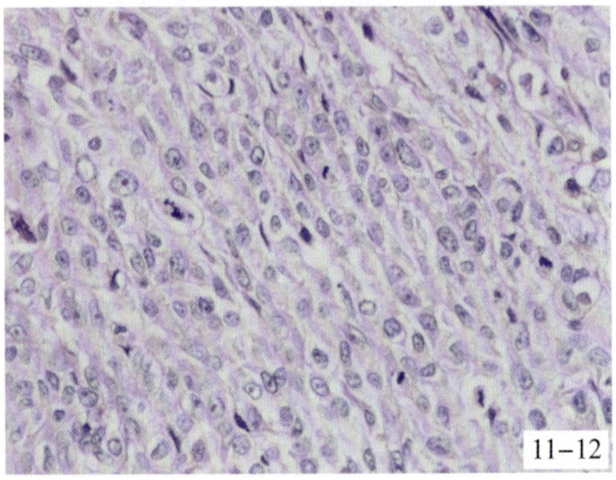

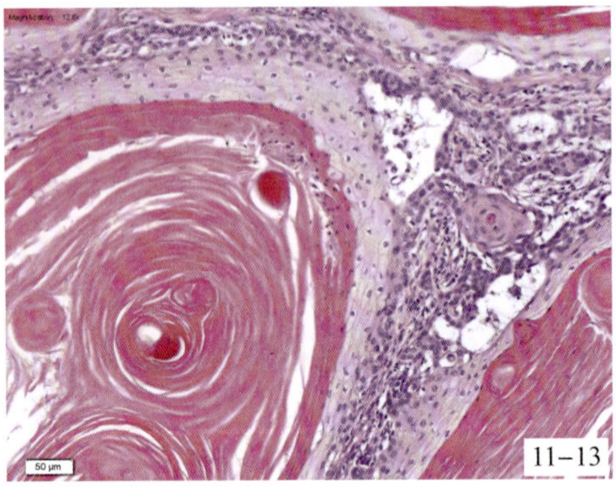

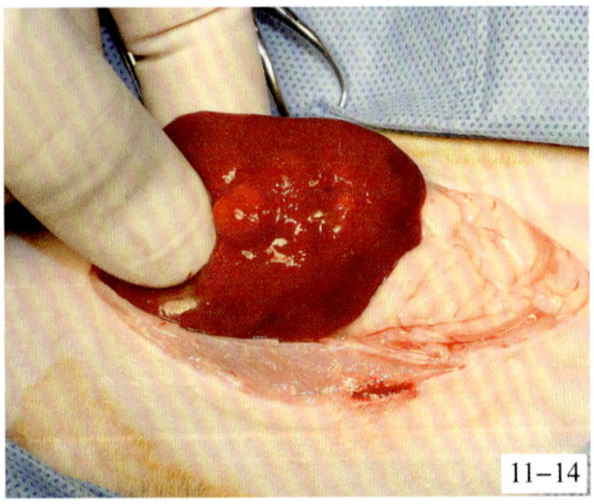

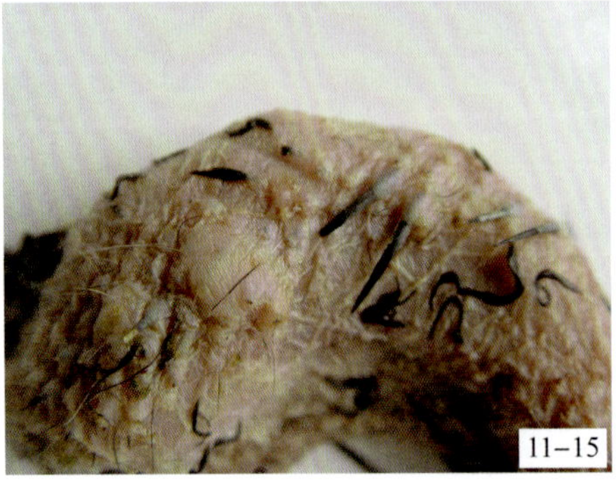

项目十一　肿瘤

彩图 11-9 甲状腺腺瘤，HE×200；彩图 11-10 犬鼻腔纤维瘤，HE×40；彩图 11-11 犬皮下纤维肉瘤，HE×100；彩图 11-12 鳞状上皮癌：上皮样细胞团块状增生，胞浆嗜碱性，核分裂象多见，HE×200；彩图 11-13 犬皮肤鳞状细胞癌，HE×200；彩图 11-14 猫肝脏肿瘤；彩图 11-15 皮肤型马立克病；彩图 11-16 神经型马立克病

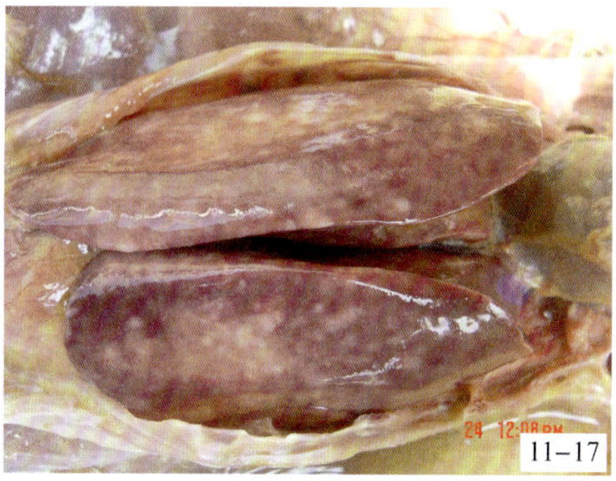
11-17

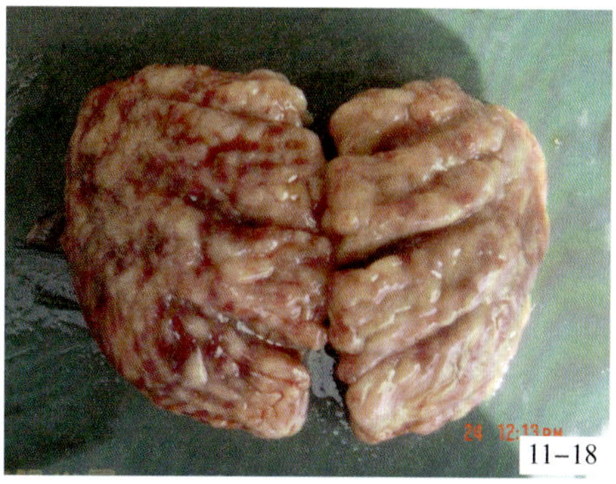
11-18

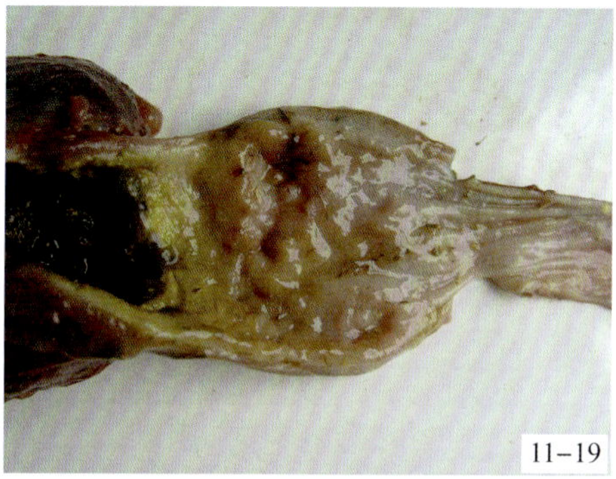
11-19

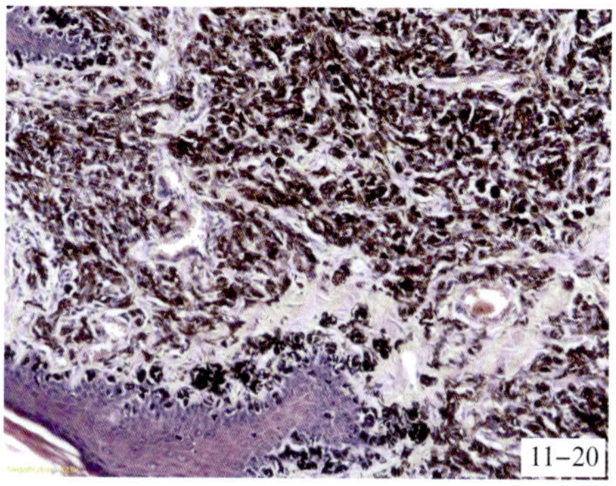
11-20

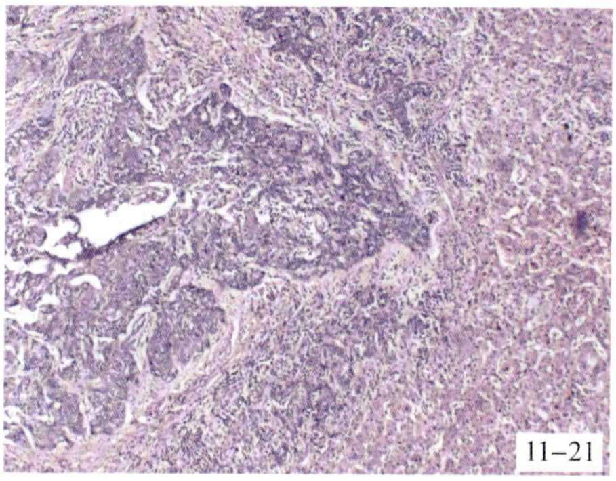
11-21

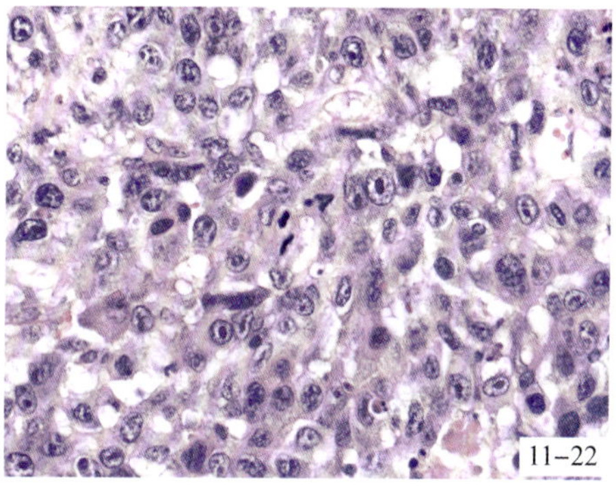
11-22

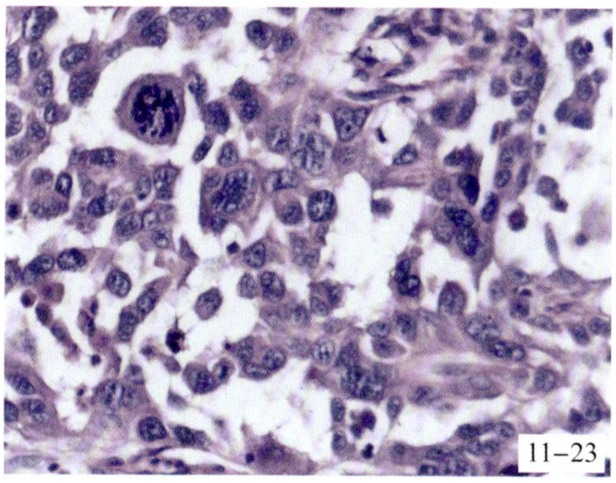
11-23

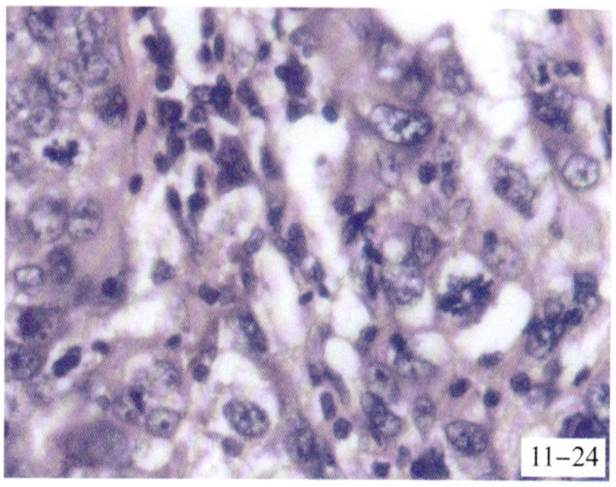
11-24

项目十一　肿瘤

彩图 11-17 马立克病：肝肿瘤结节；彩图 11-18 马立克病：肺肿瘤结节；彩图 11-19 马立克病：腺胃肿瘤结节；彩图 11-20 犬鼻部黑色素瘤；彩图 11-21 肝癌：瘤细胞片状分布，无包膜，浸润性生长，HE×40；彩图 11-22 犬肝细胞癌，HE×100；彩图 11-23 间皮瘤：上皮样瘤细胞胞浆嗜碱性，核分裂象多见，出现多核瘤巨细胞，HE×200；彩图 11-24 肝癌：核分裂象多见，出现瘤巨细胞，HE×400

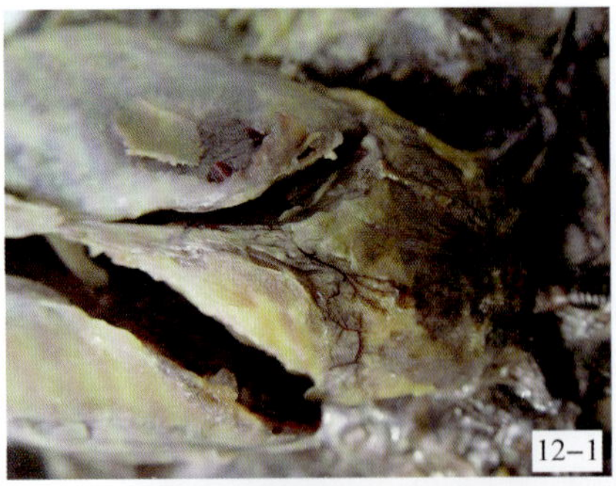

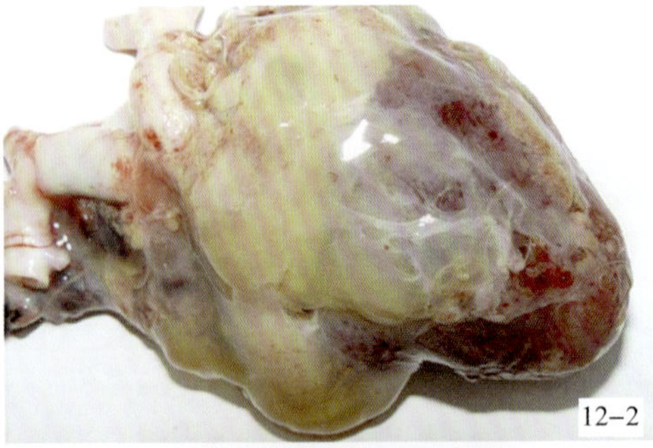

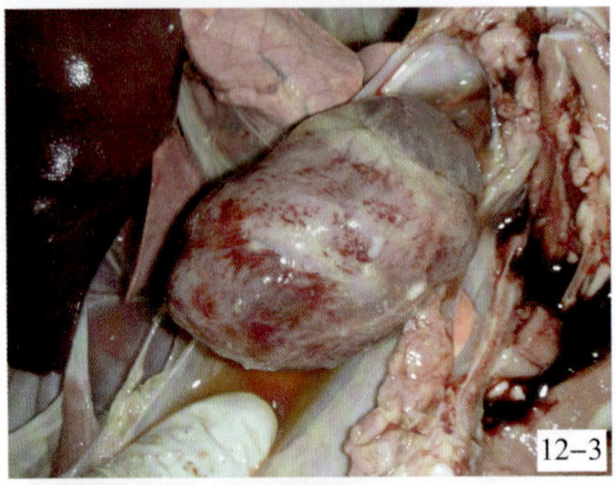

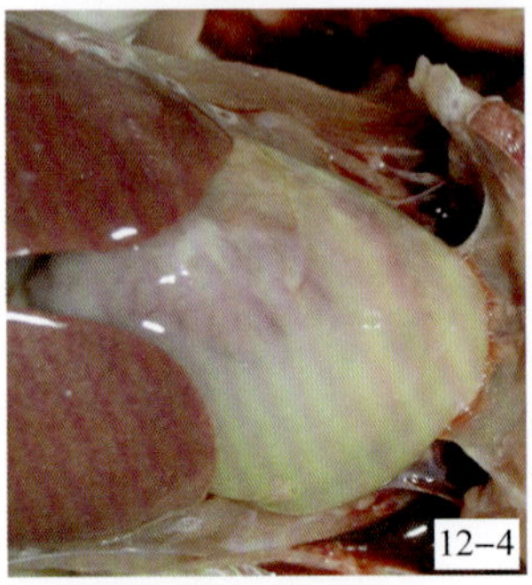

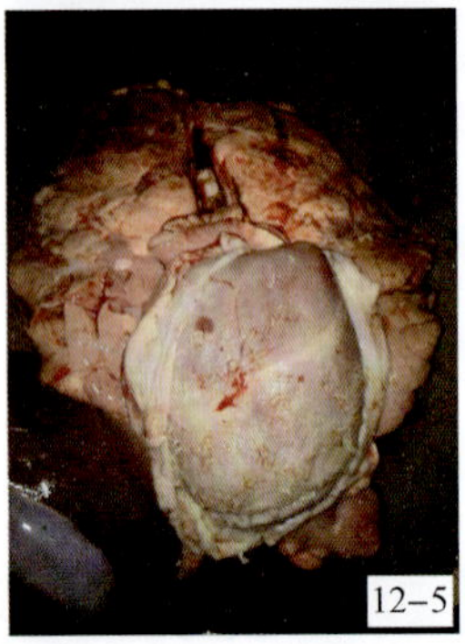

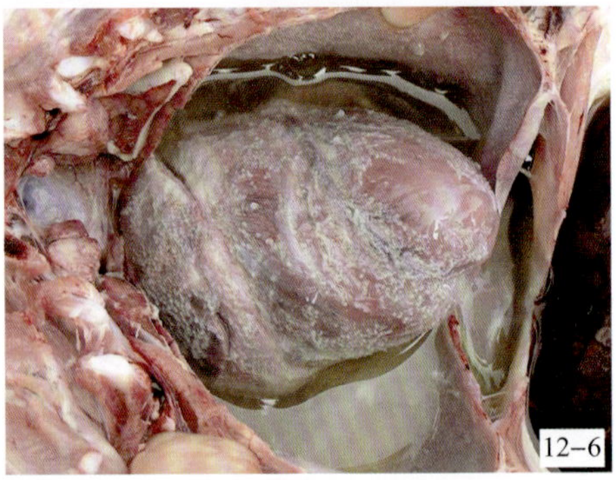

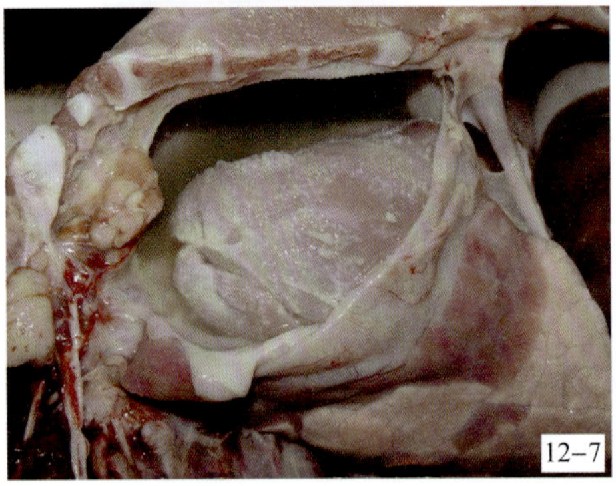

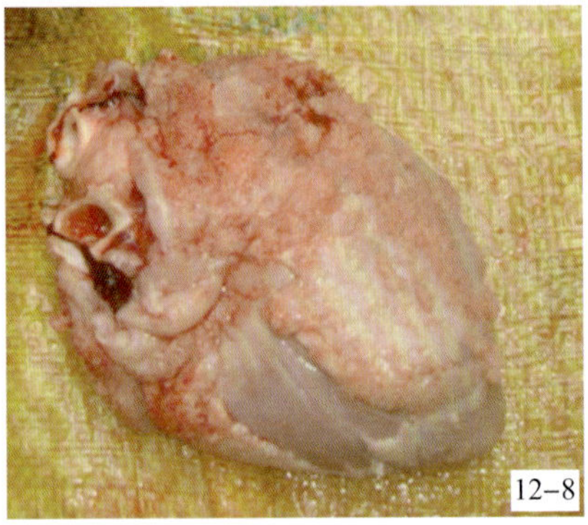

项目十二　主要器官病理

彩图 12-1 鸡大肠杆菌病:纤维素性心包炎;彩图 12-2 鸡巴氏杆菌病:心冠脂肪、心肌出血;彩图 12-3 猪链球菌病:心肌出血、心包腔积液;彩图 12-4 鸡大肠杆菌病:浆液性心包炎、心包膜增厚;彩图 12-5 副猪嗜血杆菌病:纤维素性心包炎;彩图 12-6 副猪嗜血杆菌病:浆液-纤维素性心包炎;彩图 12-7 副猪嗜血杆菌病:纤维素渗出呈绒毛状;彩图 12-8 副猪嗜血杆菌病:纤维素性渗出呈盔甲状

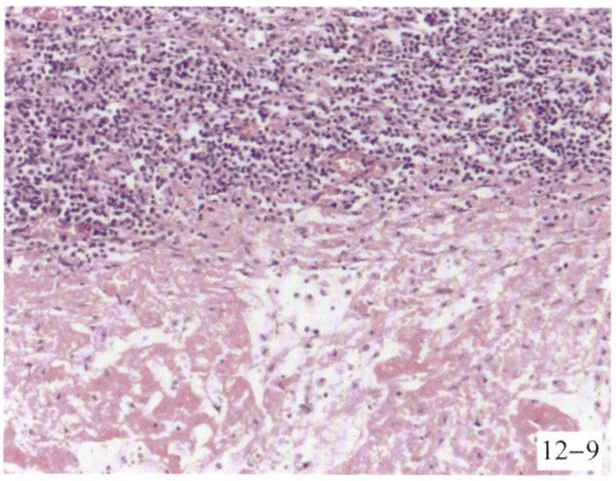
12-9

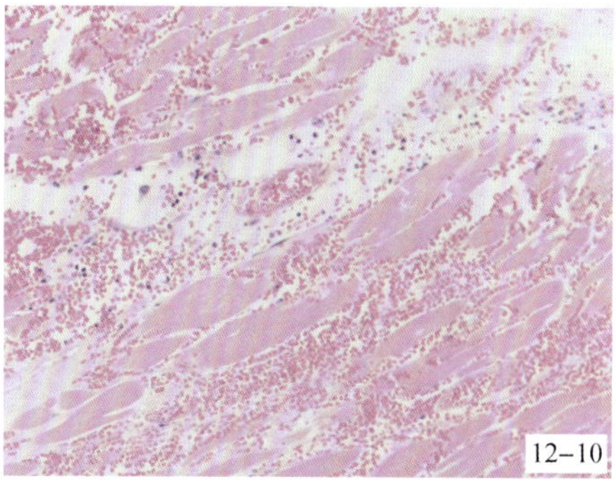
12-10

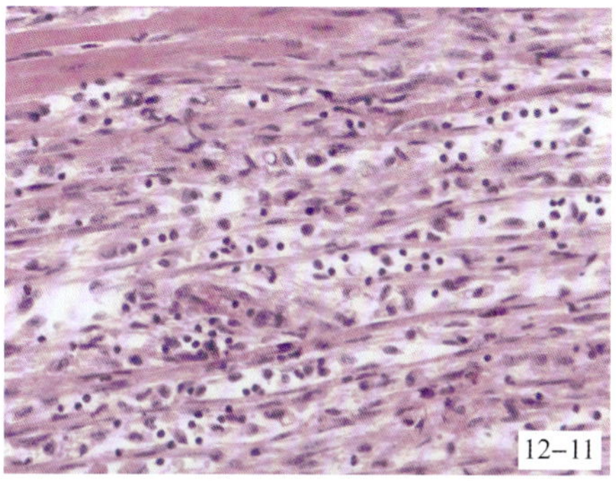
12-11

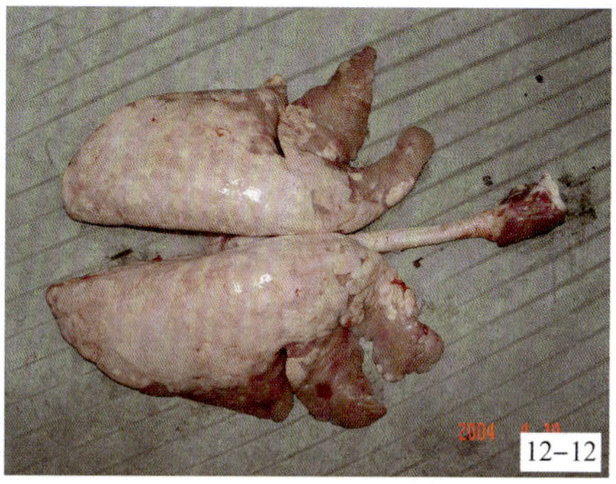
12-12

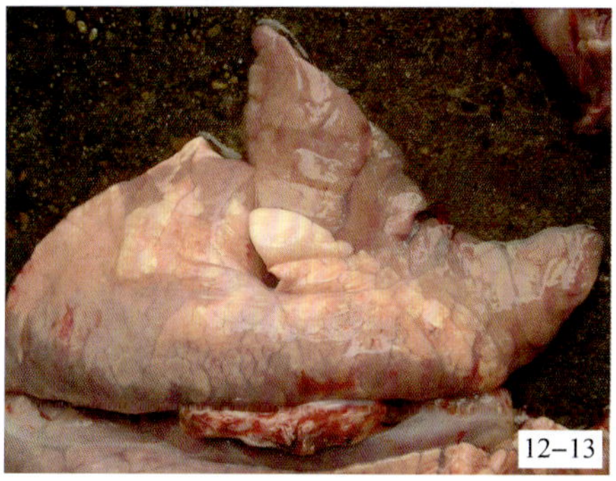
12-13

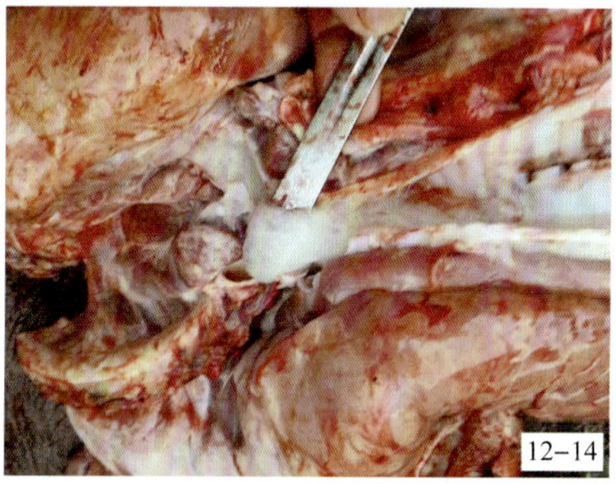
12-14

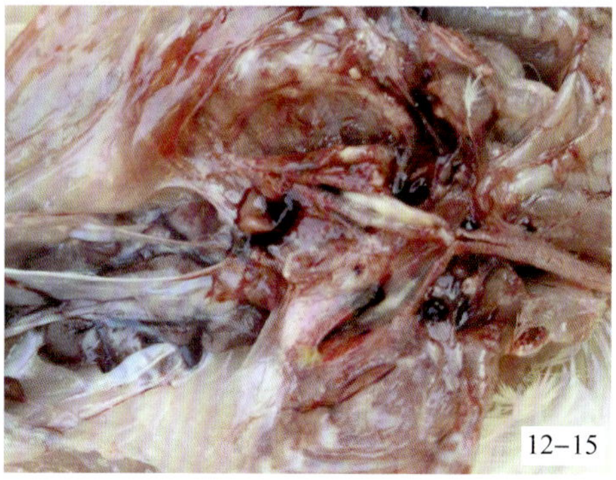
12-15

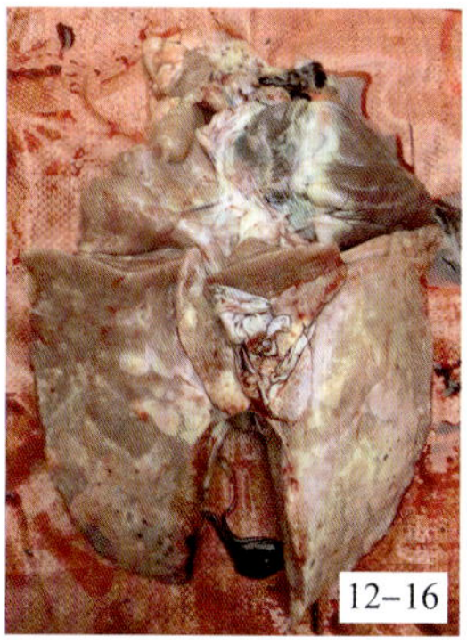
12-16

项目十二　主要器官病理

彩图 12-9 纤维素性心包炎：心包膜增厚、毛细血管充血、大量炎性细胞浸润、大量纤维素性渗出成红染的丝网状物，HE×100；彩图 12-10 心肌出血：间质充满大量红细胞，毛细血管充血，HE×100；彩图 12-11 化脓性心肌炎：心肌纤维断裂消失，大量中性粒细胞浸润，HE×200；彩图 12-12 猪喘气病：肺鲜肉样变；彩图 12-13 支气管肺炎：病变肺组织呈暗红色；彩图 12-14 猪肺疫：气管充满炎性渗出物；彩图 12-15 鸡传染性支气管炎：支气管内有黄白色渗出物；彩图 12-16 猪肺大理石样变

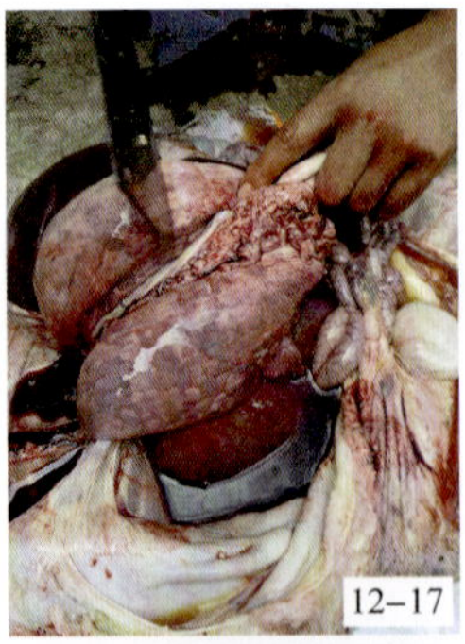

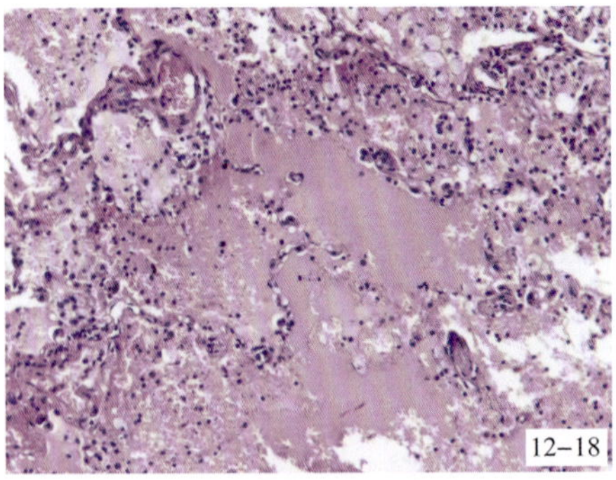

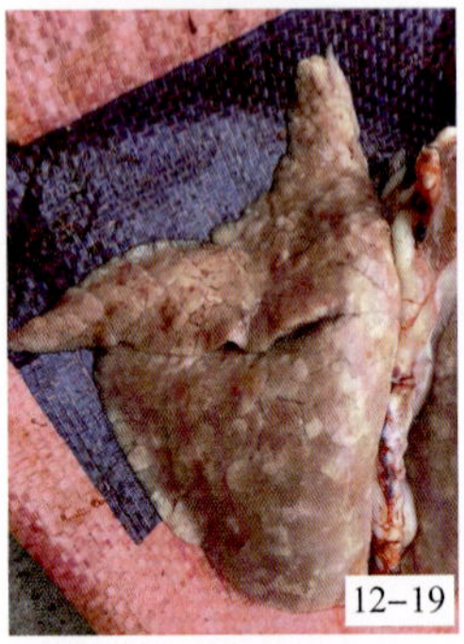

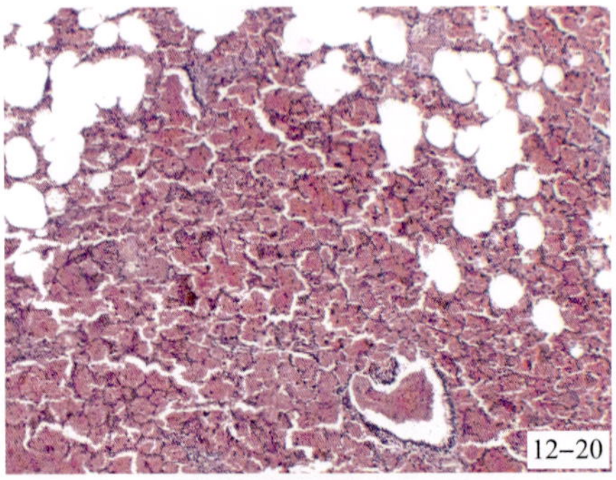

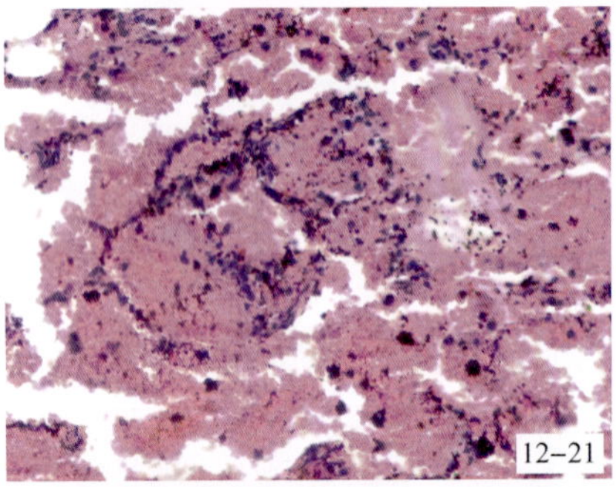

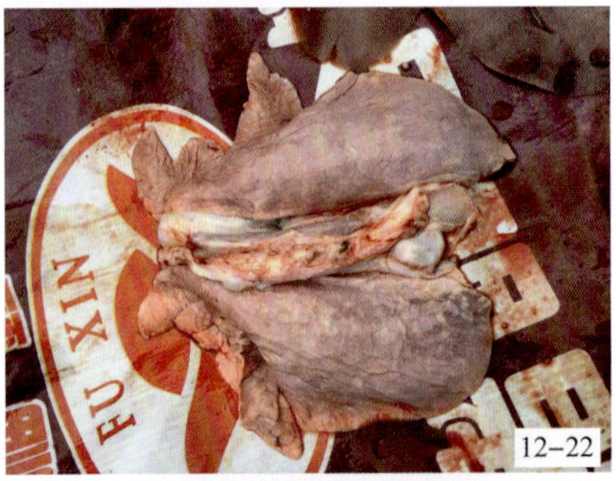

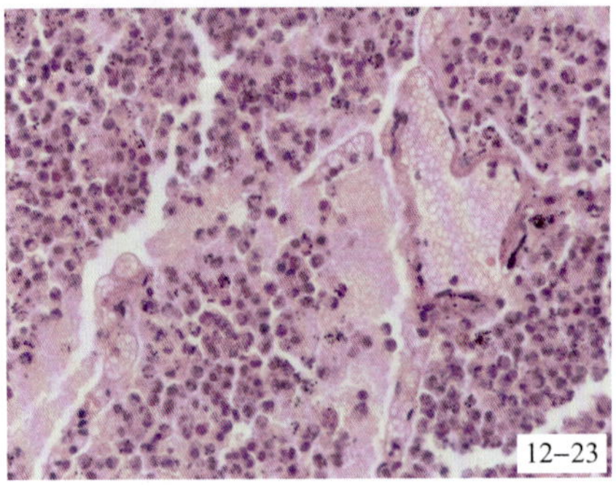

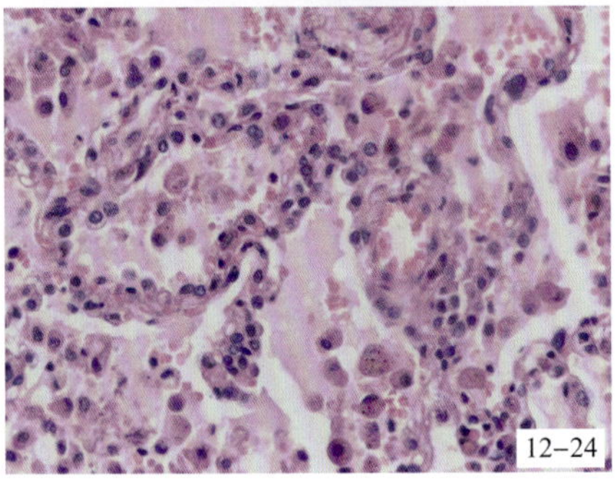

项目十二　主要器官病理

彩图 12-17 浆液性肺炎:肺充血、水肿;彩图 12-18 纤维素性肺炎充血水肿期(猪肺疫):肺泡腔内充满红色浆液,肺泡壁毛细血管充血,HE×40;彩图 12-19 肺红色肝变:肺肿大、暗红色,坚实如肝;彩图 12-20 纤维素性肺炎红色肝变期(猪肺疫):肺泡壁上皮细胞坏死脱落,肺泡内充满大量红细胞和红染的纤维蛋白,HE×40;彩图 12-21 纤维素性肺炎红色肝变期(猪肺疫):肺泡壁上皮细胞坏死脱落,肺泡内充满大量红细胞和红染的纤维蛋白,HE×200;彩图 12-22 肺灰色肝变:肺肿大、灰红色,坚实如肝;彩图 12-23 纤维素性肺炎灰色肝变期(猪肺疫):肺泡腔内充满中性粒细胞和红染的纤维蛋白,HE×200;彩图 12-24 纤维素性肺炎消散期(猪肺疫):肺泡上皮细胞再生,肺泡腔内炎症逐渐消散,HE×200

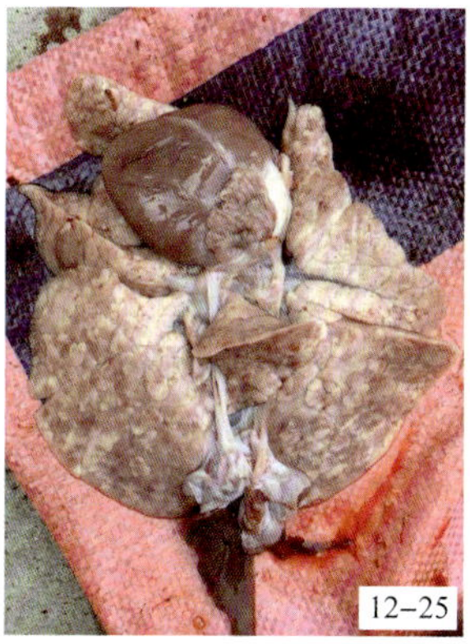
12-25

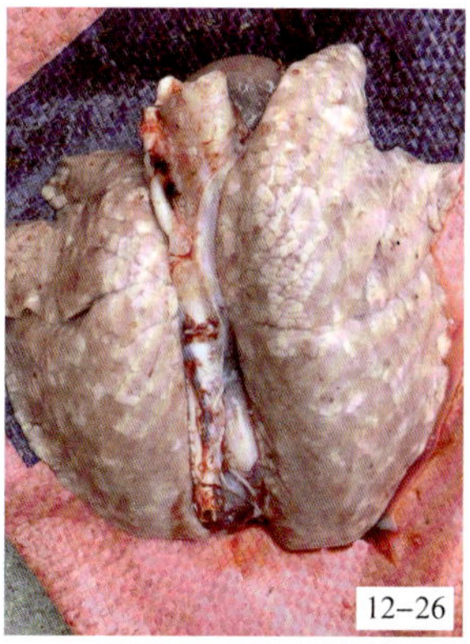
12-26

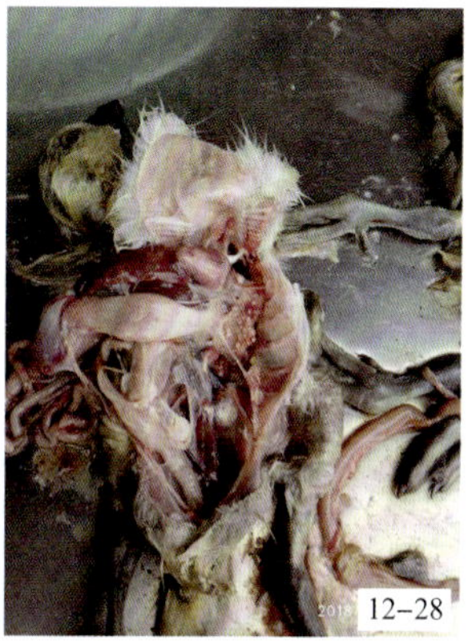
12-28

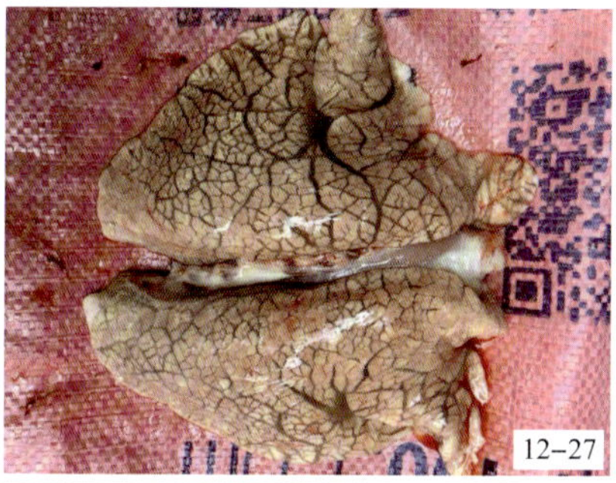
12-27

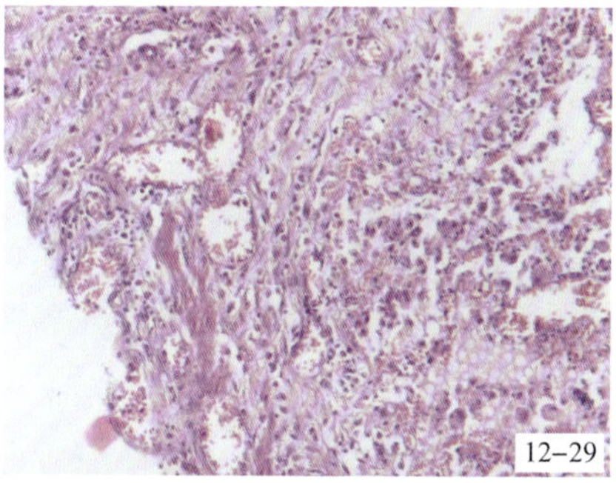
12-29

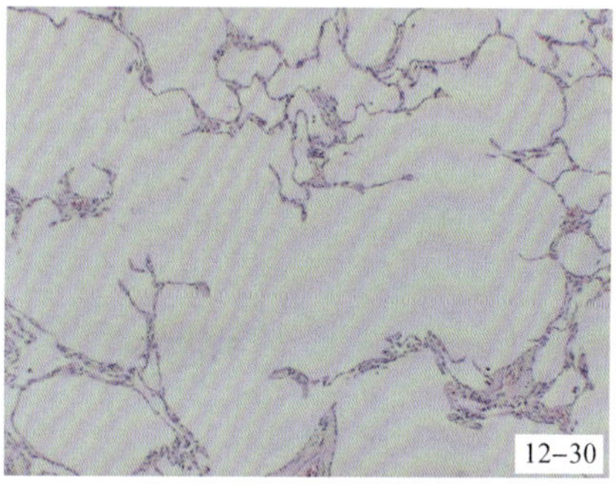
12-30

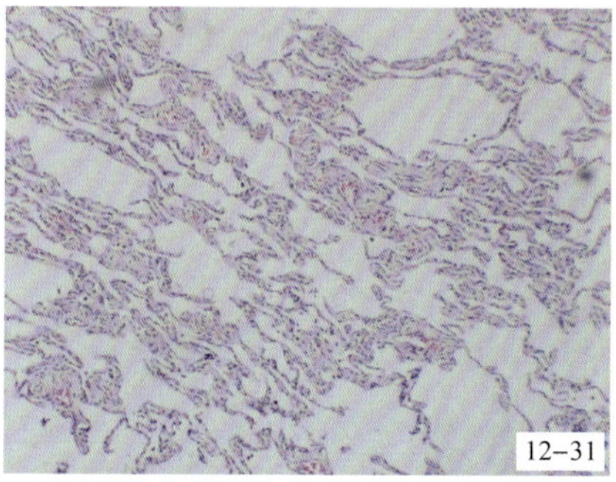
12-31

12-32

项目十二　主要器官病理

彩图 12-25 间质性肺炎:肺上有灰白或灰黄色病灶;彩图 12-26 弓形虫引起的肺出血、间质增宽;彩图 12-27 间质性肺炎:肺间质增宽;彩图 12-28 鸭曲霉菌病:肺霉菌结节;彩图 12-29 间质性肺炎:间隔结缔组织增生,炎性细胞浸润,小血管充满红细胞,HE×100;彩图 12-30 肺泡气肿:肺泡扩张,肺泡间隔变窄并断裂,相邻肺泡互相融合形成较大的囊腔,HE×100;彩图 12-31 肺萎陷:肺泡塌陷,故可见肺泡壁呈平行排列,彼此互相靠近、接触,肺泡腔呈裂隙状,HE×100;彩图 12-32 禽霍乱:肝表面可见针尖大小灰白色坏死点

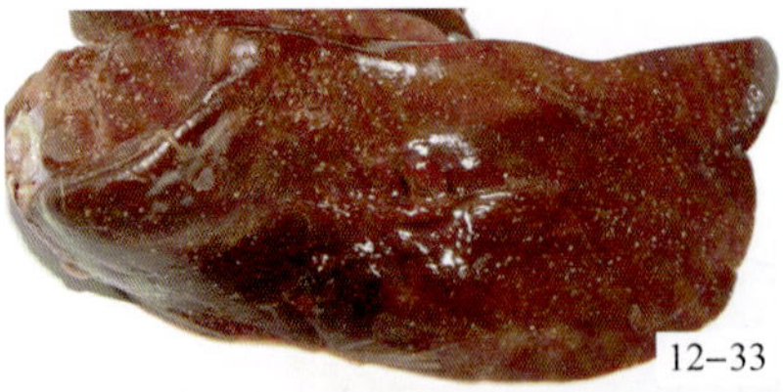

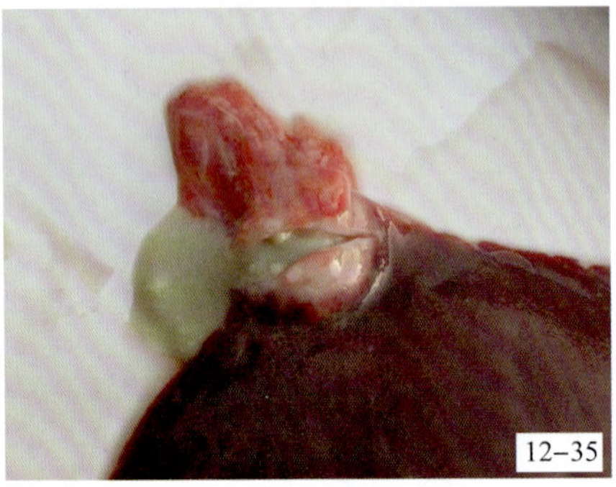

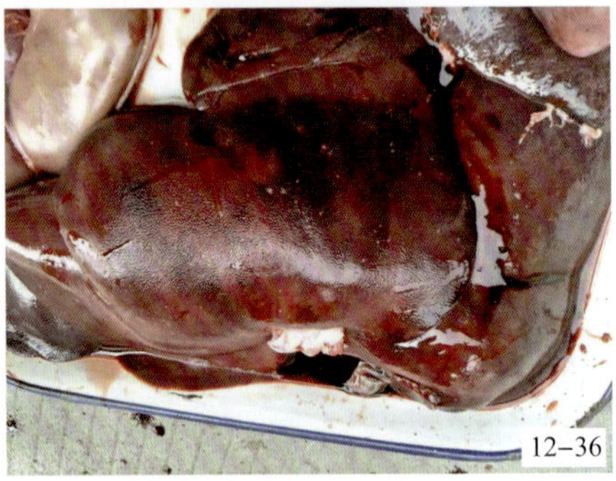

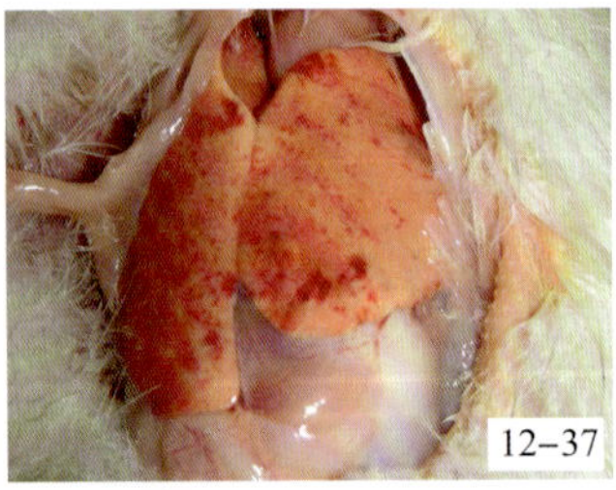

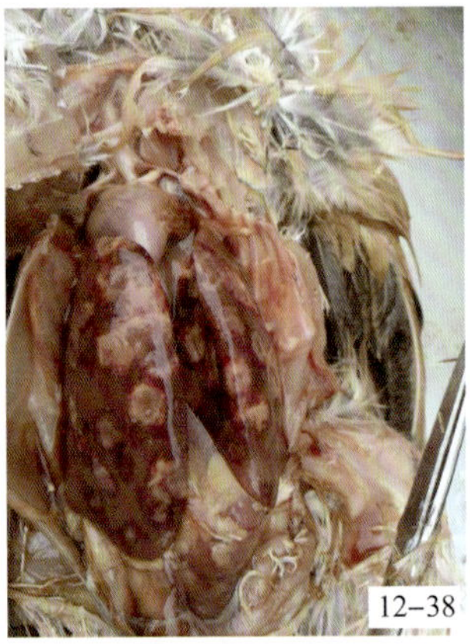

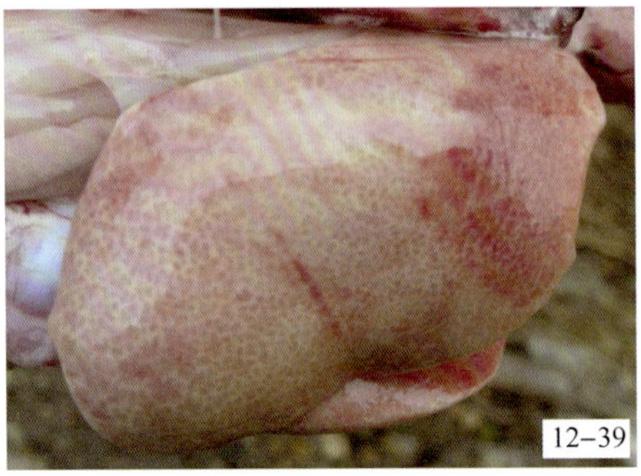

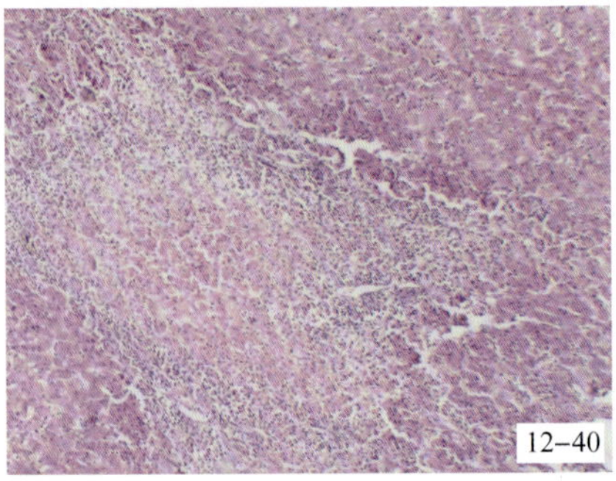

项目十二　主要器官病理

彩图 12-33 禽霍乱:肝有针尖大小灰白色坏死点;彩图 12-34 禽伤寒:肝有灰白色坏死点;彩图 12-35 肝脓肿;彩图 12-36 猪伪狂犬病:肝有灰白色坏死点;彩图 12-37 鸭病毒性肝炎:肝出血;彩图 12-38 鸡盲肠肝炎:肝坏死;彩图 12-39 鸭霉菌毒素中毒;彩图 12-40 肝细胞坏死:肝脏内坏死灶,周围可见炎症反应带,HE×40

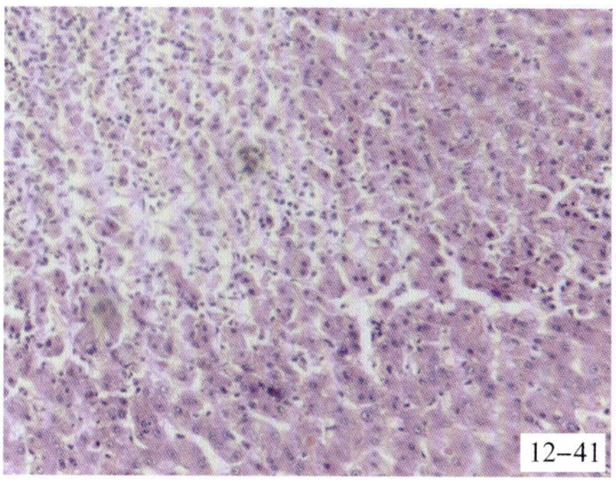
12-41

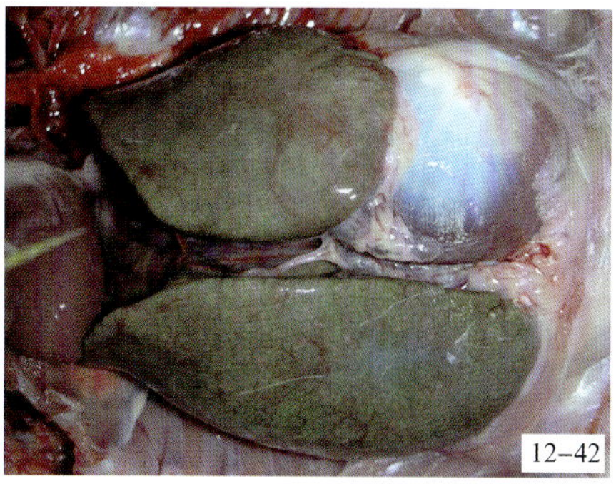
12-42

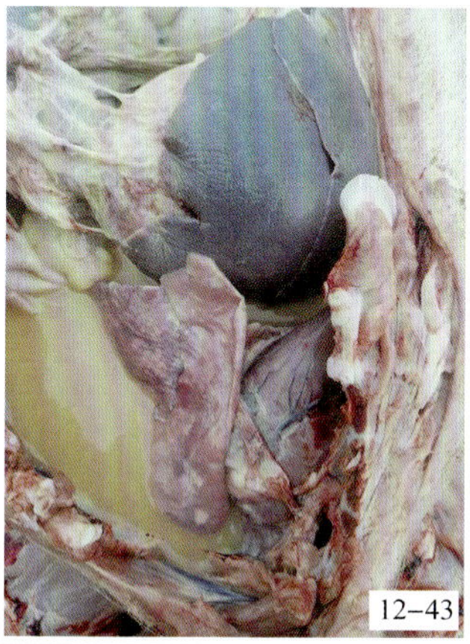
12-43

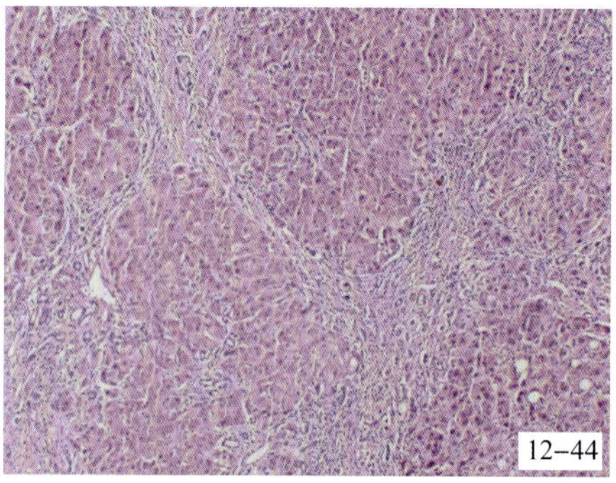
12-44

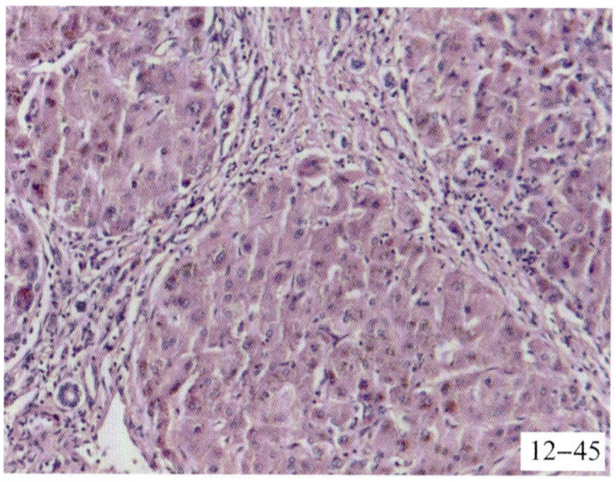
12-45

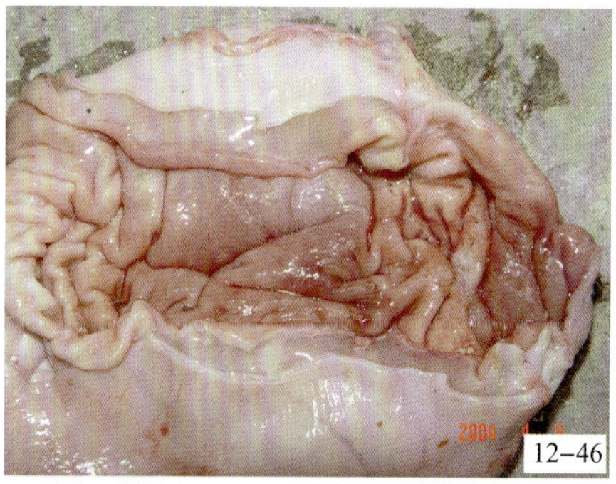
12-46

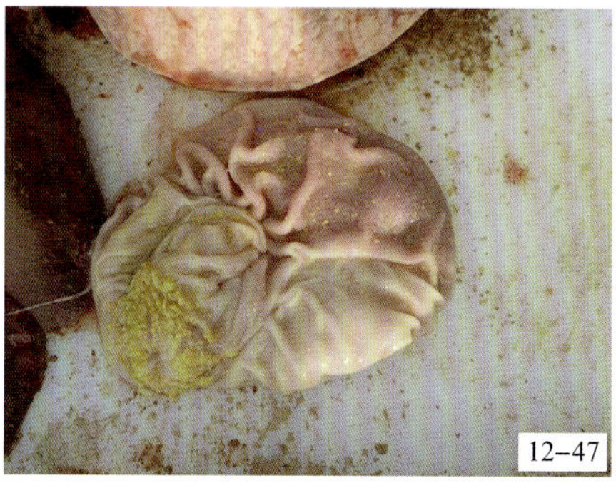
12-47

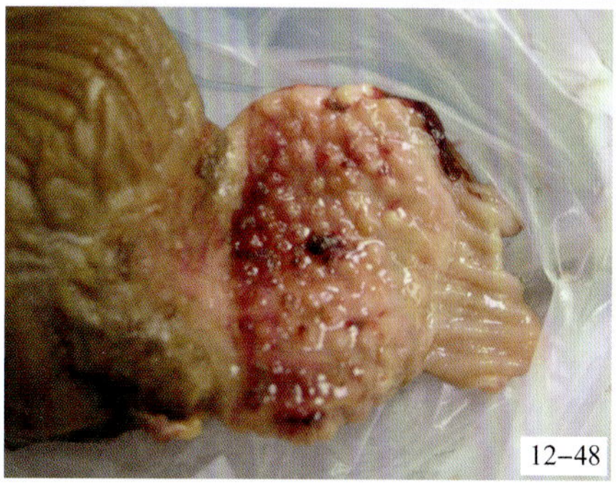
12-48

项目十二　主要器官病理

彩图 12-41 肝细胞坏死：坏死灶内肝细胞索状结构消失，炎性细胞浸润，HE×100；彩图 12-42 鸭霉菌毒素中毒：肝硬化；彩图 12-43 副猪嗜血杆菌病：后期肝硬化、腹水；彩图 12-44 肝硬化：肝小叶结构消失，肝细胞呈岛状或结节状分布，被增生的纤维组织包围形成假小叶，HE×40；彩图 12-45 肝硬化：肝小叶结构消失，肝细胞呈岛状或结节状分布，被增生的纤维组织包围形成假小叶，HE×100；彩图 12-46 猪水肿病：胃壁水肿，胃底充血、黏液增多；彩图 12-47 猪卡他性胃炎：胃底充血、黏液增多；彩图 12-48 禽流感：腺胃乳头出血

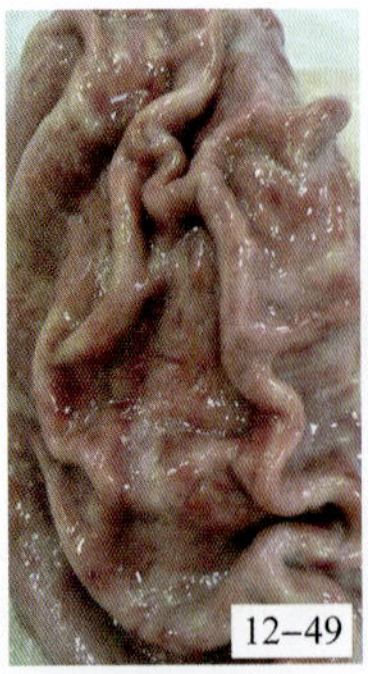
12-49

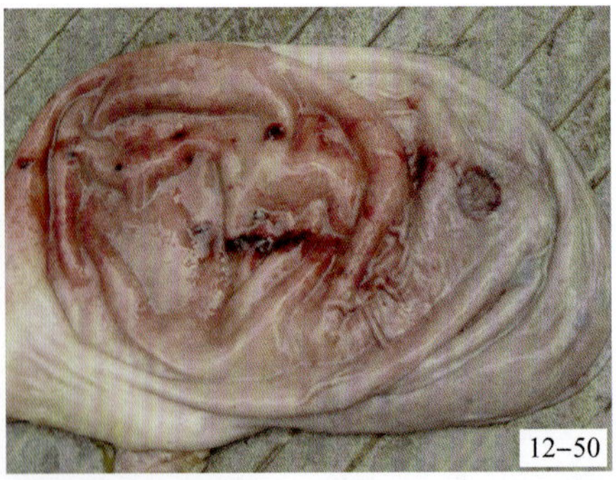
12-50

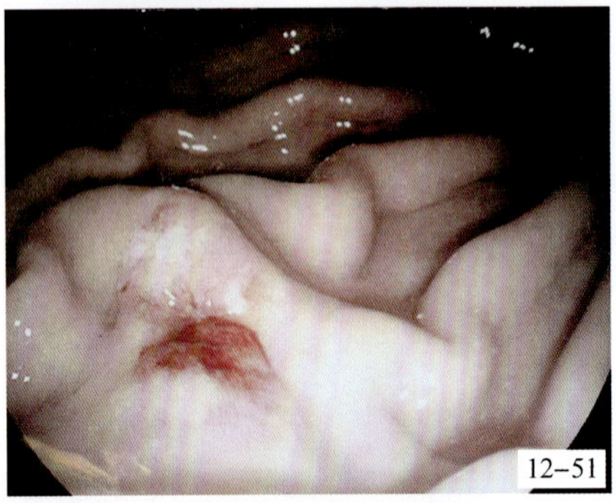
12-51

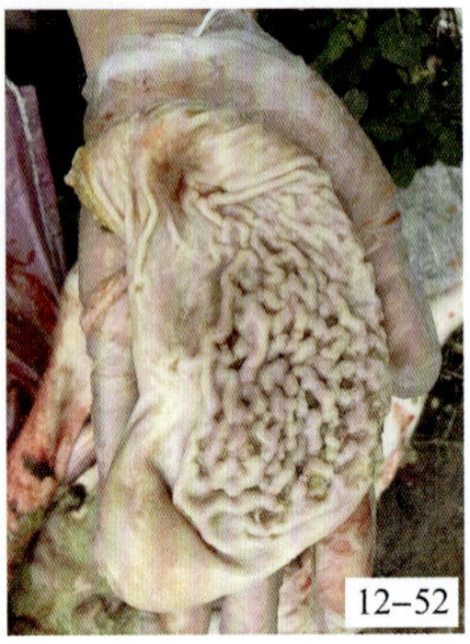
12-52

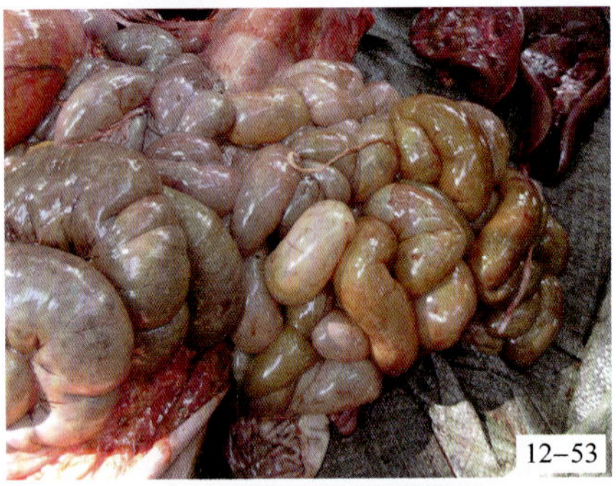
12-53

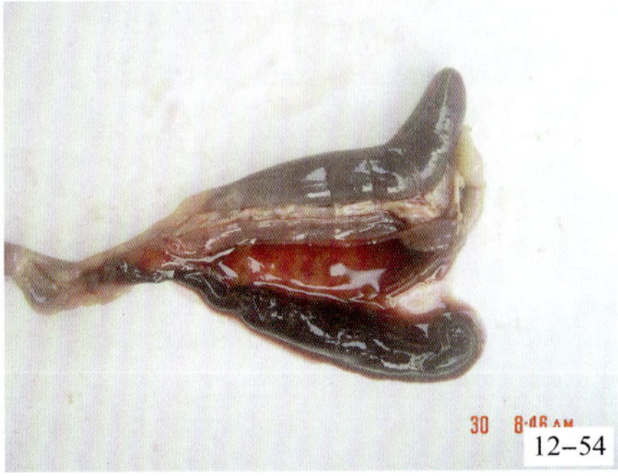
12-54

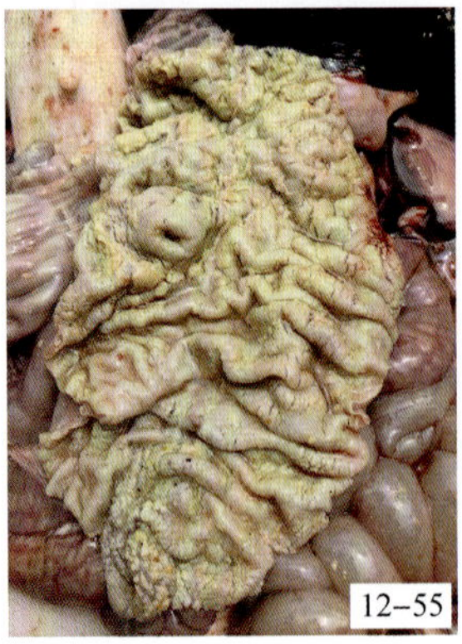
12-55

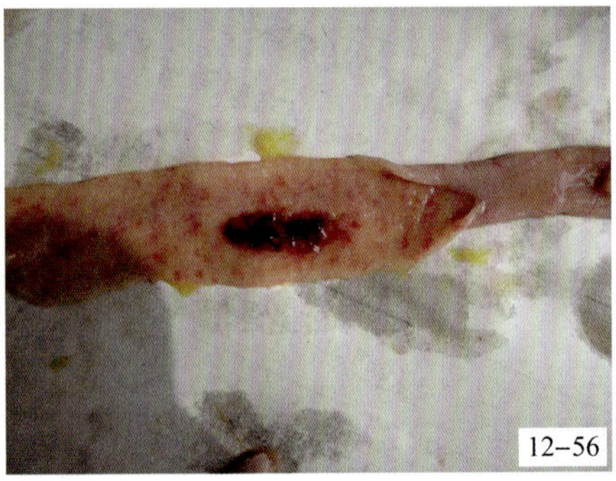
12-56

项目十二　主要器官病理

彩图 12-49 猪胃炎:胃黏膜充血、出血、黏液增多;彩图 12-50 猪瘟:胃黏膜充血、出血、糜烂、溃疡;彩图 12-51 内窥镜下,犬胃溃疡(该犬食入桃核);彩图 12-52 猪胃黏膜增生;彩图 12-53 卡他性肠炎;彩图 12-54 鸡球虫病:盲肠出血;彩图 12-55 鸡纤维素性肠炎;彩图 12-56 鸡新城疫:肠道淋巴滤泡肿胀、出血、溃疡

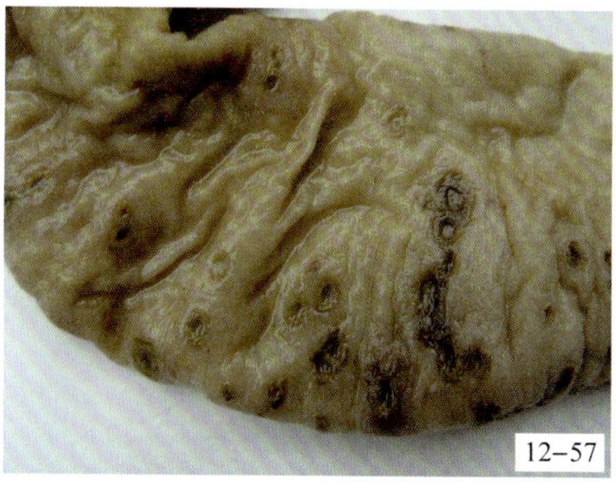
12-57

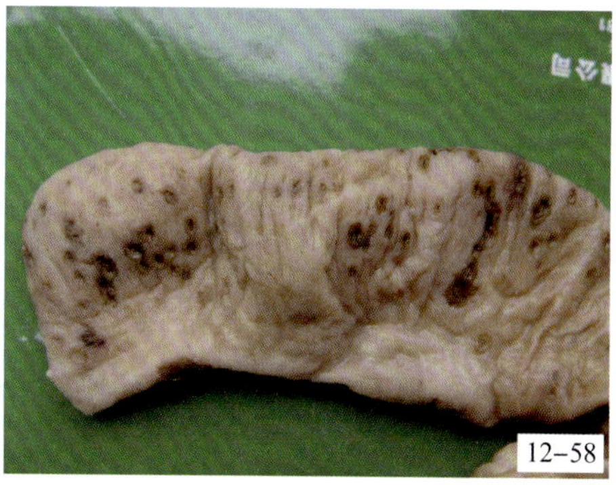
12-58

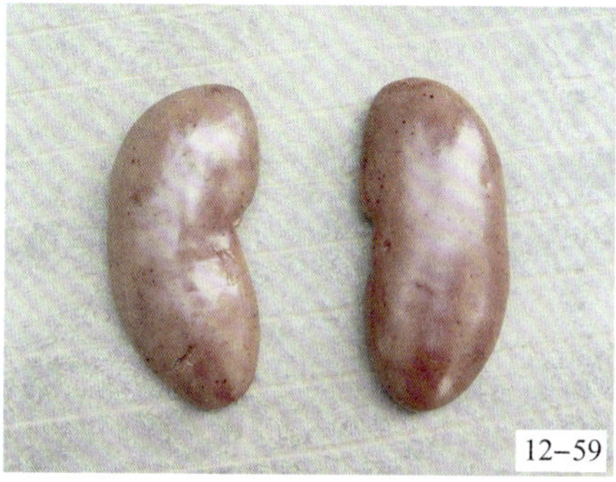
12-59

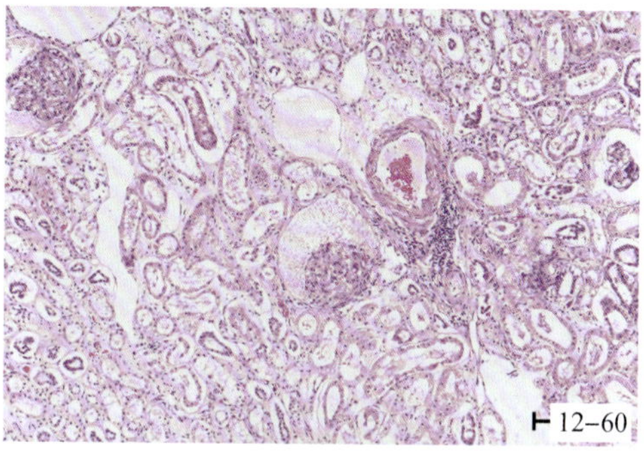
12-60

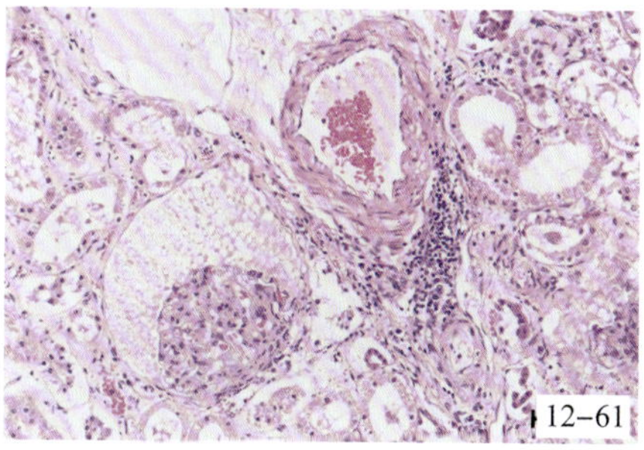
12-61

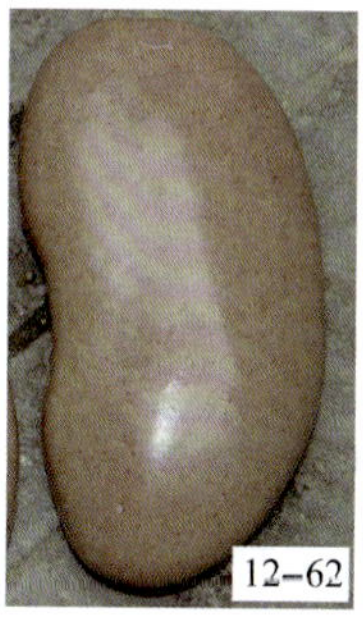
12-62

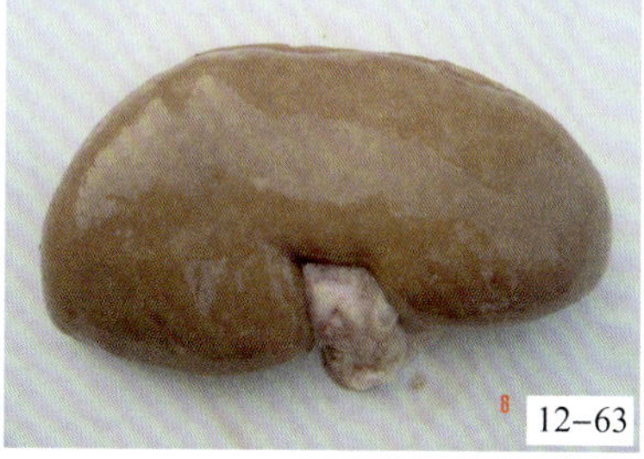
12-63

12-64

项目十二　主要器官病理

彩图 12-57 慢性猪瘟：肠黏膜“扣状肿”；彩图 12-58 慢性猪瘟：肠黏膜“扣状肿”；彩图 12-59 猪瘟：肾肿大、出血；彩图 12-60 肾小球肾炎：肾小囊囊腔扩张，囊腔内可大量红染的蛋白样物质，肾小球和肾间质有炎性细胞浸润，肾小管上皮细胞变性脱落，HE×200；彩图 12-61 肾小球肾炎：肾小囊囊腔扩张，囊腔内可见大量红染的蛋白样物质，肾小球和肾间质有炎性细胞浸润，肾小管上皮细胞变性脱落，HE×400；彩图 12-62 肾肿大，灰白色；彩图 12-63 猪圆环病毒病：肾肿大、表面有灰白色坏死灶；彩图 12-64 猪弓形虫病：肾表面有灰白色坏死点

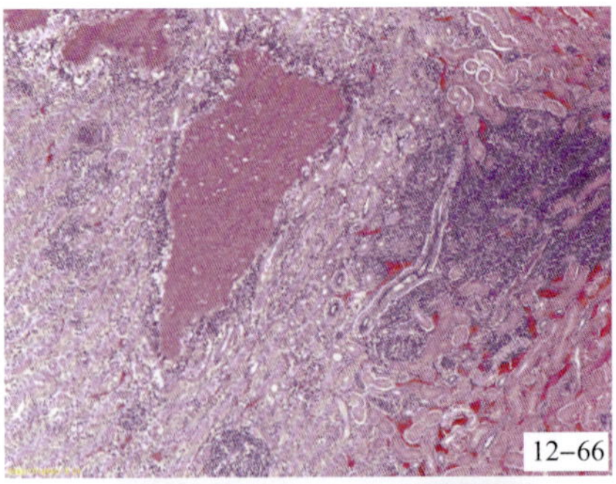

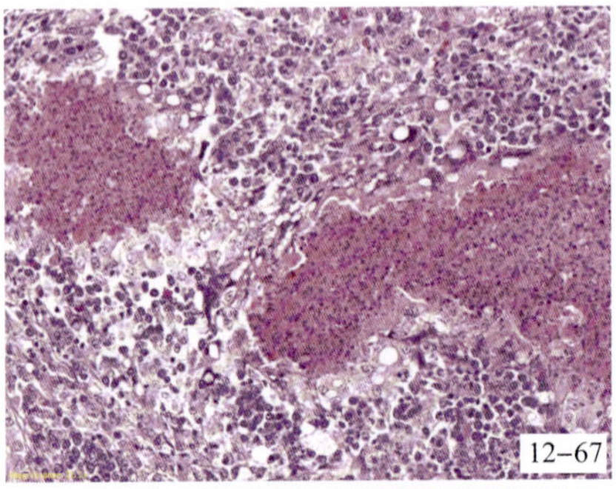

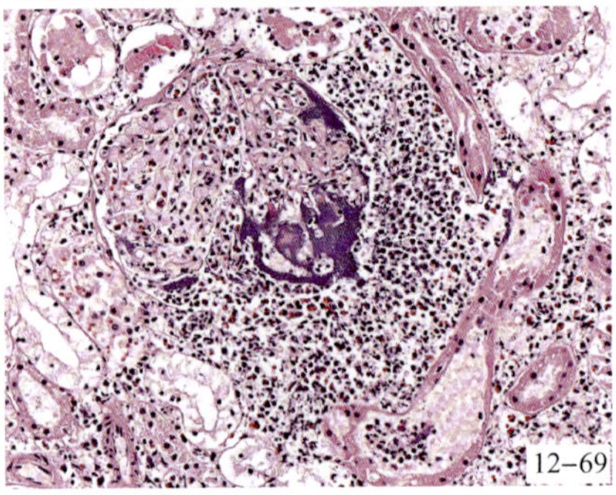

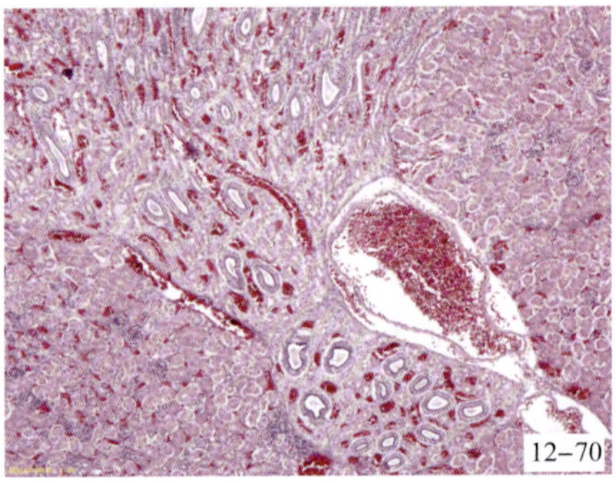

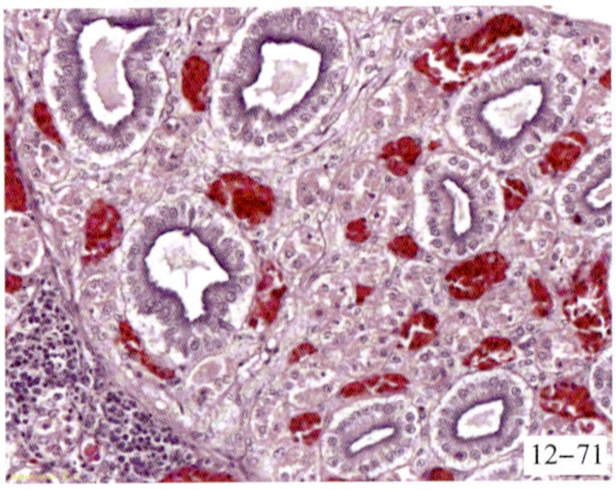

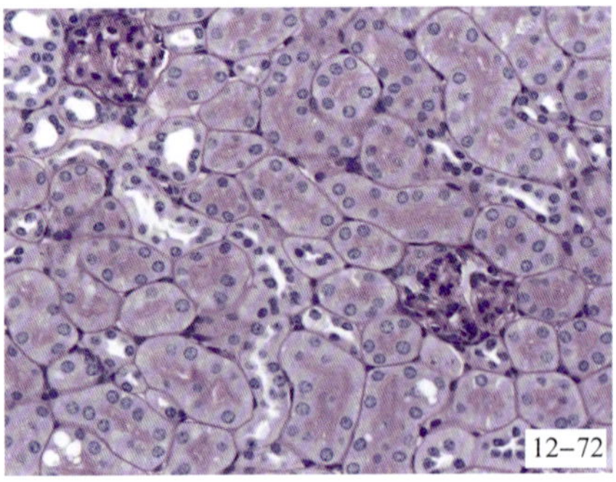

项目十二　主要器官病理

彩图 12-65 肾表面有针尖大的坏死灶；彩图 12-66 鸡间质性肾炎：低倍镜下可见视野内局灶性充血，淤血，血管内有红细胞淤积，间质出现深染的局灶性炎性区域，HE×40；彩图 12-67 鸡间质性肾炎：高倍镜下可见炎性区域内可见组织细胞肿胀，核固缩，崩解坏死，并可见大量炎性细胞，HE×200；彩图 12-68 化脓性肾炎：肾表面有灰白色的化脓灶；彩图 12-69 犬化脓性肾炎：肾小球中可见细菌菌团，大量炎性细胞浸润，肾小球囊壁被破坏。浸润的炎性细胞多为分叶核的中性粒细胞，HE×400；彩图 12-70 鸡急性肾病：可见视野内局灶性充血，淤血，HE×40；彩图 12-71 鸡急性肾病(禽流感感染)：见肾小管细胞肿胀，细胞脱离基底膜，管腔内有均质粉染物质渗出，形成管型，HE×200；彩图 12-72 正常小鼠肾组织，HE×200

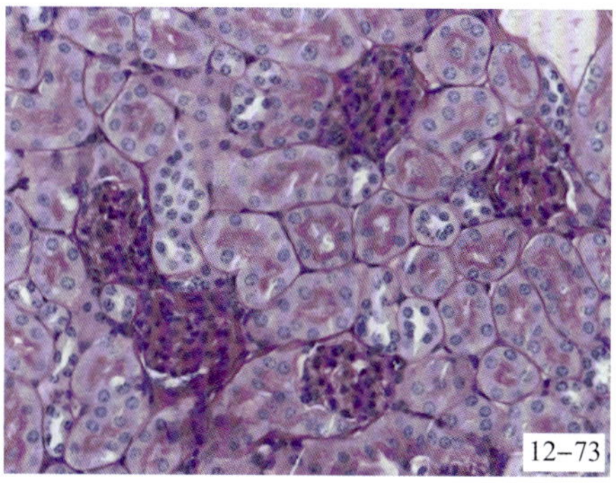
12-73

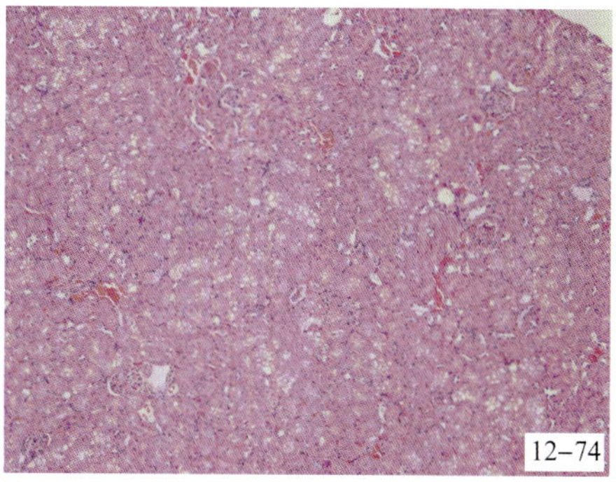
12-74

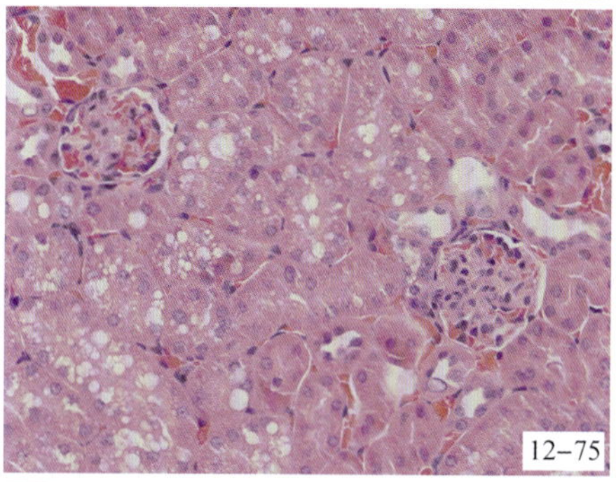
12-75

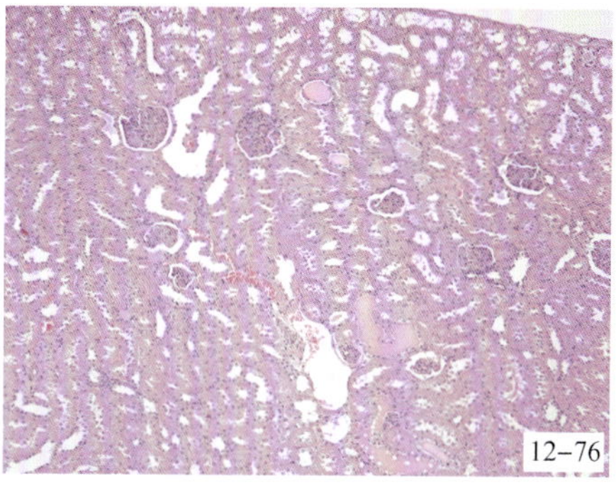
12-76

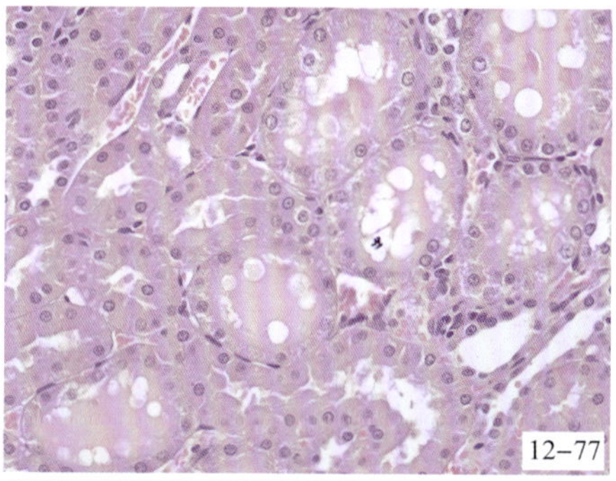
12-77

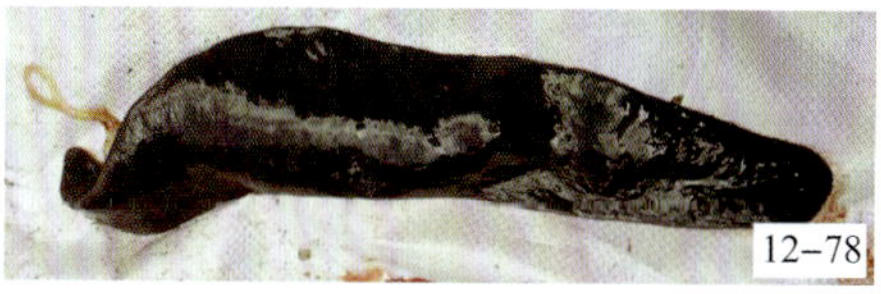
12-78

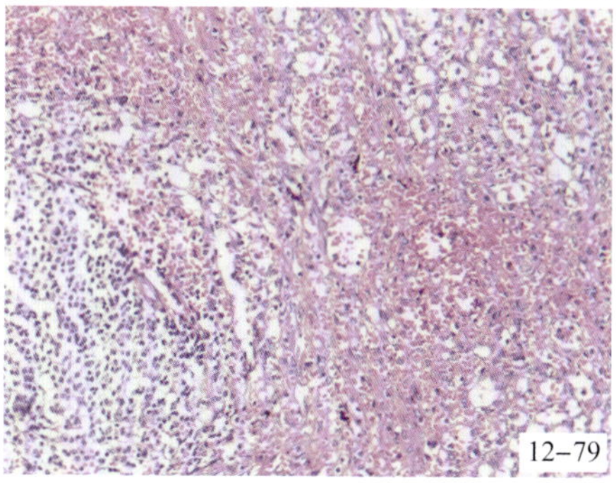
12-79

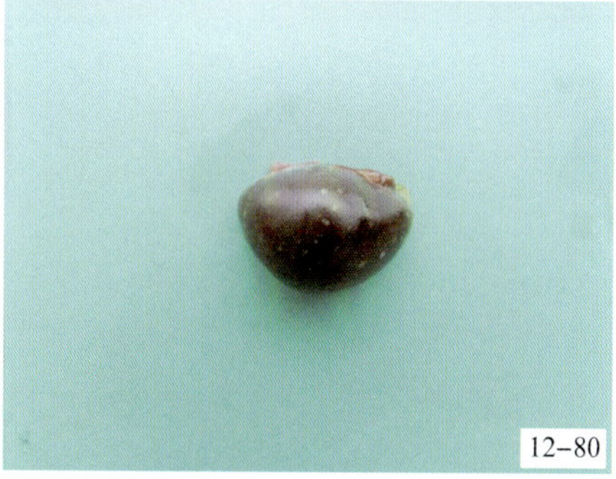
12-80

项目十二　主要器官病理

彩图 12-73 小鼠-肾病（糖尿病模型）：PAS 染色，紫红色显示糖原沉积，HE×200；彩图 12-74 小鼠-肾病（糖尿病模型）：肾小球肿胀变大，肾小囊腔狭窄或消失，系膜基质增多，部分肾小管上皮细胞内可见圆形空泡，HE×40；彩图 12-75 小鼠-肾病（糖尿病模型）：肾小球肿胀变大，肾小囊腔狭窄或消失，系膜基质增多，部分肾小管上皮细胞内可见圆形空泡，HE×200；彩图 12-76 老龄大鼠-慢性肾病：肾小管管腔内可见均质粉染的蛋白样液体，为透明管型，HE×100；彩图 12-77 老龄大鼠-慢性肾病：肾小管管腔内可见均质粉染的蛋白样液体，为透明管型，HE×400；彩图 12-78 脾淤血、肿大，呈煤焦油状；彩图 12-79 急性脾炎：脾髓内充满大量血液，脾淋巴细胞和网状细胞因弥漫性坏死而明显减少，HE×100；彩图 12-80 禽流感：脾有大小不等的坏死灶

12-81

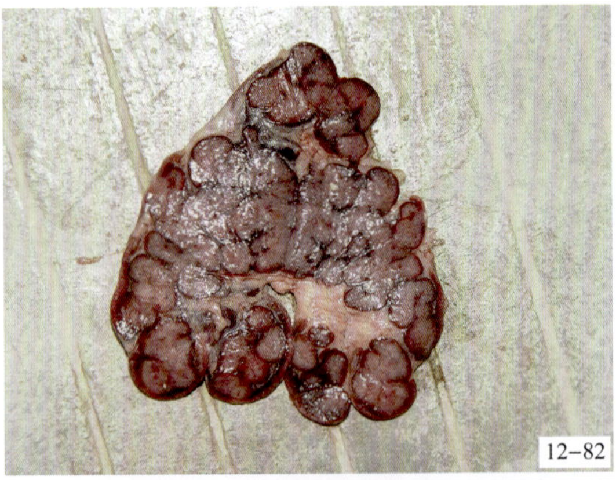
12-82

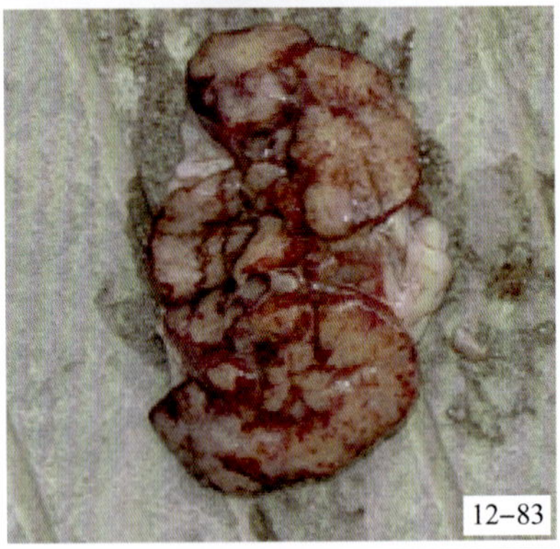
12-83

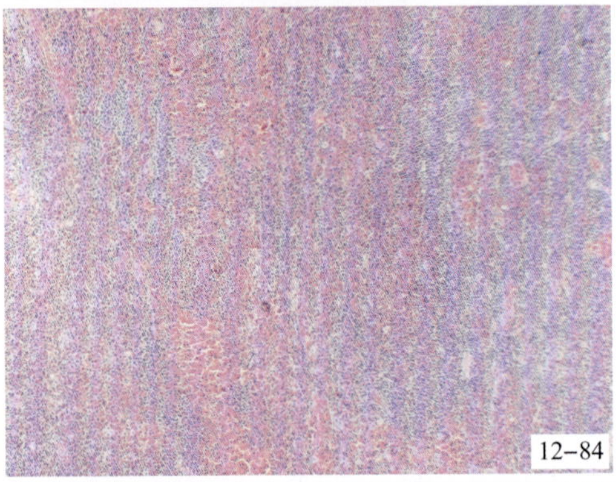
12-84

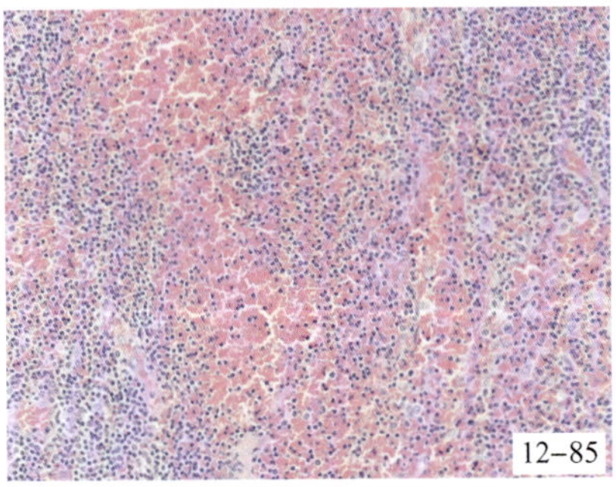
12-85

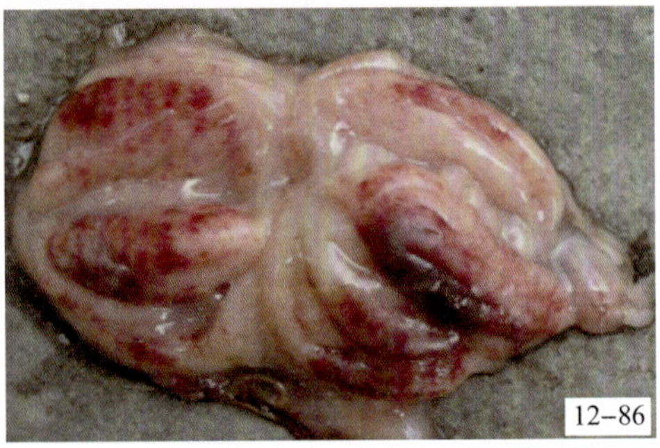
12-86

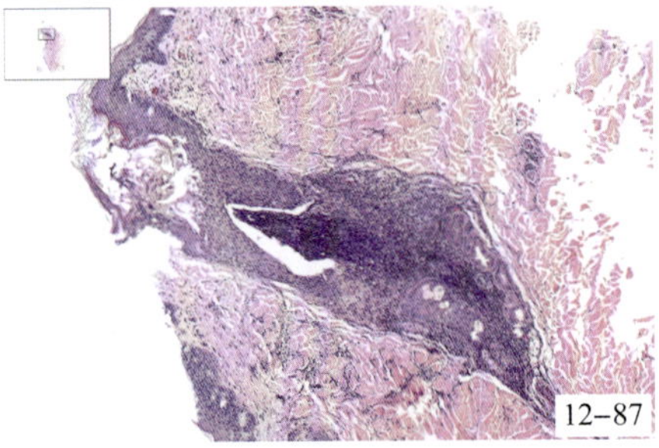
12-87

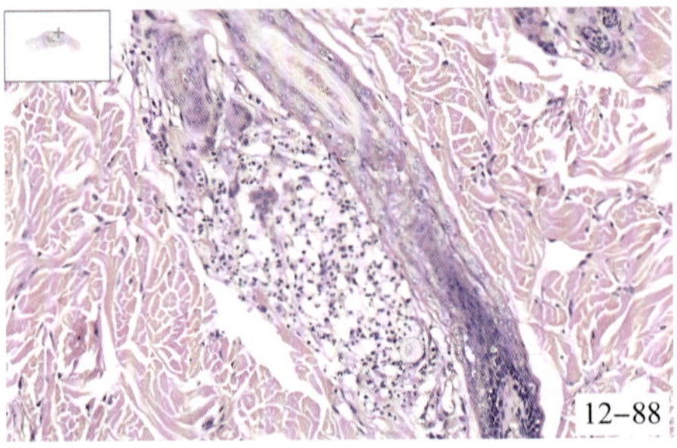
12-88

项目十二　主要器官病理

彩图 12-81 猪瘟:脾边缘有灰黑色梗死灶;彩图 12-82 猪瘟:淋巴结周边出血、呈大理石样外观;彩图 12-83 猪瘟:淋巴结周边出血、呈大理石样外观;彩图 12-84 淋巴结出血:淋巴窦扩张出现大量红细胞,HE×40;彩图 12-85 淋巴结出血:淋巴窦扩张出现大量红细胞,临近组织受红细胞挤压、取代而残缺不全,HE×100;彩图 12-86 鸡法氏囊炎:法氏囊肿大出血;彩图 12-87 脓皮病;彩图 12-88 疖病

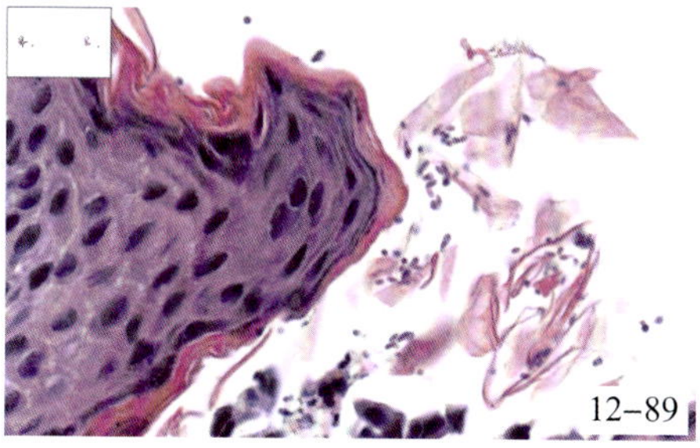
12-89

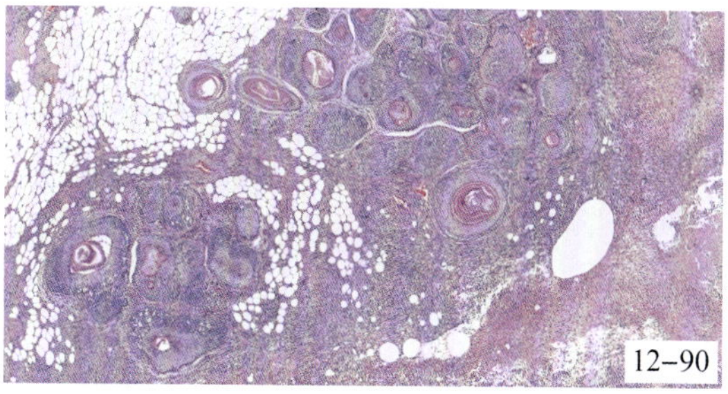
12-90

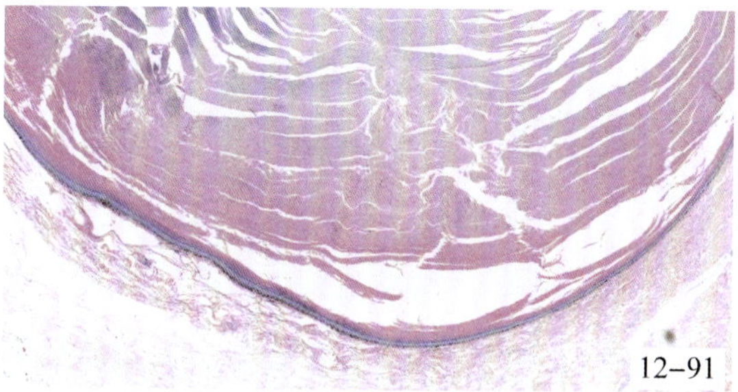
12-91

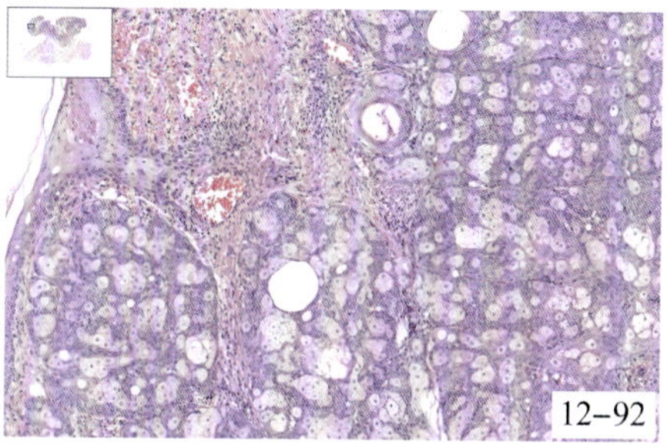
12-92

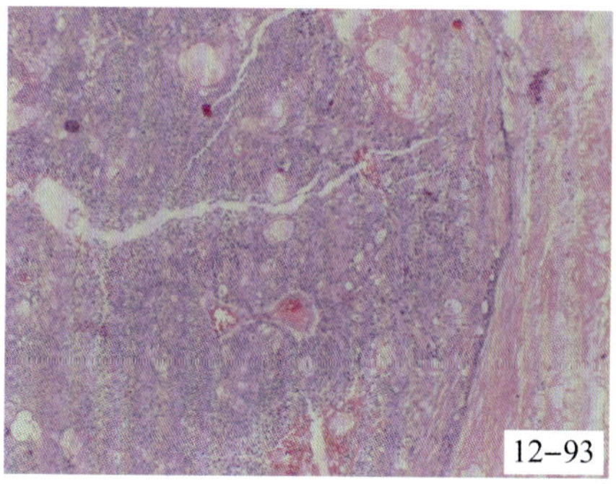
12-93

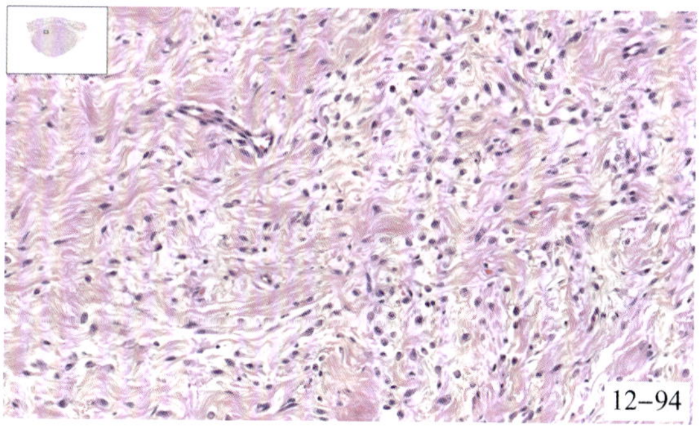
12-94

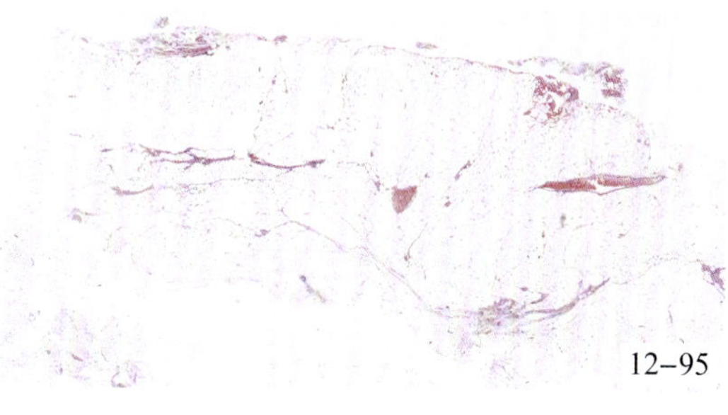
12-95

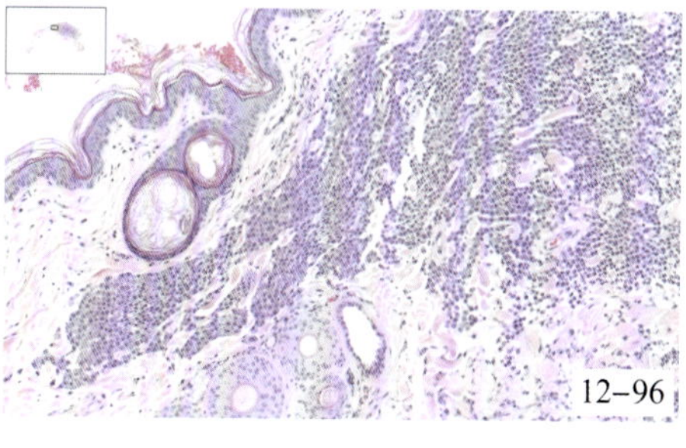
12-96

项目十二　主要器官病理

彩图 12-89 马拉色菌感染；彩图 12-90 皮肤鳞状细胞癌；彩图 12-91 毛囊囊肿；彩图 12-92 皮脂腺瘤；彩图 12-93 皮脂腺癌；彩图 12-94 纤维瘤；彩图 12-95 脂肪瘤；彩图 12-96 肥大细胞瘤

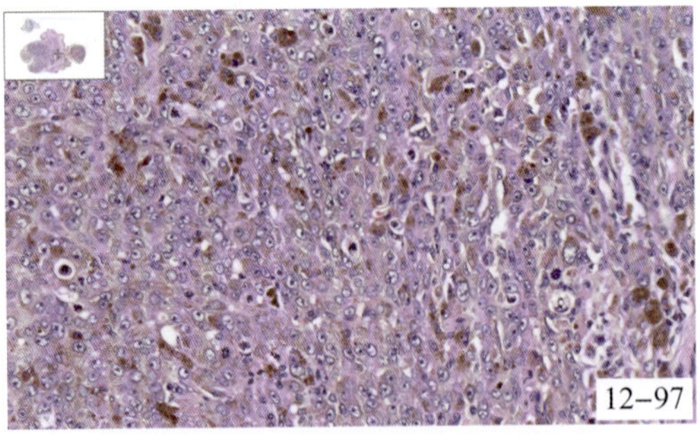
12-97

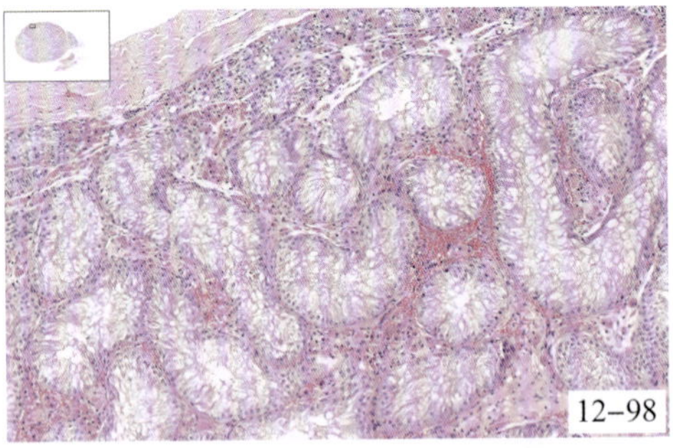
12-98

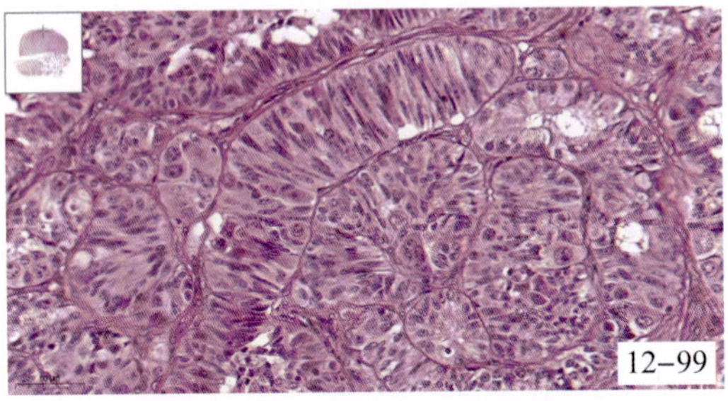
12-99

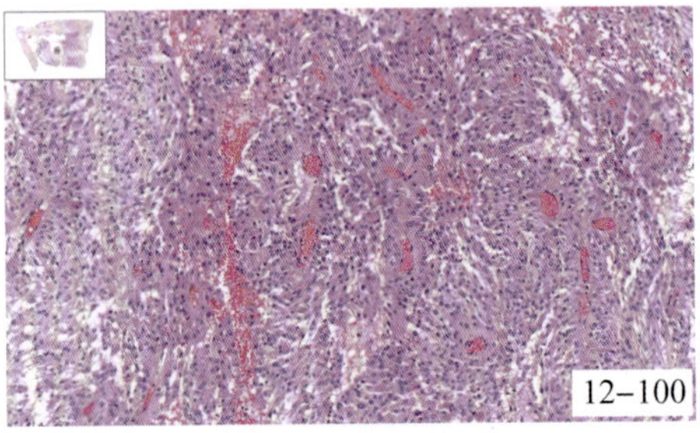
12-100

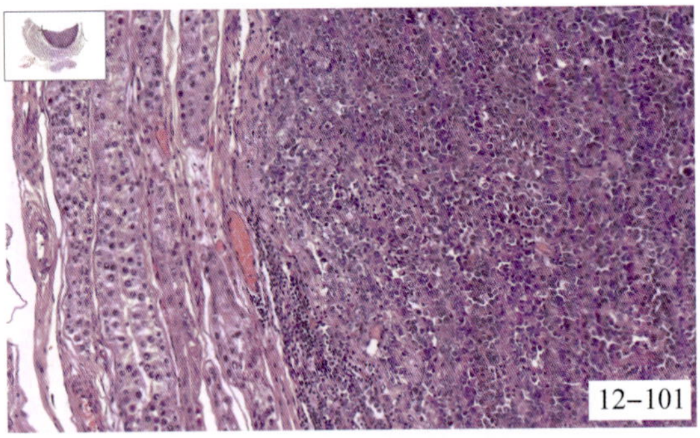
12-101

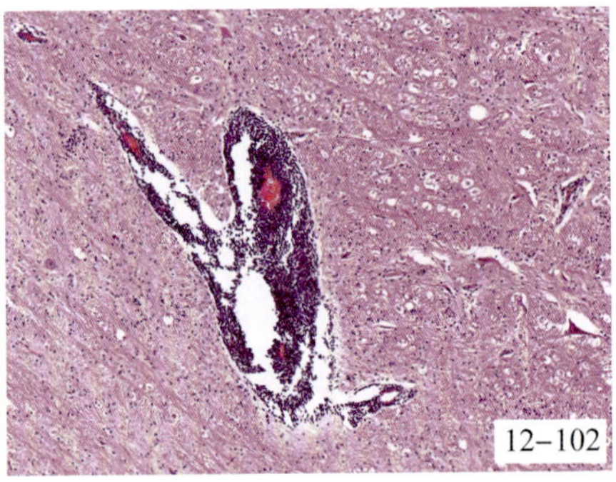
12-102

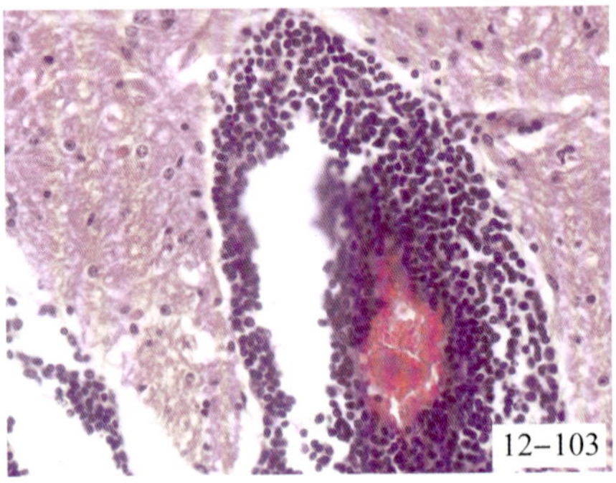
12-103

项目十二　主要器官病理

彩图 12-97 恶性黑色素瘤；彩图 12-98 隐睾导致睾丸萎缩；彩图 12-99 睾丸支持细胞瘤；彩图 12-100 睾丸间质细胞瘤；彩图 12-101 精原细胞瘤；彩图 12-102 牛李斯特菌感染-大脑血管套：脑组织的血管周围有大量炎性细胞浸润，主要为单核细胞和中性粒细胞，形成典型的血管套现象，HE×100；彩图 12-103 牛李斯特菌感染-大脑血管套：脑组织的血管周围有大量炎性细胞浸润，主要为单核细胞和中性粒细胞，形成典型的血管套现象，HE×400